Spitzenleistungen im Supply Chain Management

Peter A. Bolstorff
Robert G. Rosenbaum
Rolf G. Poluha

Spitzenleistungen im Supply Chain Management

Ein Praxishandbuch zur Optimierung mit SCOR

Mit 31 Abbildungen und 33 Tabellen

Springer

Peter A. Bolstorff
102 Boutwell Court
Stillwater, MN, 55082
USA

Robert G. Rosenbaum
1300 E. 9th St.
Cleveland, OH, 44114
USA

Dr. Rolf G. Poluha
20 Perimeter Summit Blvd
Atlanta, GA, 30319
USA

ISBN 978-3-540-71183-4 Springer Berlin Heidelberg New York

Bibliografische Information der Deutschen Nationalbibliothek
Die Deutsche Nationalbibliothek verzeichnet diese Publikation in der Deutschen Nationalbibliografie; detaillierte bibliografische Daten sind im Internet über http://dnb.d-nb.de abrufbar.

Springer ist ein Unternehmen von Springer Science+Business Media

springer.de

Herstellung: LE-TEX Jelonek, Schmidt & Vöckler GbR, Leipzig
Umschlaggestaltung: WMX Design GmbH, Heidelberg

SPIN 11880752 134/3100YL - 5 4 3 2 1 0 Gedruckt auf säurefreiem Papier

Dieses Buch ist Frank J. Eilenberger (1965 – 2002) gewidmet,
einem sehr guten Freund und Bruder im Geiste.
Neben vielen anderen Dingen verdanke ich ihm die
Fähigkeit zum Verständnis einer dialektischen
und holistischen Denkweise.

Geleitwort zur deutschen Ausgabe

Das vorliegende Buch von Peter Bolstorff und Robert Rosenbaum, zwei renommierten und gut ausgewiesenen SCOR-Experten aus den Vereinigten Staaten, ist in der amerikanischen Originalfassung unter dem Titel *Supply Chain Excellence – A Handbook for Dramatic Improvement using the SCOR Model* veröffentlicht worden und seit seinem Erscheinen zu einem Klassiker auf dem Gebiet des Supply Chain Management avanciert.

Das Buch führt den Leser durch jeden einzelnen Schritt eines Projekts zur Analyse und Verbesserung der Supply Chain unter Anwendung des SCOR-Modells. Es orientiert sich dabei eng an der offiziellen und erprobten Methode des *Supply-Chain Council* und macht deutlich, wie SCOR in der Unternehmenspraxis eingesetzt werden kann.

Das primäre Anliegen dieses dank Rolf Poluha, einem SCOR-Experten aus Deutschland, nun auch in deutscher Sprache verfügbaren und zugänglichen Werks besteht darin, Brücken zu schlagen:

- zwischen englischer und deutscher Sprache;
- zwischen amerikanischer und deutscher Denk- und Herangehensweise;
- zwischen akademischer Forschung und Unternehmenspraxis.

Hinzu kommt der Versuch, eine Brücke zu schlagen zwischen der unternehmensinternen Sicht des Supply Chain Management – den Mitarbeitern in den Fachabteilungen der Unternehmen – und der externen Seite – den Beratern, welche die Unternehmen in der SCOR-Anwendung unterstützen sollen. Damit wird das Aufeinandertreffen einer Sichtweise „von innen" und einer Sichtweise „von außen" dargestellt – eine Situation, mit der sich heutzutage nahezu jede Fach- und Führungskraft früher oder später einmal konfrontiert sieht.

Die Art und Weise, wie die damit verbundene Zusammenarbeit charakterisiert werden kann, steht im Einklang mit einer der grundlegenden Anforderungen des Supply Chain Managements: Unternehmen müssen lernen, sich auf vielfältige, flexibel und schnell veränderbare Kooperationen mit einer immer größeren Anzahl von wechselnden Partnern einzustellen, sie als Chance zu begreifen. Das SCOR-Modell kann in dem Zusammenhang einen wesentlichen Beitrag dazu leisten, diese Chance zu nutzen –

und das vorliegende Buch kann dabei helfen, das Ziel erfolgreich in die Tat umzusetzen.

Ein Wort noch zur deutschen Fassung: Das ursprüngliche Werk von Peter Bolstorff und Robert Rosenbaum musste nicht nur übersetzt, sondern darüber hinaus auch adaptiert und teilweise erweitert werden, um es den interessierten Lesern im deutschsprachigen Raum zugänglich zu machen. Dies ist zum einen unter dem sprachlichen Aspekt zu sehen: Die spezielle Fachterminologie erlaubt keine einfache Übersetzung „Wort für Wort". Zum anderen unterscheidet sich die Ausdrucksweise im Amerikanischen deutlich von den gewohnten deutschen Formulierungen zur Darstellung komplexer Sachverhalte. Dies gilt trotz zunehmender Globalisierung auch in starkem Maße für betriebswirtschaftliche Zusammenhänge und ganz besonders im Kontext des Supply Chain Managements. In seiner Eigenschaft als Co-Autor trägt Rolf Poluha auch dazu bei, dass in dieser Hinsicht ein zusätzlicher Mehrwert erreicht wird.

Köln, im März 2007 Prof. Dr. Dietrich Seibt

Prof. Dr. Dietrich Seibt war von 1977 bis 1990 Professor für Betriebswirtschaftslehre, insbesondere Betriebsinformatik an der Universität Essen. Im Zeitraum von 1986 bis 1996 war er außerdem Direktor des von Prof. Dr. Dr. h.c. mult. Erwin Grochla gegründeten *Betriebswirtschaftlichen Instituts für Organisation und Automation an der Universität zu Köln (BIFOA)*. 1990 wurde er an die Universität zu Köln berufen, wo er bis zu seiner Emeritierung im Jahre 2003 der Inhaber des Lehrstuhls für Wirtschaftsinformatik, insbesondere Informationsmanagement war. Seit 2003 leitet er die Forschungsgruppe Informationssysteme und Lernprozesse (ISLP) an der Universität zu Köln.

Vorwort zur deutschen Ausgabe

Die Idee, das Buch *Supply Chain Excellence – A Handbook for Dramatic Improvement Using the SCOR Model* ins Deutsche zu übertragen, hatte ich schon eine ganze Weile, bevor ich deshalb mit den beiden Autoren, Peter Bolstorff und Robert Rosenbaum, Kontakt aufgenommen habe. Genau genommen kam mir die Idee bereits während der Durchführung meiner Doktorarbeit zum Thema SCOR, für das mir das Buch wertvolle Einblicke in die praktische Anwendung des SCOR-Modells gegeben hatte. Vor allen Dingen aber stellte ich im Zusammenhang mit der für die Dissertation erforderlichen eingehenden Literaturrecherche fest, dass es zu der Zeit das einzige war, das sich explizit mit dem SCOR-Modell befasste. Dies gilt selbst bis zum heutigen Tag (Anfang 2007) sowohl für den amerikanischen als auch europäischen Markt – mit der Ausnahme meiner in der Zwischenzeit erschienenen Dissertation, die jedoch zwangsläufig weitaus mehr wissenschaftlich gehalten ist. Das Buch hat sich in den Vereinigten Staaten zu einem regelrechten Klassiker auf seinem Gebiet entwickelt.

Mein erstes Gespräch mit Peter Bolstorff verlief aus mehreren Aspekten heraus sehr positiv: Es stellte sich heraus, dass das Buch zwar bereits ins Spanische übersetzt worden war, nicht jedoch ins Deutsche. Es war auch bereits mit dem amerikanischen Verlag, *AMACOM*, besprochen worden, ebenfalls eine deutschsprachige Ausgabe zu veröffentlichen. Weiterhin kristallisierte sich schnell heraus, dass ich aufgrund meiner akademischen und berufspraktischen Erfahrungen sowie meiner Sprachkenntnisse nicht nur ein geeigneter Übersetzer, sondern vielmehr ein guter Co-Autor wäre, da ich ebenfalls einen inhaltlichen Beitrag leisten konnte. Und schließlich wurde sofort die Bereitschaft geäußert, mich mit allen verfügbaren Kräften bei der Durchführung des Projektes kollegial zu unterstützen.

Trotz der positiven Ausgangslage musste noch eine entscheidende Hürde bewältigt werden: Einen Verlag zu finden, der sich bereit erklärte, das Projekt gemeinsam mit mir durchzuführen und das Buch zu publizieren. Der *Springer-Verlag* war dafür aus zwei Gründen die bevorzugte Wahl: Zum einen als eines der größten und renommiertesten wissenschaftlichen Verlagshäuser in Europa, zum anderen aufgrund der ausgezeichneten Reputation auf dem Gebiet Wirtschaft und speziell im Supply Chain Management. In Dr. Niels Peter Thomas, Associate Editor, Business & Economics bei *Springer*, habe ich einen überaus kompetenten Ansprechpartner gefunden, der das Potenzial der Publikation umgehend erkannt und mich ganz hervorragend bei der Durchführung des Projekts unterstützt hat.

Es war von Anfang an mein Ziel, das ursprüngliche Buch nicht nur sinngemäß und sachkundig zu übersetzen, sondern es außerdem an wirtschaftsraumspezifische Gegebenheiten anzupassen und um neue wesentliche Aspekte zu ergänzen, wie etwa das Erfordernis nach einer Einbeziehung des „Faktor Mensch" und der Berücksichtigung des damit einhergehenden Veränderungsprozesses. Dadurch sind zum einen alle inhaltlichen Stärken der Originalfassung bewahrt worden. Diese werden jedoch in einer sprachlichen und stilistischen Weise präsentiert, die dem Leser im deutschsprachigen Umfeld entgegenkommen und den Effekt vermeiden sollen, dass es sich um ein ins Deutsche übersetztes amerikanisches Buch handelt. Vielmehr war die Absicht, einen möglichst originären Eindruck zu vermitteln.

Zu dem Zweck wurde bewusst angestrebt, englischsprachige Begriffe weitgehend durch deutschsprachige Begriffe zu ersetzen. Die einzige Ausnahme stellen die der offiziellen SCOR-Dokumentation des *Supply-Chain Council*, die bislang ausschließlich in englischer Sprache verfügbar ist, entnommenen Abbildungen und die dazugehörige Nomenklatur dar. Diese wurden größtenteils in der Originalsprache belassen, um diesbezüglich Konsistenz zu gewährleisten. An einer Vielzahl von Stellen wurden erklärende Kommentare zu Fachbegriffen und Verweise auf Literaturquellen, bevorzugt in deutscher Sprache, hinzugefügt. Und es sind gegenüber der Originalvorlage drei Kapitel hinzugekommen: Das erste Kapitel, welches einen Großteil des in der Originalvorlage mit *Introduction* bezeichneten Abschnitts enthält; Kapitel 21, in dem weiterführende Aspekte, die den „Faktor Mensch" und den damit verbundenen Veränderungsprozess betreffen, thematisiert werden; und Kapitel 22, das einen zusammenfassenden und abschließenden Ausblick darstellt und unter anderem auf die Thematik der Geschäftsprozess-Optimierung eingeht.

Das Buch wendet sich hauptsächlich an Führungskräfte und Mitarbeiter aus allen Unternehmensbereichen, die vom Supply Chain Management bzw. der Logistik tangiert werden (Einkauf, Fertigung, Vertrieb, usw.) und weiterhin an Beratungsunternehmen mit Schwerpunkt Strategie-, Prozess- und Systemberatung. Darüber hinaus ist es für Studenten der Betriebswirtschaftslehre und Wirtschaftswissenschaften mit dem Hauptfach Logistik bzw. Supply Chain Management an Universitäten, Fachhochschulen, Berufsakademien und weiterbildenden Schulen, wie etwa Verwaltungs- und Wirtschaftsakademien, gedacht.

Alle verwendeten Eigennamen sind fiktiver Natur und zufällig gewählt. Dies gilt auch für das fiktive Unternehmen, das als Anschauungsbeispiel zur Darstellung der Durchführung eines exemplarischen SCOR-Projekts dient, die Logistik AG. Bei den Namen der Unternehmen, mit denen die Logistik AG Geschäftsbeziehungen unterhält, wurde der Originalfassung gefolgt und auf Firmennamen aus dem realen Wirtschaftsleben zurückgegriffen, um eine Assoziation des Profils und des Leistungsspektrums der jeweiligen Unternehmen ermöglichen, ohne diese erst im Detail darstellen zu müssen. Im Unterschied zur Originalfassung wurden jedoch die amerikanischen Firmennamen durch entsprechende europäische Namen ersetzt. So wurde beispielsweise *Procter & Gamble* zu *Nestlé* und *Wal-Mart* zur *Metro-Gruppe*. Da es sich bei der Logistik AG um ein fiktives Unternehmen handelt, sind folglich auch die dargestellten Geschäftsbeziehungen rein fiktiver Art.

Die Ortsnamen für die Fertigungs- und Lagerstandorte wurden entsprechend dem fiktiven Geschäftssitz des Unternehmens in Deutschland in Frankfurt am Main auf den deutschen bzw. europäischen Wirtschaftsraum übertragen. Dadurch wurde beispielsweise *Des Moines, Iowa* zu *Stuttgart* und *Madison, Wisconsin* zu *Magdeburg*. Bei der Wahl der Orte wurde auf eine sinnvolle Platzierung in einem angedachten Produktions- und Distributionsnetzwerk geachtet. Die Verwendung von Personennamen ist zwar in deutschsprachigen Fachbüchern bei weitem nicht so verbreitet und gängig, wie in vergleichbaren amerikanischen Büchern, wurde aber bewusst beibehalten, um so einen möglichst realitätsnahen Einblick in ein Projekt aus der Unternehmenspraxis zu vermitteln. Allerdings sind die amerikanischen Namen durch europäische Namen ersetzt worden. So wurde z.B. *David Able* zu *Dirk Abele* und *Amanda Messenger* zu *Agnes Johansson*.

Ich hoffe natürlich, dass das Buch zur weiteren Verbreitung des SCOR-Modells und seiner Anwendung beitragen kann. Vor allem aber hoffe ich, dass es helfen kann, dazuzulernen und Dinge künftig noch besser zu machen, denn:

Niemand ist gegen Irrtümer gefeit; das Große ist, aus ihnen zu lernen.

(entnommen aus Popper 1998, S. 193)

Dieses Postulat trifft auf die Durchführung von Supply Chain-Projekten in ganz besonderem Maße zu, die aufgrund ihres integrativen Charakters durch eine spezielle Komplexität gekennzeichnet sind. Im weiteren Verlauf wird gezeigt, warum und wie das SCOR-Modell für den damit verbundenen Erkenntnis- und Lernprozess von großem Nutzen sein kann. Die ideale Vorstellung ist natürlich, Fehler so weit wie möglich proaktiv zu vermeiden oder so frühzeitig wie möglich identifizieren zu können. Auch dazu kann SCOR einen positiven Beitrag leisten, wie ebenfalls in der Folge deutlich gemacht wird.

Danksagung

Ein besonderer Dank geht an meinen Doktorvater, Prof. Dr. Dietrich Seibt, der in seiner Eigenschaft als mein langjähriger Mentor auch ganz wesentlich zum Entstehen des vorliegenden Buches beigetragen hat. Außerdem sind Ergebnisse seiner Arbeiten in das Buch eingeflossen.

Mein weiterer Dank geht an Prof. Richard Welke, leitender Direktor des Center for Process Innovation am J. Mack Robinson College of Business der Georgia State Universität, für seine wertvollen Hinweise zur praktischen Anwendung des SCOR-Modells.

Weiterhin bin ich meinen beiden Autoren-Kollegen, Peter Bolstorff und Robert Rosenbaum, für Ihren fachkundigen Rat und die Freiheiten, die sie mir bei der Adaption gelassen haben, zu Dank verpflichtet, ebenso wie den Mitarbeitern von *AMACOM* und dem *Springer-Verlag* für die ausgezeichnete Zusammenarbeit.

Schließlich möchte ich mich bei Derek Hardy für die hervorragende Unterstützung bei der Übersetzung des Originalmanuskripts sowie bei Traudl Wagner und Birgit Fälchle für die großartige Hilfe bei der Aufbereitung der Schaubilder und Tabellen und der Durchsicht und Korrektur des fertigen Manuskripts bedanken.

Ein ganz persönliches Dankeschön gebührt meiner Frau, Sandra, für ihr Verständnis und ihre Rücksicht, meinen Kindern, Kim Helena und Dion William, für ihren Humor und ihre Aufheiterung und meinen Eltern, Edeltraud und Alfred, dafür, mir dies alles ermöglicht zu haben.

Atlanta, Georgia, im März 2007 Rolf G. Poluha

Übersicht

Inhalt

Abkürzungen

Abb.	Abbildung
Abs.	Absatz
Abschn.	Abschnitt
AG	Aktiengesellschaft
Anm. d. Verf.	Anmerkung des Verfassers
AMR	Advanced Manufacturing Research
Aufl.	Auflage
Bd.	Band
Bez.	Bezeichnung
bzgl.	bezüglich
bzw.	beziehungsweise
ca.	zirka
CCC	Customer-Chain Council
CCOR	Customer-Chain Operations Reference Model
CPFR	Collaborative Planning, Forecast and Replenishment
CRM	Customer Relationship Management
DCC	Design-Chain Council
DCOR	Design-Chain Operations Reference Model
d. Verf.	der Verfasser
E-Business	Electronic Business
E-Commerce	Electronic Commerce
E-SCM	Electronic Supply Chain Management
EDV	Elektronische Datenverarbeitung
ERP	Enterprise Resource Planning
ebd.	Ebenda
etc.	et cetera
f.	folgende
ff.	fortfolgende
F&E	Forschung und Entwicklung
ggf.	gegebenenfalls
GmbH	Gesellschaft mit beschränkter Haftung
Hrsg.	Herausgeber
IKT	Informations- und Kommunikationstechnologie
insbes.	insbesondere

Jg. .... Jahrgang
Kap. .... Kapitel
kfr. .... kurzfristig
lfr. .... langfristig
Mio. .... Millionen
Mrd. .... Milliarden
MRP .... Material Requirements Planning
n.v. .... nicht vorhanden
n.z. .... nicht zutreffend
Nr. .... Nummer
o.g. .... oben genannte
o.J. .... ohne Jahresangabe
o.O. .... ohne Ortsangabe
o.S. .... ohne Seitenangabe
o.V. .... ohne Verfasserangabe
PRTM .... Pittiglio, Rabin, Todd & McGrath
s. .... siehe
s.o. .... siehe oben
SCC .... Supply-Chain Council
SCM .... Supply Chain Management
SCOR .... Supply Chain Operations Reference Model
SRM .... Supplier Relationship Management
Tab. .... Tabelle
u. .... und
u.a. .... unter anderem
u.a. .... und andere (bei Aufzählungen)
u.g. .... unten genannte
u.U. .... unter Umständen
US .... United States
USA .... United States of America
usw. .... und so weiter
VCG .... Value Chain Group
VCOR .... Value Chain Operations Reference Model
VICS .... Voluntary Interindustry Commerce Standards Organization
Verf. .... Verfasser
vgl. .... vergleiche
Vol. .... Volume
vorm. .... vormals
vs. .... versus
z.B. .... zum Beispiel
z.T. .... zum Teil

Einleitung

Um Spitzenleistungen im Supply Chain Management zu erzielen, errichten erstklassige Unternehmen Lieferketten, die auf plötzliche und unerwartete Veränderungen im Markt reagieren. Flexibilität ist entscheidend, da in den meisten Branchen sowohl Angebot als auch Nachfrage häufigeren und größeren Schwankungen unterliegen als früher. Die meisten Firmen bewältigen diese Situation, indem sie Schnelligkeit und Kosten gegeneinander ausspielen. Flexible Lieferketten haben jedoch den Vorteil, sowohl schnell als auch kostengünstig reagieren zu können.

(in Anlehnung an Lee 2005, S. 72)

Aktualität des Themas

Ein anwesendes Mitglied der Geschäftsleitung äußerte sich im Rahmen der abschließenden Frage- und Antwortrunde eines Seminars mit dem Thema *Flexible Lieferketten zur Optimierung des Supply Chain Managements* mit folgender Frage: „Die überwiegende Anzahl unserer Unternehmen verfügt nicht über eine ausreichende Kontrolle ihrer Lieferketten, weder unternehmensintern noch mit ihren Handelspartnern. Welche Hauptgründe könnten uns dazu bewegen, unsere Lieferketten zum Zweck der Verbesserung zu untersuchen?"

Der Seminarleiter beantwortete die Frage folgendermaßen: „Viele Unternehmen sind selbst heute noch nicht in der Lage, ihre Lieferketten präzise zu definieren, was eigentlich keine allzu große Schwierigkeit darstellen dürfte. Wenn Sie tatsächlich in der Lage sind, ihre Lieferkette zu definieren, dann können Sie ihre Lieferkette auch messen. Wenn Sie ihre Lieferkette gemessen haben, werden Sie dabei wahrscheinlich so viele Verbesserungsmöglichkeiten entdeckt haben, dass keine zusätzliche Motivation notwendig sein wird, um Sie davon zu überzeugen, an einer kontinuierlichen Verbesserung ihrer Lieferkette zu arbeiten."

Das vorliegende Buch mit dem Titel *Spitzenleistungen im Supply Chain Management: Ein Praxishandbuch zur Optimierung mit SCOR* hat nicht das Ziel, die grundsätzlichen Möglichkeiten und Stärken des Supply Chain Management zu diskutieren. Die oben aufgeführte Frage und die darauf folgende Antwort sollen als das maßgebliche Argument zur Bedeutung des Supply Chain Management dienen. Der übrige Teil dieses Buches beschäftigt sich vielmehr mit der Frage nach dem *Wie*: Wie können die zwei fundamentalen Prinzipien des Supply Chain Management – die Definition bzw. Messung und die Leistungsverbesserung der Lieferkette – sichergestellt werden.

Als eine Möglichkeit zur Sicherstellung dieser Anforderungen wird das so genannte Supply Chain Operations Reference Model (kurz: SCOR-Modell oder SCOR) vorgestellt. Davenport fasst die zentralen Einsatzgebiete und Vorteile von SCOR treffend folgendermaßen zusammen (ins Deutsche übertragen aus Davenport 2005, S. 102):

> *Eine Vielzahl von Organisationen hat bereits damit begonnen, das SCOR-Modell zur Untersuchung ihrer Prozesse zu verwenden. Anbieter von Anwendungssystemen haben damit begonnen, ihre Anwendungslösungen auf Grundlage der SCOR-Prozesse aufzubauen. Und einige Unternehmen haben bereits großen Nutzen aus einer Analyse ihrer Lieferketten-Prozesse unter Anwendung von SCOR gezogen.*

Auf die genannten Punkte wird im weiteren Verlauf ausführlich eingegangen und dabei versucht, einen möglichst starken Praxisbezug herzustellen. Dabei sollen auch die theoretischen Grundlagen des Modells und der dahinterliegenden betriebswirtschaftlichen Disziplin des Supply Chain Management in ausreichendem Maße verdeutlicht werden.

Intention des Buches

Von allen Konferenzen, Seminaren und individuellen Arbeitssitzungen zur Diskussion des SCOR-Modells waren nur wenige so aufschlussreich wie eine Sitzung, die von fünfzehn Mitgliedern des japanischen Regionalverbandes des *Supply-Chain Councils (SCC)*, einem auf dem Gebiet des Supply Chain Management aktiven Beirats, auf den im weiteren Verlauf noch detailliert eingegangen wird, abgehalten wurde. Diese Sitzung, bei der simultan übersetzt wurde, begann mit einem ausgezeichneten Vortrag, dem eine interaktive Diskussion folgte.

Die hauptsächlichen Erkenntnisse, die aus der Sitzung gezogen werden konnten, betrafen die strategische Ausrichtung und Bedeutung des SCOR-Modells für den Einsatz durch weltweit führende Organisationen. Die erste Erkenntnis war, dass eine angemessene, fachkundige Anleitung bei der Durchführung von erheblicher Bedeutung für sämtliche Lieferketten-Projekte ist, da diese in der Regel sehr komplexer Natur sind und mehr als die reinen Transport- und Logistikelemente beinhalten. Außerdem ist ein erhöhtes Verständnis der organisatorischen Vorteile bezüglich den Finanzen, Kunden und Mitarbeitern eines Unternehmens erforderlich. Diejenigen Führungskräfte, welche den Nutzen und die Vorteile von Lieferketten-Projekten verstehen, neigen viel eher dazu, die notwendigen finanziellen Mittel und die Unterstützung dafür aufzubringen.

Die zweite Erkenntnis betraf das SCOR-Modell selbst. SCOR stellt, im eigentlichen Sinne des Wortes, einen globalen Ansatz dar, der universell angelegt und in jeder Sprache verständlich ist. Weltweit stellen Führungskräfte, unabhängig von ihrer Branche und der Art ihrer Produkte, die gleichen Fragen zu SCOR, wie zum Beispiel:

- Was ist SCOR?
- Wie ist SCOR entstanden?
- Was sind die Vorteile von SCOR?
- Wer arbeitet an der Weiterentwicklung von SCOR?
- Wie wird SCOR angewendet?
- Wer wendet SCOR an?
- Wie und wo kann man mehr über SCOR erfahren?

Die Fragen der Teilnehmer des Seminars, die aus allen möglichen Ländern kamen, waren in sämtlichen Sprachen nahezu die gleichen und konnten alle direkt oder indirekt einem der Punkte in der obenstehenden Liste zugeordnet werden.

Spitzenleistungen im Supply Chain Management ist ein Handbuch für diejenigen, die besser verstehen wollen, wie Verbesserung der Lieferkette erzielt werden können und die dabei die nachgewiesene Zuverlässigkeit und Anwendbarkeit eines diesbezüglichen Ansatzes in Anspruch nehmen möchten, um die erforderliche Qualität bei der Verbesserung ihrer Lieferketten zu sichern. Das Buch schildert die Aktivitäten eines fiktiven Unternehmens, der Logistik AG, welches mittels der Anwendung von SCOR damit beginnt, sein Supply Chain Management durch den Einsatz von SCOR zu optimieren.

Aufbau des Buches

Spitzenleistungen im Supply Chain Management schildert den Ablauf eines beispielhaften SCOR-Projekts bei der Logistik AG und führt durch die acht Schritte des Lebenszyklus eines typischen SCOR-Projekts. Diese sind im Einzelnen:

- Die Schaffung von Unterstützung zur Durchführung eines erfolgreichen Projekts zur Verbesserung der Supply Chain-Prozesse;
- Die Schaffung von Einigkeit und Zustimmung im Hinblick auf die geplanten Aktivitäten;
- Die Organisation dieser Aktivitäten, um sie erfolgreich umsetzen zu können;
- Die Durchführung einer Konkurrenzanalyse, um die Verbesserungspotenziale zu definieren;
- Die Schaffung einer Plattform, um die erwarteten Veränderungen richtig zu positionieren;
- Die Ausrichtung von Unternehmens- und Lieferketten-Strategie einerseits und von Material- und Informationsflüssen sowie Arbeitsabläufen andererseits mit dem Ziel, die richtigen Schwerpunkte zu setzen;
- Die Schaffung einer quantitativen Basis, um den finanziellen Wert dieser Änderungen in konkrete Zahlen zu fassen;
- Die Implementierung dieser Änderungen, um einen langfristigen Konkurrenzvorteil zu erzielen.

Dieses Buch stellt Richtlinien für die Anwendung von SCOR zur Verfügung und erläutert die einzelnen Schritte, die bei der Durchführung einer SCOR-Initiative zu beachten sind. Um dieses Ziel zu erreichen, wurde *Spitzenleistungen im Supply Chain Management* auf der Basis eines wöchentlichen Zeitplanes strukturiert, welcher realistisch erzielbare Aufgabenpläne zur Verfügung stellt, um eine Projektgruppe innerhalb von siebzehn Wochen durch die acht oben aufgeführten Projektschritte zu begleiten. Das eigentliche SCOR-Projekt durchlauft dabei zunächst vier grundlegende Phasen:

- Phase I: Ermittlung der Möglichkeiten (Projektwoche 1)
- Phase II: Konkurrenzanalyse (Projektwoche 2 bis 4)
- Phase III: Analyse und Neugestaltung der Materialflüsse (Projektwoche 5 bis 11)
- Phase IV: Analyse und Neugestaltung der Arbeitsabläufe und Informationsflüsse (Projektwoche 12 bis 17).

Die einzelnen Kapitel beschäftigen sich ausführlich mit den jeweiligen durchzuführenden Aufgaben in den entsprechenden Wochen. Die Aufgaben werden vorher in Arbeitssitzungen bestimmt, welche über zwei Tage gehalten und bei denen alle notwendigen Folgeeinsätze festgelegt werden. Sie schließen Beispiele, Ergebnisse, Tabellen und Abbildungen ein, um die Darstellung der individuellen Schritte so anschaulich wie möglich zu gestalten.

Die Abfolge der einzelnen Kapitel ist in einem weitergefassten Kontext zu sehen, in dem durch die Einbeziehung des Veränderungsmanagements und des organisationalen Lernens (siehe hierzu Kapitel 21) und der Geschäftsprozess-Optimierung (siehe hierzu Kapitel 22) ein Prozess initiiert wird, welcher zu einer fortlaufenden Verbesserung der Lieferkette im Rahmen eines optimierten Supply Chain Managements beitragen kann.

Das nachfolgende Schaubild versucht, die verschiedenen Phasen und relevanten Begriffe in einem grafischen Kontext darzustellen.

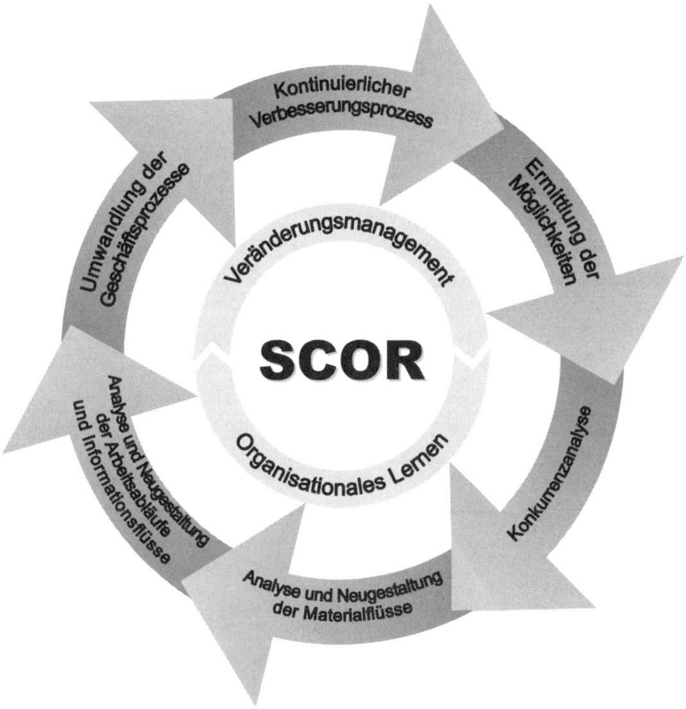

Abb. 1: Phasenkonzept zur Optimierung des Supply Chain Managements mit SCOR

Eine wichtige Anmerkung noch vor dem Einstieg in das SCOR-Projekt: Die Logistik AG ist ein fiktives Unternehmen und deren Mitarbeiter sind frei erfunden. Es handelt sich um eine exemplarische Zusammensetzung von fiktiven Umständen, welche bei einer Vielzahl von SCOR-Projekten in der Praxis beobachtet werden konnten.

Das primäre Ziel war hierbei die praxisnahe Darstellung eines Projekts bei gleichzeitiger Einhaltung der Kontinuität, um eine größtmögliche Auswahl an Problemen und Ereignissen anzusprechen und dem Leser dadurch zu ermöglichen, den gesamten Ablauf eines SCOR-Projekts – vom Projektbeginn bis zum Projektabschluss und darüber hinaus – verfolgen und nachvollziehen zu können.

Kapitel 1: Die Supply Chain und ihre Bedeutung

Führende Unternehmen haben inzwischen erkannt, dass der Wettbewerb in Wahrheit zwischen ihren Lieferketten stattfindet.

(ins Deutsche übertragen aus Christopher 2004, S. 16)

1.1 Supply Chain Management – Planung, Steuerung und Kontrolle der Lieferkette

Die Begriffe *Supply Chain* und *Lieferkette* werden in der Folge synonym verwendet, ebenso wie die daraus abgeleiteten Begriffe *Supply Chain Management* und *Lieferketten-Management*. Teilweise findet sich hierfür auch der Begriff der *Logistischen Kette* oder *Logistikkette*. Der Unterschied liegt darin, dass sich der Schwerpunkt der Logistikkette auf die (physischen) Tätigkeiten der Logistik im engeren Sinne erstreckt. Die Lieferkette deckt daneben auch die begleitenden Geld- und Informationsflüsse ab und ist wesentlich weiter gefasst.

Wie bei den meisten viel versprechenden Neuerungen, ist das Supply Chain Management im Laufe der letzten zehn Jahre auf vielfältige Weise definiert und neudefiniert worden. Die Definitionen sind überwiegend vom Grad ihrer Motivation und ihrem Interesse abhängig. Ein Lieferant für Technologieprodukte, der den Versuch unternimmt, Anwendungslösungen zu verkaufen, würde das Supply Chain Management eventuell mit dem Gebrauch eines fortschrittlichen Planungssystems gleichsetzen. Ein unabhängiger Logistikdienstleister, der den Versuch unternimmt, andere von seiner Auslagerungskapazität zu überzeugen, könnte es möglicherweise in Verbindung mit seinen vorhandenen Verteilungspraktiken anwenden. Und die Führungskräfte eines Beratungsunternehmens, welche ihre Dienstleistungen verkaufen, würden wahrscheinlich versuchen, die Anwendung des Supply Chain Management mit ihren diesbezüglichen Strategien und Methoden in Einklang zu bringen (für einen umfassenden Überblick zur Thematik des Supply Chain Management siehe beispielsweise Alicke 2005, Arndt 2005, Beckmann 2004, Busch und Dangelmaier 2004, Cohen

2006, Kuhn und Hellingrath 2002, Thaler 2003, Thonemann 2005, Wannenwetsch 2005, Werner 2002).

1.2 Aspekte zur Verbesserung der Lieferketten-Leistungsfähigkeit

Die durch den Einsatz von SCOR angestrebten Möglichkeiten zur Verbesserung der Leistungsfähigkeit der Lieferkette werden an einer Vielzahl von Stellen ersichtlich, wie beispielsweise:

- Gewinn-und-Verlust-Berichte
- Bilanzen
- Die wesentlichen Leistungskennzahlen und Leistungsmessgrößen eines Unternehmens
- Befragungen zur Mitarbeiterzufriedenheit
- Berichtskarten der Kunden
- Berichte über die Konkurrenz am Markt
- Einschätzungen und Zusammenfassungen von Analytikern.

Die unter dem dritten Aufzählungspunkt gemachte Unterscheidung zwischen Leistungskennzahlen und Leistungsmessgrößen ist wie folgt zu verstehen: Leistungsmessgrößen dienen zur unmittelbaren Messung und Operationalisierung der Leistung bestimmter Prozesse und Aktivitäten. Sie repräsentieren so genannte absolute Werte, d.h. sie ergeben sich aus Einzelzahlen. Dagegen stellen die Leistungskennzahlen so genannte Verhältniswerte dar, d.h. sie setzen zwei oder mehr absolute Werte miteinander in Beziehung (vgl. Preißner 2003, S. 178 ff.). Diese Unterscheidung spiegelt sich unmittelbar in der SCOR-Dokumentation wider und ist deshalb im weiteren Verlauf noch von Bedeutung.

Die Probleme im Hinblick auf die Lieferketten-Leistung erreichen letztendlich einen Punkt, an dem ein Unternehmen gezwungen ist, Maßnahmen zur diesbezüglichen Verbesserung einzuleiten. Es handelt sich dann nicht mehr um eine Frage des *warum*, sondern vielmehr um die Frage, *wie* diese Maßnahmen eingeleitet werden könnten. Führende Unternehmen aus allen beliebigen Branchen verfügen über motivierte und talentierte Führungskräfte, die sich bereits mit integrierten Lieferketten beschäftigt haben. Jedoch sind viele dieser Führungskräfte dabei auf mehr oder weniger große Probleme gestoßen. Dadurch werden Projekte häufig gestoppt und unternehmenskritische Initiativen werden nicht zu Ende geführt.

Dazu muss es aber nicht zwangsläufig kommen und es gibt Möglichkeiten, die Lieferkette Schritt für Schritt zu analysieren und daraus resultierende Maßnahmen zur Steigerung der Lieferketten-Leistung abzuleiten. SCOR stellt einen solchen strukturierten Ansatz dar. Die Struktur des SCOR-Modells ist nicht nur exakt und klar definiert, sondern auch flexibel. Dies ermöglicht einen Einsatz innerhalb einer jeden Branche und bei nahezu allen Lieferketten-Problemen.

1.3 Typische Szenarien für Geschäftsprobleme im Supply Chain Management

In den SCOR-Projekten, an denen die Autoren beteiligt waren, konnten elf gemeinsame Geschäftsprobleme identifiziert werden, welche in fast allen Situationen vorkommen. Einige dieser Probleme kommen selten zum Vorschein, während andere in nahezu allen Unternehmen vorhanden sind. Die Motivation, das vorliegende Buch zu lesen, und das damit zusammenhängende Interesse am Supply Chain Management lassen den Schluss zu, dass die Leser sich und ihr Unternehmen zumindest in einigen der nachfolgend geschilderten Szenarien wiedererkennen werden.

1.3.1 Szenario Nummer eins: Erstellung eines Technologie-Investitionsplans

Die Leiterin einer Informationsabteilung hatte sich vor dem Jahr 2000 gegen die Einführung eines betrieblichen Planungs- und Warenwirtschaftssystems ausgesprochen mit der Begründung, dass die Rechtfertigung, man wäre daraufhin für das Jahr 2000 gerüstet, nicht ausreichen würde, die Anstrengungen und Kosten auf sich zu nehmen, welche mit der Implementierung eines solchen Systems verbunden sind.

Selbst nach dem Jahr 2000, als diese Abteilungsleiterin die rapide Entwicklung von Internet-basierten Anwendungen und fortschrittlichen Planungssystemen beobachtete, besaß sie noch keinen Technologie-Investitionsplan, der die Strategie des Unternehmens unterstützt hätte.

1.3.2 Szenario Nummer zwei: Suche nach der Gesamtkapitalrentabilität

Ein Unternehmen hatte die Anwendungslösung für sein betriebliches Planungs- und Warenwirtschaftssystem gerade zu der Zeit gekauft, als einer seiner Lieferanten unter Druck stand, seine eigenen Verkaufsziele am Ende des Quartals zu erreichen. Der Vertrag hatte alle neuen Anwendungen mit einbezogen: Kundenbeziehungsmanagement, Finanzbereich, Beschaffungswesen, Portale (virtuelle Marktplätze, die den Anwendern – Kunden und Lieferanten – die elektronische Abwicklung von Geschäften ermöglichen), Lieferketten-Planung und -Ausführung, usw.

Nun suchte die Geschäftsführung nach einer Antwort auf eine schwierige Frage: Wann wird die damit verbundene Verbesserung der Gesamtkapitalrentabilität im Geschäftsbericht ersichtlich sein? Die Gesamtkapitalrentabilität wird prinzipiell ermittelt, indem der Nettogewinn ins Verhältnis zum Gesamtkapital gesetzt wird. Da die Gesamtkapitalrentabilität die Verzinsung des gesamten im Unternehmen investierten Kapitals angibt, ist sie zum vorliegenden Zweck aussagefähiger als die Eigenkapitalrentabilität (vgl. etwa Wöhe und Döring 2005, S. 53 ff.).

1.3.3 Szenario Nummer drei: Erstellung einer Lieferketten-Strategie

Die Leiter der Abteilungen Verkauf, Marketing und Produktion eines Unternehmens hatten ihre eigenen, jeweils gut gegliederten Strategien für die Entwicklung der Lieferketten-Kompetenz innerhalb ihrer jeweiligen Abteilungen zusammengestellt. Dabei wird unter der *Lieferketten-Kompetenz* die auf die Lieferkette bezogene Fähigkeit verstanden, innovative Produkte in höchster Qualität zu marktfähigen Preisen schneller als die Konkurrenz herstellen und vertreiben zu können (in Anlehnung an Schäfer und Seibt 1998, S. 365).

Danach investierten sie, mit erkennbaren Erfolgen, in Anwendungstechnologien, Herstellungsverfahren und Produktentwicklungen. Was jedoch noch fehlte war ein umfassender Entwurf, der ihre individuellen Anstrengungen kombinieren würde, um den Umsatz und die Leistung innerhalb des gesamten Unternehmens zielgerichtet voranzutreiben.

1.3.4 Szenario Nummer vier: Implementierung einer Lieferketten-Strategie

Der für das Supply Chain Management verantwortliche Abteilungsleiter eines Unternehmens rief seine besten Gruppenleiter zusammen, um an einer Sitzung zur Findung neuer Ideen teilzunehmen. Das angestrebte Ergebnis dieser Sitzung stellte die Identifizierung von rund fünfundvierzig relevanten Projekten dar. Als die Gruppenleiter jedoch mit der Implementierung dieser Projekte begannen, waren die Resultate weniger ermutigend.

Die Führungskräfte der darunterliegenden Hierarchieebene standen vor dem Dilemma, verschiedene Initiativen mit denselben vorhandenen finanziellen und technischen Ressourcen und Arbeitskräften unterstützen zu müssen. Die Ziele schienen miteinander in Konflikt zu stehen, was eine Neuausrichtung der Ziele und Priorisierung der Projekte erforderlich machte, um die zur Verfügung stehenden Ressourcen besser einsetzen zu können.

1.3.5 Szenario Nummer fünf: Verbesserung der Absatz- und Produktionsplanung

Der Fertigungsleiter eines Unternehmens hatte ernsthafte Probleme mit der Zahlungs-Zykluszeit (der benötigten Zeit, bis ein bestimmter Betrag in das Unternehmen zurückgeflossen ist, nachdem er für die Materialbeschaffung ausgegeben wurde) und der abnehmenden Kundenzufriedenheit. Diese Probleme waren allesamt auf die Nichtverfügbarkeit von Lagerbeständen für Rohmaterialien und Halbfabrikaten, zu geringe Fertigungskapazitäten, schlechte Prognosen und erhebliche Lagerbestandszunahmen bei Endprodukten zurückzuführen.

Die daraus resultierende Aufgabe wurde in der Beseitigung der Planung- und Prognoseprobleme gesehen, die als unternehmenskritisch eingestuft wurden, da sie sich bereits auf die Bilanz auswirkten.

1.3.6 Szenario Nummer sechs: Erfüllen finanzieller Verpflichtungen

Der neue Geschäftsführer hatte dem Aufsichtsrat sein Versprechen gegeben, eine Verbesserung des Gewinnanteils zu erzielen. Eine Analyse der Bilanzen und Gewinn- und Verlustberichte von Konkurrenten zeigte, dass die direkten und indirekten Kosten des Unternehmens nicht planmäßig verliefen und die Zahlungszykluszeit zu lang war.

Die Abteilungsleiter wurden daraufhin mit der Identifizierung von Verbesserungsmöglichkeiten beauftragt, um ein Ergebnis zu erzielen, das die Aktionäre zufrieden stellen würde. Damit sollte unter anderem die Verlässlichkeit des Geschäftsführers unter Beweis gestellt werden.

1.3.7 Szenario Nummer sieben: Sicherstellung von Unterstützung und Kompetenz

Der Leiter einer neu gebildeten Gruppe zur Lösung von Lieferketten-Problemen benötigte einen Ansatz zur Bewertung und Durchführung neuer Projekte, der sich in der Vergangenheit als erfolgreich erwiesen hatte. Dies erforderte die Dokumentation aller Anwendungsbeispiele und den Nachweis ihrer Messbarkeit sowie der Fähigkeit, einheitlich und nachvollziehbar einsetzbar zu sein.

Der Gruppenleiter musste daraufhin die relevanten Mitarbeiter des Unternehmens von der Wirksamkeit des Ansatzes überzeugen. Dies setzte die einfache Anwendbarkeit und kostengünstig Verfügbarkeit des Ansatzes voraus und erforderte Überzeugungsarbeit auf der Geschäftsführungsebene, um von dort die erforderliche Unterstützung zu erhalten. Abschließend musste der Gruppenleiter eine Projektgruppe an Mitarbeitern zusammenstellen, welche die Methode anwenden könnte, um möglichst rasch Ergebnisse zu liefern.

1.3.8 Szenario Nummer acht: Optimierung des betrieblichen Planungs- und Warenwirtschaftssystems

Während der Einführung eines neuen betrieblichen Planungs- und Warenwirtschaftssystems und der damit verbundenen Automatisierung bei einem bestimmten Unternehmen, ergaben sich plötzlich Unstimmigkeiten. Der Projektleiter ahnte die Ursache hierfür: Das Unternehmen war streng nach vertikalen Funktionsbereichen (Produktion, Absatz, usw.) organisiert, welche für die Ausführung der jeweiligen Geschäftsprozesse anhand der derzeitig gültigen Vorgaben zuständig waren.

Das Planungs- und Warenwirtschaftssystems war jedoch überwiegend horizontal ausgerichtet und im Hinblick auf die Abwicklung von Einkaufsaufträgen, Verkaufsaufträgen, Prognosen, Stammdaten, usw. konfiguriert. Eine Frage, die sich folglich stellte, war: Wie konnte die bestehende Organisationsstruktur von einer (funktionsorientierten) Aufbauorganisation in eine (prozessorientierte) Ablauforganisation umgewandelt werden?

1.3.9 Szenario Nummer neun: Maximierung der Anwendung vorhandener Technologien

Der Leiter der Abteilung für Informationstechnologie stand unter starkem Druck seitens seiner Kollegen, ein zwei Jahre altes Anwendungssystem zur Abwicklung von Geschäftsabläufen durch ein neues System zu ersetzen, welches eine fortschrittliche Planung der Lieferketten ermöglichen würde. Die Analyse der Kapitalrentabilität der Investition führte jedoch zu Unstimmigkeiten.

Eine detaillierte Untersuchung hatte ergeben, dass nicht alle Führungskräfte mit dem vorhandenen System unzufrieden waren, wie angenommen worden war. Andererseits entdeckte der Abteilungsleiter eine direkte Abhängigkeit zwischen der Zufriedenheit der Führungskräfte und ihren geleisteten Anstrengungen zum Erlernen der Anwendung des Systems. Diejenigen Führungskräfte, die am wenigsten zufrieden waren, hatten nämlich bei der Einführung des Systems keine ausgesprochene Begeisterung für die neuen Funktionalitäten und Möglichkeiten gezeigt und verwendeten als Konsequenz daraus nur einen eingeschränkten Funktionsumfang des zur Verfügung stehenden Systems. Die Aufgabe, die darin erkannt wurde, lag folglich darin, diese Führungskräfte besser zu motivieren, die bestehende Funktionalität besser auszunutzen.

1.3.10 Szenario Nummer zehn: Erzielen betrieblicher Spitzenleistungen

Die Führungskräfte einigten sich darüber, die Differenzierung ihres Unternehmens mittels einer „Strategie betrieblicher Spitzenleistungen" anzustreben. Weitere Möglichkeiten zur Differenzierung stellte der direkte Kundenbezug und die Produktinnovation dar.

Mit ihrer Entscheidung hatten sich die Führungskräfte unter anderem dazu verpflichtet, festzulegen, wie mit ihrer Lieferkette Spitzenleistungen erzielt werden könnten.

1.3.11 Szenario Nummer elf: Unternehmensverschmelzungen und Übernahmen

Die Führungskräfte aus zwei Unternehmen, welche das Ergebnis einer Verschmelzung von zwei Firmen darstellten, mussten sicherstellen, dass der Zusammenschluss reibungslos verlief und kurzfristige Synergieeffekte genutzt werden konnten. Eine besondere Herausforderung während der Integrations- und Stabilisationsphasen der Fusion lag dabei in den Anstrengungen zur Verbesserung der Effizienz der Materialflüsse, der Technologieplattformen, den Arbeitsabläufen und Informationsflüssen und der Produktionskapazität – unter Beibehaltung der notwendigen Sorgfalt.

Dabei stellt die Effizienz ein mögliches Unterziel der Effektivität dar. *Effektivität* wird in der Betriebswirtschaftslehre als Grad der Zielerreichung definiert und ist dementsprechend eine Maßgröße für die Arbeitsleistung. Es geht folglich darum, die richtigen Dinge zu tun. Die *Effizienz* stellt eine Relation von Eingangsvariablen und Ausgangsvariablen dar und kann deshalb als Maßstab für die Ressourcenwirtschaftlichkeit dienen. Es geht somit darum, die Dinge, die getan werden, richtig zu tun.

Die Effektivität impliziert beispielsweise ein attraktives Preis-/Leistungsverhältnis für den Kunden, Wettbewerbsvorteile in den nutzenrelevanten Qualitätselementen, einen zielkonformen Markteinführungszeitpunkt oder einen plan- bzw. überplanmäßigen Absatz der neuen Produkte. Als effizient gelten Aktivitäten dann, wenn sie mit relativ geringen Kosten, einer relativ kurzen Entwicklungszeit oder der Nutzung von Synergieeffekten einhergehen (vgl. etwa Schierenbeck 2003, S. 593 f. und Seibt u.a. 1997, S. 20 f.).

1.3.12 Fazit zu den Geschäftsproblem-Szenarien

Die dargestellten Szenarien haben eines gemeinsam: SCOR hat in allen Fällen dazu beigetragen, Lieferketten zu analysieren, die damit verbundenen Probleme zu identifizieren und daraus resultierende Änderungen, welche zu einer Leistungsverbesserung beitragen können, zu definieren. Abgesehen von der eher taktisch ausgerichteten und kurzfristigen Perspektive hatte SCOR zusätzlich dabei geholfen, das Verhalten der Organisationen von einer eher reaktiven Perspektive hin zu einer mehr strategischen und integrierten Sichtweise, bei der seine Kunden im Mittelpunkt standen, zu bewegen. SCOR hat darüber hinaus auch maßgeblich bei der Aneignung einer Kernkompetenz zur Lösung von lieferkettenspezifischen Problemstellungen und damit zur Erreichung von Unternehmenszielen beigetragen.

Entgegen der traditionellen Sichtweise, in der das Supply Chain Management lediglich ein Teil der operativen Zieldefinition war, hat es in den letzten Jahren eine strategische Funktion erlangt, die unmittelbar zum Unternehmenserfolg beiträgt und ist gleichzeitig zu einem immanenten Bestandteil der Unternehmensstrategie geworden. Der Standpunkt, der sich mehr und mehr durchsetzt, ist, dass das Supply Chain Management die Geschäftsstrategie vieler Unternehmen sowohl determiniert als auch ermöglicht. Anders gesagt: Das Supply Chain Management ist gleichzeitig Voraussetzung für die erfolgreiche Umsetzung der Geschäftsstrategie und determinierender Faktor für die Bestimmung der Geschäftsstrategie (vgl. etwa Evans und Danks 1990, S. 18 ff.).

Kapitel 2: Das Supply Chain Operations Reference Model (SCOR-Modell)

Die Anwendung von SCOR ist zu einem Teil der Unternehmenspraxis geworden. SCOR kann unter anderem Hinweise auf die relevanten Leistungskennzahlen geben, um einen Überblick darüber zu bekommen, wo das eigene Unternehmen im Vergleich zur Konkurrenz steht. SCOR ist außerdem einfach anzuwenden, und ich frage mich, warum es nicht von jedem Unternehmen eingesetzt wird.

(ins Deutsche übertragen aus Latham 1999, S. 91. Der Autor zitiert Gerry Perez, Senior Vice President – Technical Operations des Unternehmens Boehringer-Ingelheim, Inc., dem amerikanischen Tochterunternehmen von Boehringer-Ingelheim mit Stammsitz in Darmstadt)

2.1 Das SCOR-Modell als ein Ansatz zur Beschreibung der Lieferkette

Das Supply Chain Operations Reference Model (SCOR-Modell) stellt einen möglichen Ansatz dar, um die Lieferkette einer Organisation zu definieren. Dem Begriff *Ansatz* wurde in dem Zusammenhang bewusst der Vorzug vor möglichen Begriffen wie Methode, Verfahren oder Werkzeug gegeben. Der Grund hierfür liegt in der Bedeutung der verschiedenen Begriffe.

Eine *Methode* kann in dem Kontext definiert werden als systematische Vorgehensweise bzw. Regeln und Vorschriften, die zur Abwicklung einer Reihe von Aktivitäten angewendet werden, um bestimmte Gestaltungsziele zu erreichen. Demgegenüber stellt ein *Verfahren* eine ausgeprägte bzw. ausgereifte Methode dar, welche die Vorgehensweise zur Erreichung von bestimmten Gestaltungszielen bis auf die Ebene einzelner Arbeitsschritte regelt. Und ein *Werkzeug* bezeichnet schließlich ein computergestütztes System bzw. Verfahren, von dem zumindest Teile programmiert und auf Computern zum Ablauf gebracht werden (vgl. etwa Seibt 2004, S. 19).

Alle dargestellten Begriffe haben demnach Gestaltungscharakter. Das SCOR-Modell dient jedoch nicht zur Gestaltung, sondern zur Beschreibung der Lieferkette. Es stellt folglich ein Beschreibungsmodell, nicht ein Gestaltungsmodell dar. Der *Supply-Chain Council* weist darauf unmissverständlich gleich eingangs der SCOR-Modellbeschreibung folgendermaßen hin: Das SCOR-Modell wurde entwickelt, um die Geschäftsaktivitäten zu beschreiben, die mit allen erforderlichen Phasen verbunden sind, um Kundenanforderungen zu erfüllen *(The SCOR model has been developed to describe the business activities associated with all phases of satisfying a customer's demand)* (übernommen und ins Deutsche übertragen aus Supply-Chain Council (1) 2006, S. 2). Das bedeutet jedoch nicht, dass die Anwendung des Modells eine nachfolgende bzw. darauf aufbauende Optimierung der Lieferkette ausschließt. Ganz im Gegenteil, es macht sogar explizite Vorschläge in der Richtung, beispielsweise in Form von führenden Geschäftspraktiken (siehe etwa Kapitel 13 und 17). Es bedeutet aber, dass die oben genannten Begriffe nicht passend sind.

Aus dem Grunde wird der Begriff *Ansatz* verwendet und definiert als *das probeweise Darstellen der gesuchten Lösung eines Problems durch eine Funktion, die nur noch wenige freie Parameter enthält* (entnommen aus Meyers Großes Taschenlexikon 2006, S. 270 f.). Diese Begriffsdefinition steht auch im Einklang damit, dass es sich bei SCOR um ein so genanntes *normatives Modell* handelt. Ein normatives Modell setzt sich aus einem vordefinierten Satz an Alternativen zusammen und beschreibt, wie ein Objekt des Modells gesehen werden und wie es sich verhalten sollte. Der Wert von normativen Modellen liegt primär in der Vereinfachung der Modellierung durch einen höheren Abstraktionsgrad, der Ermöglichung des Austauschs von Modellen über Unternehmenseinheiten und Organisationen hinweg, der Beschreibung von allgemeingültigen Problemen und Kennzahlen sowie dem Austausch von Industrienormen und führenden Geschäftspraktiken mittels Standardisierung (vgl. Welke 2003, S. 13 ff.). Im vorliegenden Zusammenhang handelt es sich konkret um das Supply Chain Operations Reference Model als ein standardisierter und branchenübergreifender Ansatz. Das SCOR-Modell stellt die Grundlage für den Inhalt dieses Buches dar und wird im nächsten Kapitel ausführlich vorgestellt.

SCOR repräsentiert konkret ein *Geschäftsprozess-Referenzmodell* oder *Referenzinformationsmodell*, welche den oben genannten normativen Modellen zuzurechnen sind. Ein Informationsmodell ist ein Modell, das ein Informationssystem eines Unternehmens repräsentiert. Ein Referenzinformationsmodell (kurz: Referenzmodell) ist ein konkretes Informationsmodell für ein Unternehmen, das vom Einzelfall abstrahiert und zur Darstellung eines standardisierten Ausschnitts der Realität verwendet wird.

Referenzmodelle unterstützen die Entwicklung eines individuellen Informationsmodells eines Unternehmens (vgl. Fettke und Loos 2003, S. 35 ff.).

Es handelt sich bei SCOR im Besonderen um ein Modell, welches Prozess-Elemente, Leistungskennzahlen, optimale Geschäftspraktiken und die Besonderheiten bezüglich der Ausführung von Lieferkettenaktivitäten in einer ganz speziellen Weise verbindet. Neben SCOR gibt es noch eine Reihe weiterer Ansätze für normative Geschäftsprozessmodelle, wie beispielsweise das von Grochla entwickelte *Kölner Integrationsmodell (KIM)*, das *Modell der ganzheitlichen Informationssystem-Architektur (ISA)* von Krcmar und die von Scheer entwickelte *Architektur integrierter Informationssysteme (ARIS)* (für nähere Informationen zu den genannten Ansätzen vgl. etwa Cremer 2004, S. 35 ff.). Die Besonderheit des SCOR-Modells in dem Zusammenhang ist, dass es sich speziell auf die Lieferkette von Unternehmen konzentriert.

Die erste offizielle Version des SCOR-Modells wurde im Herbst 1996 veröffentlicht. Die Gruppe von Mitarbeitern einer neu gebildeten internen Beratungsgruppe des Unternehmens Imation, das erst kurz vorher vom Mutterunternehmen 3M abgespalten worden war, war eines der ersten, das sich mit dem Modell und seiner Anwendung befasste. Einer der Mitarbeiter der Projektgruppe war Peter Bolstorff, der seitdem eng mit dem Modell gearbeitet und andere in dessen Anwendung angeleitet hat. Außerdem war er innerhalb des *Supply-Chain Councils* aktiv in die Weiterentwicklung von SCOR eingebunden. Dadurch hat er eine Vielzahl von Fragen um das SCOR-Modell herum gestellt bekommen und musste Antworten darauf finden. Unter den Fragen, die am häufigsten vorkamen, waren die folgenden:

- Was ist der *Supply-Chain Council*?
- Was ist SCOR?
- Welchen Beitrag kann SCOR zur Verbesserung meiner Lieferketten-Prozesse leisten?
- Wie kann meine Organisation mit dem Einsatz von SCOR beginnen?

Der Erfahrungsschatz von Peter Bolstorff steht stellvertretend für das Autorenteam. Robert Rosenbaum und Rolf Poluha befassen sich ebenfalls seit vielen Jahren aktiv mit dem SCOR-Modell, seiner Anwendung und Fortentwicklung und waren auch aktiv in die Aktivitäten des *Supply-Chain Councils* eingebunden. So hat etwa Rolf Poluha neben der Durchführung von SCOR-basierten Supply Chain-Projekten als Mitglied des vom *Supply-Chain Council* initiierten *SCOR Best Practices Team* an der Weiterentwicklung von führenden Geschäftspraktiken, welche einen zentralen Bestandteil von SCOR darstellen, mitgewirkt.

2.2 Der Supply-Chain Council

Der *Supply-Chain Council*, abgekürzt *SCC* (www.supply-chain.org), ist eine unabhängige, nicht-gewinnorientierte Vereinigung, die 1996 als eine Art „Basisinitiative" von der Beratungsfirma Pittiglio, Rabin, Todd & McGraw, PRTM (www.prtm.com) und Advanced Manufacturing Research, AMR (www.amrresearch.com) gegründet wurde, um ein standardisiertes Lieferketten-Modell zu entwickeln. Unter den Organisationen, die zu Beginn beteiligt waren, waren beispielsweise Unternehmen wie Bayer, Compaq, Procter & Gamble, Lockheed Martin, Nortel, Rockwell Semiconductors, Texas Instruments, 3M, Cargill. Insgesamt waren knapp siebzig weltweit führende Firmen zum Zeitpunkt der Gründung des SCC beteiligt.

Die Aufgaben des SCC liegen heute primär in der Verbreitung der Anwendung des SCOR-Modells. Das SCC greift hierzu auf Maßnahmen wie Weiterentwicklung des Modells, Erforschung von Lieferketten-Prozessen und -Anwendungen, Schulungen und Konferenzen zurück. Bis Ende 2001 hatte der SCC fünf aufeinanderfolgende Versionen von SCOR (Version 1.0 bis 5.0) veröffentlicht, Mitte 2006 war SCOR Version 8.0 verfügbar. Jede neue Version des Modells enthält Aktualisierungen und Neuerungen zu lieferkettenspezifischen Prozess-Elementen, Kennzahlen zur Messung der Leistungsfähigkeit von Lieferketten, Vorschläge und Beispiele zu führenden Geschäftspraktiken und Systemtechnologien zur Unterstützung der Lieferketten-Prozesse.

Dem *Supply-Chain Council* ist es gelungen, bis Anfang 2007 weltweit mehr als eintausend Mitgliedsorganisationen zu gewinnen, die in regionalen Verbänden in Europa, Japan, Korea, Nordamerika, Südamerika, Australien, Neuseeland und Südostasien organisiert sind. Die Mitgliedschaft steht allen Organisation offen, die am Einsatz und der Weiterentwicklung fortschrittlicher Verfahren und Prinzipien zum Management ihrer Lieferkette interessiert sind. Innerhalb des SCC gibt es fünf spezielle Interessengruppen, die nach Branchen gruppiert sind: Luftfahrt- und Raumfahrttechnik, Automobiltechnik, Elektrotechnik, Groß- und Einzelhandel, Konsumgüter- und Pharmazeutische Industrie.

Bei den Mitgliedern handelt es sich um Industrieunternehmen, Organisationen des öffentlichen Sektors und der Wissenschaft, Regierungsorganisationen, Beratungsfirmen und Informationstechnologie-Anbieter. Die Mitgliedsbeiträge lagen Anfang 2007 bei umgerechnet 3000 Euro für eine globale Firmenmitgliedschaft und 225 Euro für eine individuelle Mitgliedschaft.

2.3 Das S[illegible]

SCOR verei[illegible] des Leistungskennzahlenv[illegible] einem zusammenhängenden Bezugssystem. Innerhalb des SCOR-Modells ist die Lieferkette durch die folgenden Prozess-Elemente charakterisiert: Planen, Beschaffen, Herstellen, Liefern und Rückliefern. Dabei erstreckt sich die Lieferkette von den Lieferanten der eigenen Lieferanten bis zu den Kunden der eigenen Kunden. Außerdem ist ein Abgleich der Lieferkette mit der Unternehmensstrategie, den Material- und Informationsflüssen sowie den Arbeitsabläufen gewährleistet.

Im Einzelnen beinhaltet jedes Prozess-Element die folgenden Komponenten (siehe auch Abbildung 2-1):

- *Planen*: Zugriff auf angebotsseitige Ressourcen; Aggregation und Priorisierung von nachfrageseitigem Bedarf; Lagerbestandsplanung zur Befriedigung von Absatz-, Produktions- und Materialbedarf; grobe Kapazitätsplanung für alle Produkte und Absatzkanäle;
- *Beschaffen*: Bezug von Waren, Wareneingang, Eingangskontrolle, Lagerung und Zahlungsanweisung für Rohmaterialien und bezogene Fertigprodukte;
- *Herstellen*: Materialbedarfsanforderung und Materialeingang; Produzieren und Prüfen von gefertigten Produkten; Zwischenlagerung oder Freigabe zur Auslieferung von Fertigprodukten;
- *Liefern*: Ausführung des Auftragsabwicklungsprozesses; Angebotserstellung; Produktkonfiguration; Anlegen und Pflege der Kundenstammdaten; Pflege der Artikel- und Preisstammdaten; Verwalten von Forderungen, Krediten, Rechnungsstellung und Zahlungseingängen; Ausführen von Lagerprozessen einschließlich Artikelkonfigurierung, Warenentnahmen und -verpackung; Erstellen von kundenspezifischen Verpackungen und Auszeichnungen; Auftragszusammenführung; Warenversand; Steuerung und Überwachung des Transportprozesses sowie Ein- und Ausfuhr;
- *Rückliefern*: Abwicklung von rückgesendeten Artikeln mit Defekten unter Gewährleistung und bei Überlieferung, einschließlich Freigabe, Terminierung, Inspektion, Beförderung, Verwaltung der Gewährleistungsbestimmungen, Empfang und Prüfung defekter Produkte, Disposition und Ersatzlieferung.

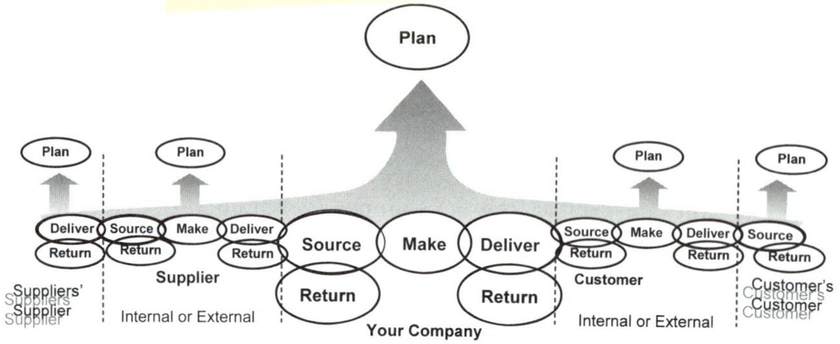

Abb. 2-1: Das SCOR-Bezugssystem (entnommen aus Supply-Chain Council (1) 2006, S. 2)

Darüber hinaus enthält das SCOR-Modell eine Reihe von Elementen, welche die oben genannten Prozess-Elemente unterstützen. Bei diesen unterstützenden Elementen stehen informationspolitische und beziehungsrelevante Aspekte im Vordergrund mit dem Ziel, die Planung und Ausführung der Lieferketten-Aktivitäten erst zu ermöglichen.

SCOR umfasst alle kunden-, produkt- und marktbezogenen Wechselbeziehungen, welche die Kunden-, Einkaufs-, Wiederbeschaffungs- und Fertigungsaufträge, Genehmigungen für Rücklieferungen und Absatzprognosen umgeben. Es bezieht außerdem Materialbewegungen für Rohmaterialien, Halbfabrikate, Fertigprodukte und Rücklieferungen ein. Bis einschließlich zur aktuellen SCOR Version 8.0 (Stand: Anfang 2007) sind Vertriebsprozesse, Produktentwicklung und Kundendienst bewusst ausgelassen worden.

Das SCOR-Modell ist durch drei hierarchische Prozessebenen gekennzeichnet. Die erste Ebene gibt die Anzahl an Lieferketten an und beschreibt, wie deren Leistungsfähigkeit gemessen wird. Die zweite Ebene definiert die Anordnung der Planungs- und Ausführungsprozesse im Hinblick auf den Materialfluss unter Anwendung einer standardisierten Gruppierung, wie etwa nach Lager-, Kundenauftrags- oder Spezialfertigung. Die dritte Ebene schließlich legt die Geschäftsprozesse fest, welche für die Abwicklung von Kunden-, Einkaufs-, Fertigungs- und Wiederbeschaffungsaufträgen, Genehmigungen für Rücklieferungen und Absatzprognosen verwendet werden. Hierauf wird in Kapitel 7 noch näher eingegangen

2.4 Der SCOR-Projektplan

Auch wenn das dargestellte Bezugssystem relativ einfach zu sein scheint, enthält es doch mehrere Detaillierungsebenen, die mehr als sechzig Prozess-Schritte, zweihundert Leistungskennzahlen, fünfzig optimale Geschäftspraktiken und Hunderte alternativer Materialflussanordnungen einschließen. Es genügt daher nicht, lediglich die richtigen Bezeichnungen zu kennen. Vielmehr ist das Wissen erforderlich, diese in geeigneter Form zu verknüpfen und einzusetzen. Zu diesem Zweck dient der SCOR-Projektplan. Innerhalb von vier verschiedenen Abschnitten beschreibt der Projektplan die Geschäftsstrategie, die Material- und Informationsflüsse sowie die Arbeitsabläufe.

Im Einzelnen handelt es sich um die folgenden vier Abschnitte (siehe auch Abbildung 2-2):

- Ermittlung der Konkurrenzsituation hinsichtlich Lieferketten-Leitungskennzahlen und die jeweilige Geschäftsstrategie;
- Konfiguration der zukünftigen Lieferketten-Prozesse;
- Abstimmung des Leistungsniveaus, der Geschäftspraktiken und der Systeme der betreffenden Lieferkette;
- Umsetzung der Lieferketten-Änderungen zur Verbesserung der Leistungsfähigkeit.

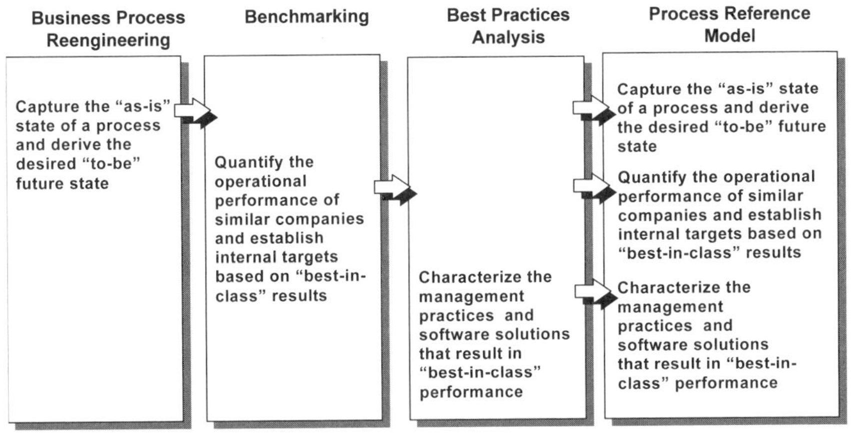

Abb. 2-2: Der SCOR-Projektverlauf (entnommen aus Supply-Chain Council (1) 2006, S. 4)

Jeder einzelne Abschnitt beinhaltet konkrete Ergebnisse, die einem Unternehmen helfen sollen, eine spezielle Dimension seiner Lieferketten-Leistungsfähigkeit zu verstehen und zu verbessern. Der erste Abschnitt dient dazu, zu erkennen, wie viele Lieferketten ein Unternehmen aufweist und wie deren Leistungsfähigkeit im Vergleich zur Konkurrenz einzustufen ist. Der zweite Abschnitt hat die Intention, etwaige Ineffizienzen der Material- und Informationsflüsse zu optimieren. Der dritte Abschnitt soll die Produktivität der Arbeitsabläufe optimieren helfen. Und der vierte Abschnitt hat zum Ziel, die entwickelten Lieferketten-Verbesserungen zu planen und umzusetzen.

Der SCOR-Projektplan kann sowohl bei Projekten angewendet werden, die eher enggefasst angelegt sind, als auch bei solchen, die einen weitergefassten Umfang haben und mehrere Lieferketten über eine Vielzahl an Lieferketten-Partnern hinweg einbeziehen. Er kann für Groß- und Einzelhändler, produzierende Unternehmen, Wiederverkäufer, Lizenznehmer sowie Dienstleistungsunternehmen eingesetzt werden. Zusätzlich kann er in einer untergeordneten Rolle im Zusammenhang mit Lean-Konzepten und der Six Sigma-Methode angewendet werden. Lean-Konzepte, wie z.B. schlanke Produktion *(Lean Production)* oder schlankes Management *(Lean Management)*, bezeichnen das Konzept der Steigerung von Effizienz, oft im Sinne von Dezentralisierung, Fertigungsauslagerung *(Outsourcing)*, flacheren Hierarchien, Leistungsverdichtung und damit weniger Personal.

Six Sigma ist eine Methode des Qualitätsmanagements, um einen möglichst fehlerfreien Prozess zu erreichen. Dabei wird insbesondere auf eine Analyse des Ist-Prozesses fokussiert, um die für den Prozess wichtigen Parameter, Fehlermöglichkeiten und Prozesskennzahlen zu erkennen und einer objektiven statistischen Analyse zugänglich zu machen (vgl. etwa Schmelzer und Sesselmann 2004, S. 14 und S. 254 ff.).

Trotz der dargestellten Stärken und der Flexibilität, die den SCOR-Projektplan auszeichnet, müssen einige grundlegende Faktoren beachtet werden, um eine erfolgreiche Anwendung zu gewährleisten. Dabei handelt es sich im Einzelnen um: Veränderungsprozesse, Problemlösungstechniken, Disziplin im Projektmanagement sowie Techniken zur Geschäftsprozess-Optimierung. Diese Faktoren sind Voraussetzungen eines jeden erfolgreichen Projekts und damit auch eines SCOR-Projekts. Sie werden deshalb im Folgenden nicht separat behandelt, sondern als gegeben angenommen.

Das vorliegende Buch konzentriert sich vielmehr auf eine möglichst umfassende Anleitung zur Anwendung von SCOR. Um eine Metapher zu benutzen: Das Buch hat den Anspruch, den Weg zu einem angestrebten Ziel – konkret die Verbesserung der Lieferketten-Prozesse – im Kontext eines SCOR-Projekts eingehend zu beschreiben, nicht jedoch alle dazu erforderlichen Faktoren, die in keinem unmittelbaren Zusammenhang zu SCOR stehen.

Die einzelnen Schritte eines typischen SCOR-Projekts, die im weiteren Verlauf eingehend beschrieben werden, sind:

- Schaffung von Unterstützung
- Ermittlung der Möglichkeiten
- Auswertung
- Gestaltung
- Entwicklung und Umsetzung.

Im Folgenden werden die einzelnen Schritte näher erläutert. Das untenstehende Schaubild stellt die Abfolge außerdem in grafischer Form dar und gibt weiterführende Informationen zu den einzelnen Projektschritten.

2.4.1 Schaffung von Unterstützung

Auf die Schaffung von Unterstützung für ein SCOR-Projekt wird in Kapitel 3 näher eingegangen. Es geht maßgeblich darum, einen Mitarbeiter aus der Organisation zu gewinnen, der die Begeisterung mitbringt, ein Supply Chain-Projekt zu leiten. Darüber hinaus gilt es, eine Führungskraft auf der entsprechenden Hierarchieebene zu identifizieren, die sich einverstanden erklärt, aktiv die Rolle eines Mentors für das Projekt zu übernehmen. Beide müssen dazu bereit sein, ihre persönliche Zeit zu investieren, um die Grundlagen zu SCOR zu lernen. Wenn eine Führungskraft diesen initialen Lernaufwand an einen Mitarbeiter delegiert, besteht ein hohes Risiko, dass es dem Unternehmen nicht gelingen wird, die notwendigen Veränderungen im Zeitverlauf umzusetzen.

Nachdem sich der Projektleiter und der Projektmentor etabliert haben, ist der nächste Schritt, eine Kerngruppe von Mitarbeitern aus den entsprechenden Geschäftsbereichen zu rekrutieren und diese in der Anwendung des SCOR-Modells zu unterrichten. Letzten Endes geht es darum, dass die Projektmitglieder sich mit dem Projekt identifizieren und es vorbehaltlos unterstützen müssen.

Neben den dargestellten Aktivitäten gibt es ein weitreichenderes Erfordernis zur Wissensvermittlung. Es beginnt mit einer allgemein gehaltenen Einführung zu SCOR, d.h. dazu, wie das Modell aufgebaut ist und angewendet wird, die spezielle Fachterminologie sowie die verfügbaren Werkzeuge, um seinen Einsatz zu unterstützen. Das aktuelle Kapitel gibt eine grundsätzliche Einführung, die jedoch noch nicht ausreicht, um als allgemein gehaltene SCOR-Einführung angesehen werden zu können, wie sie etwa vom *Supply-Chain Council* angeboten wird.

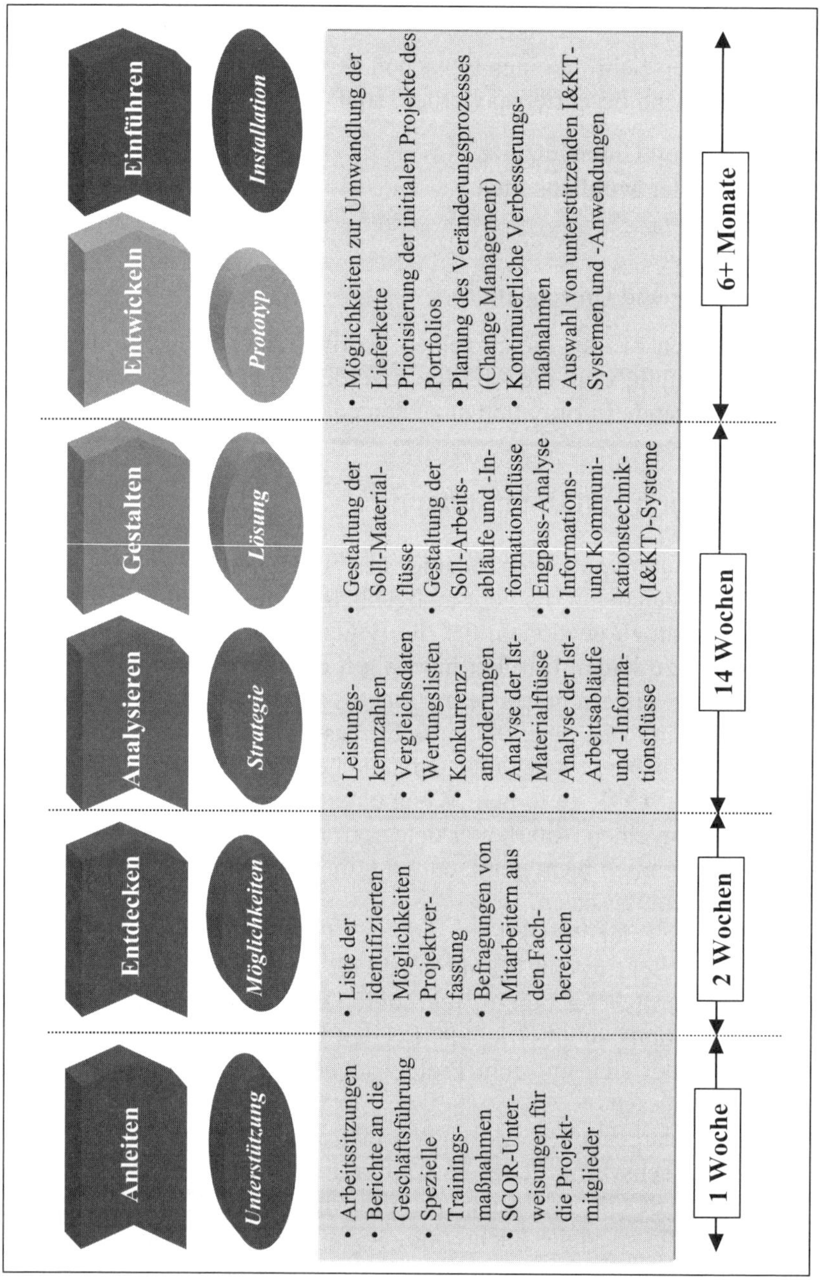

Abb. 2-3: Exemplarische SCOR-Projektabfolge

Den nächsten Schritt stellt die konzeptionelle Anwendung von SCOR im betreffenden Unternehmen dar. Dazu wird eine reale Lieferkette untersucht und in Form eines Geschäftsvorfalls zusammengefasst. Im Anschluss daran wird ein Durchlauf durch den SCOR-Projektplan simuliert.

Der dritte und abschließende Schritt besteht dann in der Anwendung des SCOR-Projektplans auf ein reales Projekt, verbunden mit der Festlegung von Erwartungen an die Projektergebnisse. Die Einbeziehung eines externen SCOR-Beraters kann helfen, den Lernprozess von den einzelnen Mitarbeitern auf die gesamte Organisation durch die Einbeziehung der geeigneten Gruppen innerhalb des Unternehmens auszudehnen. Zum Schluss kommt die Umsetzung des Projekts zur Verbesserung der Lieferketten-Prozesse.

2.4.2 Ermittlung der Möglichkeiten

Auf die Ermittlung der Möglichkeiten wird in den Kapiteln 4 bis 10 und 14 bis 15 eingegangen. Er geht hierbei in erster Linie darum, den Geschäftsfall zu bilden, der dazu dient, die erforderlichen Mittel zur Durchführung des SCOR-Projekts genehmigt zu bekommen. Zu dem Zeitpunkt identifizieren die Projektmitglieder die Möglichkeiten zu Prozessverbesserungen. Die Komplexität der Ermittlung lieferkettenspezifischer Möglichkeiten kann mittels eines dreidimensionalen „Frageblocks" bildlich dargestellt werden.

Die erste Dimension stellt die Frage: Auf welchem Leistungsniveau befindet sich die Lieferkette zum heutigen Zeitpunkt ? Die zweite Dimension geht auf die Frage ein, ob die richtige Lieferketten-Strategie, die richtigen Material- und Informationsflüsse und die richtigen Arbeitsabläufe vorhanden sind, um das angestrebte Leistungsniveau zu unterstützen. Und die dritte Dimension versucht, eine Antwort auf die Frage zu geben, welche weiteren leistungsspezifischen Faktoren die Leistungsfähigkeit der Lieferkette beeinflussen. Darunter fallen etwa organisatorische, prozessuale und technologische Sachverhalte, ebenso wie das Verständnis personenspezifischer Faktoren, wie beispielsweise individuelle Kenntnisse, Fähigkeiten und spezielles Wissen.

Eines der hauptsächlichen Resultate dieser Phase ist eine Art Projektsatzung, welche die geplante Vorgehensweise, das Projektbudget, die Projektorganisation, eindeutige Messgrößen für den Projekterfolg und einen Kommunikationsplan enthält.

2.4.3 Auswertung

Die Auswertungsphase wird in den Kapiteln 11 bis 12 und 16 behandelt. Hier wird der Wertbeitrag gut verständlich und in einer Weise, die der Finanzbereich des Unternehmens erfordert, erläutert. Dazu dienen beispielsweise die Zahlungs-Zykluszeit, die durchschnittliche Lagerdauer, die Auftragserfüllungsrate und weitere spezielle Leistungskennzahlen. SCOR hilft dabei der Projektgruppe, zu priorisieren und externe Kennzahlen auf der Kundenseite mit unternehmensinternen Kennzahlen abzugleichen: Lieferfähigkeit, Zuverlässigkeit, Flexibilität und Reaktionsfähigkeit, Kosten sowie Kapitaleinsatz. Die daraus resultierende SCOR-Kennzahlenkarte, für die manchmal auch als SCORcard bezeichnet wird, liefert einen direkten Bezug zur Bilanzaufstellung.

Dann werden Anforderungen an die Leistungsfähigkeit der Lieferkette definiert, die sich unter anderem an den Konkurrenzunternehmen orientieren und gemäß der beiden Dimensionen einer Lieferkette – Produkte und Absatzkanäle – priorisiert werden. Diese Prioritäten werden in der späteren Gestaltungsphase benötigt. Die SCOR-Kennzahlenkarte vergleicht außerdem die aktuellen Leistungskennzahlen mit denen der Konkurrenz und fasst die Ergebnisse zusammen. Diese Zusammenfassung stellt die Grundlage für den mit den Verbesserungen angestrebten Wertbeitrag dar.

2.4.4 Gestaltung

Die Gestaltungsphase ist zunächst in die Materialflüsse (Kapitel 13) sowie die Informationsflüsse und Arbeitsabläufe (Kapitel 17) gegliedert. Dabei sind die Material- und Informationsflüsse und Arbeitsabläufe die Schlüsselkomponenten zur Definition der bestehenden bzw. Ist-Flüsse und -Abläufe. Diese sollen dazu dienen, „Brüche“ im Prozess zu identifizieren und die zukünftigen bzw. Soll-Flüsse und -Abläufe auszuarbeiten, mittels denen die „Prozessbrüche“ eliminiert werden können. Daran anknüpfend schließt sich daran die Erarbeitung eines übergreifenden, SCOR-basierten Geschäftsentwurf an (Kapitel 18 bis 19).

Die hauptsächlichen Fragen, die dabei beantwortet werden sollen, sind:

- Welche Materialflussprobleme liegen heute vor und welche davon sollen beseitigt werden?
- Wie effizient sind die derzeitigen Prozesse und die Ist-Flüsse und welche sollen auf welche Weise geändert werden?

2.4.5 Entwicklung und Umsetzung

Das vorliegende Buch geht auch auf die Entwicklung einer Liste der laufenden und geplanten Projekte ein (siehe Kapitel 20), in der unter anderem die angestrebte Kapitalrendite einbezogen wird. Die Entwicklung und Umsetzung eines jeden Projekts folgt dabei den Industrie-Standardpraktiken zur Initiierung, Planung, Ausführung, Kontrolle und dem formalen Abschluss eines Projekts.

Die detaillierte Entwicklung, Planung und Ausführung von individuellen Projekten steht nicht im Zentrum der Betrachtung, sondern ist anderen Büchern vorbehalten. Es wird jedoch auf Aspekte, die bei der Durchführung der Folgeprojekte von Bedeutung sind, wie etwa der Veränderungsprozess und die Geschäftsprozess-Optimierung, eingegangen (siehe Kapitel 21 und 22).

2.5 Der Beitrag einer SCOR-Initiative zum Unternehmenserfolg

Der Einsatz von SCOR ist im Hinblick auf die Projektdauer, Kosten und Nutzen zuverlässig und gut vorhersehbar. SCOR-Projekte sind mit der Ausrichtung auf ganz grundsätzliche Leistungskennzahlen – wie die Verbesserung des Aktienkurses, des Unternehmensgewinns und der Bilanzaufstellung, die Finanzierung von Technologieinvestitionen zur Verbesserung des Einnahmenüberschusses, die Umsetzung von Kostensenkungsmaßnahmen und die Optimierung des betrieblichen Planungs- und Warenwirtschaftssystems – erfolgreich durchgeführt worden.

Dabei konnten die folgenden beispielhaften Ergebnisse erzielt werden:

- Steigerung der gesamten Betriebserträge um drei Prozent nach Durchführung eines initialen SCOR-Projekts durch Kostensenkungen und Verbesserung des Kundenservice;
- Zwei- bis sechsfache Kapitalrentabilität innerhalb von zwölf Monaten nach Projektabschluss, oftmals verbunden mit der Initiierung kostenneutraler Folgeprojekte innerhalb von sechs Monaten;
- Maximal wirksame Kapitalinvestitionen in Informationssysteme, die zu einer Verbesserung der Gesamtkapitalrentabilität für das Betriebsvermögen beitragen;
- Senkung der Betriebsausgaben für Informationstechnologie durch Verringerung kundenspezifischer Anpassungen und besserer Nutzung der verfügbaren System-Standardfunktionalität;

- Permanente Aktualisierung der Liste geplanter und laufender Projekte und Nutzung der daraus resultierenden kontinuierlichen Lieferketten-Verbesserungen mit dem Ziel einer ein- bis dreiprozentigen Steigerung des jährlichen Betriebsergebnisses.

Die angestrebten Ergebnisse werden in der Folge wiederholt angesprochen, da der finanzielle Beitrag einer SCOR-Initiative die damit verbundenen Investitionen rechtfertigen muss, genau so, wie dies bei jeder anderen betrieblichen Initiative der Fall sein sollte.

Kapitel 3: Schaffung von Unterstützung zur Verbesserung der Supply Chain-Prozesse

Das größte Geschäfts- und Ergebnispotenzial liegt in der Harmonisierung, Verbesserung und Standardisierung von Prozessen.

(entnommen aus Schmelzer und Sesselmann 2004, S. 162. Die Autoren zitieren Johannes Feldmayer, Zentralvorstand der Siemens AG)

3.1 Initiierung des SCOR-Projekts

Mitte Februar 2006 erhielt der Beratungsleiter einer auf die Durchführung von SCOR-Projekten spezialisierten Beratungsfirma einen überraschenden Anruf von Bernd Dachner, dem leitender Geschäftsführer der Firma Logistik AG, der die Empfehlung und Kontaktinformationen vom *Supply-Chain Council (SCC)* erhalten hatte. Den *Supply-Chain Council* hatte er wiederum über eine Suche im Internet ausfindig gemacht und war so auf die SCC-Internetseite gelangt (www.supply-chain.org). Der Grund für seinen Anruf war, dass er dringend Beratungsleistungen im Bereich Supply Chain Management für seine Firma benötigte. Innerhalb des Unternehmens gab es zu der Zeit eine Reihe von Problemen, die eine Kontaktaufnahme und Anfrage zur Beratungsunterstützung rechtfertigten.

Eine Woche später kam es zu dem vereinbarten initialen Besuch. Bernd Dachner war erfreut, den SCOR-Berater zu sehen und gab ihm zunächst einen kurzen Überblick zur Firma, woraus zu erkennen war, dass die Logistik AG ein gut geführter Zusammenschluss verschiedener Fertigungsunternehmen darstellte, in dem bereits der Ansatz einer Lieferketten-Strategie vorhanden war. Diese Strategie war auf der Geschäftsbereichsebene von Dirk Abele, dem verantwortlichen Produktionsleiter, entwickelt worden. Da er relativ wenig Erfahrung im Supply Chain Management vorweisen konnte, hatte er viel Mühe mit der Entwicklung der Lieferketten-Strategie gehabt. Die Aktivitäten wurden von seinem Vorgesetzten, Bernd Dachner, gefördert, der aufgrund seiner Position auch die Aufmerksamkeit anderer Führungskräfte innerhalb der Firma wecken konnte.

Durch die gemeinsame Aufgabe waren sie zu einer Art „informeller Vereinigung" zusammengewachsen und teilten die Meinung, dass Dirk Abele's Ideen zwar durchaus geeignet sein konnten, kurzfristige Sachverhalte zu klären. Dennoch waren sie sich darüber einig, dass ein Weg gefunden werden musste, um die Lieferketten-Probleme der Firma auf einer eher strategischen Ebene zu lösen. Es war keine größere Überzeugungsarbeit nötig, um einen konstruktiven Gedankenaustausch mit den leitenden Mitarbeitern aus den betreffenden Fachbereichen anzustoßen.

„Wir halten unsere Produkte etwa eine Woche oder zehn Tage auf Lager", erklärte Doris Egerle, Geschäftsführerin des Bereichs Lebensmittel. „Wir müssen eine große Menge an Lagermaterial sehr schnell hin- und herbewegen. Und wir müssen ständig in der Lage sein, gegenüber der zuständigen Behörde eines unserer Produkte, das beispielsweise vor sechs Monaten hergestellt wurde, aufgrund des Etiketts hinsichtlich Produktionsstätte, Fertigungslinie sowie Tag und Namen jeglicher Mitarbeiter, die an der Produktion beteiligt waren, identifizieren zu können.

„Unsere Produkte können durchaus etwas länger auf Lager gehalten werden", fügte Margot Reich, Geschäftsführerin des Bereichs Technologie, dazu. „Eine weitere Gemeinsamkeit mit der Produktgruppe Lebensmittel besteht darin, dass wir, ähnlich wie sie, auch gezwungen sind, viele Handelswaren zu erwerben. Die von uns dafür bezahlten Preise sind ständigen Schwankungen unterworfen, was sich in vielen Fällen mit den Bedürfnissen und Anforderungen unserer Kunden nicht vereinbaren lässt."

Bernd Dachner ergänzte noch: „Unsere Geschäftsvorgänge sind zum Teil saisonbedingt und darüber hinaus müssen wir uns laufend mit zum Teil komplizierten und schwer voraussehbaren Hindernissen befassen, um eine angemessene Lösung zu finden, die zwar unsere Kunden zufrieden stellt, aber unsere Gewinnspannen nicht zu sehr reduziert. Schließlich müssen wir ja letzten Endes profitabel sein".

Allmählich wurde die Sachlage klarer: Viele Produkte verfügten lediglich über eine kurze Einlagerungsdauer und kurze Lebenszyklen; preisempfindliche Kunden führten mit einer Vielzahl verschiedener und teils komplexer Verfahren ihre Geschäfte durch; und es herrschten zusätzlich noch Unberechenbarkeiten und Unstimmigkeiten, sowohl auf der Angebots- als auch auf der Nachfrageseite.

„Die Anforderungen unseres Geschäfts stellen unsere Flexibilität laufend auf die Probe", erklärte Gerhard Fälchle, der Geschäftsführer des Bereichs Gebrauchsgüter. „Und trotzdem sind wir in der Lage, uns als ein erfolgreiches Unternehmen zu behaupten. Hätten wir dennoch eine zuverlässige und robuste Lieferketten-Strategie zur Verfügung, wären wir nicht nur in unserer Branche, sondern bestimmt auch auf dem gesamten Markt unschlagbar." Im Anschluss daran wurde von den Führungskräften eingehend erörtert, wie Dirk Abele den Rahmen der entwickelten Strategie und der dazugehörigen Hauptkomponenten festgelegt und auf die verschiedenen Geschäftsbereichsebenen zum Zweck der späteren Implementierung übertragen hatte.

Bernd Dachner hatte bei dem ersten Treffen die darauf folgenden Ereignisse zwar nicht im Detail geschildert, jedoch wurde die aktuelle Situation rasch ersichtlich: Die ihm zugeordneten Direktoren waren der Auffassung, sie müssten sich lediglich erneut mit einer „Modeerscheinung" beschäftigen, die bald wieder verschwunden sein würde. Als Konsequenz daraus war beispielsweise die vorgesehene Einführung der neuen Lieferketten-Strategie zum größten Teil nicht umgesetzt worden. Es waren zwar kleine Schritte in die richtige Richtung seitens der betreffenden Direktoren unternommen worden, wie etwa die Identifizierung einiger neuer Projekte und die Verbesserung vereinzelter Kennzahlen – teilweise jedoch sogar zum Nachteil anderer Kennzahlen. Es wurde Bernd Dachner aber binnen weniger Monate klar, dass etwas geschehen musste und er konnte seine Kollegen Gerhard Fälchle, Margot Reich und Doris Egerle, die für die Leitung der Geschäftsbereiche verantwortlich waren, davon überzeugen, dass anderweitige bzw. externe Hilfe in Anspruch genommen werden musste.

Mehr oder weniger unbewusst hatte Bernd Dachner ohnehin bereits wichtige Schritte eingeleitet, um die Voraussetzungen für die Einführung eines erfolgreichen Ansatzes zu erfüllen. Ihm war dabei durchaus bewusst, dass es keine einfache Aufgabe sein würde, seine Organisation von der wettbewerbskritischen Bedeutung des Supply Chain Management zu überzeugen und es war ihm klar, dass dies auch mit einem Lernprozess verbunden sein würde. Integrierte Lieferketten sind nicht nur sehr komplexer Natur, sondern es existieren bei allen involvierten Parteien auch unterschiedliche Vorstellungen dazu, welche spezielle Bedeutung ihnen zukommt und wie sie an vorhandene Verfahren und Strategien angepasst werden konnten. Daraus resultierten besondere Anforderungen an die Handhabung des Veränderungsprozesses, welche ein immanenter Bestandteil von auf die Lieferkette bezogenen Projekten und Maßnahmen sein mussten.

SCOR als ein in branchenübergreifender Standard vereinfacht diese Überzeugungsarbeit durch die Vielzahl an erfolgreich durchgeführten Projekten, die in Fallstudien dokumentiert sind und positiv zur Glaubhaftigkeit beitragen können. Diese Fallstudien sind für Mitglieder des *Supply-Chain Councils* auf der SCC-Internetseite verfügbar und können von dort heruntergeladen werden. Das SCOR-Modell ist jedoch nicht dazu in der Lage, diese Überzeugungsarbeit selbst zu leisten und seine Vorteile können nur bei vorhandener Lernbereitschaft erkannt und umgesetzt werden.

Jedes SCOR-Projekt benötigt deshalb zwingend das Vorhandensein von drei Schlüsselrollen zur erfolgreichen Bewältigung dieses Überzeugungsprozesses. Diese Schlüsselrollen bestehen aus einem Projektleiter, einer engagierten und aktiven Führungskraft als Projektmentor und den Kernmitgliedern eines Lenkungsausschusses. Sollte es an der Beteiligung dieser Personen an dem Projekt mangeln, sind die Hoffnungen auf einen Erfolg des Projekts zwangsläufig sehr gering.

3.2 Anforderungen an den Projektleiter für das SCOR-Projekt

Aufgrund der Erfahrungen aus der Anwendung von SCOR in der Vergangenheit begann der SCOR-Berater umgehend damit, den Überzeugungsprozess einzuleiten, um innerhalb der Organisation die für das Projekt erforderliche Unterstützung sicherzustellen. Zunächst musste ein Projektleiter gefunden und ernannt werden. Die für diese wichtige Aufgabe ausgewählte Person muss die Fähigkeit besitzen, das SCOR-Modell selbst in ausreichendem Maße zu erlernen und zu kennen, um die Führungskräfte der entsprechenden Fachbereiche von den Vorteilen und Vorzügen des Modells überzeugen zu können. Außerdem muss sie genügend Erfahrung vorweisen, um ein solches Projekt derart zu steuern, dass damit unmittelbare Ergebnisse erzielt werden können. Der designierte Projektleiter sollte ebenfalls in der Lage sein, die Rolle als Projektleiter ebenfalls auf der Geschäftsführungsebene wahrzunehmen, um die wichtige Bedeutung des Projekts innerhalb des Unternehmens und gegenüber der Geschäftsleitung zu vertreten.

Besteht innerhalb des Unternehmens keine Bereitschaft zur Übernahme dieser Rolle, sind die Aussichten auf den Erfolg eines SCOR-Projekts erfahrungsgemäß nur gering. Ein Mitarbeiter kann sich durchaus selbst für die Aufgabe anbieten. Er muss jedoch von einer höheren Instanz innerhalb des Unternehmens ernannt und mit den nötigen Befugnissen ausgestattet werden. Seine erste Aufgabe in dieser Position besteht aus der Übernahme der Verantwortung als Leiter des initialen SCOR-Projekts. Die wichtigste Aufgabe in dem Zusammenhang ist dann festzulegen, wie die Ziele des Projekts erreicht werden sollen. Dazu muss er in der Lage sein, zu integrieren statt zu spalten, die erforderlichen Mittel bereitgestellt zu bekommen anstatt diese nur kontrollieren zu wollen und einen Überblick über das Projekt als Ganzes zu behalten. Darüber hinaus muss er eine Projektgruppe führen und motivieren können. Er muss die Fähigkeit besitzen, zu kommunizieren und die benötigten Ressourcen, Mitarbeiter und Informationen zu organisieren, und er muss Entscheidungen treffen können.

Ein geeignete Projektleiter sollte grundsätzlich die folgenden Voraussetzungen mitbringen:

- Die Bereitschaft zur Übernahme von finanzieller Verantwortung und Rechenschaftspflicht;
- Die Fähigkeit, Unternehmensziele und passende Strategie in Einklang zu bringen;
- Festlegung des organisatorischen Lernens;
- Einschlägige Erfahrungen.

3.2.1 Finanzielle Verantwortung und Rechenschaftspflicht

Mit *Verantwortung* ist in dem Zusammenhang ein Verständnis darüber gemeint, wie die Einzelheiten hinsichtlich Kosten, Umsatz sowie Kapitaleinsatz dokumentiert und behandelt werden sollten. Dazu gehört auch das Verständnis der finanziellen Auswirkungen des Projekts im Zeitverlauf. Mit *Rechenschaftspflicht* ist die Fähigkeit gemeint, quasi hinter die Zahlen blicken zu können, das Projekt gegenüber Kritik aus der Geschäftsführungsebene zu verteidigen, unangenehme Nachrichten mit der nötigen Offenheit und dem erforderlichen Selbstvertrauen zu übermitteln, betriebliche Projektrevisionen vorzubereiten und die Organisation motivieren zu können, um gemeinsame finanzielle Ziele zu erreichen.

3.2.2 Unternehmensziele und passende Strategie in Einklang bringen

Die Aktivitäten auf die Unternehmensziele auszurichten beinhaltet die Begabung, Ziele so zu organisieren, dass sämtliche Mitarbeiter eine höhere Erfolgsebene anstreben und unter ihnen ein Verständnis dafür vorhanden ist, in welcher Form ihre eigenen alltäglichen Ziele diesen Erfolg unterstützen können.

Um sicherzustellen, dass die Ziele des Projekts mit den Unternehmenszielen korrespondieren, muss der Projektleiter eine Reihe von relevanten Voraussetzungen mitbringen, wie z.B. die Förderung des organisatorischen Lernen, einen vielfältigen Erfahrungsschatz und eine natürliche Begabung zur Führung von Mitarbeitern.

3.2.2.1 Förderung des organisatorischen Lernens

Dies bedeutet, eine Atmosphäre zur Unterstützung des kollektiven Lernens und zum Dialog zwischen einzelnen Mitarbeitern, Gruppen und Abteilungen zu fördern. Bedingt durch ihre Führungsposition besitzen Projektleiter ein Verständnis für die operativen Aufgaben der einzelnen Mitarbeiter und Abteilungen, die notwendig sind, um Erfolge zu erzielen. Auf den Aspekt des organisationalen Lernens wird in Kapitel 20 näher eingegangen.

3.2.2.2 Einschlägige Erfahrungen

Der Projektleiter sollte aus erster Hand Erfahrungen bezüglich einer Vielfalt von Unternehmensfunktionen, die mit den SCOR-Elementen der ersten Ebene - Planen, Beschaffen, Herstellen, Liefern und Rückliefern – übereinstimmen, vorweisen können.

Relevante Verfahren innerhalb des SCOR-Prozess-Elements *Planen* – wie beispielsweise Absatz- und Fertigungsplanung, Materialanforderungsplanung und die Planung verkaufsfördernder Maßnahmen – können aus den Erfahrungen stammen, welche im Rahmen einer Tätigkeit als Nachfrageplaner, Verkaufsaktionsplaner, Angebotsplaner oder Lagerbestandsplaner gesammelt wurden.

Relevante Verfahren innerhalb der SCOR-Elemente *Beschaffen* und *Herstellen*, wie beispielsweise bedarfsorientierte Produktionsablaufsteuerung (auch Hol- oder Zurufprinzip), Konsignationslager, umgehende Wiederbeschaffung, Inselfertigung, Qualitätsmanagement auf Basis (möglichst) fehlerfreier Geschäftsprozesse, totale Qualitätskontrolle, Qualitätsnormen (z.B. ISO 9000 und folgende), um nur einige zu nennen, können aus den Erfahrungen stammen, welche als Einkäufer, Produktionsleiter, Produktionsplaner oder Fabrikleiter gewonnen worden sind.

Relevante Verfahren innerhalb der SCOR-Elemente *Liefern* und *Rückliefern* – wie Verfügbarkeitsprüfung, direkte Lieferung an den Kunden, Inselbausatzbestückung, Verpackung, usw. – können aus den Erfahrungen stammen, welche als Kundenbeauftragter, Wareneingangs- und -ausgangsleiter oder Transportplaner gesammelt wurden.

Als Produktionsleiter bei der Logistik AG hatte Dirk Abele auf einigen der oben genannten Gebiete Erfahrungen gesammelt. Darüber hinaus hatte ihm seine vorherige Teilnahme an einer gut geleiteten Unternehmensrestrukturierung Einsicht in vier wichtige Gebiete gegeben, die von großer Bedeutung sind, um Projekte zur Lieferketten-Verbesserung durchzuführen: Projektablaufplanung, -vorschlag, -rechtfertigung und Projektleitung.

3.2.2.3 Natürliche Begabung zur Führung von Mitarbeitern

Der geeignete Projektleiter sollte die folgenden Talente auf seinem alltäglichen Aufgabengebiet demonstrieren können:

- Talent zur Konfliktschlichtung unter Gruppen und Gleichgestellten:
  Das größte Hindernis im Verlauf erfolgreicher Lieferketten-Projekte stellen nicht immer die technischen Herausforderungen, die Anwendungsarchitektur oder Gestaltung der Geschäftsprozesse dar. Vielfach sind es nicht die „harten Fakten", die ein Projekt auf die Probe stellen, sondern die Konflikte zwischen Einzelpersonen. Erfolgreiche Projektleiter besitzen die Fähigkeit, mit individuellen Konflikten umgehen zu können – nicht etwa, indem sie diese Konflikte unterdrücken, sondern durch die Anwendung konstruktiver Techniken, um sie aufzulösen und die Aufmerksamkeit beider Seiten auf gemeinsame Ziele auszurichten.
- Talent zum Vermitteln von Informationen:
  Dies ist teils Können und teils Begabung. Das Können besteht darin, Mitarbeitern demonstrieren zu können, wie eine Aufgabe durchgeführt wird, ihre diesbezüglichen Fähigkeiten auszubilden, ihr Verständnis mit der nötigen Sensibilität zu fördern und ihnen letztendlich zu erlauben, persönliche Verantwortung für die Aufgabe zu übernehmen. Die Begabung stellt dagegen vielmehr eine Art "sechsten Sinn" dar, ein Gefühl für die individuellen Grenzen des Verstehens und die Fähigkeit, Anschauungs- und Lehrbeispiele individuell anzupassen. Zusätzlich unterscheidet die Fähigkeit, personenbezogene Beispiele oder Anekdoten entwickeln zu können, hervorragende Lehrer von den Durchschnittlichen. Gute Projektleiter sind außerdem häufig gute Redner.
- Talent zum Zuhören:
  Es ist für einen Projektleiter von großer Bedeutung, ein Feingefühl dafür zu besitzen, zu welchem Zeitpunkt Fragen zur Aufklärung gestellt werden sollten und zu welcher Zeit eine Rückfrage unangebracht wäre. Dieses Feingefühl erweitert das Verständnis über die Sichtweise des jeweiligen Gesprächspartners. Das Zuhören und Verstehen sind in der Rolle noch wichtiger als das Mitteilen.
- Talent, Humor angebracht einzusetzen:
  Ein guter Projektleiter verfügt über einen guten Sinn für Humor und ist in der Lage, ihn im angebrachten Moment und in adäquater Weise einzusetzen, um ggf. eine – geplante oder ungeplante – Situation zu bereinigen. Der Projektleiter ist jedoch keinesfalls ein „Spaßmacher", und er sollte immer mindestens auf einen Vertrauten zurückgreifen können, auf dessen Hilfe er sich erforderlichenfalls jederzeit verlassen kann, um eine kritische Situation zu bewältigen – mit oder ohne Humor.
- Talent zur Kommunikation mit Führungskräften und Gleichgestellten:
  Es existieren vier Vorbedingungen zur effektiven Kommunikation auf der Geschäftsführungsebene. Der Projektleiter sollte:

- Persönliche und professionelle Glaubhaftigkeit unter den Mitgliedern des Führungskreises erworben haben;
- Erfahrung und Fachwissen auf dem vorhandenen Aufgabengebiet vorweisen können;
- Effektive Präsentationen für die Geschäftsführungsebene zusammenstellen können;
- Einen Ausgleich zwischen formeller Kommunikation (Präsentationen, Sitzungen, Konferenzen) und informeller Kommunikation (Mittagessen, Treffen auf dem Flur und in privaten Situationen) herstellen können.

Dirk Abele, Produktionsleiter der Logistik AG, übernahm freiwillig die Rolle des SCOR-Projektleiters, bedingt durch sein Interesse an der Thematik der Lieferketten-Integration, seine vielfältigen Erfahrungen und seinem Ruf als effektive und einflussreiche Führungskraft. Bernd Dachner, leitender Geschäftsführer des Unternehmens, zögerte nicht, ihn in dieser Rolle zu bestätigen. Er sollte bald selber die wichtige Aufgabe als Mentor des SCOR-Projekts übernehmen.

Als ernannter und anerkannter Projektleiter besaß Dirk Abele eine Fülle wertvoller Erfahrungen, welche eine große Hilfe im Hinblick auf die Schaffung eines allgemeinen Verständnisses über das Verhältnis zwischen der finanziellen Leistung und den Faktoren Organisation, Prozess, Menschen und Technologie sein würden. Auf diese Faktoren, die manchmal auch als *Systemvariablen* oder *Dimensionen der Informationssystem-Gestaltung* bezeichnet werden (vgl. Leavitt 1965, S. 1144 ff. und Seibt 1991, S. 251 ff.), wird in Kapitel 21 genauer eingegangen.

Im Verlaufe seiner fünfzehn Jahre bei dem Unternehmen hatte Dirk Abele häufiger die Gelegenheit gehabt, seine ausgezeichneten Prozess- und Verfahrenskenntnisse zu demonstrieren und es war ihm gelungen, einen leistungsfähigen Stab an Führungskräften für den Bereich, für den er verantwortlich war, zu etablieren. Seine Teilnahme an einer weitreichenden Unternehmensumstrukturierung vor ein paar Jahren verschaffte ihm einen umfassenden Einblick in die laufenden Unternehmensprojekte. Sowohl seine Fähigkeiten, Information zu vermitteln, zu kommunizieren und Konflikte zu schlichten wurden von seinen Mitarbeitern einhellig bestätigt, ebenso wie seine Fähigkeit, gegebenenfalls und in angebrachter Weise seinen Sinn für Humor einzusetzen. Dies hatte ihm viel an Sympathie und Respekt innerhalb der Organisation eingebracht.

3.3 Die aktive Geschäftsführungskraft als Mentor des Projekts

Der Projektmentor steht stellvertretend für diejenigen Führungskräfte, welche die notwendigen Ressourcen zur Verfügung stellen, um eine effektive Projektdurchführung und Umsetzung der erforderlichen Veränderungen zu gewährleisten. Der Projektmentor würde am meisten von dem erfolgreichen Ausgang des Projekts profitieren und übernimmt aus diesem Grunde die Verantwortung, die von der Projektgruppe empfohlenen Veränderungen zu revidieren und zu genehmigen. Es liegt in seinem Verantwortungsbereich, alle betroffenen Führungskräfte von der Bedeutung der Veränderungen zu überzeugen, sämtliche Hindernisse zur Umsetzung dieser Veränderungen zu beseitigen, die finanziellen Verbesserungsmöglichkeiten zu vertreten, welche durch diese Veränderungen zum Tragen kommen sollen und die gesamte Organisation auf die Umsetzung dieser Veränderungen vorzubereiten.

Wie im Falle des Projektleiters ist es von entscheidender Bedeutung, die richtige Person für diese verantwortungsvolle Aufgabe zu positionieren. Bei der Logistik AG stellte Bernd Dachner, leitender Geschäftsführer, die offensichtlichste Wahl dar. Er hatte die Personalverantwortung für sämtliche Direktoren, welche für die SCOR-Elemente Planung (Planen), Einkauf und Eingangslogistik (Beschaffen), Produktion (Herstellen), Vertrieb und Ausgangslogistik (Liefern), Gewährleistungen (Rückliefern) und Kundendienst zuständig waren. Jedoch stellte seine Rolle innerhalb der gesamten Organisation lediglich einen relevanten Faktor neben einer Vielzahl weiterer Faktoren dar.

Für die nachfolgende Klassifizierung von Führungskräften ist es erforderlich, die in Kapitel 1 erläuterten Begriffe *Effektivität* und *Effizienz* zu verstehen. Eines der einfachsten und sichersten Mittel, um die Eignung einer Führungskraft als Projektmentor zu ermitteln, besteht aus einer einfachen Skala: *Effektiv und effizient* steht *weniger effektiv und effizient* gegenüber. Die in dieser Kategorisierung als *weniger effektiv und effizient* eingestuften Führungskräfte verhalten sich auf eine Art und Weise, welche die Geschwindigkeit der angestrebten Verbesserungen nachteilig verringert und zusätzlich den geplanten Zeitrahmen unnötig ausdehnt. Die Charakteristik des Projekt-Lebenszyklus setzt, ausgehend von einem aktiven Projektmentor, verschiedene Verhaltensmuster zu unterschiedlichen Zeitpunkten voraus. In jedem Fall werden bei der Anwendung einer effektiven und effizienten Verhaltensweise bessere Ergebnisse erzielt.

Dabei können im Hinblick auf die Verhaltensmuster die folgenden typischen Phasen innerhalb des Projekt-Lebenszyklus unterschieden werden:

- Informationsvermittlung zur Erzielung von Unterstützung
- Identifikation von Möglichkeiten
- Analyse der Strategie
- Überwindung von initialen Problemen
- Schaffung von Zustimmung innerhalb der Kerngruppe des Projekts.

3.3.1 Informationsvermittlung zur Erzielung von Unterstützung

Zum Projektbeginn muss besonderer Wert darauf gelegt werden, mittels effektiver Prozessplanung eine Richtung einzuschlagen, die ein Grundverständnis für die strategische Bedeutung des Supply Chain Management vermittelt und einen kollektiven Lernprozess einleiten. Effektive und effiziente Führungskräfte besitzen die Fähigkeit, ihre Organisation aus einer Prozessperspektive heraus zu betrachten, nicht nur als eine reine Ansammlung einzelner Individuen, die zu einer Einheit gruppiert worden sind, um eine bestimmte und übergeordnete Funktion zu erfüllen. Sie haben selbst Erfahrungen mit Prozessverbesserungen gemacht und wissen um die Bedeutung der Prozess-Steuerung als eine Schlüsselfunktion zur Umsetzung von Veränderungen.

Häufig setzen effektive und effiziente Führungskräfte auch ihre persönliche Freizeit ein, um die strategische Bedeutung der Lieferkette in ihrer eigenen Branche besser zu verstehen, d.h. sie legen ein persönliches Interesse an den Tag. Sie sind deshalb sozusagen in ihrem Element und kommen mit der Situation, sich über neue Entwicklungen auf ihrem Aufgabengebiet auch in Veranstaltungen, Seminaren, Tagungen, usw. informieren zu müssen, in der Regel sehr gut zurecht. Dies ist häufig mit dem positiven Effekt verbunden, dass sie das Veränderungsvermögen der gesamten Organisation positiv beeinflussen.

Die Veränderungsfähigkeit ist eng mit dem Konzept der Organisationsentwicklung verbunden, die innerhalb der Betriebswirtschaftslehre häufig als Methode zur Neu- oder Umgestaltung von Aufbauorganisation und Ablauforganisation erwähnt wird. Die Organisationsentwicklung umfasst den Veränderungsprozess und wird als eigenständige Disziplin innerhalb der Unternehmensführung verstanden. Sie ist eng mit der Personalentwicklung und dem Qualitätsmanagement verbunden (zum Thema der Organisationsentwicklung siehe beispielsweise Gairing 2002; Trebesch 2000; Grochla 1982/1995).

Anhand von Erfahrungswerten können effektive und effiziente Führungskräfte die Informationsvermittlungs-Phase eines Projekts auf eine Dauer von sechs bis zwölf Monate verkürzen, indem sie den Fortschritt des Projektleiters als dem Fachmann für SCOR fördern und gleichzeitig Schritte einleiten, um eine möglichst reibungslose Einführung der SCOR-Gruppe in die Organisation zu ermöglichen. Dagegen vermitteln weniger effektive und effiziente Führungskräfte häufig den Eindruck, als ob sie stets über eine klare und überlegene Meinung verfügen – unabhängig davon, ob diese auf Tatsachen beruht oder nicht. Sie müssen sich auf die individuellen Kenntnisse und Erfahrungen anderer verlassen, um Verbesserungen durchsetzen zu können. Demzufolge müssen sie oft selbst noch von den Vorteilen, die eine Optimierung der Lieferkette mit sich bringen kann, überzeugt werden – eine Aufgabe, für die sie eigentlich zuständig sind.

3.3.2 Identifikation von Möglichkeiten

In der zweiten Phase des Projekt-Lebenszyklus stehen drei wesentliche Anforderungen im Mittelpunkt:

- Verständnis für organisatorische Veränderungen
- Respekt gegenüber der Lieferketten-Komplexität
- Effektive Integration von Unternehmensressourcen.

Das besondere Merkmal dieser Phase liegt in der Definition des Projektauftrags bzw. der Projektsatzung, in der Dinge wie Projektumfang, Ziele, Organisation, Nutzen und Vorgehensweise festgelegt werden. Effektive und effiziente Führungskräfte verstehen ihre Rolle als Mentor sehr gut und sind deshalb dazu prädestiniert, die Notwendigkeit der angestrebten Verbesserungen zu begründen und zu erörtern. Sie sind dazu in der Lage, die Bedürfnisse der Lieferketten-Leistung aus verschiedenen Perspektiven heraus zu betrachten, wie beispielsweise Organisation, Prozesse, Menschen, Technologie und Strategie. Effektive und effiziente Führungskräfte sind bestens dazu in der Lage, die „Entdeckungsphase" durch die frühzeitige Einbeziehung der Unternehmensleitung und der aktiven Teilnahme an den Aktivitäten der Projektgestaltung zu beschleunigen.

Im Gegensatz dazu erschweren weniger effektive und effiziente Führungskräfte die „Entdeckungsarbeit" oftmals durch Versuche, die geplanten Aktivitäten auf ein oder zwei von Ihnen bevorzugten Kennzahlen zu lenken. Sie setzten sich aktiv dafür ein, die Teilnahme aller relevanten Unternehmensgruppen sicherzustellen, um Projektumfang und künftige Möglichkeiten zu definieren, was zweifellos für den Projekterfolg erforderlich wäre. Weniger effektive und effiziente Führungskräfte überlassen das Erlernen von SCOR ihren Mitarbeitern und verstehen daher persönlich zu wenig von den grundlegenden Stufen der SCOR-Projektplanung und den mit SCOR verbundenen Vorteilen und Verbesserungsmöglichkeiten.

3.3.3 Analyse der Strategie

In dieser Phase des Projekt-Lebenszyklus liegt der Fokus primär auf der planmäßigen Ausführung des Projekts und der Schaffung einer Basis zur Durchsetzung der erforderlichen Veränderungsmaßnahmen. Effektive und effiziente Führungskräfte nehmen nicht nur sich selbst, sondern auch ihre Projektleiter und Projektmitarbeiter im Hinblick auf die Einhaltung des detaillierten, siebzehnwöchigen Analyse- und Gestaltungsprozess, der seine Ausprägung im SCOR-Projektplan findet, in die Verantwortung.

Dieser Plan erfordert von den Projektmitgliedern die aktive Mitarbeit an dem Projekt an durchschnittlich zwei Tagen pro Woche über siebzehn Wochen hinweg. Hinzu kommt die Bearbeitung von Aktionspunkten, die je nachdem zwischen einem halben und einem Tag pro Woche in Anspruch nehmen können. Der genaue Aufwand variiert in Abhängigkeit von der Projektphase und dem Aufgabenbereich. Führungskräfte, welche dem Lenkungsausschuss angehören, müssen etwa einen halben Tag zweimal pro Monat einrechnen. Hinzu kommt auch hier die Bearbeitung von Aktionspunkten, deren Zeitaufwand schwerer abzuschätzen ist und im Durchschnitt etwa einen weiteren Tag pro Monat ausmachen kann. Der Projektleiter sollte idealerweise Vollzeit an dem Projekt arbeiten, d.h. für die Dauer des Projekts von seinen operativen Aufgaben freigestellt werden. In der Praxis lässt sich dies jedoch kaum realisieren, selbst wenn eine sehr gute Vertretung gefunden werden kann. Vier Tage pro Woche sollten aber auf jeden Fall angestrebt werden, da sonst die anstehenden Aufgaben nicht zufriedenstellend erledigt werden können. Der Projektmentor muss jede Woche ein paar Stunden, durchschnittlich zwischen einem halben und einem Tag pro Woche, für Lagebesprechungen und Aktionspunkte aufbringen.

Effektive und effiziente Führungskräfte verbringen viel Zeit damit, ihr Verständnis darüber zu verbessern, auf welche Weise die aktuellen Daten und Vergleichsdaten erhoben und zusammengestellt wurden. Sie sehen die zugrunde liegenden Daten als relevante Ausgangsbasis an und betrachten sie als eine Möglichkeit, den Effekt von Verbesserungen messen zu können. Effektive und effiziente Führungskräfte nutzen die erforderliche regelmäßige Kommunikationen bezüglich bestehender Möglichkeiten, erwarteter Änderungen und des geschätzten Zeitverlaufs des Projekts dazu, das Fundament für organisatorische Veränderungen zu legen.

Weniger effektive und effiziente Führungskräfte nehmen häufig nicht an den Sitzungen der Projektgruppe teil, lassen immer wieder Lagebesprechungen mit dem Projektmentor aus und sind auch oftmals nicht bereit dazu, ihre persönliche Freizeit für das Projekt zu opfern. Sie neigen dazu, die Richtigkeit und Gültigkeit der Ausgangsdaten in Frage zu stellen, da sie die Methoden zur Erhebung und Auswertung nicht verstehen und betrachten die Datenanalyse fälschlicherweise als den Abschluss, nicht den Beginn des Projekts. Auch die Furcht, den eigenen (Miss-) Erfolg quasi objektiv messbar zu machen, kann dabei eine Rolle spielen.

3.3.4 Überwindung von initialen Problemen

In dieser Phase des Projekt-Lebenszykluses steht das Verständnis für den integrativen Charakter von Material- und Informationsflüssen und Arbeitsabläufen im Zentrum der Betrachtung. Die Projektgruppe ist zu der Zeit mit den Schwierigkeiten, welche die Festlegung der angestrebten Verbesserungen und die Priorisierung der betrieblichen Veränderungen mit sich bringen, beschäftigt. Um diese Phase erfolgreich bewältigen zu können, verbringt der Projektmentor jede Woche einige Zeit mit der Projektgruppe, um die grundlegenden Schritte zu verstehen, die dazu erforderlich sind, das benötigte Material und die notwendigen Informationen zu erzeugen. Diese Kenntnisse kann er dann dazu nutzen, seine Kollegen auf Geschäftsführungsebene zu unterrichten und auf die vorhergesehenen Veränderungen vorzubereiten.

Effektive und effiziente Führungskräfte stehen in einem interaktiven Dialog mit ihrer Projektgruppe und stellen konstruktive Fragen, um die getroffenen Annahmen und Schlussfolgerungen zu überprüfen. Sie investieren außerdem einen guten Teil ihrer Zeit dazu, den Umfang und zeitlichen Ablauf der angestrebten Veränderungen zu verstehen. Dagegen beschäftigen sich weniger effektive und effiziente Führungskräfte lediglich mit dem Endergebnis und nicht mit den Schritten, die gemacht werden sollen, um die gewünschten Ergebnisse zu erzielen.

Weniger effektive und effiziente Führungskräfte verfolgen deshalb häufig keine klar fokussierten Ziele, sondern versuchen, möglichst viele Aktivitäten gleichzeitig zu beginnen. Eine Vorgehensweise, die aufgrund von Erfahrungen in den meisten Fällen zum Scheitern der Projekte verurteilt ist. Statt weniger Projekte innerhalb einer bestimmten Zeit erfolgreich abzuschließen, bleiben so eine Zahl von Projekten, die letztlich als Misserfolg gewertet werden – mit allen damit verbundenen Konsequenzen, wie etwa dem Vertrauensverlust auf der Führungsebene und unter den Projektmitgliedern, finanziellen Einbussen, usw.

3.3.5 Schaffung von Zustimmung innerhalb der Kerngruppe des Projekts

Bernd Dachner als etablierter Projektmentor und Dirk Abele in der Rolle des Projektleiters hatten die Aufgabe, die geeigneten Projektmitglieder aus der Geschäftsführungsebene zu rekrutieren, die den Kern des Lenkungsausschusses bilden würden. Diese Gruppe sollte im Verlaufe des Projekts die Verantwortung für die Abwicklung der notwendigen Kontroll- und Genehmigungsverfahren übernehmen.

Es war keine leichte Aufgabe, die ideale Zusammensetzung der Führungskräfte zu bestimmen, welche letztendlich für die Entscheidungen hinsichtlich der vorgeschlagenen Veränderungen der Lieferkette verantwortlich waren. Die Erfahrung zeigt, dass der aus Führungskräften bestehende Lenkungsausschuss in der Regel einige Mitglieder beinhaltet, welche nur in eingeschränktem Umfang die erforderliche Unterstützungsbereitschaft und Voraussicht an den Tag legen. Aus dem Grund war es von hoher Bedeutung, dass der Kern dieser Gruppe von Bernd Dachner und Dirk Abele persönlich ausgewählt wurde. Das Ziel dabei war, eine Art „Elitegruppe" zu etablieren, welche sich aktiv dafür einsetzen würde, die anderen Mitglieder des Lenkungsausschusses dahingehend zu motivieren, die Gesamtverantwortung für das Projekt zu übernehmen und dafür Sorge zu tragen, dass es die notwendige Triebkraft aufnehmen und beibehalten würde.

Aufgrund der Erfahrungen und Erkenntnisse, die sich Dirk Abele in vorangegangenen Diskussionen hinsichtlich Lieferketten-Strategien erworben hatte, entschied er sich mit der Unterstützung von Bernd Dachner dafür, dass der Kern der Gruppe aus Dr. Karl-Friedrich Ackermann, Personalleiter und langjähriger Befürworter einer organisatorischen Neuausrichtung, Elisabeth Becker, Leiterin der Finanzabteilung und Daniel Fischer, Leiter der Abteilung für Informationstechnologie, bestehen sollte.

3.4 Auswahl der weiteren Lenkungsausschuss-Mitglieder

Der Projektleiter und der Projektmentor müssen in erster Linie vier wichtige Kriterien bei der Zusammenstellung des Lenkungsausschusses berücksichtigen: Kollektive Erfahrung, persönliche Einstellung, effektive Kommunikationsfähigkeiten und die Fähigkeit, konstruktiv mit Druck umzugehen.

3.4.1 Kollektive Erfahrung

Der Erfahrungsschatz wird sowohl anhand von Einzelpersonen, als auch der Gruppe als Ganzes eingeschätzt. In beiden Fällen sollten einige bedeutende Punkte bei der Auswahl der Gruppe berücksichtigt werden, auf die nachfolgend eingegangen wird.

3.4.1.1 Die Ebene der Autorität

Effektive Lenkungsausschüsse beinhalten Mitglieder ähnlicher Hierarchieebenen innerhalb der Organisation, welche die Bereitschaft aufweisen, Ressourcen ihrer eigenen operativen Gruppen zur Verfügung zu stellen, um die Projektgestaltung zu fördern. Diese Mitglieder haben bereits das Vertrauen auf Geschäftsführungsebene erworben.

3.4.1.2. Informelle Kontakte zwischen überlappenden Funktionsbereichen

Ein effektives Mitglied eines Lenkungsausschusses sollte über die Jahre gute persönliche Kontakte innerhalb der Organisation aufgebaut haben. Außerdem sollte er durch seine Handlungsweise nicht nur die Bereitschaft gezeigt haben, seine eigenen Ziele durchzusetzen. Die größten Beiträge sind oft von solchen Mitgliedern geleistet worden, die einen guten Sinn für das Unternehmen als eine Gesamtheit haben, d.h. eine holistische Sichtweise besitzen und über die Jahre kooperative Verhältnisse zu den Führungskräften anderer Funktionsbereiche aufbauen konnten.

3.4.1.3. Kenntnisbeitrag

Die Fähigkeit, Erkenntnisse aus vergangenen Ereignissen zu ziehen, spielt eine bedeutende Rolle nicht nur bei der Weiterentwicklung von Unternehmensprozessen, sondern auch bei der Reaktion des Unternehmens auf Veränderungen. Diese Erkenntnisse können sowohl auf positiven als auch auf negativen Erfahrungen beruhen. Für einen Lenkungsausschuss geeignete Mitglieder sollten die Begabung besitzen, einen Ausgleich zwischen ihrem eigenen Kenntnisbeitrag und der manchmal unvermeidbar an den Tag gelegten Einstellung, „schon alles probiert zu haben", herzustellen.

3.4.2 Persönliche Einstellung

Mitglieder des Lenkungsausschusses müssen sich selbstverständlich nicht einer Reihe von psychologischen Untersuchungen unterziehen, um festzustellen, ob sie über die korrekte Einstellung für die Rolle verfügen. Sie sollten aber drei einfache Voraussetzungen erfüllen.

Zunächst sollten sie sich nicht in negativer Weise davon beeinflussen lassen, dass die erarbeiteten Vorschläge nicht ausschließlich innerhalb der eigenen Organisation, sondern auch zu einem Teil mittels externer Hilfe zustande gekommen sind. Als zweite Voraussetzung sollten sie über eine kontrollierte und anpassungsfähige Kommunikationsweise verfügen, um eine zielgruppen- und situationsspezifische Ansprache zu gewährleisten. Die dritte Voraussetzung stellt eine gute Lernfähigkeit dar.

3.4.3 Effektive Kommunikationsfähigkeiten

Ein effektiver Lenkungsausschuss beeinflusst unter anderem in hohem Maße die Lernfähigkeit eines SCOR-Projekts, indem er die Effektivität des Lernumfeldes mit prägt. Der Lenkungsausschuss hat hochgesteckte, aber realistische Erwartungen und schreibt die Art und Häufigkeit der Sitzungen zur Besprechung der Lage und des Fortschritts des Projekts genau vor, welche notwendig sind, um den reibungslosen Verlauf des Projekts zu sichern.

Die effizientesten Lenkungsausschuss-Sitzungen sind geprägt von konstruktiver Kritik, interaktivem Meinungsaustausch und offenem Dialog, um letztlich einen Prozess des kollektiven Lernens zu fördern. Effektive Kritik setzt voraus, dass sämtliche Mitglieder des Lenkungsausschusses den Lerninhalt verstehen, eine Liste mit zielgerichteten Fragen für die Projektgruppe zusammengestellt haben und sich über das Verständnis der dahinterliegenden Denkvorgänge bewusst sind, um die Integrität der geleisteten Arbeit verstehen und überprüfen zu können.

Die individuelle Meinung der Lenkungsausschussmitglieder ist gefordert, um bedeutende Entscheidungen im Verlaufe des Projekts zu treffen, die dessen erfolgreiche Fortsetzung sichern sollen. Die individuellen Anschauungen sollen jedoch erst im Anschluss an den offenen Dialog und die konstruktive Kritik zum Tragen kommen. Ein offener Dialog besteht aus einfachen Fragestellungen und interaktiver Diskussion und kommt sowohl spontan als auch im Rahmen geplanter Lagebesprechungen zum Einsatz. Das ultimative Ziel hierbei ist die Bildung eines unbefangenen Verständnisses für die Sichtweise der Gruppe.

3.4.4 Konstruktiver Umgang mit Projektdruck

Interessanterweise sind eine größere Zahl von Führungskräften der Meinung, dass eine Organisation, die an der Grenze zum „Chaos“ steht, am erfolgreichsten im heutigen Wettbewerbsumfeld sein kann. Die Annäherung an die Grenze zum Chaos bedeutet jedoch eine Zunahme an Stress, worüber sich die Mitglieder des Lenkungsausschusses bewusst sein müssen. Die Fähigkeit zum prozessorientierten Denken bestimmt dabei maßgeblich den jeweiligen Abstand zu dieser fiktiven Grenze.

Gruppenmitglieder, die prozessorientiert denken können, betrachten die Leistung als das Ergebnis interaktiver Prozessstufen. Sie sehen eine Organisation als eine Zusammenstellung von Systemen, die miteinander interagieren müssen und voneinander abhängig sind. Außerdem sind sie in der Lage, die grundlegenden Zusammenhänge zwischen den verschiedenen Faktoren – Lieferanten (Kapital, Arbeitskräfte, Rohmaterial), Organisation (Unternehmensprozesse und -funktionen), Kunden (als Abnehmer von Produkten und Dienstleistungen), Konkurrenten (mit denen ein Wettbewerb um die Güter besteht) sowie weiteren Faktoren, welche einen Einfluss auf das System haben könnten – zu verstehen.

Die Alternative zu dieser prozessorientierten Denkweise ist ein funktionaler Denkansatz. Gruppenmitglieder, die funktionsorientiert denken, sehen ein gewisses Aufgabengebiet als ihr eigenes an und neigen deshalb dazu, bildlich gesprochen eine Mauer um ihr Gebiet zu bauen und damit das Umfeld auszuschließen. Oftmals findet sich dafür auch der Begriff des *Silodenkens*. Die dahinterliegende Motivation kann vielfältige Ursachen haben und ist einzelfallspezifisch zu betrachten. Das damit zusammenhängende Verhalten stellt aber auch einen Versuch dar, den Zustand des oben genannten „Chaos“ zu vermeiden.

3.5 Prozessorientierter Denkansatz

In den meisten SCOR-Projekten stellt die Änderung einer oftmals weit verbreiteten funktionalen hin zu einer angestrebten prozessorientierten Denkweise die erste größere Aufgabe und gleichzeitig Hürde dar. Die Bedeutung der Prozesssicht für den Unternehmenserfolg konnte nicht nur im Rahmen von Lieferketten-Projekten in der betrieblichen Praxis beobachtet werden. Auch wissenschaftliche Studien zur Untersuchung von Faktoren, die einen Einfluss auf den Unternehmenserfolg haben, gehen vielfach davon aus, dass positive Resultate von Verbesserungsinitiativen maßgeblich davon abhängen, dass die Geschäftsprozesse durch geeignete Maßnahmen verändert werden.

Nachfolgend soll ein Beispiel für ein Integrationskonzept, in dem die Geschäftsprozesse im Mittelpunkt stehen, näher erläutert werden. Das untenstehende Schaubild fasst das Integrationskonzept, welches im Rahmen des von der Europäischen Kommission geförderten Projekts CEBUSNET entwickelt wurde, an dem Wissenschaftlergruppen von sechs europäischen Universitäten beteiligt waren, in grafischer Form zusammen.

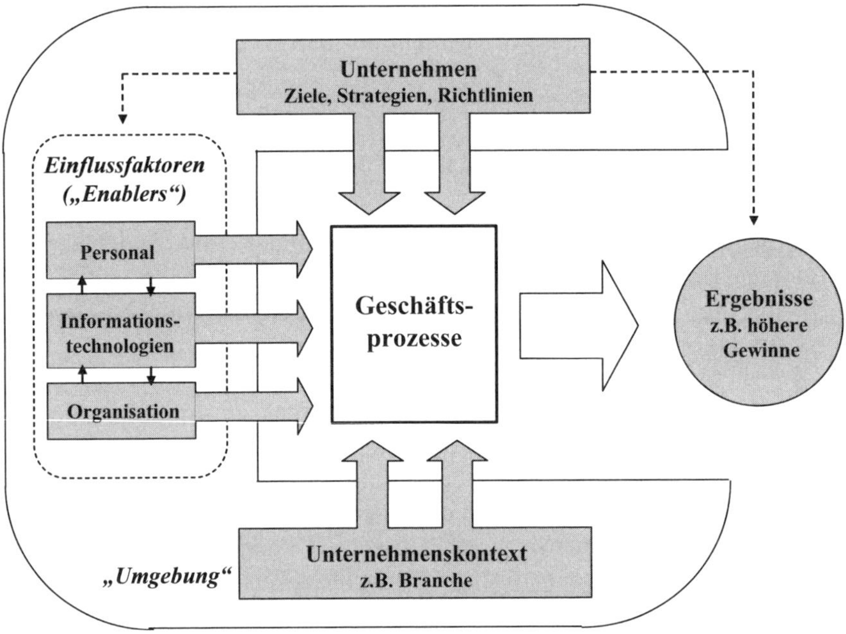

Abb. 3-1: Integrationskonzept zur Gestaltung von Geschäftsprozessen (in Anlehnung an Seibt u.a. 1997, S. 6)

Wie dem Schaubild zu entnehmen ist, stehen an oberster Stelle die Unternehmensstrategie, -ziele und -richtlinien. Diese determinieren unmittelbar die Geschäftsprozesse, bildlich dargestellt durch die dicken Pfeilen. Sie determinieren darüber hinaus aber auch die Einflussfaktoren, d.h. Mitarbeiter, Organisation und Informationstechnologie sowie die Ergebnisse (dargestellt durch die gestrichelten Pfeile). Eingangsgrößen, wie z.B. Rohmaterial, Arbeitskraft und Daten, Ausgangsgrößen, wie z.B. Produkte und Dienstleistungen sowie Aktivitäten bzw. Prozess-Schritte sind in der Abbildung nicht explizit aufgeführt, sondern stellen einen immanenten Bestandteil der Geschäftsprozesse dar. Diese Art der Darstellung kommt der Anwendung des Konzepts im Zusammenhang mit dem SCOR-Modell entgegen, da SCOR eigene Definitionen für die Größen und Prozess-Schritte enthält.

Das optisch zentrale Element stellen die Geschäftsprozesse dar, die außer von der Unternehmensstrategie und den -zielen auch von den Einflussfaktoren sowie dem unternehmensspezifischen Kontext stark beeinflusst werden (dargestellt mittels dicker Pfeile). Die Einflussfaktoren umfassen im Einzelnen die Mitarbeiter, die Informationstechnologie und die Organisation. Der Einflussfaktor *Mitarbeiter* umfasst alle prozessbezogenen Aspekte, die bei der Verbesserung der Fähigkeiten und Motivation der Mitarbeiter eine Rolle spielen. Die *Informationstechnologie* wird schon seit Längerem als ein relevanter Faktor zur Ermöglichung einer optimalen Prozessabwicklung angesehen. Sie umfasst die Anwendungslösungen, Systeme und die damit zusammenhängenden Verfahren und Abläufe. Und unter der *Organisation* als Einflussfaktor werden die Organisationsstruktur, -regeln und -vorgänge zusammengefasst, soweit sie in einem Zusammenhang mit den Geschäftsprozessen stehen. Der unternehmensspezifische Kontext *(Umgebung)* wird durch Faktoren wie die Branche, die individuelle Konkurrenzsituation, Ein- und Ausfuhrbeschränkungen, usw. geprägt.

Auf der rechte Seite stehen die Ergebnisse der Geschäftstätigkeit bzw. der Abwicklung der Geschäftsprozesse. Die Ergebnisse sind z.B. die Produkte und Dienstleistungen, die aus den Geschäftsprozessen resultieren. Ergebnisse sind auch die Leistungskennzahlen, wie z.B. die Kundenzufriedenheit und die Durchlaufzeit, welche als Zielgrößen des Unternehmens definiert sind. Auf diese wird im weiteren Verlauf noch genauer eingegangen, da sie im Kontext des SCOR-Modells eine wichtige Rolle spielen. Ergebnisse können gewollt oder ungewollt sein. Ein gewolltes Ergebnis wäre beispielsweise die Erzielung höherer Gewinne, ein ungewolltes Ergebnis die Ausweisung von Verlusten statt Gewinnen. Das Risiko ungewollter Ergebnisse entsteht unter anderem als Folge der Definition von Unternehmenszielen und -strategie.

Selbstverständlich gibt es im Hinblick auf die vier dargestellten Hauptbereiche, die für die Abwicklung von Geschäftsprozessen wichtig sind – Unternehmen, Einflussfaktoren, Unternehmenskontext und Ergebnisse der Geschäftstätigkeit – Rückkopplungsprozesse, die in der Abbildung jedoch nicht ausdrücklich dargestellt sind (vgl. Seibt u.a. 1997, S. 6 ff.).

Die Kerngruppe des Lenkungsausschusses war sich darüber im Klaren, dass alle oben genannten Faktoren bei der Untersuchung der Geschäftsprozesse und deren Leistungsfähigkeit ins Kalkül gezogen werden mussten. Die Gruppe stellte eine Vorschlagsliste zusammen, welche die Namen der folgenden zusätzlichen Führungskräfte enthielt, die ihrer Meinung nach noch notwendig waren, um den Lenkungsausschuss für das Projekt zu bilden: Doris Egerle, Geschäftsführerin des Bereichs Lebensmittel, Gerhard Fälchle, Geschäftsführer des Geschäftsbereichs Gebrauchsgüter und Margot Reich, Geschäftsführerin des Bereichs Technologie.

3.6 Auswahl der Projektmitglieder

Außer dem Lenkungsausschuss, der einen wesentlichen Teil der Projektorganisation verkörperte, mussten nun noch die Projektmitglieder ausgewählt werden. Ein guter Stab an Projektmitarbeitern ist eine unbedingte Voraussetzung für ein erfolgreiches Projekt. Projektgruppen sollten ein gemeinsames Ziel verfolgen, kooperativ handeln und kollektive Ergebnisse in Form von festgelegten und messbaren Resultaten erarbeiten. Die Projektmitglieder sollten aufgrund ihrer Fachkenntnisse, ihrer Entscheidungs- und Problemlösungseigenschaften und ihrer Fähigkeit, mit anderen Projektmitarbeitern zusammenarbeiten zu können, ausgewählt werden. Erfolgreich arbeitende Projektgruppen durchlaufen dabei verschiedene typische Entwicklungsphasen, die durch eine unterschiedliche Arbeitsatmosphäre und Produktivität gekennzeichnet sind (vgl. Baguley 1999, S. 208 f.).

3.6.1 Projektgruppen-Entwicklungsprozess

Eines der bekanntesten Modelle für einen Projektgruppen-Entwicklungsprozess stammt von Tuckman. Es besteht aus vier Phasen: Gestaltungs-, Konflikt-, Regel-, und Leistungsphase. Zum Teil schließt sich noch eine fünfte Phase, die Auflösungs- und Umwandlungsphase, an, die erst später eingeführt wurde. Das Modell geht davon aus, dass alle diese Phasen notwendig und unumgänglich sind, damit sich eine Projektgruppe entwickeln und die im Laufe eines Projekts auftretenden Herausforderungen und Probleme erfolgreich bewältigen kann.

Das Modell hat die Grundlage für eine Vielzahl von nachträglich entwickelten, dynamischen Modellen dargestellt und findet seine Anwendung auch häufig im Bereich der Personenverwaltung, um das Verhalten bestehender Gruppen von Mitarbeitern zu beschreiben. Außerdem stellt es einen festen Bestandteil im Rahmen der Projektgruppenbildung und Personalentwicklung dar. Nachfolgend werden die verschiedenen Phasen kurz beschrieben (vgl. Tuckman 1965/2001, S. 384 ff.).

3.6.1.1 Gestaltungsphase

In dieser ersten Phase findet die Herausbildung der Projektgruppe statt. Die Projektmitglieder treffen meist zum ersten Mal aufeinander und fangen damit an, ein Verständnis für die Möglichkeiten und Herausforderungen des Projekts aufzubauen. Sie werden sich über ihre Ziele im Klaren und beginnen, sich mit der Erledigung ihrer Aufgaben zu beschäftigen. Die einzelnen Gruppenmitglieder weisen gewöhnlich ein scheinbar unabhängiges Verhalten auf. Sie sind zwar motiviert, jedoch fehlt ihnen noch die Perspektive für die Probleme und die Ziele der gesamten Projektgruppe.

Die Gruppenmitglieder legen auch häufig ein weniger auf Konflikte angelegtes Verhalten an den Tag und sind stark auf sich selbst konzentriert. Reifere Mitglieder zeigen oftmals schon in dieser frühen Phase ein angemessenes Verhalten. Seitens des Projektleiters sind in dieser Phase klare Vorgaben und Anweisungen erforderlich.

3.6.1.2 Konfliktphase

In dieser Phase konkurrieren die verschiedenen Ideen der Gruppenmitglieder untereinander, um berücksichtigt zu werden. Die Projektgruppe beschäftigt sich mit den Lösungsmethoden der eigentlichen Probleme, mit ihren unabhängigen und gemeinsamen Funktionen und damit, welches Organisationsmodell am besten für das Projekt geeignet wäre. Die Projektmitglieder befassen sich eingehend miteinander und sind folglich mit den Ideen und Ansichten der anderen Mitglieder konfrontiert.

In manchen Fällen wird diese Phase relativ schnell überwunden, in anderen Fällen wiederum findet diese Überwindung gar nicht oder nur unvollständig statt. Die Reife einiger Projektmitglieder hat einen maßgeblichen Einfluss darauf, ob und wie dies geschieht. Unreifere Mitglieder neigen in dieser Phase dazu, übereifrig zu agieren, um die anderen von ihren Kenntnissen und von der Bedeutung und der Richtigkeit ihrer Ideen zu überzeugen. Wieder andere Mitglieder konzentrieren sich bevorzugt auf weniger wichtige Kleinigkeiten, um sich nicht mit den eigentlichen Problemen befassen zu müssen.

Trotz aller Schwierigkeiten, die sie für die Projektleitung mit sich bringen kann, ist die Konfliktphase unerlässlich für die Entwicklung und das Wachstum einer Projektgruppe. Sie kann denjenigen Projektmitgliedern, welche Konflikten normalerweise eher aus dem Weg gehen, unangenehm und sogar sinnlos erscheinen. Deshalb muss ein ausreichendes Maß an Toleranz für jedes Mitglied aufgebracht werden und es muss unbedingt vermieden werden, dass eine destruktive Wirkung entsteht und die Situation buchstäblich außer Kontrolle gerät, da sonst die Motivation der ganzen Gruppe darunter leiden kann. Der Projektleiter sollte in dieser Phase so zugänglich wie möglich sein und dabei gleichzeitig seine Führungsqualitäten bezüglich der zu treffenden Entscheidungen und des professionellen Verhaltens der Mitglieder unter Beweis stellen.

3.6.1.3 Regelphase

Sollte es gelingen, die vorhergehende Phase erfolgreich zu überwinden, tritt die Projektgruppe in die Regelphase ein. Die Projektmitglieder beginnen damit, ihr Verhalten aufeinander auszurichten und entwickeln dabei eine Arbeitsweise, welche die Erledigung der Aufgaben, die das Projekt als Ganzes betreffen, natürlicher und fließender erscheinen lässt.

Die Mitglieder bewältigen diese Phase häufig, indem sie über die in der Projektsatzung geregelten Richtlinien, Werte, Ziele, Vorgaben sowie gemeinsamen Arbeitsverfahren zu einem Konsens gelangen. Während dieser Phase beginnen die Projektmitglieder, mehr Vertrauen zueinander zu entwickeln, wodurch unter anderem die Motivation und Begeisterung zunimmt. Allerdings darf das Verhalten in dieser Phase auf der anderen Seite nicht zu stark normiert werden, da sonst die Kreativität verloren gehen kann, die in hohem Maße auf individuellem Denken und Handeln beruht. Im negativen Fall können sonst notwendige Meinungsunterschiede unterdrückt werden und die Projektgruppe weist dann Zeichen eines nicht erwünschten gruppenkonformen Denkens bzw. „Gruppendenkens" auf.

Der Projektleiter sollte sich in dieser Phase mehr einbringen und sich von einer mehr autoritären Führungsrolle hin zu einer kooperativen Unterstützungsrolle bewegen. Dies wird dadurch erleichtert, dass in dieser Phase von den Projektmitgliedern eine zunehmende Übernahme von Verantwortung für ihre Entscheidungen und ihr professionelles Verhalten erwartet werden kann.

3.6.1.4 Leistungsphase

Nicht jede Projektgruppe erreicht die nächste Phase, in der sie in die Lage versetzt sind, als eine Einheit zu funktionieren, um ihre Aufgaben ohne unangemessene Konflikte und ohne größere externe Aufsicht reibungslos und effektiv zu erledigen. Die Projektmitglieder sind im positiven Sinne aufeinander angewiesen und können sich vollstens aufeinander verlassen. Sie sind hoch motiviert, erfahren, kompetent und autonom und befinden sich in der Lage, Entscheidungsprozesse weitgehend ohne Aufsicht zu bewältigen. Meinungsverschiedenheiten sind trotzdem noch erwünscht, solange sie in einer für die Gruppe akzeptablen Art geregelt werden.

Der Projektleiter ist in dieser Phase ein immanenter Bestandteil der Projektgruppe und nahezu durchgehend aktiv in die Erledigung der anstehenden Aufgaben eingebunden. Die Projektgruppe als Ganzes übernimmt in den meisten Fällen gemeinschaftlich die Verantwortung für Entscheidungen. Selbst diejenigen Gruppen, die sich durch eine hohe Leistungsfähigkeit auszeichnen, werden sich jedoch unter gewissen Voraussetzungen auch immer wieder in die vorherigen Phasen zurückbewegen. Es ist daher durchaus angebracht, von einem Kreislauf zu sprechen, welcher aus der Reaktion auf sich stetig ändernde Umstände resultiert. So könnte etwa ein Wechsel des Projektleiters dazu führen, dass eine Gruppe wieder in die Konfliktphase kommt, wenn die neue Führung die bereits existierenden Regeln und Arbeitsweisen nicht anerkennen sollte.

3.6.1.5 Auflösungs- und Umwandlungsphase

Die zu einem späteren Zeitpunkt hinzugekommene fünfte Phase bezieht sich auf die Vervollständigung der Aufgaben und die Auflösung bzw. Neuausrichtung der Projektmitglieder. Manchmal wird diese Phase auch als *Trauerphase* bezeichnet, da sich die Projektmitglieder stark aneinander gewöhnt und die Zusammenarbeit zu schätzen gelernt haben. Eine lange Zeit bestehende Projektgruppe kann sich in einer erfolgreichen Umwandlungsphase sogar manchmal noch steigern.

Der Projektleiter ist in dieser Phase dafür verantwortlich, dabei zu helfen und gemeinsam mit dem Projektmentor daran zu arbeiten, bewährte Projektmitglieder für neue Projekte oder eine Aufgabe in der Organisation zu positionieren. Dabei sollte darauf geachtet werden, dass die Mitarbeit an dem Projekt zu einem erkennbaren Vorteil, z.B. in Form einer Beförderung, geführt hat. Nur so kann sichergestellt werden, auch zukünftig die besten Mitarbeiter für die Teilnahme an Projekten gewinnen zu können.

3.6.2 Organigramm der Logistik AG

Im Hinblick auf die dargestellten Phasen ist es von entscheidender Bedeutung für den Projekterfolg, zu verstehen, dass ein Projekt von verschiedenen individuellen „Reifegraden" und projektspezifischen „Reifephasen" der Projektgruppe geprägt ist. Konflikte zu vermeiden führt dabei nicht zum gewünschten Ergebnis. Vielmehr ist es die Aufgabe des Projektleiters, die einzelnen Phasen zu kennen und hinsichtlich der Auswahl der geeigneten Projektmitglieder und später im Hinblick auf seinen Führungsstil zu berücksichtigen.

Die endgültige Liste der Projektmitglieder wurde von Dirk Abele in seiner Funktion als Projektleiter erstellt und als Vorschlag an Bernd Dachner als dem Projektmentor zur Überprüfung und Genehmigung gegeben (siehe Anhang B). Das nachfolgende Organigramm enthält die Namen aller Mitarbeiter der Logistik AG, die eine Rolle in dem SCOR-Projekt spielen sollten, sei es im Lenkungsausschuss oder in der Projektgruppe, und stellt deren Position innerhalb der Unternehmenshierarchie dar.

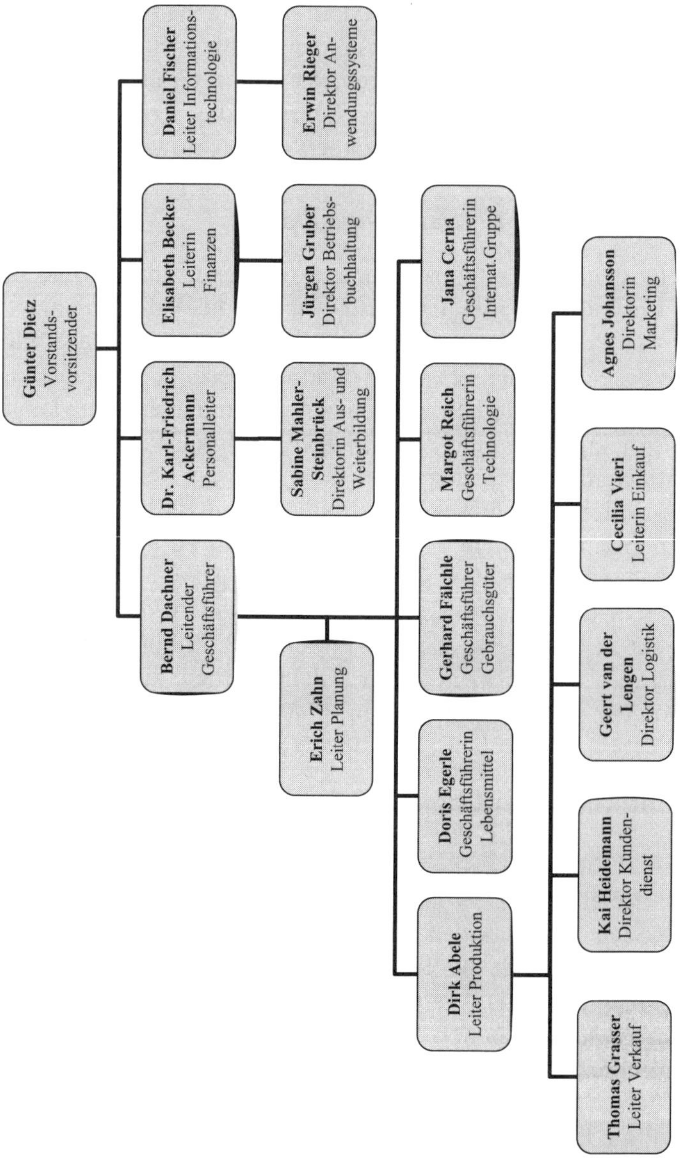

Abb. 3-2: Organigramm der Logistik AG (Auszug)

Kapitel 4: Planung und Organisation des SCOR-Projekts

Erste SCOR-Projektwoche: Festlegung des initialen Aufgabengebiets und der Arbeitseinteilung

Im vorangegangenen Kapitel wurde die Vorbereitungsphase des SCOR-Projekts dargestellt. Die sich daran anschließende Projektplanung ist ein Mechanismus, der die Ziele eines Projekts aus der Phase des Vorhabens in konkrete Realität verwandelt. Wird eine solche Planung vernachlässigt, so werden nicht nur die Einhaltung der vorgegebenen Kosten, Zeit und Qualität aufs Spiel gesetzt, sondern es wird die Erreichung der Projektziele insgesamt in Frage gestellt (vgl. z.B. Baguley 1999, S. 67).

Die kritischen Schritte bei der Vorbereitung eines erfolgreichen Projekts beinhalten unter anderem die Bildung eines klaren Verständnisses darüber, aus welchen Gründen die Durchführung des Projekts seitens des Unternehmens angestrebt wird, um anschließend den Projektumfang so zutreffend wie möglich definieren und festzulegen zu können. In dieser Projektphase müssen drei konkrete Ergebnisse erreicht werden: Ein Überblick zu den wirtschaftlichen Rahmenbedingungen des Unternehmens, eine Matrix zur Lieferketten-Definition und eine genehmigte Projektsatzung. Ein weiteres wichtiges Ergebnis während der Projektplanung besteht aus einem kompletten Informationspaket, welches an alle Projektmitglieder verteilt werden kann, um diese mit den erforderlichen Informationen zu versorgen und einen einheitlichen Kenntnisstand sicherzustellen.

4.1 Zusammenfassung der Geschäftsentwicklung

Zunächst geht es darum, eine Vergleichsliste zusammenzustellen, in der alle relevanten Informationen enthalten sind, die dazu erforderlich sind, einen möglichst vollständigen Überblick zu der Geschäftsentwicklung und dem relevanten wirtschaftlichen Umfeld zu bekommen. Diese Informationen bilden dann die Grundlage zur Identifikation der notwendigen Lieferkettenverbesserungen. Die Aspekte, die dabei zu berücksichtigen sind, können dem im vorhergehenden Kapitel dargestellten Bezugssystems von Organisationen entnommen werden (siehe Abbildung 3.1).

Neben den eher quantitativen Aspekten sind auch die qualitativen Nutzenaspekte bei der Erstellung der Vergleichliste von großer Bedeutung. Bedingt durch die bewusste Einbeziehung der Geschäftsführungsebene in den Prozess wird außer der Richtung des Projekts auch die übergeordnete Lieferketten-Strategie des Unternehmens determiniert, da das Projekt ja als primäres Ziel die (Um-) Gestaltung der Lieferkette anstrebt. Es ist deshalb im Hinblick auf die Herausforderungen des Veränderungsprozesses, mit denen sich die Organisation früher oder später beschäftigen muss, wichtig, die relevanten Mitglieder der Geschäftsführungsebene bereits in der frühen Phase des Projekts mit einzubeziehen. Dabei kann das Verständnis für die speziellen Probleme dieser Mitarbeiter, das Interesse an ihrer Sichtweise und die Wertschätzung ihres Beitrags positiv dazu beitragen, die anstehenden Aktivitäten von einer „Chefsache" in eine kollektive Aufgabe, in die alle relevanten Ebenen der Organisation eingebunden sind, umzuwandeln.

Die Zusammenfassung der Geschäftsentwicklung beinhaltet die Anwendung einer Vielfalt von Techniken. Hierzu gehören beispielsweise die Befragung von Hauptaktionären, die sorgfältige Prüfung der Geschäfts- und Jahresabschlussberichte, die Besprechung existierender Unternehmenspläne und -strategien, wie sie etwa in Unternehmensberichten bzw. anderen Geschäftsdokumenten erscheinen, die Durchführung einer Konkurrenzanalyse und die Durchsicht von Finanzanalysen. Es wird häufig die Frage gestellt, weshalb auch öffentlich verfügbare Dokumente und externe Finanzanalysen einbezogen werden sollten. Die Antwort auf dieser Frage besteht einfach darin, einen Vergleich zwischen den definierten Zielen und Aussagen des Unternehmens und den Erwartungen der Geldgeber, wie z.B. der Aktionäre, zu ermöglichen.

Es lässt sich oftmals eine Tendenz dazu beobachten, die Anforderungen und Bedürfnisse kleinerer Investoren als weniger relevant und möglicherweise sogar unrealistisch anzusehen. Versteht man jedoch ihre Ziele und versucht eine Verbindung zwischen diesen und den Unternehmenszielen herzustellen, können etwaige Diskrepanzen beseitigt und ein Ausgleich erzielt werden. Dies wiederum kann das Fundament für eine langfristig hohe Leistung auf allen Ebenen schaffen.

Bei der Zusammenfassung der Geschäftsentwicklung sind in erster Linie Informationen im Hinblick auf vier Kategorien relevant: Strategischer Hintergrund, finanzielle Leistung, internes und externes Profil. Nachfolgend wird auf jede einzelne dieser Kategorien näher eingegangen.

4.1.1 Strategischer Hintergrund

Dieser umfasst das Unternehmen und seine Position innerhalb eines bestimmten Konkurrenzumfeldes und setzt die Fähigkeit zur Erfüllung der Kundenbedürfnisse in einen direkten Bezug zur Konkurrenz. Eine Unternehmensbeschreibung stellt die erste Komponente des strategischen Hintergrundes dar. Sie beschreibt das Unternehmen, seinen Wirtschaftszweig und die Art seiner Geschäftsvorgänge und ermöglicht einen Überblick über das gesamte Konkurrenzumfeld aus einer übergeordneten Perspektive heraus. Qualifizierte Führungskräfte sollten in der Lage sein, diese Art von Informationen in relativ kurzer Zeit zusammenzustellen und sich der Vielzahl an verfügbaren internen Quellen zu bedienen.

Eine zusätzliche Informationsquelle stellt die Analyse der speziellen Stärken, Schwächen, Möglichkeiten und Risiken eines Unternehmens dar, die eine Standortbeschreibung des Unternehmens in den genannten Kategorien und seine Position auf dem Markt liefert. Das Ergebnis der Analyse geht zunächst auf die Fälle ein, in denen das Unternehmen seine direkten Konkurrenten übertrifft und im Anschluss daran auf diejenigen, bei denen ein Verbesserungsbedarf besteht. Darauf aufbauend projiziert dann die Analyse die Wachstumsmöglichkeiten des Unternehmens und diejenigen Bereiche, in denen das größte Risiko besteht, von der Konkurrenz überholt zu werden. Betrachtet man die Analyse nur oberflächlich, besteht sie im Kern aus einem Dokument, das auf die vier Kategorien – Stärken, Schwächen, Möglichkeiten und Risiken – eingeht. Sie stellt jedoch für größere bzw. diversifizierte Organisationen ein hochkomplexes Verfahren dar, das beispielsweise auch Informationen über das Produktsortiment, die Marktsegmente, usw. beinhaltet.

Eine andere Komponente des strategischen Hintergrundes stellt die Darstellung des Kundenwertes dar, in welcher der Beitrag eines Unternehmens im Vergleich zur Konkurrenz aus Sicht der Kunden beschrieben wird. Eine qualitativ gute Darstellung beinhaltet auch ein detailliertes Verständnis der Anforderungen seitens der Großkunden bzw. der Großkundensegmente. Unternehmen wie z.B. *Nestlé*, die ein breites Spektrum an Konsumgütern vertreiben, würden etwa ihr Verhältnis zur *Metro-Gruppe* bedingt durch die spezifischen Kundenanforderungen im Rahmen der Darstellung des Kundenwertes wahrscheinlich als relevanter einschätzen, als das zu Kunden mit geringerem Absatzvolumen. Um dabei zu vermeiden, dass kleineren Kunden nicht die ausreichende Aufmerksamkeit zukommt, würde ein Unternehmen wie beispielsweise Nestlé einen Kunden wie z.B. die *Metro-Gruppe* möglicherweise in eine Darstellung des Kundenwertes speziell für Großkunden einbeziehen und gleichzeitig eine separate Darstellung für sein Netzwerk an Kunden bzw. Zwischenhändlern, die wiederum kleinere Lebensmittelketten bedienen, entwickeln.

Die gängigsten Anforderungen an die Darstellung des Kundenwertes beinhalten Preisinformationen, Produktqualität, technische Innovationen, Lieferzuverlässigkeit, Auftragsdurchlaufzeit, strategische Kooperationen, wertschöpfende Prozesse, wie etwa die Fertigung und administrative Prozesse, wie z.B. die Lagerbestandsverwaltung. Darstellungen des Kundenwerts sind auch vielfach ein Bestandteil von Marktsegmentanalysen und werden sogar in manchen Fällen ausdrücklich als solche bezeichnet.

Die abschließende Komponente bei der Untersuchung des strategischen Hintergrunds besteht aus den kritischen Erfolgsfaktoren des Unternehmens und den aktuellen kritischen Unternehmensereignissen. Der Ausdruck *kritische Erfolgsfaktoren* beschreibt drei bis fünf Variablen, welche am ehesten zu dem Erfolg einer Organisation beitragen. Der Erfolg kann in dem Zusammenhang als die zukunftsorientierte Weiterentwicklung eines Unternehmens definiert werden, nicht nur als ein reines „Überleben" im Wettbewerb. Die kritischen Erfolgsfaktoren sind eng verknüpft mit den Leistungskennzahlen und in einem weitergefassten Kontext zu sehen, der kurz erläutert werden soll.

4.1.2 Steuerung und Messung der Unternehmensleistung

Die Steuerung der Unternehmensleistung hat die Intention, im Rahmen der Unternehmensführung sicherzustellen, dass der Fokus auf der Erreichung der definierten strategischen und betrieblichen Ziele liegt. Hierzu wird die Leistung mittels spezieller Leistungskennzahlen innerhalb eines Berichtssystems bewertet und überwacht, wobei das individuelle Bezugssystem des Unternehmens zugrunde gelegt wird. Die in dem Zusammenhang verwendeten Leistungskennzahlen haben folglich den Zweck, das Leistungsvermögen eines bestimmten Unternehmens und seiner Geschäftsbereiche zu beurteilen. Sie sollten sowohl den Finanzbereich als auch die Betriebsabläufe abdecken, da das Ziel ist, Kundenzufriedenheit bei niedrigen Kosten zu erreichen und die langfristige Wettbewerbsfähigkeit sicherzustellen.

In diesem Sinne sind die entsprechenden Leistungskennzahlen nicht nur dazu bestimmt, zur kontinuierlichen Verbesserung der Leistungsfähigkeit der Lieferkette beizutragen, sondern darüber hinaus die Unternehmens- und Wettbewerbsstrategie zu steuern. Sie sollten möglichst einfach zu definieren, leicht anzuwenden und gut zu verstehen sein, um den Führungskräften, die sie benutzen, zu ermöglichen, rasch und angemessen mit adäquaten Maßnahmen zu reagieren.

Kritische Erfolgsfaktoren haben den primären Zweck, die für den Erfolg eines Unternehmens wesentlichen Faktoren zu identifizieren. Sie sind eher qualitativer Natur und werden von den Leistungskennzahlen quantifiziert und gemessen. Es hat sich in diversen Studien bestätigt, dass Unternehmen, die ihre Leistung gezielt kontrollieren und steuern, erfolgreicher sind als solche, die dies gar nicht oder nur in begrenztem Umfang tun. Wenn die Führungskräfte eines Unternehmens gut über die Kennzahlen und die Faktoren, die einen Einfluss auf diese haben und zu den Ergebnissen beitragen, informiert sind, können sie bessere und effektivere Entscheidungen treffen. Die Steuerung der Leistungsmessgrößen muss dabei auf die Ziele, Problemfelder und Entscheidungsfaktoren, mit anderen Worten: die kritischen Erfolgsfaktoren, ausgerichtet sein. SCOR definiert die folgenden Faktoren als kritische Erfolgsfaktoren im Hinblick auf die Lieferkettenleistung: Lieferzuverlässigkeit, Reaktionsfähigkeit, Anpassungsfähigkeit, Lieferkettenkosten und Kapitaleinsatz.

Der Ausdruck *kritische Unternehmensereignisse* beschreibt dagegen, wie gut eine Organisation im Hinblick auf diese Faktoren gegen die Konkurrenz gerüstet ist. Für jede Kategorie wird die Vergleichsebene jeweils als nachteilig, ausgeglichen, vorteilhaft oder überlegen eingestuft. Es existiert keine spezielle Vorgabe dafür, welche Quellen dabei verwendet werden sollten. Geschäftsberichte, Jahresabschlussberichte, interne Dokumente und Konkurrenzanalysen stellen jedoch gute Quellen für die Leistungsbeurteilung dar. Die nachfolgenden Ausschnitte aus der Zusammenfassung der Geschäftsentwicklung der Logistik AG wurden von der Kerngruppe erstellt, um einen Überblick zu dem Geschäftsumfeld und den Hintergrundsinformationen der Logistik AG zu bekommen. Die komplette Zusammenfassung kann Anhang A entnommen werden.

4.1.3 Hintergrundinformationen zur Logistik AG

Die Logistik AG repräsentiert einen Zusammenschluss verschiedener Fertigungsunternehmen, die im Geschäftsjahr 2005 einen Gesamtumsatz von rund 750 Millionen Euro erzielten. Der Konzern hat seinen Geschäftssitz in Frankfurt am Main und besitzt drei Geschäftsbereiche: Lebensmittel, Technologie und Gebrauchsgüter.

Die Produktgruppe Lebensmittel ist ein führender Anbieter von erstklassigen frischen und tiefgefrorenen Fleischprodukten, einschließlich Dienstleistungen für Gastronomie, Großhändler und den öffentlichen Sektor (Behörden, usw.). Der Kundenstamm beinhaltet unter anderem die *Metro-Gruppe*, *Karstadt*, *Eurest GmbH* und *Douwe Egberts* sowie Hunderte unabhängiger Lebensmittelhändler und Restaurants.

Die Produktgruppe Technologie ist einer der größten unabhängigen Lieferanten von optischen Speichermedien und Dienstleistungen, wie z.B. die Vervielfältigung von Bildplatten und die Installation und Wartung optischer Laufwerke, in Europa. Der Kundenkreis schließt führende Unternehmen wie die *Metro-Gruppe* und *Kaufland*, *Real*, *Mediamarkt*, *Schönherr* und *Mercateo* ein. Die Logistik AG ist in dem Geschäftsbereich auch ein Hauptlieferant für den Heimcomputer-Markt, in dem Firmen wie *Fujitsu-Siemens*, *Schneider Computer* und *Philips* zum Kundenkreis zählen.

Die Produktgruppe Gebrauchsgüter ist durch die Akquisition einer der schnellstwachsenden Lieferanten von Unternehmensdienstleistungen entstanden und bietet Kleidung, Bürobedarfsartikel und Werbeartikel für nahezu eintausend überwiegend mittelständige Unternehmen und schätzungsweise eine Viertel Million Einzelkunden an. Durch die Möglichkeit, eine Händlerkonzession in Anspruch nehmen zu können, die ebenfalls mit erworben wurde, besitzt die Logistik AG auf dem Geschäftsgebiet einen deutlichen Wettbewerbsvorteil gegenüber der Konkurrenz. Die Ergebnisse einer eingehenden Analyse der Stärken, Schwächen, Möglichkeiten und Risiken für die drei Geschäftsfelder führte zu den nachfolgend geschilderten Ergebnissen.

4.1.3.1 Stärken

Die Logistik AG verfügte über eine überlegene Produktqualität innerhalb der Produktgruppen Lebensmittel und Technologie. Niedrige Herstellungskosten existierten bereits vor der Verlagerung einiger der bedeutendsten Fertigungsstandorte nach Tschechien und Polen.

Die Produktgruppe Gebrauchsgüter wird als eines der erfolgreichsten Unternehmen innerhalb der Branche und der abgedeckten geografischen Märkte angesehen, das sich besonders durch eine kurze Reaktionsfähigkeit auszeichnet. So können Produkte und Dienstleistungen häufig bereits am Tag der Auftragserteilung ausgeliefert bzw. durchgeführt werden.

Die Produktgruppe Lebensmittel verfügt über den Ruf, eine weit überlegene Lieferfähigkeit zu besitzen, was der Logistik AG erlaubt, relativ hohe Preise für gängige Produkte am Markt durchzusetzen. Das Wachstum dieses Geschäftsbereichs hat alle Erwartungen übertroffen.

4.1.3.2 Schwächen

Bedingt durch das Prinzip des Wachsens durch Übernahmen und die damit zusammenhängende, diversifizierte Organisationsstruktur der Logistik AG war ein Mangel an Durchgängigkeit und Konsistenz innerhalb des betrieblichen Planungs- und Warenwirtschaftssystems erkennbar.

Die Lieferleistung des Unternehmens lag auf unterschiedlichen Stufen und war besonders nachteilig innerhalb der Produktgruppe Technologie, was sich beispielsweise in einer erhöhten Zahl an Kundenstreitigkeiten widerspiegelte. Bedingt durch die Transparenz des Marktes war die Logistik AG in dem Bereich dabei, sich einen Ruf als schwieriger Handelspartner zu erwerben, bei dem mit schlechter Auftragsbearbeitung, unvollständigen und inkorrekten Lieferungen, ungenauer oder falscher Produktbepreisung sowie schlechter Reaktionsfähigkeit gerechnet werden musste. Diese Tatsache hatte einen negativen Einfluss auf die ansonsten positive und zufriedenstellende Einstufung des Unternehmens.

Sowohl Umsätze als auch Gewinne innerhalb der Geschäftsbereiche Lebensmittel und Technologie waren durch den Preisdruck und die nur schleppend vorankommende Umsetzung der Kostensenkungsmaßnahmen im Rückgang begriffen. Darüber hinaus wies die Logistik AG trotz niedriger Verkaufskosten bedenklich hohe indirekte Einkaufskosten auf. Die Zunahme der Kosten für die Kundenbetreuung war außerdem signifikant höher als die Wachstumsrate der Verkaufszahlen. Trotz Absatzwachstum waren die Aktienkurse aufgrund enttäuschender Gewinne und einer unverhältnismäßig langen Zahlungszykluszeit in den letzten fünf Quartalen stark gesunken. Die Kritik der Börsenanalysten konzentrierte sich auf die mangelnde Fähigkeit der Logistik AG, ihre Kapitalrentabilität effektiv zu verwalten und das Umsatzpotential des zugekauften Produkt- und Dienstleistungsangebots ausreichend zu nutzen.

4.1.3.3 Möglichkeiten

Das größte Verbesserungspotenzial wurde darin gesehen, falls möglich auf den Bezug von kostengünstigen Handelswaren für alle Produktgruppen umzustellen, um dadurch den Netto-Gewinn zu steigern. Dicht dahinter lag die Verbesserung der Effektivität und Effizienz der Auftragserfüllung und die damit verbundene Steigerung der Auftragserfüllungsrate, um dadurch die Kundenzufriedenheit zu erhöhen und die Ausgaben für indirekten Produkte und Leistungen, welche nicht zur Erhöhung des Wertes der herzustellenden Produkte beitrugen, zu verringern.

Eine weitere Möglichkeit wurde in der Entwicklung eines modernen Systems zur Erfassung und zum gezielten Einsatz von Wissen, um die Unternehmensziele bestmöglich zu erreichen *(Wissensmanagement)*, gesehen, um Kunden über die gängigen Preissenkungen hinausgehende Nutzenvorteile bieten zu können. Dabei stellte eine zentrale Wissensdatenbank einen wesentlichen Bestandteil des Wissensmanagement-Systems dar. Da zum Zeitpunkt des Projektes noch keine Wissensdatenbank vorhanden war, wurde beschlossen, eine solche als Grundlage für das Projekt aufzusetzen.

Der Teil der Wissensdatenbank, der für das SCOR-Projekt genutzt werden sollte, konnte darüber hinaus später auch für übergreifende Projekte verwendet werden, wie beispielsweise eine Initiative zur Geschäftsprozess-Modellierung im Rahmen der Einführung einer neuen Komponente des betrieblichen Planungs- und Warenwirtschaftssystems.

Außerdem wurde eine Möglichkeit identifiziert, die darin bestand, den Marktanteil für Gebrauchsgüter mittels der Einführung eines Internet-Kataloges für Endkunden zu erhöhen. Und schließlich wurde eine Möglichkeit darin gesehen, innerhalb der Produktgruppe Technologie durch die Nutzung der Vorteile im Bereich der Herstellungskosten und der damit einhergehenden Handelsspannenvorteile eine Führungsrolle im betreffenden Marktsegment zu übernehmen.

4.1.3.4 Risiken

Die Hauptkonkurrenten innerhalb der Lebensmittel-Produktgruppe hatten ihre Positionen auf dem Markt zunehmend ausgebaut und setzten dazu eine Niedrigpreisstrategie ein. Während sich der Markt der Technologie-Produktgruppe insgesamt in einer rückläufigen Phase befand, sank der eigene Marktanteil der Gruppe überproportional stark. Im Hinblick auf die Kundenzufriedenheit ließen sich für den Geschäftsbereich die deutlich schlechtesten Werte verzeichnen. Der extreme Preiskampf war eine der Ursachen dafür, welche die Einhaltung der Umsatzziele, besonders in Anbetracht der gegenwärtigen Kostenstruktur, unmöglich erscheinen lassen musste.

Die Produktgruppe Gebrauchsgüter sah sich auf dem Gebiet des Vertriebs über das Internet, welcher in diesem Quartal eingeführt werden sollte, mit bereits gut etablierten Katalog-Bekleidungsunternehmen konfrontiert. Es konnte deshalb nur mit einer geringen Wahrscheinlichkeit von einem erfolgreichen Start ausgegangen werden und es war anzunehmen, dass die ersten Monate schwierig und eine Herausforderung darstellen würden.

4.1.3.5 Wertbeitrag der Logistik AG

Der spezielle Wertbeitrag der Logistik AG wurde in einem stetigen und profitablen Wachstum gesehen, welches auf der Positionierung als bevorzugter Lieferant in gezielten Marktsegmenten beruhte und dadurch die Grundlage dafür schaffen sollte, die Kundenanforderungen kontinuierlich zu übertreffen. Dadurch konnten unternehmensinterne Anforderungen (Arbeitsplatzsicherheit, Unternehmensreputation, usw.), kundenbezogene Bedürfnisse (Kundenzufriedenheit) und aktionärsbezogene Erwartungen (Erhöhung des Markt- und Aktienwerts) erfüllt werden.

4.1.3.6 Kritische Erfolgsfaktoren

Die kritischen Erfolgsfaktoren der Logistik AG wurden wie folgt dargestellt:

- Sicherstellung eines profitablen Unternehmenswachstums durch Erhöhung der Marktanteile der Lebensmittelgruppe in existierenden Märkten;
- Erhöhung der Umsätze durch Einnahme der angestrebten Marktanteile mittels der Markteinführung neuer Gebrauchsgüter, welche direkt an die Kunden geliefert werden;
- Erreichung des geplanten 10-prozentigen Umsatzwachstums im laufenden Geschäftsjahr (2006) und des nach Abzugs von Steuern anvisierten Gewinnzuwachses von 7 Prozent;
- Verteidigung der technologischen Vormachtsstellung auf den Geschäftsfeldern Technologie und Lebensmittel bei gleichzeitiger Verbesserung der Kapitalrentabilität und deutlicher Senkung der Betriebskosten;
- Verbesserung der Zahlungszykluszeit, d.h. der benötigten Zeit, bis ein bestimmter Betrag in das Unternehmen zurückgeflossen ist, nachdem er für die Materialbeschaffung ausgegeben wurde. Der Wert stellt eine der Hauptkennzahlen dar, um festzustellen, wie effizient ein Unternehmen den Finanzfluss von Kunden und Lieferanten steuert;
- Verbesserung des neu eingeführten betrieblichen Planungs- und Warenwirtschaftssystems;
- Bessere Einbindung und Nutzung des kürzlich hinzugekommenen Geschäftsfeldes Gebrauchsgüter.

4.1.3.7 Kritische Unternehmensereignisse

Folgende kritische Unternehmensereignisse der Logistik AG wurden identifiziert:

- Die rückläufige Kundenzufriedenheit für nahezu alle Absatzkanäle der Technologie-Produktgruppe hatte zu einem Umsatzeinbruch in dem Geschäftsfeld geführt;
- Höhere indirekte und direkte Kosten führten zu einem unerwarteten Gewinnrückgang bei den Produktgruppen Technologie und Lebensmittel;
- Der anvisierte Umsatz für das Jahr 2006 betrug 820 Millionen Euro. Aufgrund der aktuellen Zahlen bis zum abgelaufenen ersten Quartal lag die projizierte Umsatzhöhe für das Jahr bei 800 Millionen Euro und damit leicht unter den Erwartungen;
- Es wurde davon ausgegangen, dass der geplante Internetauftritt der Produktgruppe Gebrauchsgüter nicht termingerecht durchgeführt werden konnte;

- Lagerbestände und Einkaufsvolumen hatten in den vorangegangenen zwei Quartalen in hohem Maße zugenommen, ohne dies auf einen Zuwachs an neu eingegangenen Kundenaufträgen zurückführen zu können;
- Die Lebensmittel-Produktgruppe hatte einen deutlichen Rückgang des Kundenstamms zu verzeichnen, welcher zum größten Teil auf den dort stattfindenden Preiskampf und Verdrängungswettbewerb zurückgeführt wurde.

4.1.4 Finanzielle Leistung

Informationen über die finanzielle Leistung eines börsennotierten Unternehmens einzuholen wird heute durch das Internet stark vereinfacht, denn alle größeren Unternehmen bieten eine Vielzahl von Informationen auf ihren Internetseiten zum Herunterladen an. Dabei handelt es sich um Geschäftsberichte und Jahresabschlussberichte, Bilanzen, Analysen zur Aktienentwicklung und aktuelle Pressemitteilungen, um nur einige wenige zu nennen. Diese Informationen bieten eine ausgezeichnete Grundlage zur Erstellung eines Überblicks zur finanziellen Leistung eines Unternehmens. So enthält beispielsweise der Geschäftsbericht unter anderem Daten über Erträge bzw. Einnahmen, Kosten bzw. Ausgaben und Gewinne eines Unternehmens, während die Jahresbilanz auf die gegenwärtige finanzielle Situation des Unternehmens eingeht und etwa Informationen zum Kapitalstamm und den Verbindlichkeiten enthält.

In der Darstellung des Kundenwertes eines Unternehmens wird der Gewinn aus drei verschiedenen Perspektiven heraus betrachtet. Es wird davon ausgegangen, dass jede dieser Perspektiven letztendlich einen Beitrag zum geplanten Lieferketten-Projekt leisten wird. An erster Stelle befindet sich die Bruttogewinnspanne. Diese ergibt sich aus den Gesamterträgen bzw. Gesamteinnahmen, abzüglich der Vertriebs- und Verwaltungskosten. Diese Perspektive des Gewinns wird gewöhnlich als Anteil der Gesamterträge bzw. der Gesamteinnahmen aufgeführt.

Die zweite Perspektive stellt der Betriebsgewinn dar, der als Gesamtumsatz abzüglich der Vertriebs- und Verwaltungskosten berechnet wird. Der Betriebsgewinn besteht damit im Endeffekt aus der Bruttogewinnspanne abzüglich sämtlicher indirekter Kosten. Er wird ähnlich zur Bruttogewinnspanne als ein Anteil der Gesamterträge dargestellt. Manchmal findet sich dafür auch der Begriff der Umsatzrendite, was genau genommen nicht korrekt ist, da die Umsatzrendite den Nettogewinn ins Verhältnis zum Umsatz setzt, also eine Verhältniskennzahl ist. Die dritte Perspektive wird als ökonomischer Gewinn bezeichnet, welcher sich aus dem Betriebsgewinn abzüglich aller Steuern und Zinsaufwendungen berechnet. Die Zinsaufwendungen ergeben sich dabei aus den Lagerbeständen, Kundenforderungen und ausstehenden Zahlungen.

Wendet man bei der Entwicklung einer Gewinnübersicht diese drei Perspektiven an, erhält man eine erheblich bessere Vorstellung von der Position des Unternehmens innerhalb des Wettbewerbsumfeldes – eine bedeutende Komponente bei der Darstellung des Kundenwertes eines Unternehmens. Die Darstellung des Kundenwertes für die Logistik AG beinhaltete die konsolidierten Gewinn- und Verlustrechnungen (siehe Tabelle 4-1) und Bilanzdaten (siehe Tabelle 4-2) auf Grundlage der Jahresberichte für die Jahre 2004 und 2005. Zusätzlich waren die jährlichen Einnahmen und Betriebsgewinne nach Produktgruppen ausgewiesen, da jeder Geschäftsbereich möglicherweise über spezielle Lieferketten-Anforderungen verfügte (siehe Tabelle 4-3). Das Sammeln und Aufbereiten dieser Informationen ist in manchen Fällen schwieriger bedingt durch die Tatsache, dass nichtbörsennotierte Unternehmen im Regelfall nicht dazu verpflichtet sind, ihre Zahlen offen zu legen.

Geschäftsjahr / **Geschäftszahlen**	2005 (in Mill. €)	2004 (in Mill. €)	Differenz (in Prozent)
Umsatz	750	693	+8
Kosten	645	562	+15
Brutto-Gewinn	105	131	-20
Brutto-Umsatzrentabilität (Prozent)	14	19	-5
Vertriebs- und Verwaltungskosten	52,5	48,8	-8
Forschungs- und Entwicklungskosten	0	0	0
Gesamte Betriebskosten	697,5	611,3	+14
Betriebsgewinn	52,5	82,5	-36
Anteil (in Prozent)	7	12	-5
Zinskosten	-7,5	-8,3	-9
Gewinne vor Steuern	45	74,3	-39
Anteil (in Prozent)	6	11	-5
Einkommenssteuer	17,3	28,5	-39
Gewinne nach Steuern	27,8	45,8	-39
Anteil (in Prozent)	4	7	-3
Sonstige Ausgaben	-2	-3	-33
Netto-Gewinn	26,3	43,5	-40
Netto-Umsatzrentabilität (Prozent)	4	6	-2

Tabelle 4-1: Konsolidierte Gewinn- und Verlustrechung der Logistik AG für die Geschäftsjahre 2004 und 2005

Geschäftsjahr **Geschäftszahlen**	2005 (in Mill. €)	2004 (in Mill. €)	Differenz (in Prozent)
Geldvermögen und kfr. Investitionen	15	11,3	+26
Gesamte ausstehende Forderungen	278	277	0
Gesamtinventar	161	131	+19
Anderweitiges flüssiges Anlagevermögen	37,5	43,5	-17
Gesamtes flüssiges Anlagevermögen	492	463	+6
Liegenschaften und Betriebsmittel (brutto)	202	186	+8
Akkumulierte Abschreibungen	-105	-92	+12
Spenden	91,5	87	+5
Langfristige Investitionen	12	10,5	+15
Anderweitiges lfr. Anlagevermögen	18	18,7	-4
Gesamtes Netto-Anlagevermögen	218,3	209,3	+4
Ausstehende Verbindlichkeiten	54	46,5	+14
Kostenrückstellungen	23,2	24	-3
Kurzfristige Verbindlichkeiten	15,7	19,5	-24
Leasingkosten	1,5	1,5	+20
Anderweitige kfr. Verbindlichkeiten	46,5	45	+4
Gesamte kfr. Verbindlichkeiten	141	135,8	+4
Langfristige Verbindlichkeiten	57	53,3	+6
Minderheitsbeteiligungen	8,3	9,8	-14
Anderweitige lfr. Verbindlichkeiten	30	32,2	-6
Gesamte Verbindlichkeiten	95,3	95,3	0

Tabelle 4-2: Konsolidierte Bilanz der Logistik AG für die Geschäftsjahre 2004 und 2005

Geschäftsbereich	Lebensmittel			Technologie			Gebrauchsgüter		
Geschäftsjahr / **Geschäftszahlen**	2005 (in Mill. €)	2004 (in Mill. €)	Differenz (in Prozent)	2005 (in Mill. €)	2004 (in Mill. €)	Differenz (in Prozent)	2005 (in Mill. €)	2004 (in Mill. €)	Differenz (in Prozent)
Umsatz	187,5	208,5	-10	337,5	347,3	-3	225	138,8	+62
Kosten	161,3	168,8	-4	292	281,3	+4	191,2	112,5	+7
Brutto-Gewinn	26,3	39,8	-33	45	66	-31	33,7	26,3	+29
Brutto-Umsatzrentabilität	14	19	-5	13	19	-6	10	8	+2
Vertriebs- und Verwaltungskosten	13,5	15	-10	26,3	24,8	+8	13,5	9,8	+35
Forschungs- und Entwicklungskosten	0	0	0	0	0	0	0	0	0
Gesamte Betriebskosten	174,7	183,8	-5	318,7	306	+4	204,8	122,3	+67
Betriebsgewinn	13,5	24,8	-47	18,7	41,2	-55	21	16,5	+25
Anteil (Prozent)	7	12	-5	6	12	-6	6	5	+1

Tabelle 4-3: Betriebsergebnis und Einnahmen der Geschäftsbereiche der Logistik AG für die Geschäftsjahre 2004 und 2005

4.1.5 Das interne Profil

Das interne Profil fokussiert auf die physischen Aspekte und andere Leistungsmessgrößen, welche einen Einfluss auf den Unternehmenserfolg haben könnten. Der erste physische Aspekt wird durch die schematisierte Darstellung der Organisation repräsentiert. Im Falle einer Aktiengesellschaft findet man diese für die Geschäftsführungsebene und die Leitung der verschiedenen Geschäftsbereiche auf der entsprechenden Internetseite des Unternehmens. Viele Unternehmen veröffentlichen zusätzlich zu den Namen auch Kurzbiographien der leitenden Angestellten auf ihren Internetseiten. Zusätzlich sind dort auch häufig Abschnitte zu den Investoren, der Organisationsstruktur, usw. zu finden. Ein gutes Beispiel ist die Internetseite des Siemens-Konzerns (www.siemens.com). Die dadurch gewonnenen Informationen stellen eine gute Ausgangslage dar.

Der zweite physischen Aspekt besteht in der Identifikation sämtlicher Standorte dar, an denen das Unternehmen operiert, einschließlich Produktionsanlagen, Warenlager, telefonische Kundendienste, technische Kundendienstzentren, Rücklieferungsorte, Hauptgeschäftsstellen und sämtlicher Partnerunternehmen, an die Teile der oben genannten Funktionen ausgelagert wurden. Die Erfassung und Zusammenstellung solcher Informationen ist gewöhnlich mit erheblichem Aufwand verbunden. Geeignete Quellen für die Nachforschungen sind die Personalabteilung, die Abteilung für Informationstechnologie, die Einkaufsabteilung und die Finanzabteilung.

Der dritte physische Aspekt besteht aus einer Darstellung der Organisation im Hinblick auf seine Fähigkeiten, die Planung, Einführung und Kontrolle von Schlüssel-Leistungsmessgrößen durchzuführen. Dabei ist zu berücksichtigen, dass die besonderen Messgrößen, die erforderlich sind, um die Leistung der Lieferkette zu messen und zu steuern, in Abhängigkeit vom Kundentyp, der Produktfamilie, der Branche sowie weiteren Faktoren variieren. Da die Lieferkette ultimativ auf den Endkunden abzielt, muss bei der Identifikation und Auswahl der speziellen Kennzahlen die Sichtweise des Endabnehmers einbezogen werden. Das schließt konsequenterweise Aspekte mit ein, die im Hinblick auf die Fähigkeiten der Lieferkette, Endkundenanforderungen kosteneffizient zu befriedigen, relevant sind.

Im Hinblick auf die grafische Darstellung der Organisationsstruktur der Logistik AG (siehe Abbildung 3-2 in Kapitel 3) ist zu berücksichtigen, dass die Steuerung des Vertriebs-, Produktions- und Finanzbereichs sowohl auf der (strategisch orientierten) Geschäftsführungsebene als auch auf der operativen Ebene stattfand. Das bedeutete, dass der Vertriebs-, Produktions- und Finanzbereich sowohl auf Unternehmens- als auch auf Geschäftsbereichsebene kontrolliert wurden. Die Leiter dieser Unternehmensfunktionen befanden sich folglich auf der gleichen Hierarchieebene wie die

Leiter der verschiedenen Produktgruppen. Durch die damit verbundenen, nicht eindeutig geregelten Leitungs- und Weisungsbefugnisse waren Konflikte vorprogrammiert – ein typisches Problem von Matrixorganisationen. Zu den häufigsten Problemen im Zusammenhang mit Matrixorganisationen zählen bekanntlich eine aufwändige Kompetenzabgrenzung, die Notwendigkeit intensiver Kommunikation, nur schwer nachvollziehbare Entscheidungsprozesse, die Gefahr ständiger Kompromisse und ein großer Bedarf an Führungskräften (vgl. z.B. Birker 2005, S. 279 f.).

Die Organisationsstruktur ist bei der überwiegenden Anzahl von Unternehmen von einer hohen Komplexität geprägt, die auch übermäßig komplizierte Lieferketten bedingen und als Folge des damit verbundenen Aufwandes zu Verzögerungen bei der Umsetzung von Verbesserungen führen können. Die physische Struktur der Standorte der Logistik AG wies ähnliche Unstimmigkeiten auf. Jede einzelne Produktgruppe war für die Steuerung ihrer eigenen Fertigungsstandorte zuständig (siehe hierzu Anhang A). Die Verteilzentren wurden hingegen aus einer Kombination der Verantwortlichkeiten gesteuert – einige wurden auf Produktgruppenebene verwaltet, während andere wiederum von der Geschäftsführungsebene aus kontrolliert wurden. Diese inkonsistente Kompetenzaufteilung kann verschiedene mögliche Ursachen haben: Sie könnte die Folge einer Strategie des Wachsens durch Zukäufe sein, ebenso aber durch (weniger erfolgreiche) Versuche entstanden sein, eine effektivere Organisationsstruktur zu schaffen.

Ein abschließendes Element des internen Profils stellt die Methode dar, die dazu verwendet wird, den Unternehmenserfolg zu messen. Bei der Logistik AG kamen zu dem Zweck fünf Schlüssel-Leistungsmessgrößen zur Anwendung, deren Effektivität und Effizienz von der SCOR-Projektgruppe einzeln bewertet wurden. Als positiv wurde die Einhaltung bzw. das Übertreffen der erwarteten Anforderungen angesehen, während ein Ergebnis, welches unter den definierten Erwartungen lag, als negativ eingestuft wurde.

Die Ergebnisse fielen im Detail folgendermaßen aus:

- Stückkosten: negativ
- Auftragserfüllungsrate: negativ
- Betriebsgewinn: negativ
- Umsatz: positiv
- Auftragsrückstände: negativ.

4.1.6 Das externe Profil

Das externe Profil kategorisiert Kunden und Lieferanten. Zum Zweck der Vereinfachung wird der Kunde als einheitliche Einkaufsorganisation und nicht als eine Zusammenstellung individueller Erfüllungsorte definiert, auch wenn er über eine Vielzahl von Standorten verfügt. Der Markt wird als eine Gruppe von Kunden und potentiellen Kunden definiert, welche mit ähnlichen Organisationsmodellen arbeiten – wie beispielsweise Direktvertrieb, Vertrieb über Groß- und Zwischenhändler und Zusammenarbeit mit Erstausrüstern. Das externe Profil enthält auch eine Zusammenfassung der grundlegenden Merkmale und Anforderungen der Kunden und der Marktsegmente.

Zur Einteilung der Kunden sollte die *80:20-Regel* angewendet werden, wonach grob gesagt achtzig Prozent der Einnahmen mit zwanzig Prozent der Kunden erzielt werden, die zu achtzig Prozent des Gewinns beitragen. Im Falle der größten Kunden, für die sich manchmal auch die Bezeichnung *A-Kunden* findet, werden die entsprechenden Leistungskriterien dann in Form einer speziellen Berichtskarte, in einer Rahmenvereinbarung oder auf den Einkaufsaufträgen festgehalten.

Welche dieser Möglichkeiten gewählt wird, hängt letztlich maßgeblich davon ab, ob und wieweit die Informationen mit den Kunden geteilt werden sollen. Durch die damit gewonnene Transparenz kann z.B. der *Risiko-Spirale* begegnet werden, wonach ein ungenügendes Vertrauen der Lieferketten-Teilnehmer in ihre Partner und die damit einhergehende Unsicherheit zum Aufbau von Lagerbeständen führen kann. Dadurch erhöht sich zwangsläufig die Bestandsreichweite, was eine fortgesetzte Intransparenz bedingt, so dass die „Spirale“ von neuem durchlaufen wird (vgl. Christopher und Lee 2001, S. 3).

Es ist außerdem wichtig, ein Verständnis dafür zu gewinnen, welche Anteile der Gesamteinnahmen und des Gesamtgewinns aus welchen Absatzkanälen, Marktsegmenten, Kundenregionen, usw. stammen. Darüber hinaus ist die Bestimmung der typischen Bestellmethoden und -anforderungen und der am häufigsten verwendeten Lieferbedingungen von großer Bedeutung für das externe Profil.

Eine Aufstellung der Lieferanten kann den Lieferantenstamm z.B. aufgrund folgender Kategorien gruppieren:

- Zunächst wird wiederum die *80:20-Regel* angewendet, um die größten bzw. bedeutendsten Lieferanten zu identifizieren, d.h. die zwanzig Prozent der Lieferanten, auf die rund achtzig Prozent der Beschaffungsausgaben entfallen.

- Im zweiten Schritt werden die Lieferanten aufgrund der Art der bezogenen Güter eingeteilt, wie z.B. Verpackungsmaterial, Werkzeuge, Produktions- und Reparaturmaterial, Dienstleistungen, usw. Diese Einteilung dient dazu, die Häufigkeit und Komplexität der damit verbundenen Einkaufstransaktionen zu erleichtern.
- Zum Schluss werden die Lieferanten auf Grundlage ihres strategischen Wertes innerhalb des Produkt-Lebenszyklus gruppiert (zum Produkt-Lebenszyklus vgl. etwa Kotler und Bliemel 2005, S. 571 ff.).

Einige Lieferanten sind bereit dazu, in der Forschung und Entwicklung für neue Produkte mit den Kunden zusammenzuarbeiten, was mit signifikanten Vorteilen im Hinblick auf die schnelle und effektive Markteinführung neuer Produkte verbunden sein kann. Die damit verbundenen Vorteile kommen insbesondere in der frühen Phase des Produkt-Lebenszyklus wirkungsvoll zum Tragen. Andere Lieferanten bringen einen Teil ihrer Kostenvorteile ein, welche vor allem in der mittleren Phase des Lebenszyklus eines Produktes eine große Rolle spielen. Und schließlich gibt es Lieferanten, die ihre Leistungen hauptsächlich in der späten Phase des Lebenszyklus zur Verfügung stellen und beispielsweise die komplette Auftragserfüllung übernehmen, um die Gewinne vor dem Produktauslauf zu maximieren.

Die dargestellten Schritte können dazu beitragen, die mit unterschiedlichen Lieferketten-Anforderungen verbundenen Möglichkeiten zu identifizieren. Sie können außerdem möglicherweise zu neuen Lieferanten führen, die sich bereit erklären, möglichst viele der Anforderungen abzudecken. Dadurch kann auch zu einer Verringerung der Anzahl an Lieferanten beigetragen werden, was in der Regel einen positiven Effekt auf die damit verbundenen Einkaufsverwaltungskosten hat.

Die Zusammenfassung des Kundenprofils der Logistik AG resultierte in sieben Markt- und Kundenkanälen, welche in allen Produktgruppen vorhanden waren:

- Einzelhandel einschließlich Massenwaren
- Groß- und Zwischenhandel
- Direktvertrieb
- Erstausrüster und Großkunden
- Öffentliche Verwaltung
- Privatkunden
- Internationale Märkte.

Der Lieferumfang der Hauptlieferanten der Logistik AG beinhaltete Rohmaterialien als Epoxydharze, Verpackungsmaterialien, elektronische Komponenten, landwirtschaftliche Erzeugnisse, Gebrauchsgüter und Bekleidungsartikel. Zusätzlich enthielt der Lieferantenstamm einige Vertragshersteller, die Kleidung, optische Medien, zubereitete Lebensmittel und Computerzubehör lieferten.

4.2 Definition von Lieferketten

Bis zu dieser Phase des Entdeckungsprozesses ging es in erster Linie um die Zusammenstellung einzelner Informationsstücke. Nachdem diese Informationen nun vorlagen, war es die Aufgabe der SCOR-Projektgruppe, auf dieser Grundlage eine übereinstimmende Meinung darüber zu bilden, auf welche Weise die Lieferketten des Unternehmens am zutreffendsten als Teil eines Gesamtbilds zusammengesetzt und abgebildet werden konnten. Dies stellt einen bedeutenden Bestandteil der Definition des Projektumfangs dar, da hierdurch die Funktionen und Prozesse festgelegt werden, die im Rahmen des Projekts untersucht werden sollen und damit – sozusagen implizit – die Auswirkungen für die Organisation determiniert werden. Das Verständnis der Lieferketten ist folglich von großer Bedeutung, wenn es um Maßnahmen zur Durchführung von Verfahrens- und Systemverbesserungen geht.

In der überwiegenden Anzahl der Fälle wird eine Lieferkette als eine Kombination aus den Produkten, Kunden und geografischen Standorten eines Unternehmens definiert. Sie kann jedoch auch Lieferanten und andere Faktoren mit einbeziehen. Die Definition einer Lieferkette kann weit- oder enggefaßt ausfallen, abhängig von der Perspektive desjenigen, der die Definition vornimmt. Die Tendenz geht momentan eher dahin, die Definition weiter zu fassen. Die Begriffsdefinitionen, die sich in der wissenschaftlichen und anwendungsorientierten Literatur für die Lieferkette aufzufinden sind, beinhalten die gesamte Spannweite an Perspektiven - von einer sehr engen bis hin zu einer sehr weit gefassten Begriffsabgrenzung. Dabei kann beispielsweise nach folgenden Kriterien unterschieden werden (vgl. etwa Poluha 2006, S. 11 f.):

- Strategisch oder operativ orientiert
- Funktional oder informationstechnisch ausgerichtet
- Unternehmensintern oder unternehmensübergreifend
- Kunden-/Nachfragesicht oder Lieferanten-/Angebotssicht
- Organisations- oder Prozess-Sicht
- Lieferkette oder Wertkette
- Statisch oder dynamisch.

Die Führungskräfte eines Unternehmens müssen bei ihrer Definition alle möglichen Aspekte, die von Bedeutung sein können, einbeziehen und diese nach ihrer Bedeutung einstufen. Alle Faktoren innerhalb einer bestimmten Lieferkette müssen gemeinsam organisiert und aufeinander ausgerichtet werden. Hierzu kann die Anwendung einer Matrix nützlich sein. Aus Gründen der Vereinfachung sollte davon ausgegangen werden, dass jeder geografische Markt seine eigene Matrix benötigt. Unternehmen, die nur in geringem Umfang internationalen Handel betreiben, könnten beispielsweise auch jeden geografischen Markt als Kundenkanal mit eigener Spalte darstellen (siehe Tab. 4-4).

Geschäftsbereich **Kunden- bzw. Marktkanal**	Lebensmittel	Technologie	Gebrauchsgüter
Handelsketten	X	X	
Großhandel	X		
Direktkunden	X		X
Erstausrüster/ Großkunden		X	
Behörden	X		
Heimlieferung			X
International	X	X	

Tabelle 4-4: Lieferketten-Definitionsmatrix der Logistik AG

Der finanzielle Aspekt kann eingebracht werden, um die wertmäßige Bedeutung bzw. „Größenordnung" der Märkte abzubilden. Verfügt ein Unternehmen beispielsweise über eine Gewinn- und Verlustrechnung für Europa, Lateinamerika, den Fernen Osten, Nordamerika und Japan, sollte von der Erstellung von insgesamt fünf Matrizen ausgegangen werden. Der erste Schritt besteht darin, einen geografischen Markt zu wählen, welcher die höchsten Verkaufszahlen aufweist bzw. den Stammsitz des Unternehmens darstellt. Die Reihen jeder Matrix stellen die Kundensichtweise dar, während die Spalten die Produktsichtweise repräsentieren. Für die Reihenbildung der ersten Matrix sollte eine Betrachtung der Verkaufsregionen, der Marktkanäle und der Kundensegmente erfolgen. Hierfür sollten die Lieferanforderungen eines jeden Kundentyps bekannt sein (z.B. Auftragserfüllungszeit, usw.) und zusätzlich noch die Zusammenstellung der von den Kunden gekauften Produkte, welche z.B. aus den Bestellaufträgen ersichtlich ist. Das Ziel dieser Aufgabe besteht darin, Kundengruppen nach ähnlichen Anforderungen bzw. Bedürfnissen und ähnlichen Produktkombinationen einzuteilen.

Für die Erstellung der Spalten der Matrix ist es notwendig, die jeweils höchste Ebene der Produktfamilien bzw. Produktgruppen zu betrachten. In manchen Fällen steht dies im Einklang mit der Organisation und Struktur der Geschäftsbereiche und folglich mit der Perspektive der Finanzberichtserstattung. Es scheint jedoch häufiger der Fall zu sein, dass der finanziellen Berichtserstattung ein kompliziertes Netzwerk von Produkten gegenübersteht. Die Intention dieser Vorgehensweise ist, besonders relevante Produktgruppen oder Dienstleistungen zu identifizieren, um diese dann mit der finanzseitigen Hierarchie in Übereinstimmung zu bringen. Die dabei vorhandenen Gegebenheiten sind für jedes Unternehmen und jedes SCOR-Projekt individuell unterschiedlich.

Eine Vielzahl der Unternehmen scheint damit zufrieden zu sein, ihre Lieferketten lediglich nach Produkten und finanziellen Gegebenheiten zu definieren und beziehen dabei den Kundenaspekt überhaupt nicht oder nur in eingeschränktem Maße in die Betrachtung ein. Ihr Augenmerk gilt vornehmlich Dingen wie den Fertigungsverfahren, den involvierten Lieferanten und wie Umsatz und Gewinne verbucht werden können. Sie lassen dabei aber einen zentralen Aspekt außer Acht, nämlich die Kunden, und vergessen dabei, dass ohne diese Kunden alle genannten Aspekte ihrer eigenen Überlegungen hinfällig wären. Weil der Kundenaspekt auch zentrale Relevanz für die Betrachtung der Lieferkette hat, können diese falschen Annahmen den Erfolg des Projekts in Frage stellen. Es ist daher wichtig, die Bedeutung einer kundenfokussierten Sichtweise – d.h. eine Kunden- bzw. Nachfragesicht gegenüber einer Lieferanten- bzw. Angebotssicht – zu fördern, wozu die Erstellung der Matrix beitragen kann.

Deswegen wurde als erste Annahme getroffen, dass Kundenbedürfnisse der Hauptfaktor sind, welche die Leistung der Lieferkette determinieren. Während die Bruttoeinnahmen durchaus akzeptabel sein mögen, ist es absolut denkbar, dass der Nettogewinn aufgrund von hohen Vertriebs- und Verwaltungskosten, die aus der Erfüllung von Kundenanforderungen resultieren, nicht zufriedenstellend ist. Die zweite Annahme bestand darin, dass Hersteller oftmals keine Unterscheidung vornahmen, welche Produkte aus ihrem Sortiment einem bestimmten Kundensegment angeboten wurden. Die dritte Annahme war, dass bei Lieferketten, die auf einer produktfokussierten Sichtweise basieren, übermäßig hohe Kosten zur Einhaltung der Anforderungen der Kunden mit dem größten „Durchsetzungsvermögen" entstehen. Daraus resultiert die Schaffung einer besonderen Lieferleistung, die jedoch unter unternehmens- bzw. lieferkettenstrategischen Gründen weder vom Unternehmen angestrebt noch von der Mehrzahl der Kunden geschätzt wird.

Für die Lieferkette der Logistik AG existierten einer Reihe alternativer Definitionsmöglichkeiten. Würden die Lieferketten beispielsweise anhand der Produkte definiert, würde das Unternehmen über drei Teil-Lieferketten verfügen: Lebensmittel, Technologie und Gebrauchsgüter. Bei der Definition nach Markt bzw. Kundenkanälen würden sich sieben Teil-Lieferketten ergeben: Einzelhandel (einschließlich Massenwaren), Groß- und Zwischenhandel, Direktvertrieb, Erstausrüster und Großkunden, öffentliche Verwaltung, Privatkunden und internationale Märkte. Eine weitere Möglichkeit bestand in einer geografischen Definition, die zwei Teil-Lieferketten ergeben würde: Deutschland und europaweit. Und schließlich waren sogar zehn Teil-Lieferketten denkbar, wenn eine Kombination aus Kunden und Produkten zugrunde gelegt würde (siehe die Markierung „X" in obenstehender Tabelle 4-4).

Nach einigen Diskussionen einigte sich die Kerngruppe auf den letztgenannten Ansatz und identifizierte folglich zehn Teil-Lieferketten, wie der Tabelle 4-4 entnommen werden kann. Um den Umfang ihres Lieferketten-Projekts zu verringern, erklärten sich die SCOR-Gruppenmitglieder dazu bereit, mit den sechs Teil-Lieferketten zu arbeiten, die den Technologie- und Lebensmittelprodukten innerhalb Deutschlands zugerechnet werden konnten (siehe hierzu die Darstellung in nachstehender Tabelle 4-5).

Nach Fertigstellung der vier Grundkomponenten für eine Zusammenfassung der Geschäftsentwicklung – strategischer Hintergrund, finanzielle Leistung, internes Profil und externes Profil – befand sich die SCOR-Projektgruppe nun in der Lage, die Zusammenfassung zu vervollständigen, um sich anschließend mit der Projektverfassung zu beschäftigen. Ein Beispiel zur Darstellung des Kundenwertes ist in Anhang A wiedergegeben.

Geschäftsbereich **Kunden- bzw. Marktkanal**	Lebensmittel	Technologie	Gebrauchsgüter
Handelsketten	X	X	
Großhandel	X		
Direktkunden	X		
Erstausrüster/ Großkunden		X	
Behörden	X		
Heimlieferung			
International			

Tabelle 4-5: SCOR-Lieferketten-Matrix der Logistik AG

4.3 Die Projektverfassung

Die Projektverfassung wird in der Planungs- und Organisationsphase des Projekts erstellt, um ein übergreifendes Verständnis für den Projektumfang und die Projektziele zu schaffen. Das Dokument erleichtert die Ausrichtung von Annahmen und Erwartungen unter den Projektsponsoren, Aktionären und Projektgruppen-Mitgliedern.

Die Projektverfassung besteht grundsätzlich aus den folgenden Komponenten:

- Projektumfang
- Unternehmens- und Projektziele
- Vorgehensweise
- Zeitplan
- Verbindlichkeiten
- Risiken und Abhängigkeiten
- Kostenschätzung

- Schematische Abbildung der Organisationsstruktur
- Rollen und Verantwortungsbereiche
- Erwartungen der Aktionäre
- Konkurrenzvergleiche
- Analyse der Nutzen und Vorteile
- Kommunikationsplanung und Kommunikationssteuerung.

In Anhang B findet sich zur besseren Veranschaulichung die exemplarische Projektverfassung der Logistik AG.

4.4 Vorbereitung der initialen Projektsitzung

Die Vorbereitung der initialen Projektsitzung findet auf ähnliche Art und Weise statt, wie die generelle Vorbereitung einer gut organisierten Sitzung. Diese umfasst typischerweise eine vorhergehende Terminfestlegung mit frühzeitiger Einladung aller erforderlichen Teilnehmer (idealerweise mindestens eine Woche im Voraus), klar definierte Tagesordnungspunkte und Themen, die in einer Agenda zusammengefasst sind (welche möglichst ein paar Tage vor dem Stattfinden der Sitzung an alle geplanten Teilnehmer geschickt wird) und Präsentationsmaterial von überschaubarem Umfang (die Grundregel lautet, für eine Folie mindestens drei bis fünf Minuten Zeit zur Verfügung zu haben, d.h. für eine einstündige Sitzung sollten in etwa zwölf bis fünfzehn Folien vorbereitet werden).

Die Tagesordnung für die Sitzung ist in erster Linie auf das SCOR-Modell, die Vorgehensweise für das Projekt und die Besonderheiten der Projektverfassung ausgerichtet. Der Projektmentor sollte außerdem darauf vorbereitet werden, einen eigenen Teil zur Präsentation beizusteuern, der dazu dient, das Projekt in einen strategischen Unternehmenskontext zu setzen. Die Aufgabe der initialen Projektsitzung besteht darin, allen Beteiligten ein grundlegendes Verständnis zu der anstehenden Initiative zu vermitteln und sie mit Basisinformationen zu versorgen. Sie soll, bildlich gesprochen, den „Startschuss" für das Projekt geben Die nachstehende Abbildung enthält die Tagesordnung für die initiale Projektsitzung.

Nach Abschluss der Sitzung als formeller Teil empfiehlt es sich, im Anschluss daran eine soziale Veranstaltung zu planen. Dies kann entweder dadurch geschehen, dass nach der Sitzung eine Art Stehempfang abgehalten wird. Alternative kann auch ein gemeinsames Abendessen angesetzt werden. Die Veranstaltung sollte bewusst keinen zu „feierlichen" Charakter haben – dies ist späteren Veranstaltungen vorbehalten, wenn die Projektergebnisse vorgestellt werden.

Tagesordnungs-punkt	Themen	Moderation	Dauer
Begrüßung		Bernd Dachner	15 Min.
Geschäftssituation	• Strategie, kritische Erfolgsfaktoren und Geschäftsprobleme der Produktgruppe Technologie • Strategie, kritische Erfolgsfaktoren und Geschäftsprobleme der Produktgruppe Lebensmittel • Gründe für eine Initiative zur Verbesserung der Lieferketten-Prozesse	Bernd Dachner	90 Min.
Kaffeepause			15 Min.
Das SCOR-Modell	• Vorstellung des Supply-Chain Council • Überblick zu SCOR • Einsatzmöglichkeiten von SCOR zur Verbesserung der Lieferketten-Leistung • Anwendbarkeit von SCOR für die Logistik AG • Weiterführende Informationsquellen zum SCOR-Modell	SCOR-Berater	120 Min.
Mittagspause			30 Min.
Projektsatzung des SCOR-Projekts	• Projektüberblick • Projektplan und Meilensteine • Geplante Termine für die Lenkungsausschuss-Sitzungen • Projektorganisation • Abhängigkeiten zu anderen Initiativen • Kommunikationsplan	Dirk Abele	120 Min.
Kaffeepause			15 Min.
Fragen der Teilnehmer		Dirk Abele	60 Min.
Verabschiedung		Bernd Dachner	15 Min.

Abb. 4.1: Tagesordnung der initialen Projektsitzung

Kapitel 5: Projektauftakt und SCOR-Leistungskennzahlen

Zweite SCOR-Projektwoche: Offizieller Start der Projektaktivitäten und Auswahl der Leistungskennzahlen

Die Projektziele der zweiten Woche bestanden aus dem offiziellen Beginn des Projekts und der Bearbeitung der ersten Aufgaben, welche unter anderem die Auswahl und Zusammenstellung der Leistungskennzahlen umfassten. Zwei Tage dieser Woche sollten idealerweise für die notwendigen Sitzungen und Diskussionen zwischen den betroffenen Projektteilnehmern festgelegt werden. Die Einführung des Projekts wurde aufgrund von Erfahrungswerten auf einen halben Tag angesetzt. Die verbleibende Zeit wurde für die Identifizierung und Definition der Kennzahlen sowie eine Besprechung der Aufgaben zur Sammlung von Daten bezüglich der aktuellen Lieferkettenleistung eingeplant.

5.1 Projektauftakt-Veranstaltung

Zwei Voraussetzungen müssen für einen erfolgreichen Projektauftakt erfüllt sein: Zunächst müssen alle benötigten Mitglieder der Projektgruppe verfügbar sein. Dies gestaltet sich in der Praxis oftmals als schwierig, da die Mitarbeiter des Unternehmens von den Verpflichtungen ihres Tagesgeschäfts entbunden werden und ein entsprechender Ersatz gefunden werden muss.

Unter den Projektmitgliedern sollten sich jetzt alle für die Durchführung des Projekts relevanten internen und externen Mitarbeiter, einschließlich der Lenkungsausschuss-Mitglieder, des Projektmentors, des Projektleiters, der Kerngruppe und der erweiterten Gruppe (z.B. Fachleute aus den verschiedenen Unternehmensbereichen, die nur von Zeit zu Zeit benötigt werden), befinden. Falls noch Zweifel hinsichtlich der Verfügbarkeit bestimmter Projektmitarbeiter bestehen sollten, empfiehlt es sich dennoch, alle bereits bestätigten und potenziellen Projektmitglieder einzuladen. Das Vermitteln eines „geschlossenen Bildes“ der Projektgruppe ist eine wichtige Botschaft für die gesamte Organisation und hilft, davon zu überzeugen, dass das Projekt bereit ist, zu starten.

In seiner Rolle als der Projektmentor schickte Bernd Dachner den einschließlich ihm aus sieben Mitgliedern bestehenden Lenkungsausschuss und der aus zwölf Mitgliedern bestehenden Projektgruppe (einschließlich dem Projektleiter und dem SCOR-Berater), welche alle namentlich in der Projektsatzung benannt waren (siehe hierzu Anhang A), eine Einladung. Darüber hinaus lud er auch Mitglieder der erweiterten Gruppe aus den Abteilungen Informationstechnologie, Finanzen und Produktion innerhalb der Geschäftsbereiche Technologie und Lebensmittel ein. Insgesamt waren sechsunddreißig Teilnehmer für die Sitzung vorgesehen.

5.2 Erstellung von SCOR-Wertungslisten

Unmittelbar nach dem Projektauftakt beginnen in der Regel die eigentlichen Projektaufgaben. Unter normalen Umständen sollten zu diesem Zeitpunkt lediglich der Projektleiter, der SCOR-Berater und die Projektgruppe zusammen anwesend sein. Der erste Punkt auf der Tagesordnung bestand aus der Definition einer speziellen SCOR-Wertungsliste, welche im Zusammenhang mit den bereits an anderer Stelle dargestellten kritischen Erfolgsfaktoren und speziellen Leistungskennzahlen zu sehen ist.

5.2.1 Die Balanced Scorecard

Zur Messung der Unternehmensleistung auf Grundlage von Kennzahlen wurde Anfang 1990 eine Art ausgewogene Wertungsliste, die so genannte *Balanced Scorecard*, entwickelt. Die Weiterentwicklung lag primär darin, dass nicht nur auf die Optimierung bereits bestehender Prozesse, Strukturen und Verfahren eingegangen wurde, sondern vielmehr auch neue Prozesse, Strukturen und Verfahren mit einbezogen wurden.

Das Konzept wurde von Robert Kaplan und David Norton mit der Intention eingeführt, zur Entwicklung von Unternehmenszielen beizutragen, darauf aufbauend die Definition strategischer Initiativen zu unterstützen, um diese Ziele zu erreichen und schließlich die Messung der Ergebnisse im Zeitverlauf zu ermöglichen. Das Konzept war zu dem Zeitpunkt, als es entwickelt wurde, nichts völlig Neues, weil Firmen bereits eine Reihe von Kennzahlen benutzten – finanzielle und nicht-finanzielle, taktische und operative. Aber die Anwendung in einem Verbund und in einer strukturierten Weise, um die Unternehmensleistung zu messen und bestimmen zu können, ob die gesetzten Ziele tatsächlich erreicht wurden, war verhältnismäßig neu. Die Balanced Scorecard beinhaltet dazu zwei grundlegende Elemente: Ausgewogenheit *(Balance)* und Visualisierung von Leistungskennzahlen mittels einer Wertungsliste *(Scorecard)*. Die Ausgewogenheit zielt auf den Ausgleich zwischen den folgenden Komponenten ab: Strategische und operative Indikatoren, monetäre und nicht-monetäre Größen, langfristige und kurzfristige Positionen, Kostentreiber und Leistungstreiber, harte und weiche Faktoren, interne und externe Prozesse, vergangene und zukünftige Leistungen. Die Visualisierung besteht in der anschaulichen Darstellung der Ergebnisse bzw. der im jeweiligen Fall ausgewählten Kennzahlen (vgl. Kaplan und Norton, 1997, S. 7 ff. und 121 ff.).

Die genaue Ausprägung der Wertungsliste hängt maßgeblich vom jeweils untersuchten Unternehmensbereich ab. Für den Bereich der Lieferkette wurde eine spezielle Lieferketten-Wertungsliste entwickelt. Die besonderen Kennzahlen, die erforderlich sind, um die Leistung einer Lieferkette zu messen und zu steuern, variieren in Abhängigkeit vom Kundentyp, der Produktfamilie, dem Industriesektor sowie weiteren Faktoren (vgl. z.B. Werner 2000, S. 8 ff.). Da die Lieferkette ultimativ auf den Endkunden abzielt, muss bei der Entwicklung einer Lieferketten-Wertungsliste und der Identifikation der speziellen Kennzahlen die Sichtweise des Endabnehmers einbezogen werden. Das schließt konsequenterweise Aspekte mit ein, die im Hinblick auf die Fähigkeiten der Lieferkette, Endkundenanforderungen kosteneffizient zu befriedigen, relevant sind.

Im Idealfall wäre die Vorgehensweise, um zu den geeigneten Leistungskennzahlen zu gelangen, relativ einfach: Die finanziellen Daten und die Kundendaten könnten nach Produkten und Absatzkanälen eingeteilt werden, um eine überschaubare Anzahl aufeinander abgestimmter Kennzahlen zu erhalten. In der Realität erschwert jedoch die Vielzahl an Variablen, nach denen finanzielle Berichte und Kundenauftragsdaten organisiert werden, das Vorgehen oftmals erheblich und macht es schwierig, die drei relevanten Kategorien von Kennzahlen – Kunden, eigenes Unternehmen und Aktionäre – adäquat in einer Lieferketten-Wertungsliste abzubilden. Einige Unternehmen mögen beispielsweise ihre Rentabilität auf mehreren Organisationsebenen berichten, berechnen ihre Bilanz jedoch lediglich auf der Geschäftsführungsebene. Andere Unternehmen möchten wiederum ihre Einnahmen nach Kundenkanälen zurückverfolgen können, jedoch ihre Ausgaben lediglich nach Produktgruppen. In der überwiegenden Zahl der Fälle muss ein Kompromiss zwischen der erwünschten Messung der relevanten Aspekte der Lieferkette und der tatsächlichen Möglichkeiten aufgrund der Verfügbarkeit der dazu erforderlichen Daten getroffen werden (für einen grundlegenden Überblick zur Messung der Leistung von Lieferketten vgl. z.B. Erdmann 2003).

Um der Projektgruppe der Logistik AG bei der Entscheidung behilflich zu sein, welche Kennzahlen in den speziellen Lieferketten-Wertungslisten enthalten sein sollten, schlug der SCOR-Berater die Darstellung in Form einer Matrix, d.h. in einem zweidimensionalen Koordinatensystem im Sinne eines „Gitternetzes", vor. Dabei sollten die Reihen der Matrix nach den zur Verfügung stehenden Kundendaten, internen Daten, und Aktionärdaten definiert werden. Die Spalten der Matrix sollten dann die verschiedenen Lieferketten-Wertungslisten repräsentieren, welche vom festgelegten Umfang des Projekts bestimmt wurden.

Die Bilanz der Logistik AG wurde auf der Geschäftsführungsebene zusammengestellt, während die Berichtserstellung aller Daten über Gewinn, Kunden und Aufträge auf der Geschäftsbereichsebene durchgeführt wurde. Nach eingehender Diskussion einigte sich die Projektgruppe auf die Erstellung von drei Lieferketten-Wertungslisten: Auf Konzernebene und für die Produktgruppen Lebensmittel und Technologie (siehe Tabelle 5-1).

		SCOR-Wertungslisten		
	Kategorie	**Logistik AG Konzern**	**Produktgruppe Lebensmittel**	**Produktgruppe Technologie**
Daten pro SCOR-Wertungsliste	**Kundenbezogen**	nicht vorhanden	X	X
	Unternehmensintern	X	X	X
	Aktionärbezogen	X	Umsatz und pro Aktie nicht vorhanden	Umsatz und pro Aktie nicht vorhanden

Tabelle 5-1: Übersicht der SCOR-Wertungslisten der Logistik AG

Die konsolidierte Lieferketten-Wertungsliste (Konzern) sollte die kundenbezogenen Kennzahlen bewusst nicht mit einbeziehen, da diese auf der höchsten Ebene kein Wertschöpfungspotential aufwiesen (deshalb der Vermerk „nicht vorhanden"). Die Wertungslisten für die Produktgruppen würden dagegen keine Gewinne und Ergebnisse pro Aktie ausweisen, da hierfür keine Daten auf Geschäftsbereichsebene zur Verfügung standen.

5.2.2 Leistungskennzahlen im SCOR-Modell

Die nächste wichtige Aufgabe bestand darin, eine Unterweisung der gesamten SCOR-Projektgruppe in Bezug auf Definitionen, Vergleichsquellen, Leistungskennzahlen, Wertungslisten und Fragestellungen zur Lieferketten-Strategien durchzuführen. Als Grundlage dafür diente die Übersicht der SCOR-Wertungslisten aus Tabelle 5.1.

Da sich das SCOR-Modell über die komplette (interne und externe) Lieferkette hinweg erstreckt, sind die Abläufe konfigurierbar und es besteht die Möglichkeit, unterschiedliche Alternativen eines gleichen Prozesses abzubilden. Dadurch entsteht sozusagen eine normierte Sprache für die unternehmensinterne und unternehmensübergreifende bzw. -integrierte Kommunikation, was wiederum eine wesentliche Voraussetzung für den Leistungsvergleich zwischen den Lieferketten-Partnern darstellt. Die Leistung der jeweiligen Abläufe in den standardisierten Lieferketten wird mit Hilfe spezieller, in der Modellbeschreibung vorgegebener Leistungsmessgrößen ermittelt, welche zur Berechnung bzw. Aggregation der SCOR-Kennzahlen herangezogen werden (vgl. Supply-Chain Council (1) 2006, S. 368 ff. und 434 ff.).

In Version 8.0 des SCOR-Modells werden die folgenden fünf Leistungsattribute verwendet: Lieferzuverlässigkeit *(Reliability)*, Reaktionsfähigkeit *(Responsiveness)*, Anpassungsfähigkeit *(Flexibility)*, Kosten *(Cost)* und Kapitaleinsatz *(Asset Management)*. Jedes dieser Leistungsattribute bezieht sich unmittelbar auf die Lieferkette, weshalb jeweils das Präfix *Lieferketten-* vorangestellt werden kann (z.B. Lieferketten-Reaktionsfähigkeit) (vgl. Supply-Chain Council (1) 2006, S. 6 f).

Um die Leistungsattribute zu operationalisieren, müssen sie in einem weiteren Schritt mit den bereits erwähnten Leistungskennzahlen verknüpft werden. Zum Beispiel kann die Kennzahl für die Durchlaufzeit mit dem Leistungsattribut Reaktionsfähigkeit gekoppelt werden. Die verwendeten Leistungsattribute sind charakteristisch für eine Lieferkette, die darauf ausgerichtet ist, analysiert und gegen andere Lieferketten mit konkurrierenden Strategien verglichen zu werden. Ohne derartige Charakteristika wäre es äußerst schwierig, beispielsweise eine Organisation, die einer Strategie der niedrigen Kosten folgt *(Kostenführerschaft)*, mit einer anderen zu vergleichen, die auf größtmögliche Lieferzuverlässigkeit ausgerichtet ist (vgl. z.B. Bolstorff 2004, S. 22 ff.). Die nachfolgende Abbildung 5.1 gibt einen Überblick über die im SCOR-Modell verwendeten Leistungsattribute und die assoziierten Leistungs-Kennzahlen. Die darauffolgenden Tabellen enthalten die dazugehörigen Definitionen.

Leistungskennzahlen	Leistungsattribute				
	Kundenseitig			Unternehmensintern	
	Lieferzuverlässigkeit	Reaktionsfähigkeit	Anpassungsfähigkeit	Lieferketten-Kosten	Kapitaleinsatz
Fehlerlose Auftragsausführung	X				
Auftragsabwicklungszeit		X			
Aufwärts-Flexibilität			X		
Anpassungsfähigkeit nach oben			X		
Anpassungsfähigkeit nach unten			X		
Gesamte Lieferkettenkosten				X	
Verkaufskosten				X	
Zahlungszykluszeit					X
Anlagevermögensrentabilität					X
Umlaufvermögensrentabilität					X

Abb. 5-1: Zusammenhang zwischen SCOR-Leistungsattributen und Leistungskennzahlen der ersten Ebene (übernommen und ins Deutsche übertragen aus Supply-Chain Council (1) 2006, S. 6)

SCOR-Leistungsattribut	SCOR-Leistungskennzahl	Definition
Lieferzuverlässigkeit		Leistungsfähigkeit der Lieferkette, das richtige Produkt, in der richtigen Menge, im richtigen Zustand, mit der richtigen Produktdokumentation zur richtigen Zeit an den richtigen Kunden und den richtigen Ort zu liefern
	Fehlerlose Auftragsausführung	Anteil an Aufträgen, der die Anforderungen an die Lieferleistung mit kompletter und akkurater Dokumentation und ohne Lieferschäden erfüllt. Bestandteile sind alle angeforderten Artikel und Mengen fristgerecht zum gewünschten Zeitpunkt, wobei die Definition des Kunden hinsichtlich der Fristgerechtigkeit zugrunde gelegt wird, sowie korrekte Packzettel, Ladelisten, Rechnungen, usw.
Reaktionsfähigkeit		Geschwindigkeit, mit der eine Lieferkette Kunden mit Produkten versorgen kann
	Auftragsabwicklungszeit	Durchschnittliche Durchlaufzeit, die wiederholbar und zuverlässig zur Erfüllung eines Kundenauftrags erzielt werden kann. Diese Durchlaufzeit beginnt für jeden einzelnen Auftrag mit dem Auftragseingang und endet mit der Bestätigung und Akzeptanz der Lieferung durch den Kunden
Anpassungsfähigkeit		Flexibilität einer Lieferkette, um auf Änderungen des Wettbewerbsumfelds zu reagieren mit dem Ziel, einen Vorteil gegenüber der Konkurrenz erzielen bzw. erhalten zu können
	Aufwärts-Flexibilität	Anzahl an Tagen, die benötigt werden, um eine ungeplante, dauerhafte Zunahme der ausgelieferten Mengen von 20% bewältigen zu können
	Anpassungsfähigkeit nach oben	Maximal auf Dauer möglicher prozentualer Zuwachs der Menge an ausgelieferten Artikeln, welcher innerhalb von 30 Tagen erzielt werden kann
	Anpassungsfähigkeit nach unten	Mögliche dauerhafte Reduzierung der bestellten Mengen mit einer Vorlaufzeit von 30 Tagen vor dem geplanten Auslieferungsdatum, ohne Lagerbestände aufbauen oder Strafzahlungen an Lieferanten leisten zu müssen

Tabelle 5-2a: Definitionen zu den SCOR-Leistungsattributen und Leistungskennzahlen der ersten Ebene (vgl. Supply-Chain Council (1) 2006, S. 434 ff.)

SCOR-Leistungsattribut	SCOR-Leistungskennzahl	Definition
Lieferketten-Kosten		Erforderliche bzw. anfallende Kosten zum Betreiben der Lieferkette
	Gesamte Lieferkettenkosten	Summe der Kosten, die den Prozessen auf der zweiten SCOR-Ebene außer dem Herstellungsprozess, d.h. Planen, Bestellen, Liefern und Rückliefern, zugerechnet werden können
	Verkaufskosten	Kosten, die dem Einkauf von Rohmaterial und der Herstellung von Fertigprodukten zugerechnet werden können. Diese Kosten umfassen direkte Kosten (Arbeitslöhne und Material) und indirekte Kosten (administrative Kosten)
Kapitaleinsatz		Effektivität einer Organisation in Bezug auf die Verwaltung der Vermögensgegenstände zur Befriedigung der Nachfrage. Dies umfasst die Verwaltung des gesamten Unternehmenskapitals, d.h. des Anlage- und Umlaufvermögens
	Zahlungszykluszeit	Benötigte Zeit für den Mittelrückfluss für eine getätigte Investition vom Zeitpunkt der Beschaffung von Rohmaterial. Für Dienstleistungen handelt es sich um die benötigte Zeit, von dem Zeitpunkt an, wenn eine Organisation für die eingesetzten Ressourcen zur Erbringung von Leistungen bezahlen muss, bis hin zum Erhalt der Zahlung seitens des Kunden für diese Leistungen
	Anlagevermögensrentabilität	Mittelrückfluss aus Investitionen einer Organisation in das die Lieferkette betreffende Anlagevermögen. Dies umfasst konkret das Anlagevermögen, welches für die Durchführung der SCOR-Prozesse Planen, Beschaffen, Herstellen, Liefern und Rückliefern benötigt wird
	Umlaufvermögensrentabilität	Mittelrückfluss aus Investitionen einer Organisation in das die Lieferkette betreffende Umlaufvermögen. Stellt die Bedeutung einer Investition ins Verhältnis zur Situation einer Organisation hinsichtlich ihres Umlaufvermögens gegenüber dem Umsatz, der durch die Lieferkette generiert wird. Die Bestandteile umfassen ausstehende Zahlungen von Lieferanten, offene eigene Zahlungen an Kunden, Lagerbestände, Lieferkettenerlöse, Verkaufskosten und Lieferkettenkosten

Tabelle 5-2b: Definitionen zu den SCOR-Leistungsattributen und Leistungskennzahlen der ersten Ebene (vgl. Supply-Chain Council (1) 2006, S. 434 ff.)

Wie in dem Schaubild dargestellt, haben die ersten drei Leistungsattribute kundenbezogenen und die letzten beiden unternehmensinternen Charakter. Die verwendeten Kennzahlen sind hierarchischer Natur, analog zu den Prozess-Elementen. Die Kennzahlen der ersten SCOR-Ebene resultieren aus aggregierten Berechnungen, die wiederum auf den Kennzahlen der darunterliegenden Ebenen (Ebene 2, usw.) basieren. So wird beispielsweise die Lieferleistung als die Gesamtzahl an Produkten, die pünktlich und komplett geliefert wurden, kalkuliert. Darüber hinaus werden auch Kennzahlen auf niedrigerer Ebene eingesetzt, um Abweichungen der Leistung gegenüber dem Plan zu diagnostizieren. So kann es etwa für eine Organisation durchaus von Nutzen sein, die Korrelation zwischen dem geforderten Liefertermin und dem zugesagten Liefertermin zu untersuchen.

Die Vorgehensweise für die weitere Unterweisung folgte einem logischen Ablauf und ging schrittweise auf die einzelnen Elemente gemäß der Modelldokumentation ein: Zunächst wurden die Überschriften der Spalten und Reihen besprochen. Die überwiegende Zeit wurde dann für die eingehende Besprechung jeder einzelnen Messgrößen-Definition und eine Diskussion über die Methode der Datenerhebung verwendet. Das Ziel hierbei war die Identifikation der Kennzahlen der ersten Ebene, welche die Bestandteile der speziellen Lieferketten-Wertungsliste für die Logistik AG bilden sollten. Eine vorgegebene Version der Vorlagenliste stellt hierfür eine gute Ausgangsgrundlage dar, wobei Abweichungen von dieser Vorlage nur nach eingehender Diskussion und gemeinsamer Entscheidung durch die Projektgruppe zugelassen werden sollten.

Der Direktor der Logistikabteilung, Geert van der Lengen, vertrat z.B. die Meinung, dass die Messgröße *Pünktliche Erfüllungsrate von Kundenauftragspositionen* eine SCOR-Leistungsmessgröße darstellen müsste, obgleich diese nicht in der Vorgabeliste vorhanden war. Dagegen stellte beispielsweise der Leiter der Betriebsbuchhaltung, Jürgen Gruber, die Notwendigkeit und die Definitionen einiger aktionärsbezogenen Messgrößen in Frage.

Die Projektgruppe der Logistik AG hatte sich bis zum Ende des Tages auf die in der nachstehenden Tabelle 5-3 enthaltenen Leistungs-Kennzahlen geeinigt. Der primäre Grund für den Konsens bestand darin, dass diese Kennzahlen im Einklang mit der Kennzahlenstruktur, die Version 8.0 des SCOR-Modells zugrunde lag (siehe Abbildung 5-1), standen, so dass davon ausgegangen werden konnte, dass dadurch die Verwendbarkeit und Vergleichbarkeit des Datenmaterials stark begünstigt würde.

Kategorie	Leistungsattribut	Leistungskennzahlen auf der ersten SCOR-Ebene	Aktueller Wert	Statistischer Mittelwert der Stichprobe	Mittlerer und oberer Wert des gewichteten Mittels	90% Perzentil (obere 10 Prozent)	Paritätslücke (gleichrangig ./. aktuell)
Einstufung				Gleichrangig	Leichte Vorteile	Überlegen	
Kundenbezogen	Lieferzuverlässigkeit	Fehlerlose Auftragsausführung					
	Reaktionsfähigkeit	Auftragsabwicklungszeit					
	Anpassungsfähigkeit	Aufwärts-Flexibilität					
		Anpassungsfähigkeit nach oben					
		Anpassungsfähigkeit nach unten					
Unternehmensintern	Lieferketten-Kosten	Gesamte Lieferkettenkosten					
		Verkaufskosten					
	Kapitaleinsatz	Zahlungszykluszeit					
		Anlagevermögensrentabilität					
		Umlaufvermögensrentabilität					
Aktionärsbezogen	Rentabilität	Brutto-Gewinnspanne					
		Betriebsgewinn					
		Netto-Gewinn					
	Umschlagseffektivität	Gesamtkapitalrentabilität					

Tabelle 5-3: Vorlage der SCOR-Wertungsliste

Der erste Tag war damit erfolgreich verlaufen, was erfahrungsgemäß eine gute Grundlage für den weiteren Projektverlauf darstellte. Bernd Dachner, Doris Egerle und Margot Reich hatten im Anschluss an den formellen Teil der Tagesordnung noch eine soziale Veranstaltung organisiert, um den erfolgreichen Projektauftakt zu feiern und den Projektmitgliedern eine Gelegenheit zu geben, sich auch privat besser kennen zu lernen. Die folgenden Wochen waren von einem hohen Arbeitspensum und der Erarbeitung von teils einschneidenden Änderungen geprägt, die einen unmittelbaren Einfluss auf die tägliche Arbeit der Projektmitglieder haben würden. Das Schaffen guter zwischenmenschlicher Beziehungen war deshalb eine wesentliche Grundlage dafür, mögliche Spannungen zu vermeiden oder zu entschärfen.

5.3 Sammlung der SCOR-Leistungskennzahlen und der Vergleichsdaten

Der zweite Arbeitstag von Woche Nummer zwei begann mit der Datensammlung um Eintragen in die bisher leeren SCOR-Wertungslisten. Das Ziel dabei war, einen Plan zu etablieren, um die Zusammenstellung aktueller und passender Vergleichsdaten zur Prüfung in der dritten Woche zu ermöglichen (siehe hierzu Kapitel 6).

5.3.1 Quellen zur Sammlung der Vergleichsdaten

Es existierten zwei hauptsächliche Quellen zur Sammlung der Vergleichsdaten: Zunächst wurden statistisch signifikante Lieferketten-Daten durch einen Kooperationsvertrag mit dem *Supply-Chain Council* (www.supply-chain.org) und einer auf die Sammlung von Vergleichsdaten spezialisierten Beratungsfirma, der *Performance Measurement Group, PMG* (www.pmg benchmarking.com), einem eigenen Ableger von *Pittiglio, Rabin, Todd, & McGrath, PRTM* (www.prtm.com), dem Beratungsunternehmen, das unmittelbar in die Schaffung des SCOR-Modells eingebunden war und heute noch ein Vorreiter auf dem Gebiet ist – zusammengetragen.

Die zweite Hauptquelle stellten Wirtschaftsfachjournale, wie etwa *Handelsblatt* (www.handelsblatt.com) und *Wirtschaftswoche* (www.wiwo.de) sowie Auskunfteien, wie beispielsweise *Hoppenstedt* (www.hoppenstedt.de) und *Lünendonk* (www.luenendonk.de) dar, bei welchen Informationen zu konkurrierenden Unternehmen (Geschäftsberichte, Bilanzen, usw.) beschafft werden konnten.

Die gesammelten Daten sollten dazu dienen, die kundenbezogenen und teils unternehmensinternen Kennzahlen für die SCOR-Wertungsliste zu liefern, während die eigenen Geschäftsberichtsdaten zur Generierung der restlichen unternehmensbezogenen sowie der aktionärsbezogenen Kennzahlen herangezogen werden sollten. Über die genannten Quellen hinaus verfügen die meisten Unternehmen über weitere relevante, interne Quellen für Vergleichsdaten. Bei der Berechung der eigenen Daten ist es von entscheidender Bedeutung, diese auf die gleiche Art und Weise zu kalkulieren, in der die Vergleichsdaten berechnet wurden. Andernfalls sind die grundlegenden Anforderung an die Erhebung und Auswertung von statistischem Datenmaterial – Gültigkeit *(Validität)*, d.h. die Sicherstellung, das tatsächlich gemessen wurde, was gemessen werden sollte und Zuverlässigkeit *(Reliabilität)*, d.h. die Sicherstellung der Stabilität und Genauigkeit der Messungen sowie der Konstanz der Messbedingungen – nicht gewährleistet (zu den Anforderungen an statistisches Datenmaterial vgl. etwa Friedrichs 1990, S. 100 ff.).

Aus dem Grund bestand der erste Teil des Tages aus intensiven Erläuterungen zum Fragenkatalog und zu den für die Erhebung von Vergleichsdaten angewendeten Methoden. Beispiele zu den Musterfragen können auf der Internetseite der *Performance Benchmarking Group*, *PMG* (www.pmg benchmarking.com) eingesehen werden. Basierend auf den Definitionen und Berechnungsformeln der Kennzahlen in der SCOR-Dokumentation entwickelte die Projektgruppe für jede zutreffende SCOR-Messgröße eine geeignete Fragestellung zur Erhebung der Daten und identifizierte im Anschluss daran die geeigneten Mitglieder der Projektgruppe, um die Datenerhebung zu einer bestimmten Messgröße durchzuführen.

Die Grundlage dafür stellte die Übersicht der SCOR-Wertungslisten aus Tabelle 5.1 dar, aus der sich die folgenden einzelnen Wertungslisten ergaben:

- Kundenbezogene Kennzahlen: Tabellen 5-4a-b
- Unternehmensinterne Kennzahlen: (Tabellen 5-5a-b
- Aktionärsbezogene Kennzahlen: Tabellen 5-6a-b.

Kundenbezogene Leistungskennzahlen				
Leistungsattribut bzw. Kategorie	**Kennzahlen der ersten SCOR-Ebene**	**Kennzahlen der zweiten SCOR-Ebene (Auszug)**	**Kennzahlen der dritten SCOR-Ebene (Auszug)**	**Daten-/ Vergleichsquellen**
Lieferzuverlässigkeit	Fehlerlose Auftragsausführung	Anteil an vollständig ausgelieferten Kundenaufträgen, Lieferleistung in Bezug auf den zugesagten Liefertermin, Genauigkeit der Dokumentation, einwandfreier Zustand	Genauigkeit der ausgelieferten Artikel, Genauigkeit der ausgelieferten Menge, Genauigkeit des Lieferorts	Interne Fragebögen und Statistiken, Kunden-zufriedenheitsumfragen (Anmerkung: Diese Kennzahl ist wichtig, jedoch ist es schwierig, gute Vergleichsstatistiken dafür zu bekommen)
Reaktionsfähigkeit	Auftragsabwicklungs-zeit	Beschaffungsabwicklungszeit, Herstellungsabwicklungszeit, Lieferabwicklungszeit	Prüfung von Beschaffungs-/ Herstellungs-/ Lieferabwicklungs-zeit, Freigabe von Beschaffungs-/ Herstellungs-/ Lieferabwicklungszeit	Betriebliches Planungs- und Warenwirtschaftssystem, Performance Measurement Group (PMG), Hoppenstedt

Tabelle 5 4a: SCOR-Wertungsliste: Kundenbezogenen Kennzahlen

Kundenbezogene Leistungskennzahlen				
Leistungsattribut bzw. Kategorie	**Kennzahlen der ersten SCOR-Ebene**	**Kennzahlen der zweiten SCOR-Ebene (Auszug)**	**Kennzahlen der dritten SCOR-Ebene (Auszug)**	**Daten-/ Vergleichsquellen**
Anpassungsfähigkeit	Aufwärts-Flexibilität	Aufwärts-Flexibilität in der Beschaffung/ Herstellung/ Lieferung/ Rücklieferung von Kunden/ Rücklieferung an Lieferanten	Aktuelles Beschaffungs-/ Herstellungs-/ Lieferungs-/ Rücklieferungsvolumen, aktuelle Durchlaufzeit für Einkaufs-/ Fertigungs-/ Lieferaufträge, aktuelle Kapazitätseinschränkungen seitens der Lieferanten/ Transportunternehmen	Kalkulationsformeln, Performance Measurement Group (PMG), Lünendonk
	Anpassungsfähigkeit nach oben	Anpassungsfähigkeit nach oben in der Beschaffung/ Herstellung/ Lieferung/ Rücklieferung von Kunden/ Rücklieferung an Lieferanten	Aktuelles Beschaffungs-/ Herstellungs-/ Lieferungs-/ Rücklieferungsvolumen, aktuelle Durchlaufzeit für Einkaufs-/ Fertigungs-/ Lieferaufträge, aktuelle Kapazitätseinschränkungen seitens der Lieferanten/ Transportunternehmen	Kalkulationsformeln, Performance Measurement Group (PMG), Hoppenstedt
	Anpassungsfähigkeit nach unten	Anpassungsfähigkeit nach unten in der Beschaffung/ Herstellung/ Lieferung	Aktuelles Beschaffungs-/ Herstellungs-/ Lieferungs-/ Rücklieferungsvolumen, aktuelle Durchlaufzeit für Einkaufs-/ Fertigungs-/ Lieferaufträge, aktuelle Kapazitätseinschränkungen seitens der Lieferanten/ Transportunternehmen	Kalkulationsformeln, Performance Measurement Group (PMG), Hoppenstedt

Tabelle 5-4b: SCOR-Wertungsliste: Kundenbezogenen Kennzahlen

Unternehmensinterne Leistungskennzahlen				
Leistungsattribut bzw. Kategorie	**Kennzahlen der ersten SCOR-Ebene**	**Kennzahlen der zweiten SCOR-Ebene (Auszug)**	**Kennzahlen der dritten SCOR-Ebene (Auszug)**	**Daten-/ Vergleichsquellen**
Lieferketten-Kosten	Gesamte Lieferkettenkosten	Kosten für die Planung/ Beschaffung/ Herstellung/ Lieferung/ Rücklieferung	Kosten zur Planung der Beschaffung/ Herstellung/ Lieferung/ Rücklieferung	Betriebliches Planungs- und Warenwirtschaftssystem, Performance Measurement Group (PMG), Hoppenstedt
	Verkaufskosten	Produktionskosten	Direkte Materialkosten, direkte Lohnkosten, indirekte Kosten für die Produktion	Betriebliches Planungs- und Warenwirtschaftssystem, Performance Measurement Group (PMG), Lünendonk

Tabelle 5-5a: SCOR-Wertungsliste: Unternehmensinterne Kennzahlen

Unternehmensinterne Leistungskennzahlen				
Leistungsattribut bzw. Kategorie	**Kennzahlen der ersten SCOR-Ebene**	**Kennzahlen der zweiten SCOR-Ebene (Auszug)**	**Kennzahlen der dritten SCOR-Ebene (Auszug)**	**Daten-/ Vergleichsquellen**
Kapitaleinsatz	Zahlungszykluszeit	Rückständige Verbindlichkeiten für Einkaufsaufträge, rückständige Forderungen für Kundenaufträge, Bestandsreichweite	nicht vorhanden	Betriebliches Planungs- und Warenwirtschaftssystem, Performance Measurement Group (PMG), Hoppenstedt
	Anlagevermögens-rentabilität	Lieferketteneinnahmen, Kosten für die Verwaltung und Steuerung der Lieferkette, lieferkettenbezogenes Anlagevermögen	Planung /Beschaffung/ Herstellung/ Lieferung/ Rücklieferung von Anlagevermögens-Wertgegenständen	Betriebliches Planungs- und Warenwirtschaftssystem, Performance Measurement Group (PMG), Lünendonk
	Umlaufvermögens-rentabilität	Ausstehende Verbindlichkeiten für Einkaufsaufträge, ausstehende Forderungen für Kundenaufträge, Lagerbestände	nicht vorhanden	Betriebliches Planungs- und Warenwirtschaftssystem, Performance Measurement Group (PMG), Hoppenstedt

Tabelle 5-5b: SCOR-Wertungsliste: Unternehmensinterne Kennzahlen

Aktionärsbezogene Leistungskennzahlen				
Leistungsattribut bzw. Kategorie	Kennzahlen der ersten SCOR-Ebene	Kennzahlen der zweiten SCOR-Ebene (Auszug)	Kennzahlen der dritten SCOR-Ebene (Auszug)	Daten-/ Vergleichsquellen
Kapitalrentabilität	Brutto-Gewinnspanne	nicht in der SCOR-Modelldokumentation enthalten	nicht in der SCOR-Modelldokumentation enthalten	Betriebliches Planungs- und Warenwirtschaftssystem, Hoppenstedt, Lünendonk, Wirtschaftswoche
	Betriebsgewinn	nicht in der SCOR-Modelldokumentation enthalten	nicht in der SCOR-Modelldokumentation enthalten	Betriebliches Planungs- und Warenwirtschaftssystem, Hoppenstedt, Lünendonk, Handelsblatt
	Netto-Gewinn	nicht in der SCOR-Modelldokumentation enthalten	nicht in der SCOR-Modelldokumentation enthalten	Betriebliches Planungs- und Warenwirtschaftssystem, Hoppenstedt, Lünendonk, Handelsblatt

Tabelle 5-6a: SCOR-Wertungsliste: Aktionärsbezogene Kennzahlen

Aktionärsbezogene Leistungskennzahlen				
Leistungsattribut bzw. Kategorie	**Kennzahlen der ersten SCOR-Ebene**	**Kennzahlen der zweiten SCOR-Ebene (Auszug)**	**Kennzahlen der dritten SCOR-Ebene (Auszug)**	**Daten-/ Vergleichsquellen**
Umschlagseffektivität	Gesamtkapital-rentabilität	nicht in der SCOR-Modelldokumentation enthalten	nicht in der SCOR-Modelldokumentation enthalten	Betriebliches Planungs- und Warenwirtschaftssystem, Hoppenstedt, Lünendonk
Aktienentwicklung	Gewinn pro Aktie	nicht in der SCOR-Modelldokumentation enthalten	nicht in der SCOR-Modelldokumentation enthalten	Hoppenstedt, Lünendonk, Handelsblatt, Wirtschaftswoche

Tabelle 5-6b: SCOR-Wertungsliste: Aktionärsbezogene Kennzahlen

5.3.2 Erstellung von Branchen-Vergleichstabellen

Der zweite Teil des Tages befasste sich mit der Planung der Zusammenstellung von Branchen-Vergleichstabellen. Diese Tabellen sollten zusätzliche unternehmensinterne Daten und Vergleichsdaten für die aktionärsbezogenen Kennzahlen, wie etwa Rentabilität, Gewinne und die Aktienentwicklung auf Unternehmensebene, zusammenfassen.

Ein erster Schritt kann beispielsweise in der bereits angesprochenen Zusammenarbeit mit Firmen wie etwa *Lünendonk* (www.luenendonk.de) oder *Hoppenstedt* (www.hoppenstedt.de) bestehen – Dienstleistungsunternehmen für Marktforschung, Marktanalyse und Marktberatung, die über Firmendatenbanken verfügen und unabhängig erhobene Forschungsergebnisse, Studien und Prognosen zu Unternehmen verschiedenster Industriegruppen und Branchen anbieten. Informationen, die bezogen werden können, sind z.B. Geschäftsberichte und Bilanzen anderer Unternehmen. Die ausgewählten aktionärbezogenen Daten wurden dann für die interessierenden Vergleichsunternehmen in die Industrie-Vergleichstabelle eingetragen. Diese Industrie-Vergleichsliste sollte aus etwa zwanzig bis fünfzig Unternehmen bestehen. Zusätzlich hierzu sollte sie so viele Industriezweige wie notwendig enthalten, um den Vergleich der relevanten Konkurrenz auf Geschäftsbereichsebene erfolgreich durchführen zu können.

Jürgen Gruber, Leiter der Betriebsbuchhaltung, Geert van der Lengen, Direktor der Logistikabteilung und Kai Heidemann, Direktor der Kundendienstabteilung erklärten sich dazu bereit, sich gemeinsam um die Datensammlung zu kümmern, da sie aufgrund ihrer Verantwortungsbereiche einen vereinfachten Zugang zu den erforderlichen Informationen hatten. Darüber hinaus verfügten sie über einen Mitarbeiterstab, deren Hilfe sie bei der Erhebung der Daten in Anspruch nehmen konnten. Die Projektgruppe hatte sich dazu entschlossen, sich bei der Datensammlung auf die Produktgruppen Lebensmittel und Technologie zu konzentrieren.

Jürgen Gruber übernahm gemeinsam mit Dirk Abele in seiner Position als Produktionsleiter und Thomas Grasser, dem Verkaufsdirektor, die Verantwortung für die Erstellung der Industrie-Vergleichstabellen. Um die eigenen, unternehmensinternen Daten wollte sich Elisabeth Becker als Leiterin der Finanzabteilung kümmern und erforderlichenfalls eine temporäre Hilfskraft einschalten, um das Datenmaterial möglichst rasch aufbereiten und bereitstellen zu können. Das Ergebnis ist in den nachfolgenden Tabellen 5-7a-d wiedergegeben.

Unternehmen	Umsatz (Mill.€)	Verwaltungs- und Vertriebskosten (%)	Verkaufs-kosten (%)	Zahlungs-zykluszeit (Tage)	Lagerbestands-reichweite (Tage)	Kapital-umschläge (Anzahl)	Brutto-Gewinnspanne (%)	Brutto-Gewinn (%)	Netto-Gewinn (%)	Gesamtkap.-rentabilität (%)
Eigenes Unternehmen - Vorjahr gesamt (2005)	176,1	41%	47%	159	98	0,66	53%	12%	7%	7,8%
Eigenes Unternehmen - viertes Quartal letztes Geschäftsjahr	55,4	40%	60%	151	106	0,84	40%	0%	4%	-0,1%
Eigenes Unternehmen - Summe letzte drei Quartale	126,3	49%	61%	205	137	0,64	39%	-11%	-4%	-5,1%
Vergleichsfirma 1	1006	29%	40%	58	20	1,58	60%	31%	7%	49,1%
Vergleichsfirma 2	546	57%	14%	91	0	1,17	86%	28%	16%	33%
Vergleichsfirma 3	1033	25%	73%	105	12	2,23	27%	1%	-2%	3,3%
Vergleichsfirma 4	340,7	24%	66%	130	87	1,3	34%	10%	10%	12,9%
Vergleichsfirma 5	2320,6	30%	55%	35	0	5,91	45%	16%	9%	70%
Vergleichsfirma 6	2820,9	64%	81%	39	32	1,61	19%	-45%	-34%	-54,9%
Vergleichsfirma 7	1071,5	66%	52%	106	64	1,08	48%	-18%	-57%	-15%
Vergleichsfirma 8	345,5	19%	56%	94	0	2,68	44%	25%	16%	49,8%
Vergleichsfirma 9	1040,1	80%	32%	51	1	1,35	68%	-12%	-26%	-11,8%
Vergleichsfirma 10	1004	39%	44%	24	9	4,68	56%	17%	10%	60%

Tabelle 5-7a: Muster einer Industrie-Vergleichstabelle mit Rohdaten

Unternehmen	Umsatz (Mill.€)	Verwaltungs- und Vertriebskosten (%)	Verkaufs-kosten (%)	Zahlungs-zykluszeit (Tage)	Lagerbestands-reichweite (Tage)	Kapital-umschläge (Anzahl)	Brutto-Gewinnspanne (%)	Brutto-Gewinn (%)	Netto-Gewinn (%)	Gesamtkap.-rentabilität (%)
Eigenes Unternehmen - Vorjahr gesamt (2005)	176,1	41%	47%	159	98	0,66	53%	12%	7%	7,8%
Vergleichsfirma 11	404,5	71%	22%	149	9	1,87	78%	6%	26%	8,9%
Vergleichsfirma 12	827	26%	60%	79	38	4,13	40%	14%	8%	43,7%
Vergleichsfirma 13	690,5	40%	63%	86	21	2,44	37%	-3%	1%	-6,3%
Vergleichsfirma 14	25,7	66%	67%	130	98	1,56	33%	-33%	-82%	-38,6%
Vergleichsfirma 15	233,6	35%	45%	197	102	1,03	55%	20%	6%	15,6%
Vergleichsfirma 16	100	35%	52%	58	20	1,23	48%	13%	2%	12%
Vergleichsfirma 17	38,9	50%	47%	n.v.	n.v.	n.v.	53%	3%	n.v.	n.v.
Vergleichsfirma 18	16,5	17%	91%	n.v.	n.v.	n.v.	9%	-8%	n.v.	n.v.
Industrievergleich										
Durchschnitt	618	40%	55%	99	27	1,57	45%	8%	6%	8%
Leichte Vorteile	970	33%	43%	69	13	2,9	57%	17%	11%	30%
Überlegen	1321	25%	30%	38	0	4,24	70%	25%	16%	52%

Tabelle 5-7b: Muster einer Industrie-Vergleichstabelle mit Rohdaten

Unternehmen	Umsatz (Mill.€)	Verwaltungs- und Vertriebskosten (%)	Verkaufs-kosten (%)	Lagerbestand (Mill.€)	Ausstehende Forderungen (Mill.€)	Gesamtkapital (Mill.€)	Brutto-Gewinnspanne (Mill.€)	Brutto-Gewinn (Mill.€)	Netto-Gewinn (Mill.€)
Eigenes Unternehmen - Vorjahr gesamt (2005)	176,1	22,3	33,3	38,6	45,5	262,3	22,1	-0,2	2,4
Eigenes Unternehmen - viertes Quartal letztes Geschäftsjahr	55,4	72	83,2	22,4	43,6	268,6	92,9	20,9	12
Eigenes Unternehmen - Summe letzte drei Quartale	126,3	62,3	77,3	38,6	45,5	262,3	49	-13,3	-5
Vergleichsfirma 1	1006	292	402	22,5	187	636	604	312	75
Vergleichsfirma 2	546	313,5	78,3	0	181	467	467,7	154,2	90
Vergleichsfirma 3	1033	260,7	757	25,4	347	463,3	276	15,3	-18,7
Vergleichsfirma 4	340,7	82,9	223,8	53,2	68,2	262,8	116,9	34	32,6
Vergleichsfirma 5	2320,6	685,5	1268,7	0	413	523,1	1051,9	366,4	215,5
Vergleichsfirma 6	2820,9	1814,6	2287,3	200,1	286,8	2334,8	533,6	-1281	-965,4
Vergleichsfirma 7	1071,5	711,2	558,4	98,2	210,9	1322,2	513,1	-198,1	-606
Vergleichsfirma 8	345,5	65,9	193,9	0	117,1	172,1	151,6	85,7	55,6
Vergleichsfirma 9	1040,1	833	327,9	0,9	227	1027,4	712,2	-120,8	-272,9

Tabelle 5-7c: Muster einer Industrie-Vergleichstabelle mit Rohdaten

Unternehmen	Umsatz (Mill.€)	Verwaltungs- und Vertriebskosten (%)	Verkaufs-kosten (%)	Lagerbestand (Mill.€)	Ausstehende Forderungen (Mill.€)	Gesamtkapital (Mill.€)	Brutto-Gewinnspanne (Mill.€)	Brutto-Gewinn (Mill.€)	Netto-Gewinn (Mill.€)
Eigenes Unternehmen - Vorjahr gesamt (2005)	176,1	22,3	33,3	38,6	45,5	262,3	22,1	-0,2	2,4
Vergleichsfirma 10	1004	389,4	442,9	10,8	125	286,2	561,1	171,7	99,6
Vergleichsfirma 11	404,5	288,8	90,1	2,2	188	288,5	314,4	25,6	105,3
Vergleichsfirma 12	827	216,2	493,9	51,1	160,9	267,3	333,1	116,9	64,2
Vergleichsfirma 13	690,5	275,9	438,2	25,3	178,9	377,5	252,3	-23,6	10,1
Vergleichsfirma 14	25,7	17	17,2	4,6	4,4	22	8,5	-8,5	-21,2
Vergleichsfirma 15	233,6	81,5	105	29,3	80	301,1	128,6	47,1	14,3
Vergleichsfirma 16	100	35	52	2,8	18,8	108,7	48	13	2,4
Vergleichsfirma 17	38,9	19,5	18,3	n.v.	n.v.	n.v.	20,6	1,1	n.v.
Vergleichsfirma 18	16,5	2,8	15	n.v.	n.v.	n.z.	1,5	-1,3	n.v.

Tabelle 5-7d: Muster einer Industrie-Vergleichstabelle mit Rohdaten

Die Projektgruppe hatte in der Zwischenzeit auch mit der Planung der Aufgaben begonnen, die in der dritten Projektwoche durchgeführt werden mussten. Diese umfassten unter anderem die Fertigstellung der Erhebungs- und Vergleichsformulare zum Einreichen bei den Auskunfteien, eine vervollständigte Industrie-Vergleichstabelle und einen kompletten Satz aktualisierter SCOR-Wertungslisten, einschließlich der Ergebnisse der aktuellen Fragestellungen.

Kapitel 6: Konkurrenzvergleich und Abstimmung mit dem Lenkungsausschuss

Dritte SCOR-Projektwoche: Datensammlung und erste Lenkungsausschuss-Sitzung

Die Arbeitsziele der dritten Woche umfassten die Prüfung der in der zweiten Woche gesammelten Daten, einschließlich der industriespezifischen Kennzahlen, welche notwendig waren, um die Vergleichserhebung durchzuführen (siehe Kapitel 5). Außerdem stand die erste Sitzung mit dem Lenkungsausschuss auf der Tagesordnung, die vom Projektleiter und ausgewählten Mitgliedern der Projektgruppe vorbereitet und organisiert werden musste.

Der Lenkungsausschuss setzt sich in der Regel aus Mitgliedern der Geschäfts- und Bereichsleitung zusammen. Es ist nahe liegend und einsichtig, dass eine ausgewogene Interessenbeteiligung gewährleistet sein sollte. Im Lenkungsausschuss werden generelle Ziele und Rahmenbedingungen des Projekts besprochen und definiert, wie beispielsweise:

- Festlegung der zu betrachtenden Schlüsselprozesse
- Festlegung der zu betrachtenden Geschäftsbereiche
- Festlegung von quantitativen Zielen und Leistungskriterien für das Projekt
- Festlegung von qualitativen Zielen und Leistungskriterien.

Der Lenkungsausschuss prüft in regelmäßigen Sitzungen die erzielten Teilergebnisse und die generelle Vorgehensweise (vgl. z.B. Thaler 2003, S. 246 f.).

6.1 Durchsicht des Datenmaterials

Der erste Punkt auf der Tagesordnung für die dritte Woche stellte die Überprüfung der unternehmensinternen Daten dar, welche in der vorangegangenen Woche gesammelt worden waren (siehe hierzu die SCOR-Wertungslisten in den Tabellen 5-4a-b, 5-5a-b und 5-6a-b in Kapitel 5). Die Verantwortung für die Durchsicht der Daten wurde den für die jeweiligen Kennzahlen verantwortlichen Projektmitarbeitern zugeteilt, ebenso wie für gegebenenfalls durchzuführende Änderungen in Art und Form der betreffenden Informationen und der zugrunde liegenden Annahmen. Weiterhin hatten sie die Aufgabe, eine Abschätzung zum erforderlichen Zeitaufwand für den Abschluss der Datensammlung und -auswertung für die SCOR-Wertungslisten abzugeben.

Der zweite Punkt auf der Tagesordnung bestand aus der Durchsicht der gesammelten Vergleichsdaten, welche ebenfalls in der zweiten Woche zusammengetragen worden waren. Zu dem Zweck setzten die mit der Aufgaben beauftragten Projektmitglieder die entwickelte Industrie-Vergleichstabelle ein (siehe hierzu die Tabellen 5-7a-d in Kapitel 5). Zu diesem Zeitpunkt lagen alle gesammelten Daten plangemäß vor, und die Komplettierung der unternehmensinternen, kundenbezogenen und aktionärsbezogenen Vergleichstabellen stellte den vorerst letzten Schritt in der Erstellung der Wertungslisten dar.

Nachdem die Projektgruppe diese Aktivitäten erfolgreich abgeschlossen hatte, kamen Jürgen Gruber, Leiter der Betriebsbuchhaltung, der Direktor Verkauf und Marketing innerhalb der Produktgruppe Lebensmittel und der Fertigungsleiter innerhalb der Produktgruppe Technologie an die Reihe, um ihre Erkenntnisse zu präsentieren (siehe auch die nachstehenden Tabellen 6-1a-d). Sie hatten Unternehmensdaten und Industrie-Vergleichsdaten für Mischkonzerne zusammengestellt und zusätzlich Vergleichsdaten für Firmen aus den Branchen *Lebensmittel/Fleisch*, *Medien/Film/Fernsehen* und *Audio-Produkte und -Dienstleistungen* dazugefügt.

Diese Daten dienten einem Vergleich der eigenen Produktgruppen Lebensmittel und Technologie. Sie hatten zu dem Zweck möglichst aktuelle Daten verwendet. Daten des gegenwärtigen Jahres, die in den Geschäftsberichten den Vermerk *vorläufig* trugen, wurden nicht berücksichtigt, um die Gültigkeit und Zuverlässigkeit des Datenmaterials zu gewährleisten. Die Projektgruppe hatte bereits Teile der SCOR-Wertungslisten fertig gestellt (siehe Tabelle 6-2), jedoch bisher wenig Zeit für eine umfassende Analyse gehabt.

Unternehmen (Geschäftsjahr 2005)	Umsatz (Mill.€)	Verwaltungs- und Vertriebskosten (%)	Verkaufs-kosten (%)	Zahlungs-zykluszeit (Tage)	Lagerbestands-reichweite (Tage)	Kapital-umschläge (Anzahl)	Brutto-Gewinnspanne (%)	Brutto-Gewinn (%)	Netto-Gewinn (%)	Gesamtkap.-rentabilität (%)
Logistik AG	750	7%	86%	197	91	1,52	14%	7%	4%	10,7%
Vergleichsfirma 1	563,3	32%	62%	48	20	0,63	38%	5%	5%	3,4%
Vergleichsfirma 2	2448	7%	82%	120	82	0,54	18%	11%	1%	6,2%
Vergleichsfirma 3	3088	23%	66%	119	88	1,24	34%	11%	1%	13,1%
Vergleichsfirma 4	2120,4	30%	66%	132	105	1,59	34%	4%	-3%	4,8%
Vergleichsfirma 5	1773,1	14%	75%	127	102	1,37	25%	11%	1%	11,1%
Vergleichsfirma 6	1047	4%	82%	95	78	1,05	18%	15%	12%	11,5%
Vergleichsfirma 7	1549	9%	77%	82	66	1,84	23%	14%	5%	19,7%
Vergleichsfirma 8	1106,1	20%	67%	103	78	1,49	33%	13%	5%	14,7%
Vergleichsfirma 9	8394,8	12%	87%	253	137	1,13	13%	0%	-1%	0,4%
Vergleichsfirma 10	1191,9	17%	63%	144	118	0,7	37%	20%	6%	10,5%

Tabelle 6-1a: Industrie-Vergleichstabelle mit Rohdaten der Logistik AG

Unternehmen (Geschäftsjahr 2005)	Umsatz (Mill.€)	Verwaltungs- und Vertriebskosten (%)	Verkaufs-kosten (%)	Zahlungs-zykluszeit (Tage)	Lagerbestands-reichweite (Tage)	Kapital-umschläge (Anzahl)	Brutto-Gewinnspanne (%)	Brutto-Gewinn (%)	Netto-Gewinn (%)	Gesamtkap.-rentabilität (%)
Logistik AG	750	7%	86%	197	91	1,52	14%	7%	4%	10,7%
Vergleichsfirma 11	2748	17%	71%	106	73	1,39	29%	12%	2%	12,3%
Vergleichsfirma 12	5875	7%	81%	88	52	2,01	19%	12%	2%	17,5%
Vergleichsfirma 13	4829,4	24%	62%	96	65	1,4	38%	14%	5%	15,1%
Vergleichsfirma 14	5939	27%	49%	39	17	0,59	51%	24%	11%	10,7%
Vergleichsfirma 15	17321	9%	80%	42	23	1,4	20%	10%	3%	11.0%
Vergleichsfirma 16	13090	11%	73%	231	72	1,07	27%	16%	2%	12,7%
Vergleichsfirma 17	18427	9%	83%	42	14	2,48	17%	8%	3%	14,9%
Industrievergleich										
Durchschnitt	618	40%	55%	99	27	1,57	45%	8%	6%	8%
Leichte Vorteile	970	33%	43%	69	13	2,9	57%	17%	11%	30%
Überlegen	1321	25%	30%	38	0	4,24	70%	25%	16%	52%

Tabelle 6-1b: Industrie-Vergleichstabelle mit Rohdaten der Logistik AG

Unternehmen (Geschäftsjahr 2005)	Umsatz (Mill.€)	Verwaltungs- und Vertriebskosten (%)	Verkaufs-kosten (%)	Lagerbestand (Mill.€)	Ausstehende Forderungen (Mill.€)	Gesamtkapital (Mill.€)	Brutto-Gewinnspanne (Mill.€)	Brutto-Gewinn (Mill.€)	Netto-Gewinn (Mill.€)
Logistik AG	750	52,5	645	215	371	656	105	52,5	30
Vergleichsfirma 1	563,3	182	351,2	19,2	89	898,4	212,1	30,1	27
Vergleichsfirma 2	2448	167,7	1999,3	451,3	453,9	4504	448,7	28[illegible]	33,9
Vergleichsfirma 3	3088	721	2040	494	517	2492	1048	327	36
Vergleichsfirma 4	2120,4	629,5	1405,6	405,2	328,4	1773,2	714,8	85,3	-71,1
Vergleichsfirma 5	1773,1	246,6	1334,7	373,7	266,8	1731,1	438,4	191,8	24
Vergleichsfirma 6	1047	40	855	182	135	1324	192	152	129
Vergleichsfirma 7	1549	132	1196	216	197	1123	353	22[illegible]	81
Vergleichsfirma 8	1106,1	220,7	739,7	157,6	168	991,1	366,4	145,7	57,6
Vergleichsfirma 9	8394,8	1040,9	7318,5	2743,4	3371,7	9875	1076,3	35,4	-81,7
Vergleichsfirma 10	1191,9	201,7	753,3	243	183,9	2256,8	438,6	236,9	76,6

Tabelle 6-1c: Industrie-Vergleichstabelle mit Rohdaten der Logistik AG

Unternehmen (Geschäftsjahr 2005)	Umsatz (Mill.€)	Verwaltungs- und Vertriebskosten (%)	Verkaufs-kosten (%)	Lagerbestand (Mill.€)	Ausstehende Forderungen (Mill.€)	Gesamtkapital (Mill.€)	Brutto-Gewinnspanne (Mill.€)	Brutto-Gewinn (Mill.€)	Netto-Gewinn (Mill.€)
Logistik AG	750	52,5	645	215	371	656	105	52,5	30
Vergleichsfirma 11	2748	469,7	1952,5	392,5	468,1	2644	795,5	325,8	55,9
Vergleichsfirma 12	5875	412,4	4780,7	677,6	1060,5	3906,5	1094,3	681,9	95,8
Vergleichsfirma 13	4829,4	1141	2993,5	531,3	814,9	4611,4	1835,9	694,9	264,5
Vergleichsfirma 14	5939	1617	2895	133	850	13399	3044	1427	676
Vergleichsfirma 15	17231	1557	13869	870	2328	16467	3362	1805	438
Vergleichsfirma 16	13090	1482	9534	1871	6791	16370	3446	2074	218

Tabelle 6-1d: Industrie-Vergleichstabelle mit Rohdaten der Logistik AG

Kategorie	Leistungsattribut	Leistungskennzahlen auf der ersten SCOR-Ebene	Aktueller Wert	Statistischer Mittelwert der Stichprobe	Mittlerer und oberer Wert des gewichteten Mittels	90% Perzentil (obere 10 Prozent)	Paritätslücke (gleichrangig ./. aktuell)
Einstufung				Gleichrangig	Leichte Vorteile	Überlegen	
Kundenbezogen	Lieferzuverlässigkeit	Fehlerlose Auftragsausführung					
	Reaktionsfähigkeit	Auftragsabwicklungszeit					
	Anpassungsfähigkeit	Aufwärts-Flexibilität					
		Anpassungsfähigkeit nach oben					
		Anpassungsfähigkeit nach unten					
Unternehmensintern	Lieferketten-Kosten	Gesamte Lieferkettenkosten	15,5%				
		Verkaufskosten	86%	69%	61%	53%	
	Kapitaleinsatz	Zahlungszykluszeit	197	119	84	48	
		Anlagevermögensrentabilität	7%	17%	12%	7%	
		Umlaufvermögensrentabilität	0,7%				
Aktionärsbezogen	Rentabilität	Brutto-Gewinnspanne	14%	31%	39%	47%	
		Betriebsgewinn	7%	14%	19%	23%	
		Netto-Gewinn	4%	5%	8%	11%	
	Umschlagseffektivität	Gesamtkapitalrentabilität	10,7%	11%	15%	20%	

Tabelle 6-2: Teilweise ausgefüllte SCOR-Wertungsliste der Logistik AG

Bereits bei der ersten Untersuchung der Daten wurden einige Diskussionspunkte ersichtlich. Die weite Streuung der Zahlen bei den Herstellkosten sowie Vertriebs- und Verwaltungskosten war ein Indiz dafür, dass kein allgemeingültiger Standard zur Erfassung und Kalkulation dieser Kostenarten über die verschiedenen Geschäftsbereiche hinweg existierte. Die betriebliche Gewinnspanne bzw. der Betriebsgewinn stellte eine gute Basis für den Vergleich der Ausgaben dar. Der SCOR-Berater wies jedoch deutlich darauf hin, dass anhand der Daten, die bisher zur Verfügung standen, noch kein Vergleich der Lieferkettenkosten möglich war. „Es wäre nicht sinnvoll, Herstellkosten, Vertriebs- und Verwaltungskosten und Lieferkettenkosten zu kombinieren, um eine brauchbare Kennzahl zu bekommen, die in die SCOR-Wertungsliste aufgenommen werden könnte. Lieferkettenkosten basieren auf Aktivitäten bzw. Prozessen und schließen einige Kosten der anderen beiden Kostenarten bereits mit ein. Man würde in dem Fall sozusagen eine Doppelberechnung der betreffenden Kosten verursachen. Wir müssen deshalb die Ergebnisse abwarten, die wir auf die Anfragen bei den Auskunfteien hin zurückerhalten."

Weiterhin bestätigten zwei ermittelte Kennzahlen – die Zahlungszykluszeit (d.h. die benötigte Zeit, bis ein bestimmter Betrag in das Unternehmen zurückgeflossen ist, nachdem er für die Materialbeschaffung ausgegeben wurde) von 197 Tagen und ein Kapitalumschlag (d.h. das Verhältnis zwischen jährlichen Verkäufen und gesamtem Inventarwert) von 1,5 – eine unter Finanzanalysten verbreitete Meinung: Nämlich, dass die Logistik AG zwar die Fähigkeit besaß, physische Vermögenswerte vorteilhaft einzusetzen, aber auf der anderen Seite die finanziellen Vermögenswerte zu ihrem Nachteil vernachlässigen würde.

Als dritter Punkt wurde ersichtlich, dass die betriebliche Gewinnspanne bzw. der Betriebsgewinn der Produktgruppe Lebensmittel in Höhe von sieben Prozent sehr gut im Vergleich zu den Konkurrenzunternehmen der Lebensmittelbranche ausgefallen war. Ein ähnlich positives Resultat traf auch auf die Produktgruppe Technologie zu, jedoch nahmen dort die absoluten Verkaufszahlen ab, und die Umsätze stellten nur noch rund die Hälfte der im Vorjahr erzielten Umsätze dar. Die bisher angewendete Strategie, höhere Preise für erstklassige Produkte zu verlangen, erwies sich somit als nicht zielführend und verursachte zum Teil eine Reduzierung der Kundenverbleibsquote.

Die größte Überraschung ergab sich bei der Durchsicht der Daten zum Vergleich mit Unternehmen desselben Industriezweiges. Als ein Zusammenschluss verschiedener Fertigungsunternehmen mit Umsätzen in Höhe von rund 750 Millionen Euro wies die Logistik AG mit ihrem Betriebsgewinn von rund sieben Prozent (52 Millionen Euro) lediglich die halbe Umsatzrentabilität wie ähnliche Unternehmen des gleichen Industriezweiges auf. Um wenigstens mit dem Durchschnitt der Unternehmen des vergleichbaren Industriezweiges aufzuschließen, mussten die Gewinne folglich verdoppelt werden, was auch eine Steigerung der Lieferkettenleistung erforderte. Die Vorteile, die typischerweise durch eine Verbesserung der Leistung der Lieferkette angestrebt werden, umfassten ein höheres Umsatzwachstum und höhere Rentabilität, bedingt durch einen größeren Marktanteil und Preisgestaltungsvorteile gegenüber der Konkurrenz, was sich in Form höherer Gewinnspannen niederschlägt.

Im Anschluss daran unterzogen Geert van der Lengen und Kai Heidemann die Lieferkettenkosten sowie die Garantie- bzw. Rücklieferungskosten einer Durchsicht. Danach konzentrierten sie sich auf einige Daten, die nicht in der SCOR-Wertungsliste vorhanden waren. Sie stellten unter anderem fest, dass die kombinierte Lieferleistung der Produktgruppen Lebensmittel und Technologie bei 22 Prozent lag. Das bedeutete, dass lediglich 22 von 100 Aufträgen pünktlich und vollständig ausgeliefert wurden. Die pünktliche Erfüllungsrate von Kundenauftragspositionen lag bei 80 Prozent, der Anteil an einwandfreien Kundenaufträgen bei 5 Prozent und die Lieferzeit bei 4,1 Tagen. Darüber hinaus betrugen die Lieferketten-Reaktionszeit 122 Tage und die Produktionsflexibilität 60 Tage. Die Projektmitglieder waren davon überzeugt, bis zum Ende der folgenden Woche die Daten für alle Produktsparten zur Fertigstellung der SCOR-Wertungslisten zusammenstellen zu können.

Die Projektgruppe hatte zu diesem Zeitpunkt bereits einige aufschlussreiche und teils überraschende Informationen erhalten. Sämtliche Kennzahlen im kundenbezogenen Abschnitt waren neu, denn es war buchstäblich das erste Mal, dass die Lieferleistung aus der Sicht der Kunden betrachtet worden war. Der erste Eindruck dieser Informationen war für den Großteil der Gruppe beunruhigend, denn bislang war die verbreitete Meinung gewesen dass die Logistik AG „im Vergleich zur Konkurrenz gar nicht so schlecht dasteht“. Die Zahlen wiesen jedoch in eine ganz andere Richtung. Die Diskussion, die sich daraus ergab, beinhaltete daher eine Mischung aus Ablehnung und Rechtfertigung, jedoch auch eine widerwillige Akzeptanz der Fakten, da diese auf realen Daten beruhten.

Die meisten Projektmitglieder schienen den Raum am liebsten so rasch wie möglich verlassen zu wollen, um in ihrem operativen Verantwortungsbereich nach unmittelbaren Erklärungen und Lösungen für die Probleme suchen zu können. Dies war keineswegs eine ungewohnte Verhaltensweise in vergleichbaren Situationen und ein klares Indiz dafür, dass die bestehenden Probleme noch nicht aus einer ganzheitlichen Perspektive heraus betrachtet wurden. Und es war eine Konsequenz aus der bereits angesprochenen Organisationsform der Logistik AG, nämlich einer typischen Aufbauorganisation mit einem damit verbundenen funktionalen Denkansatz und dem in diesem Zusammenhang häufig zu beobachtenden Problem des „Silodenkens".

Die Projektmitglieder waren erleichtert darüber, dass der Tag zu Ende ging und sie eine Gelegenheit haben würden, in Ruhe über die Eindrücke nachzudenken, sie aus der richtigen Perspektive zu betrachten und sich Gedanken zu den notwendigen Veränderungsmaßnahmen machen zu können. Die Tagesordnung des zweiten Tages bestand im Wesentlichen aus zwei Aufgaben: Der Durchführung einer Analyse der Konkurrenzanforderungen (auch als *Münzen-Übung* bekannt, weil dabei Münzen verwendet werden) und der Vorbereitung auf die erste Lenkungsausschuss-Sitzung.

6.2 Analyse der Konkurrenzanforderungen

Das primäre Ziel der Analyse der Konkurrenzanforderungen und der zu dem Zweck eingesetzten *Münzen-Übung* bestand in der Priorisierung dieser Attribute für einzelne Kunden- bzw. Marktkanäle und der Beantwortung der Frage, wie die angestrebte Leistung des eigenen Unternehmens hinsichtlich dieser Attribute gegenüber der Konkurrenz sein sollte (überlegen, unterlegen oder gleichrangig). Jedes Projektmitglied erhielt deshalb Münzen mit der Aufschrift *überlegen*, *leichte Vorteile*, *unterlegen* sowie *gleichrangig*. Eine Bedingung war dabei, dass jedes Projektmitglied nur jeweils eine Münze für *überlegen*, *leichte Vorteile* und *unterlegen* erhielt und zwei Münzen für *gleichrangig* waren. Alternativ kann auch mit identischen Münzen und numerischen Werten gearbeitet werden. Beispielsweise können dann drei Münzen für *überlegen*, zwei für *leichte Vorteile*, eine für *gleichrangig* und keine für *unterlegen* auf die entsprechenden Felder der Matrix gesetzt werden.

Es mag auf den ersten Blick überraschend oder sogar unlogisch erscheinen, eine unterlegene Position für ein Leistungsattribut anzustreben. Die Intention dabei ist, auf realistischen Zielsetzungen aufzubauen und realistische Erwartungen zu haben. Es ist in dem Zusammenhang wichtig, den zeitlichen Aspekt zu beachten, denn Veränderungen bzw. Verbesserungen setzten mindestens zwei Zeitpunkte voraus, um einen Vergleich anstellen zu können. Idealerweise sollte ein kontinuierlicher Vergleichsprozess mit regelmäßigen Kontrollpunkten aufgesetzt werden. Auf den vorliegenden Fall bezogen bedeutet dies, dass die definierten Ziele eine Ausgangsbasis darstellten, welche nach Erreichen der angestrebten Positionierung im Wettbewerbsumfeld erneut betrachtet und einer neuerlichen Zieldefinition unterzogen werden musste.

Schließlich wurden noch die Anforderungen aus der Sicht des Unternehmens sowie in Relation zur Konkurrenz festgelegt. Diese Aufgabe zielte nicht unmittelbar auf eine Priorisierung von Leistungsattributen ab, sondern stellte vielmehr eine strategische Aufgabe dar, um für die künftigen Anforderungen im Wettbewerbsumfeld gerüstet zu sein. Zur Festlegung einer Unternehmensstrategie, aus der dann die Lieferkettenstrategie abgeleitet wird, kann etwa der Ansatz von Michael Treacy und Fred Wiersema verwendet werden, der in ihrem Buch *Die Disziplin der Marktführer* beschrieben ist und auf Aspekte wie Spitzenleistungen bei der Abwicklung von betrieblichen Prozessen und Aktivitäten, Kundennähe und Produktinnovation als treibende Kräfte für eine Strategie fokussiert (vgl. Treacy und Wiersema 1995). Die Ergebnisse der Analyse der Konkurrenzanforderungen sollten das Resultat der Strategiedefinition bestätigen und unterstützen. Nach erfolgreicher Beendigung dieser Aufgabe ging die Projektgruppe nun daran, die Anforderungen jeder einzelnen Lieferkette zu erarbeiten.

Die Aufgabe erfordert in der Regel eine dreistufige Vorgehensweise: Im ersten Schritt erarbeitet die Projektgruppe einen Vorschlag auf Grundlage der oben dargestellten oder einer ähnlichen Vorgehensweise. Im zweiten Schritt wird der Vorschlag vom Lenkungsausschuss geprüft und beurteilt. Falls der Lenkungsausschuss größere Änderungen fordert, arbeitet die Projektgruppe an einem geänderten Vorschlag, der dann wiederum dem Lenkungsausschuss zur Prüfung vorgelegt wird. Im dritten Schritt erfolgt dann eine Prüfung durch die entsprechenden Gruppen innerhalb der Geschäftsbereiche. Das SCOR-Projekt und seine Aktivitäten bekommen dadurch die erforderliche Sichtbarkeit innerhalb des Unternehmens.

Der SCOR-Berater sollte auf jeden Fall auch eine Durchsicht der Kennzahlen-Kategorien und -Definitionen mit den beteiligten Projektmitarbeitern durchführen, jedoch ohne die Ergebnisdaten offen zu legen. Es besteht in solchen Situationen eine Neigung dazu, den Bereich mit der unterlegenen Einstufung zu bevorzugen. Tatsächlich repräsentiert dieser zwar in vielen Fällen denjenigen Bereich, der den größten Verbesserungsbedarf aufweist. Allerdings muss er nicht zwangsläufig den Bereich mit den größten strategischen Verbesserungspotenzialen darstellen. Dies bedeutet zweierlei: Zum einen müssen die angestrebten Verbesserungen in Einklang mit der festgelegten Unternehmens- und Lieferkettenstrategie stehen. Zum anderen muss eindeutig zwischen Verbesserungsbedarfen und Verbesserungspotenzialen unterschieden werden.

Der SCOR-Berater entschied sich für die Variante der Münzen-Übung, in der jedes Projektmitglied jeweils eine Münze mit der Aufschrift *überlegen*, *leichte Vorteile* und *unterlegen* und zwei Münzen mit der Aufschrift *gleichrangig* bekam (siehe untenstehende Tabelle 6-3).

SCOR-Leistungsattribut	Assoziierte Leistungskennzahl/en der ersten SCOR-Ebene	Handelsmärkte	Verteilermärkte, öffentliche Verwaltung	Direktvertrieb, Erstausrüster, Großkunden
Lieferzuverlässigkeit	Fehlerlose Auftragsausführung	Ü	G	G
Reaktionsfähigkeit	Auftragsabwicklungszeit	U	U	G
Anpassungsfähigkeit	Aufwärts-Flexibilität Anpassungsfähigkeit nach oben Anpassungsfähigkeit nach unten	G	G	Ü
Lieferketten-Kosten	Gesamte Lieferkettenkosten Verkaufskosten	V	Ü	V
Kapitaleinsatz	Zahlungszykluszeit Anlagevermögensrentabilität Umlaufvermögensrentabilität	G	V	U
Konkurrenzanforderungen: U = Unterlegen G = Gleichrangig Ü = Überlegen V = Leichte Vorteile				

Tabelle 6-3: Zusammenfassung der Konkurrenzanforderungen der Logistik AG

Die Projektgruppe konzentrierte sich auf fünf Marktkanäle der Logistik AG, die als Ausgangsbasis betrachtet werden sollten (siehe hierzu Tabelle 4-5 in Kapitel 4). Das Ergebnis zeigte, dass lediglich drei Teil-Lieferketten mit speziellen Anforderungen existierten. Sämtliche Handelsmärkte der Logistik AG wiesen übereinstimmend und ungeachtet der Produktsparte die gleichen Leistungsanforderungen auf. Ganz ähnlich verhielt es sich mit den Großhandelsmärkten und den öffentlichen Märkten (Behörden, usw.) – auch diese wiesen, unabhängig von der Produktsparte, ähnliche Anforderungen auf. Abschließend wurden die Direktkundenmärkte und die Märkte für Großkunden und Erstausrüster mit ähnlichen Lieferungs-, Kosten-, und Lagerbestandsanforderungen zusammengefasst. Auch hier zeigten sich nur geringfügige Unterschiede innerhalb einer bestimmten Produktsparte.

Die Ergebnisse der Analyse der Konkurrenzanforderungen sprachen eine deutliche Sprache: Um sich in dem Bereich der Einzelhandelsmärkte zu differenzieren, benötigte die Logistik AG eine überlegene Lieferzuverlässigkeit, leichte Vorteile hinsichtlich der Lieferkettenkosten und musste bezüglich der Anpassungsfähigkeit und der Effizienz des Kapitaleinsatzes gleichrangig sein. Somit verblieb für die Reaktionsfähigkeit nur noch eine unterlegene Positionierung.

Um sich in den Verteilermärkten und den öffentlichen Märkten zu differenzieren, benötigte die Logistik AG eine überlegene Leistung bezüglich der Lieferkettenkosten, eine vorteilhafte Leistung beim Kapitaleinsatz und musste eine gleichrangige Lieferzuverlässigkeit und Anpassungsfähigkeit erreichen. Für die Reaktionsfähigkeit verblieb folglich wiederum nur eine unterlegene Leistung.

Um sich den Herausforderungen der Direktkundenmärkte und der Märkte für Großkunden und Erstausrüster zu stellen, benötigte die Logistik AG eine überlegene Anpassungsfähigkeit, vorteilhafte Lieferkettenkosten und musste eine gleichrangige Lieferzuverlässigkeit und Reaktionsfähigkeit erreichen. Für die Effizienz beim Kapitaleinsatz verblieb damit nur noch eine unterlegene Position.

6.3 Vorbereitungen für die erste Lenkungsausschuss-Sitzung

Bei der Lenkungsausschuss-Sitzung sollten neben den jeweils aktuellen Tagesordnungspunkten vor allem zwei Bereiche abgedeckt werden: Der Projektfortschritts-Bericht und der Rechenschafts-Bericht.

Im *Projektfortschritts-Bericht* wird ein Überblick zum Projektverlauf und die Erreichung der angestrebten Meilensteine gegeben. Meilensteine sind in dem Zusammenhang Ereignisse, die den Fortschritt eines Projekts innerhalb der verschiedenen Phasen markieren. Sie müssen eindeutig identifizierbar und relevant sein sowie einen schnellen und gut verständlichen Überblick zur Zeitplanung des Projekts geben. Der *Rechenschafts-Bericht* sollte in jeder Phase des Projekt-Lebenszyklus erstellt werden und deckt vor allem die finanzielle Seite des Projekts (Budget, Ressourcen, usw.) ab.

Mit diesen Berichten sollen die folgenden Sachverhalte festgehalten und dokumentiert werden:

- Gegenwärtiger Status des Projekts
- Risiken und potenzielle Gefahr des Misserfolgs
- Eventuelle Notwendigkeit einer Änderung der Planung oder Durchführung des Projekts.

Um dazu beitragen zu können, potenzielle Probleme möglichst frühzeitig zu erkennen, müssen die Berichte mit großer Genauigkeit und Ehrlichkeit erstellt und gepflegt werden (vgl. z.B. Baguley 1999, S. 182 ff.).

Der Projektleiter ist für die Konsolidierung der Informationen und die Vorbereitung der Präsentation zuständig. Er sollte getrennte Diskussionen mit einzelnen Mitgliedern des Lenkungsausschusses führen, welche für die Schlüsseldaten verantwortlich sind, da diese Personen eventuell detaillierte Erläuterungen zu diesen Schlüsseldaten in der Sitzung abgeben müssen. In der Sitzung sollten alle Bedenken, Einwände, usw. offen und vorbehaltlos angesprochen werden. Außerdem müssen die Rollen der Moderatoren für die Sitzung festgelegt und besprochen werden.

Die hauptsächlichen Ziele der ersten Lenkungsausschuss-Sitzung sind in der Regel:

- Definition der Lieferketten-Kennzahlen
- Durchsicht der initialen Erhebungsdaten
- Erläuterungen zur Durchführung der Analyse der Konkurrenzanforderungen
- Durchsicht der Vergleichsdaten und der Industrie-Vergleichstabellen
- Anstehende Entscheidungen
- Abschließende Erörterung der Erwartungen für die zweite Lenkungsausschuss-Sitzung.

Neben Dirk Abele als Projektleiter sollten Projektmitglieder, welche bereits intensiver in die Projektaktivitäten eingebunden waren und ihre Aufgaben zufriedenstellend erledigt hatten, eine Gelegenheit erhalten, Teile der Sitzung zu moderieren bzw. Zwischenergebnisse vorzustellen. Jürgen Gruber, Geert van der Lengen und Kai Heidemann arbeiteten eng mit Dirk Abele zusammen, um die erste Sitzung vorzubereiten.

Sie hatten den folgenden Vorschlag für die Tagesordnung ausgearbeitet:

- Status des Projektverlaufs und -fortschritts (Projektfortschritts- und Rechenschafts-Bericht)
- Kommunikationsplan
- Analyse und Ergebnisse der Konkurrenzanforderungen
- Durchsicht der initialen Kennzahlendaten der Lieferketten – SCOR-Wertungslisten der Logistik AG
- Gegenüberstellung der unternehmensinternen Daten der Logistik AG und der Industrie-Vergleichsdaten mittels der Vergleichstabelle
- Treffen der aktuell anstehenden Entscheidungen
- Festlegung der Erwartungen für die zweite Lenkungsausschuss-Sitzung.

Als zeitlicher Rahmen wurden aufgrund der umfassenden Themenliste und weil es sich um die erste Sitzung der Art handelte zwei Stunden angesetzt. Für die zukünftigen Sitzungen war eine Dauer von einer Stunde, in Sonderfällen eineinhalb Stunden, vorgesehen.

Kapitel 7: SCOR-Wertungslisten zur Leistungsbewertung und zum Leistungsvergleich

Vierte SCOR-Projektwoche: Analyse der Differenzen zwischen Wettbewerbsanforderungen und tatsächlicher Leistung

Das hauptsächliche Ziel in der vierten Projektwoche war es, die Unterschiede zwischen den Anforderungen der Konkurrenzfähigkeit und der tatsächlichen Leistung zu untersuchen. Nach einer eingehenden Besprechung der Schlüsselpunkte aus der ersten Lenkungsausschuss-Sitzung begann die Projektgruppe mit den geplanten Aufgaben der vierten Woche. Diese waren im Einzelnen:

- Durchsicht aller SCOR-Wertungslisten
- Durchführung einer Lückenanalyse
- Quantifizierung der Differenz zwischen der tatsächlichen Leistung und den Ergebnissen der Analyse der Konkurrenzanforderungen.

7.1 Durchsicht der SCOR-Wertungslisten

Eine vollständige SCOR-Wertungsliste enthält aktuelle Daten für jede Kennzahl der Lieferkette und sämtlicher Teil-Lieferketten, Industrie-Vergleichswerte, Anforderungen hinsichtlich der Konkurrenzfähigkeit sowie eine Lückenanalyse für jede Kennzahl. Im Idealfall verlaufen die SCOR-Wertungslisten stufenförmig von der obersten Unternehmensebene hinunter zu den einzelnen Unternehmen innerhalb eines Firmenverbundes bzw. zu den einzelnen Geschäftsbereichen. Diese Situation kommt jedoch in der betrieblichen Praxis eher selten vor, was auch die Projektgruppe der Logistik AG am ersten Tag der vierten Woche feststellen musste.

7.1.1 Komplettierung der Wertungslisten

Die Durchsicht der drei SCOR-Wertungslisten, welche die Projektmitglieder angelegt hatten – konsolidierte Unternehmenssicht (Konzernebene),

Geschäftsbereich Lebensmittel und Geschäftsbereich Technologie – zeigte, dass diese allmählich konkrete Gestalt annahmen. Es wurde eine erneute Überprüfung der Daten vorgenommen, um die Gültigkeit und Zuverlässigkeit des Datenmaterials zu bestätigen und es ggf. komplettieren zu können. Der Schwerpunkt des ersten Tages lag in der Bearbeitung und Komplettierung der Spalten für die aktuellen Daten und die Vergleichsdaten in den SCOR-Wertungslisten.

7.1.2 Generelle Schlussfolgerungen aus den Wertungslisten

Eine von Jürgen Gruber und Geert van der Lengen geleitete Diskussion über die komplett ausgefüllte SCOR-Wertungliste auf der Konzernebene (siehe Tabelle 7-1 unten) kam zu drei wesentlichen Schlussfolgerungen. Zunächst existierten keine unternehmensweiten Daten zum Kundenstamm innerhalb der Vertriebsstruktur der Logistik AG. Daher war die Spalte mit den aktuellen Zahlen für die kundenbezogenen Daten in der Wertungsliste des Konzerns leer. Es existierten jedoch Daten auf der Geschäftsbereichsebene, welche zu überraschenden Ergebnissen in Bezug auf die Leistungskennzahlen Auftragsabwicklungsleistung und Lieferfähigkeit geführt hatten (siehe hierzu Kapitel 5).

Die zweite Erkenntnis bezog sich auf die Tatsache, dass Bilanzdaten lediglich auf Unternehmensebene zur Verfügung standen. Diese Informationen rückwirkend den Geschäftsbereichen zuordnen zu müssen hätte für die Projektgruppe einen erheblichen, wenn nicht sogar unmöglichen Aufwand bedeutet. Als Konsequenz daraus blieben die Daten zum Netto-Gewinn und zur Gesamtkapitalrentabilität in den geschäftsbereichsbezogenen Wertungslisten unausgefüllt.

Die dritte und wichtigste Schlussfolgerung lag in der Feststellung, dass die SCOR-Wertungslisten identisch organisiert waren wie die Konkurrenzanforderungen, welche in der dritten Projektwoche erstellt worden waren. Die SCOR-Wertungslisten waren, bedingt durch die zugrunde liegenden Daten, nach Geschäftsbereichen organisiert. Die Anforderungen der Lieferkette waren hingegen in der von den Produktbereichen angestrebten idealen Situation, nämlich nach Markt- und Kundenkanälen, organisiert. Auf diese Weise wurde eine Übertragung der Konkurrenzanforderungen auf die SCOR-Wertungslisten erheblich erschwert. So lieferte beispielsweise der Geschäftsbereich Lebensmittel seine Produkte an Lebensmittelketten, Einzelhändler und Behörden, für die eine individuelle Priorisierung erforderlich wurde, wie in Tabelle 6-3 (siehe Kapitel 6) dargestellt.

Kategorie	Leistungsattribut	Leistungskennzahlen auf der ersten SCOR-Ebene	Aktueller Wert	Statistischer Mittelwert der Stichprobe	Mittlerer und oberer Wert des gewichteten Mittels	90% Perzentil (obere 10 Prozent)	Paritätslücke (gleichrangig ./. aktuell)	Verbesserungspotenzial
Einstufung				Gleichrangig	Leichte Vorteile	Überlegen		
Kundenbezogen	Lieferzuverlässigkeit	Fehlerlose Auftragsausführung	n.v.	74,7%	85%	95%	n.v.	1,2275 Mio.€
	Reaktionsfähigkeit	Auftragsabwicklungszeit	n.v.	10 Tage	6,5 Tage	3 Tage	n.v.	Ermöglicht Lagerbestands- und Lieferzuverlässigkeit
	Anpassungsfähigkeit	Aufwärts-Flexibilität	n.v.	60 Tage	45 Tage	29 Tage	n.v.	
		Anpassungsfähigkeit nach oben	n.v.	42 Tage	26 Tage	10,8 Tage	n.v.	
		Anpassungsfähigkeit nach unten	n.v.	38 Tage	25 Tage	10,2 Tage	n.v.	
Unternehmensintern	Lieferketten-Kosten	Gesamte Lieferkettenkosten	15,5%	9,5%	6,7%	3,9%	-6%	58.600€
		Verkaufskosten	27%	17%	12%	7%	-10%	1,25 Mio.€
	Kapitaleinsatz	Zahlungszykluszeit	197	97,9	63,8	29,7	-99	18,099583 Mio.€
		Anlagevermögensrentabilität	7%	17%	12%	7%	10%	
		Umlaufvermögensrentabilität	0,7%	15%	1%	0,5%	0,8%	
Aktionärsbezogen	Rentabilität	Brutto-Gewinnspanne	14%	31%	39%	47%	-17%	79,177083Mio.€
		Betriebsgewinn	7%	14%	19%	23%	-7%	
		Netto-Gewinn	4%	5%	8%	11%	-2%	
	Umschlagseffektivität	Gesamtkapitalrentabilität	10,7%	11%	15%	20%	-0,4%	

Tabelle 7-1: Komplette SCOR-Wertungsliste auf Konzernebene

Die vorrangige, aus den Ergebnissen resultierende Frage war, wie die unterschiedlichen Anforderungsprofile harmonisiert werden konnten, um konsistente SCOR-Wertungslisten für die einzelnen Geschäftsbereiche zu ermöglichen – insbesondere in Anbetracht der Tatsache, dass einige Kennzahlen, wie z.B. Zahlungszykluszeit, Lagerbestände und Kapitalumschlag, lediglich in der konsolidierten Wertungsliste auf Konzernebene vorhanden waren.

„Solchen oder ähnlichen Problemen werden Sie laufend begegnen", bemerkte der SCOR-Berater dazu. „Wir werden nicht immer vollständige und konsistente Daten zur Verfügung haben. Die Frage ist, was wir dagegen unternehmen könnten: Weitere Nachforschungen anstellen oder eine bestimmte Richtung festlegen und weiter fortfahren?" Die Projektgruppe war sich nicht über die beste Vorgehensweise im Klaren und es wurde relativ schnell klar, dass es mit großer Wahrscheinlichkeit keine perfekte Lösung für dieses Problem gab. Es wurde deshalb beschlossen, die Prioritäten des Vertriebskanals Einzelhandel anzuwenden, da dieser über den größten Umsatzanteil innerhalb der betreffenden Produktgruppen verfügte.

7.2 Ergebnisse der Durchsicht der SCOR-Wertungslisten für den Geschäftsbereich Lebensmittel

Die vom zuständigen Direktor für Verkauf und Marketing der Lebensmittel-Produktgruppe geleitete Diskussion zur SCOR-Wertungsliste kam zu vier wichtigen Lernpunkten und leitete daraus zwei relevante Schlussfolgerungen ab (siehe auch nachstehende Tabelle 7-2).

7.2.1 Lernpunkte zu den SCOR-Wertungslisten für den Geschäftsbereich Lebensmittel

Der erste Lernpunkt bestätigte, dass die Lebensmittelgruppe – trotz der verbreiteten Meinung, dass sie bereits über eine überlegene Lieferleistung im Vergleich zur Konkurrenz verfügte – durchaus noch Potenzial hatte, den Vorsprung vor den Wettbewerbern mittels Verbesserung der Kennzahlen für die Lieferleistung und die fehlerlose Auftragsausführung weiter zu vergrößern. Ein perfekter bzw. fehlerloser Auftrag ist in dem Zusammenhang definiert als ein Auftrag, der alle folgenden Anforderungen erfüllt: Vollständig ausgeliefert mit alle enthaltenen Auftragspositionen und zum Termin, der vom Kunden angefragt wurde, wobei die Kundendefinition einer pünktlichen Lieferung angewendet wird.

Kategorie	Leistungsattribut	Leistungskennzahlen auf der ersten SCOR-Ebene	Aktueller Wert	Statistischer Mittelwert der Stichprobe	Mittlerer und oberer Wert des gewichteten Mittels	90% Perzentil (obere 10 Prozent)	Paritätslücke (gleichrangig ./. aktuell)	Anforderungslücke (zielabhängig)	Verbesserungspotenzial
Einstufung				Gleichrangig	Leichte Vorteile	Überlegen			
Kundenbezogen	Lieferzuverlässigkeit	Fehlerlose Auftragsausführung	68,4%	74,7%	0.85	0.95	-6,3%	-26,6%	350.000€
	Reaktionsfähigkeit	Auftragsabwicklungszeit	5 Tage	10 Tage	6,5 Tage	3 Tage	5 Tage	5 Tage	Ermöglicht Lagerbestands- und Lieferzuverlässigkeit
	Anpassungsfähigkeit	Aufwärts-Flexibilität	90 Tage	60 Tage	45 Tage	29 Tage	-30 Tage	-30 Tage	
		Anpassungsfähigkeit nach oben	61 Tage	42 Tage	26 Tage	10,8 Tage	-19 Tage	-19 Tage	
		Anpassungsfähigkeit nach unten	56 Tage	38 Tage	21 Tage	10,5 Tage	9,2 Tage	-18 Tage	
Unternehmensintern	Kosten	Gesamte Lieferkettenkosten	17%	9,5%	6,7%	3,9%	-7,5%	-10,3%	25,75 Mio.€
		Verkaufskosten	86%	69%	61%	53%	-17%	-25%	1,25 Mio.€
	Kapitaleinsatz	Zahlungszykluszeit	197	97,9	63,8	29,7	-99,1	-99,1	6,464137 Mio.€
		Anlagevermögensrentabilität	7%	17%	12%	7%	10%	5%	
		Umlaufvermögensrentabilität	1,5%	1,5%	1%	0,5%	0	-0,5%	
Aktionärsbezogen	Rentabilität	Brutto-Gewinnspanne	14%	31%	39%	47%	-17%	-8%	33,814137 Mio.€
		Betriebsgewinn	7%	14%	19%	23%	-7%	-5%	
		Netto-Gewinn	n.v.	n.v.	n.v.	n.v.	n.v.	n.v.	n.v.
	Umschlagseffektivität	Gesamtkapitalrentabilität	n.v.	n.v.	n.v.	n.v.	n.v.	n.v.	n.v.

Tabelle 7-2: SCOR-Wertungsliste der Produktgruppe Lebensmittel mit Konkurrenzanforderungen

Lernpunkt zwei führte zu dem Entschluss, die überwiegende Anzahl der lieferkettenrelevanten Kostenfaktoren unter der Kennzahl *Verkaufskosten* zu subsumieren. Die Verkaufskosten umfassten dabei direkte und indirekte respektive fixe und variable Kosten, die in einem Unternehmen anfallen, um Endprodukte herzustellen, d.h. sie repräsentieren die Handelsspanne als Anteil an den gesamten Erträgen (zu den verschiedenen Kostenbegriffen vgl. etwa Albach 2001, S. 252 f. und Schierenbeck 2003, S. 233 ff.). Der Vergleich individueller Komponenten dieser Kosten mit den Industrie-Vergleichsdaten konnte eventuell zu neuen Möglichkeiten für Kostenreduktionen führen und damit helfen, den Betriebsgewinn der betreffenden Produktgruppen zu erhöhen.

Der dritte Lernpunkt wies darauf hin, dass der Geschäftsbereich Lebensmittel zunächst geeignete Informationstechnologien zum verbesserten Einsatz seines neuen betrieblichen Planungs- und Warenwirtschaftssystems ausfindig machen musste, um die Zahlungszykluszeit verbessern zu können. Und Lernpunkt vier machte deutlich, dass die Produktgruppe, um den Erwartungen der Aktionäre gerecht werden zu können, hinsichtlich dem Betriebsgewinn eine überlegene Positionierung anstreben und nicht, wie bisher geplant, lediglich gleichrangig im Vergleich zu den relevanten Wettbewerbern sein musste.

Durch die Erstellung der SCOR-Wertungsliste hatte der Geschäftsbereich wichtige Informationen zur Formulierung einer konkurrenzfähigen Lieferkettenstrategie und der erforderlichen Lieferkettenleistung erhalten. Dabei war besonders hervorzuheben, dass die Informationen nicht auf den geforderten Listenpreisen für die angebotenen Produkte basierten, sondern vielmehr auf den von den Kunden bezahlten Verkaufspreisen. Die Lieferkettenkosten könnten zu dem Zweck im Rahmen einer auf die Lieferkette fokussierten Zielkostenrechnung erfasst werden.

Die Zielkostenrechnung im allgemeinen Sinne stellt eine kunden- bzw. marktorientierte Kostenbestimmung dar, bei der alle relevanten Kosteneinflussgrößen als Variablen betrachtet werden (vgl. beispielsweise Scherrer 2001, S. 660). Durch den Einsatz einer lieferkettenfokussierten Grenzkostenrechnung wird das Betrachtungsfeld der Kostenkontrolle buchstäblich auf die gesamte (unternehmensinterne und -übergreifende) Lieferkette ausgedehnt. Während nämlich das Betrachtungsfeld der konventionellen Kostenkontrolle eine einzelne Firma umfasst, ist die grundlegende Idee der Kostenkontrolle innerhalb der Lieferkette, den Kostenkontroll-Ansatz möglichst umfassend auf die Lieferkette und die darin eingebundenen Parteien auszudehnen. Dies erfordert zwangsläufig einen Ansatz, der über organisatorische Grenzen hinausgeht (vgl. etwa Goldbach 2002, S. 94 ff.).

7.2.2 Schlussfolgerungen für den Geschäftsbereich Lebensmittel

Die erste Schlussfolgerung, die sich aus den oben aufgeführten Lernpunkten ergab, bezog sich auf das Herunterbrechen der Leistungsanforderungen aus den Markt-/Kundenkanälen auf die SCOR-Wertungsliste für die Produktgruppe, in anderen Worten: Die Übertragung der Ergebnisse bzw. Prioritäten aus der Analyse der Konkurrenzanforderungen *(Münzen-Übung)*. Die Matrix zur Definition der konsolidierten Lieferkette hatte vier potenzielle Teil-Lieferketten identifiziert (siehe dazu Tabelle 4-5 in Kapitel 4), welche nach Zusammenfassung von zwei weitgehend identischen Varianten (Großhandel und öffentliche Verwaltung) drei prägnante Teil-Lieferketten ergaben (siehe dazu Tabelle 6-3 in Kapitel 6).

Die Projektgruppe einigte sich auf die Anwendung der vorgeschlagenen Priorisierung für das Einzelhandelssegment (überlegene Lieferzuverlässigkeit, leichte Vorteile hinsichtlich der Lieferkettenkosten, gleichrangige Anpassungsfähigkeit und Effizienz des Kapitaleinsatzes und unterlegene Reaktionsfähigkeit) als Berechnungsgrundlage für die Lückenanalyse, da dieses das umsatzstärkste Segment mit der höchsten Rentabilität innerhalb der Produktgruppe darstellte. Die Lieferkettenkosten hatten in allen Produktsegmenten eine hohe Priorität und es bestand die Möglichkeit, Anforderungen bezüglich der Auftragsdurchführungszeit für Direktkundenmärkte sowie Großkunden- und Erstausrüstermärkte, die mehr als Gleichrangigkeit erforderten, zunächst auf Vorauszahlungsbasis abzuwickeln.

Die zweite Schlussfolgerung betraf die Unternehmensebene. Die Konkurrenzmöglichkeit für die Effizienz des Kapitaleinsatzes musste so lange auf Grundlage der konsolidierten SCOR-Wertungsliste definiert werden, bis alle Informationssysteme und finanziellen Berichte genauere aktivitätsorientierte Definitionen unterstützen konnten. In der Zwischenzeit verwendete die Projektgruppe als (eher konservative) Orientierungsgröße zur Bestimmung der Verbesserungsmöglichkeiten für den Geschäftsbereich näherungsweise einen Anteil von 25 Prozent der unternehmensweiten Kennzahlen für die Zahlungszykluszeit und die Lagerbestände.

Kategorie / Einstufung	Leistungsattribut	Leistungskennzahlen auf der ersten SCOR-Ebene	Aktueller Wert	Statistischer Mittelwert der Stichprobe	Mittlerer und oberer Wert des gewichteten Mittels	90% Perzentil (obere 10 Prozent)	Paritätslücke (gleichrangig ./. aktuell)	Anforderungslücke (zielabhängig)	Verbesserungspotenzial
				Gleichrangig	Leichte Vorteile	Überlegen			
Kundenbezogen	Lieferzuverlässigkeit	Fehlerlose Auftragsausführung	10%	74%	81%	88%	-73%	-73%	877.500€
	Reaktionsfähigkeit	Auftragsabwicklungszeit	8 Tage	10 Tage	6,5 Tage	3 Tage	2 Tage	-5 Tage	Ermöglicht Lagerbestands- und Lieferzuverlässigkeit
	Anpassungsfähigkeit	Aufwärts-Flexibilität	110 Tage	60 Tage	45 Tage	29 Tage	-50 Tage	-81 Tage	
		Anpassungsfähigkeit nach oben	58 Tage	42 Tage	26 Tage	10,8 Tage	-16 Tage	-47,2 Tage	
		Anpassungsfähigkeit nach unten	49 Tage	35 Tage	19 Tage	8,7 Tage	-14 Tage	-40,3 Tage	
Unternehmensintern	Kosten	Gesamte Lieferkettenkosten	14%	9,5%	6,7%	3,9%	-4,5%	-7,3%	32,85 Mio.€
		Verkaufskosten	87%	69%	61%	53%	-18%	-26%	
	Kapitaleinsatz	Zahlungszykluszeit	197	97.9	63.8	29.7	-99.1	-99.1	11,635446 Mio.€
		Anlagevermögensrentabilität	7%	17%	12%	7%	10.1%	5.1%	
		Umlaufvermögensrentabilität	0,7%	1,5%	1%	0,5%	0,8%	0,3%	
Aktionärsbezogen	Rentabilität	Brutto-Gewinnspanne	13%	31%	39%	47%	-18%		45,362946 Mio.€
		Betriebsgewinn	6%	14%	19%	23%	-8%		
		Netto-Gewinn	n.v.	n.v.	n.v.	n.v.	n.v.	n.v.	
	Umschlagseffektivität	Gesamtkapitalrentabilität	n.v.	n.v.	n.v.	n.v.	n.v.	n.v.	

Tabelle 7-3: SCOR-Wertungsliste der Produktgruppe Technologie mit Konkurrenzanforderungen

7.3 Ergebnisse der Durchsicht der SCOR-Wertungslisten für den Geschäftsbereich Technologie

Dirk Abele leitete in seiner Funktion als Produktionsleiter eine Diskussion zur Technologie-Produktgruppe. Diese Diskussion fasste drei Lernpunkte zusammen, die zu zwei wesentlichen Schlussfolgerungen führten (siehe auch obenstehende Tabelle 7-3).

7.3.1 Lernpunkte für den Geschäftsbereich Technologie

Der erste Lernpunkt war, dass die Entscheidung zur Auslagerung der Herstellung einiger Produkte es der Logistik AG ermöglicht hatte, die diesbezüglichen Stückkosten deutlich zu senken. Dies war jedoch gleichzeitig mit einer drastischen Verringerung der Reaktions- und Anpassungsfähigkeit verbunden, was sich in den diesbezüglichen Kennzahlen widerspiegelte und außerdem einen Einfluss auf die Lagerbestandshöhen hatte.

Daraus erwuchsen zwangsläufig Zielkonflikte, da die dahinterliegenden Wettbewerbsfaktoren – Kosten, Zeit, Qualität und Flexibilität – bekanntlich in Konkurrenz zueinander stehen (das so genannte *Strategische Dreieck* beschreibt drei entscheidende Faktoren im Wettbewerb: Kosten, Zeit und Qualität; das *Strategische Viereck* fügt als weiteren Faktor die Flexibilität dazu). Eines der maßgeblichen Ziele des Supply Chain Managements liegt in der Harmonisierung dieser Zielkonflikte – unter Maßgabe der Prioritäten gemäß der jeweils gewählten Wettbewerbsstrategie.

Lernpunkt zwei deutete darauf hin, dass die Kennzahlen zur Kundenzufriedenheit den häufiger von Kunden gemachten Vorwurf belegten, die Logistik AG sei ein schwieriger Handelspartner. Dabei kann die Kundenzufriedenheit beispielsweise definiert werden als der Grad, zu dem die kundenseitigen Erwartungen hinsichtlich Produkteigenschaften, Preis und Kundendienst erfüllt oder übertroffen werden. Eines der vorrangigen Ziele des Supply Chain Managements ist es, Unternehmen durch die effiziente Steuerung von Abläufen und Prozessen in die Lage zu versetzen, sich Vorteile zu verschaffen, die alle Funktionsbereiche betreffen – angefangen von der Nutzung ertragswirksamer Potenziale in der Beschaffung über die Reduzierung und Verlagerung von Beständen bis hin zur Steigerung der Kundenbindung durch hohe Lieferleistung, fehlerlose Auftragsausführung und besseren Kundendienst.

Der dritte Lernpunkt schließlich resultierte aus der bei der Zusammenstellung der Lieferkettenkosten gemachten Feststellung, dass die Zunahme der Materialbeschaffungskosten in den vergangenen Jahren größer gewesen war als die Zunahme aller anderen Kostenarten. Die Kosten für den

Transport eingehender Materialien, die üblicherweise als Anteil an den Materialkosten kalkuliert wurden, waren von diesen getrennt dargestellt und somit klar ersichtlich. Dieser Lernpunkt war einem Lernpunkt vergleichbar, der bereits für die Lebensmittel-Produktgruppe dargestellt worden ist: Es existierte eine signifikante Möglichkeit zur Steigerung des Betriebsgewinns mittels Senkung der Lieferkettenkosten, Verbesserung der Nutzung des Betriebskapitals und einem optimierten Einsatz des neuen betrieblichen Planungs- und Warenwirtschaftssystems.

7.3.2 Schlussfolgerungen für den Geschäftsbereich Technologie

Die erste Schlussfolgerung für die Technologie-Produktgruppe bezog sich, ähnlich wie bei der Lebensmittel-Produktgruppe, auf das Herunterbrechen der Leistungsanforderungen von den Markt- und Kundenkanälen auf die SCOR-Wertungsliste auf Geschäftsbereichsebene. Die Projektgruppe der Technologie-Produktgruppe einigte sich auf die Anwendung (überlegen, vorteilhaft, gleichrangig, unterlegen) der in der Münzen-Übung erarbeiteten Priorisierung für die Direktvertriebsmärkte und die Märkte für Großkunden- und Erstausrüster, um die Berechnungsgrundlage für die Lückenanalyse ihrer zugehörigen SCOR-Wertungsliste zu bilden. Damit lagen die Ziele in einer überlegenen Anpassungsfähigkeit, vorteilhaften Lieferkettenkosten, einer gleichrangigen Lieferzuverlässigkeit und Reaktionsfähigkeit und einer unterlegenen Position bei der Effizienz des Kapitaleinsatzes.

Die zweite Schlussfolgerung war, dass die Konkurrenzmöglichkeiten im Hinblick auf die Effizienz des Kapitaleinsatzes auf Unternehmensebene auf der Grundlage von Informationssystemen und finanziellen Berichten festgelegt werden sollte. Dirk Abele benutzte als groben Richtwert 45 Prozent der konsolidierten Zahlungszykluszeit und Lagerbestandskosten, um die anvisierten Verbesserungsmöglichkeiten des Geschäftsbereichs zu kalkulieren.

7.4 Lückenanalyse

Der verbleibende Teil des zweiten Tages wurde der Fertigstellung der Lückenanalyse gewidmet. Der erste Schritt bestand aus der Untersuchung der Kennzahlen unter mathematischen Gesichtspunkten. Hierzu wurden die Differenzen zwischen den eigenen Daten im Vergleich zu Unternehmen desselben Industriezweiges sowie den aktuellen Daten im Vergleich zu den Ergebnissen der Konkurrenzanforderung berechnet. Rechnerisch wurden hierzu die Zahlen für die eigene bzw. aktuelle Leistung für jede Kennzahl von der jeweiligen Vergleichszahl subtrahiert. Führte die Lückenanalyse zu einer negativen Zahl, so bedeutete dies, dass die aktuelle Leistung unterhalb der durchschnittlichen Leistung des Wettbewerbs respektive unterhalb des angestrebten Leistungsniveaus lag. So ergab sich beispielsweise zwischen den eigenen Verkaufskosten von 27 Prozent und den Konkurrenzanforderungen von 17 Prozent eine Lücke von -10 Prozent (siehe Tabelle 7-1).

Der nächste Schritt war die Umwandlung der ermittelten Differenzwerte in ein quantifizierbares Verbesserungspotential. Diese Kalkulationen erweisen sich in den meisten Fällen für die unternehmensinternen Kennzahlen als relativ unkompliziert, können sich jedoch für die kundenbezogenen Kennzahlen, wie etwa die Kundenzufriedenheit und ihre Quantifizierung, als schwieriger erweisen, da sie mehr subjektiver Natur sind. Die Projektgruppe musste sich deshalb unbedingt darüber einigen, wie die erwarteten Auswirkungen von Verbesserungen der Lieferzuverlässigkeit, Reaktionsfähigkeit und Anpassungsfähigkeit auf den Betriebsgewinn berechnet werden sollten, denn die in dem Zusammenhang am häufigsten angewendete Messgröße stellen die Betriebsgewinne dar.

Aufgrund der Schwierigkeiten bei der Berechnung dieser Zahlen wurde eine Reihe von anerkannten Maßzahlen entwickelt, die hier helfen können:

- Die Maßzahl der entgangenen Möglichkeiten weist die Umsatzverluste vor Auftragserfassung aus, welche aus der Nichtverfügbarkeit eines gewünschten Produkts resultieren;
- Die Maßzahl der stornierten Aufträge weist die Umsatzverluste nach Auftragserfassung aus, welche aus Aufträge, die aufgrund einer schlechten Lieferleistung storniert wurden, resultieren;
- Die Maßzahl der Marktanteile versucht, für die kundenbezogenen Kennzahlen einen Umsatzzuwachs zu projizieren, der sich aus erzielten Konkurrenzvorteilen ergibt.

Alle drei Maßzahlen weisen Vor- und Nachteile auf. Deshalb ist es notwendig, die zugrunde liegenden Einzelheiten und Annahmen der finanziellen Analyse zu dokumentieren. Außerdem empfiehlt es sich, die Hilfe einiger qualifizierter Mitglieder des Lenkungsausschusses bzw. der Projektgruppe in Anspruch zu nehmen, um die Zahlen zu validieren. Dabei kommen beispielsweise Mitarbeiter aus dem Finanzbereich oder der Betriebsbuchhaltung in Betracht.

Die Projektmitglieder der Logistik AG kamen rasch zu einer Einigung im Hinblick auf die Durchführung der Lückenanalyse und die Berechnung der dazu erforderlichen Zahlenwerte. Es wurde entschieden, die quantifizierten Möglichkeiten mittels einem Ansatz zur Berechnung der Betriebsgewinne (ausgewiesen in Euro) zu kalkulieren, welcher die Addition der Zahlen in der Spalte *Verbesserungsmöglichkeiten* in der SCOR-Wertungsliste ermöglichen würde. Ferner wurden die folgenden Entscheidungen getroffen:

- Die Kennzahlen für die Lieferzuverlässigkeit sollten zusammengefasst und unter Anwendung der Maßzahl der entgangenen Möglichkeiten und der Maßzahl der stornierten Aufträge kalkuliert werden. Die Berechnung erforderte den geschätzten Umsatzzuwachs, multipliziert mit der Bruttogewinnspanne. Das Ergebnis repräsentierte die Möglichkeit zur Verbesserung der Betriebsgewinne.
- Steigerungen bezüglich der Lieferzuverlässigkeit und der Zahlungszykluszeit sollte durch die Nutzung von Verbesserungsmöglichkeiten der den Leistungsattributen Reaktionsfähigkeit und Anpassungsfähigkeit zugehörigen Kennzahlen erreicht werden. Hierdurch könnte unter anderem das Risiko einer Doppelberechnung auf ein Minimum reduziert werden.
- Die dem Leistungsattribut der Lieferkettenkosten zugeordneten Kennzahlen sollten zusammengefasst und die Berechnung der Verbesserungsmöglichkeiten auf die Kennzahlen der gesamten Lieferkettenkosten und der Garantie- bzw. Rücklieferungskosten beschränkt werden.
- Die Effizienz des Kapitaleinsatzes sollte ausschließlich durch die Kennzahl der Zahlungszykluszeit repräsentiert werden. Bedingt durch die Tatsache, dass die hierfür erforderlichen Daten nur auf Unternehmensebene zur Verfügung standen, wurde näherungsweise das Arbeitskapital des Unternehmens zunächst mit den Gesamtkapitalkosten und anschließend mit dem Anteil jeder einzelnen Produktgruppe am Gesamtumsatz multipliziert.
- Die unter Abschnitt *Rentabilität* der SCOR-Wertungsliste angegebene Zahl sollte als Gesamtsumme der Verbesserungen hinsichtlich des Betriebsgewinns dienen.
- Die gesamten Lieferkettenkosten basierten auf den Zahlen der Kostenstellen, welche der Materialbeschaffung, der Auftragsverwaltung, den Kosten des Berichtssystems zur Unternehmensführung, den Planungskosten, den Kosten für Finanzierung und Verwaltung und den Lagerverwaltungskosten zugeordnet waren. Die Lagerverwaltungskosten und die Garantie- bzw. Rücklieferungskosten wurden aus der Spalte der Verbesserungsmöglichkeiten entfernt, um eine Doppelberechnung zu vermeiden.
- Die Kosten für das Garantie- bzw. Rücklieferungsverfahren basierten auf den Kostenstellen, die für die Unterstützung der Rücklieferungstransaktion, der Einlagerung und des Transports zuständig waren.

- Das Umsatzpotential der Logistik AG wurde, bei einem Arbeitskapital des Unternehmens in Höhe von ca. 411 Millionen Euro und einem Kapitalkostenanteil von rund 10 Prozent, auf 41,1 Millionen Euro geschätzt. Diese Zahl wurde zu 25 Prozent der Produktgruppe Lebensmittel und zu 45 Prozent der Produktgruppe Technologie zugerechnet und stellte damit den entsprechenden Anteil der Geschäftsbereiche am Gesamtumsatz der Logistik AG dar (der verbleibende Rest entfiel auf die Produktgruppe Gebrauchsgüter).
- Für die Technologie- und Lebensmittel-Produktgruppen wurden außerdem auf Grundlage der Lückenanalyse die folgenden Annahmen getroffen (siehe hierzu die Tabellen 7-2 und 7-3):
  - Die Lieferzuverlässigkeit der Lebensmittel-Produktgruppe wies eine Zunahme von einem Prozent, bedingt durch das Vorhandensein des Produktes bei Auftragserfassung und unter Anwendung einer 14-prozentigen Bruttogewinnspanne, auf. Die Zahl von einem Prozent wurde auf der Basis einer Analyse der entgangenen und stornierten Aufträge berechnet, die von der Kundendienstabteilung im Verlaufe einer Woche durchgeführt wurde.
  - Unter Verwendung der gleichen Berechnungsbasis wies die Technologie-Produktgruppe einen Umsatzzuwachs von rund 1,5 Prozent, auf Grundlage einer 13-prozentigen Bruttogewinnspanne, auf.

Der Rest der Woche wurde darauf verwendet, die Zahlen gemäß den getroffenen Entscheidungen und Annahmen zu berechnen und prüfen. Die wichtigste Aufgabe, welche die Projektgruppe in der darauf folgende Woche vor sich hatte, lag in der Identifizierung der Mitgliedern des Lenkungsausschusses und der erweiterten Projektgruppe, die für die Prüfung der Annahmen und die Validierung des Zahlenmaterials erforderlich waren. Die zweite wesentliche Aufgabe beinhaltete die Zusammenstellung des Informationsmaterials zur Rechtfertigung der vorgeschlagenen Lieferkettenverbesserungen für die zweite Lenkungsausschuss-Sitzung.

Kapitel 8: Aufnahme der bestehenden Materialflüsse

Fünfte SCOR-Projektwoche: Lückenanalyse zu den SCOR-Wertungslisten, Aufnahme der Ist-Materialflüsse und zweite Lenkungsausschuss-Sitzung

Die ersten vier Wochen hatten der Ermittlung der Möglichkeiten und der Konkurrenzanalyse gedient. Woche Nummer fünf des Projekts leitete die dritte SCOR-Projektphase mit der Analyse und Neugestaltung der Materialflüsse, ein. Zunächst standen dabei der Abschluss der Informationserhebung und die Vervollständigung der Analyse im Mittelpunkt. Weiterhin wurde darin die Einleitung der dritten Lieferketten-Neugestaltung einbezogen. Die Projektgruppe führte in diesem Zusammenhang eine Analyse der Ist-Materialflüsse für die verschiedenen Teil-Lieferketten durch.

Diese Phase stellt erfahrungsgemäß häufig den interessantesten Teil des Projekts dar und beinhaltet das größte Verbesserungspotenzial. Die Ziele für diese Woche bestehen typischerweise aus dem Abschluss der Zusammenfassung der Lieferketten-Verbesserungsmöglichkeiten einschließlich der Lückenanalyse zu den SCOR-Wertungslisten und der Aufnahme der bestehenden Ist-Materialflüsse. In dieser Phase erfährt die Projektgruppe viel über die SCOR-Klassifizierungen auf der zweiten Ebene: Rohmaterial, Halbfabrikate, Fertigprodukte, Rücklieferungen, Lagerfertigung, Auftragsfertigung und Spezialanfertigung und. Damit wird der in Abbildung 3.1 (siehe Kapitel 3) als „zentrales Element" dargestellte Kasten *Geschäftsprozesse* mit speziellem Fokus auf die Lieferketten-Prozesse genauer beleuchtet und einige seiner Bestandteile benannt.

Ein weiteres wichtiges Ziel für die Woche war die Zusammenstellung einer detaillierten Ansicht der Materialflüsse. Abschließend sollte die Projektgruppe Vorbereitungen für die zweite Lenkungsausschuss-Sitzung treffen, welche die Woche beschließen würde.

8.1 Validierung der Lückenanalyse

Der erste Arbeitspunkt für diese Woche war die Durchsicht der Lückenanalysen und die Validierung der SCOR-Wertungslisten einschließlich der zugrunde liegenden Annahmen, Kalkulationen und Informationsquellen, die von den eigens dafür zugeteilten Gruppen durchgeführt wurden. Die Projektgruppe sollte zu dem Zeitpunkt durchaus in der Lage sein, aufgrund der geleisteten Vorarbeiten zu einer Einigung über die Werte der einzelnen Kennzahlen und die Bedeutung der definierten Verbesserungsmöglichkeiten im Einklang mit den SCOR-Wertungslisten kommen zu können. Dabei bildet die Lückenanalyse gemeinsam mit der bereits an anderer Stelle dargestellten Zusammenfassung der Geschäftsentwicklung sowie der Projektsatzung (siehe hierzu Kapitel 4 sowie Anhänge A und B) die vollständige Grundlage zur Rechtfertigung einer strategischen Initiative zur kontinuierlichen Lieferketten-Verbesserung.

Der Schwerpunkt der nächsten Phase des Projekt-Lebenszyklus liegt in der Gestaltung der Lieferkette, d.h. aufbauend auf der Analyse folgt dann die Neugestaltung. Wie bereits ausführlicher dargestellt, ist SCOR per Definition ein Beschreibungsmodell für die Lieferkette (siehe Kapitel 2). Der Schritt zur Gestaltung geschieht auf Projektbasis und bezieht die Erkenntnisse der Analyse, d.h. die mittels SCOR erarbeitete Beschreibung der Lieferkette, als maßgebliche Informationsgrundlage ein. Weiterhin werden dazu die führenden Geschäftspraktiken, die ein Bestandteil der SCOR-Modelldokumentation sind, herangezogen.

Führende Geschäftspraktiken sind in dem Zusammenhang zu verstehen als vorbildliche Lösungen oder Verfahrensweisen, die zu Spitzenleistungen im Supply Chain Management führen sollen. Das Vorgehen, solche Verfahren zu ermitteln und für die Verbesserung der eigenen Prozesse zu nutzen, resultiert häufig aus dem Konkurrenzvergleich. Es ist folglich eine pragmatische Vorgehensweise, die vorhandene Erfahrungen erfolgreicher Organisationen und oft auch Konkurrenten systematisiert und unterschiedliche Lösungen, die in der Praxis eingesetzt werden, vergleicht, anhand betrieblicher Ziele bewertet und auf der Grundlage festlegt, welche Prozesse und Verfahrensweisen am besten zur Zielerreichung beitragen könnten (zu den Geschäftsregeln im Kontext des Supply Chain Managements vgl. beispielsweise Klaus 2005).

Die daraus resultierenden Änderungen beziehen sich auf die in der Abbildung 3.1 (siehe Kapitel 3) dargestellten Einflussfaktoren – Personal, Organisation und Informationstechnologien – und auf die Geschäfts- bzw. Lieferketten-Prozesse, welche unter anderem von den entsprechenden Einflussfaktoren determiniert werden. Diese Änderungen sind nötig, um die anhand der SCOR-Wertungslisten berechneten Lücken im Hinblick auf die Leistungskennzahlen zu schließen.

Die Phase wird üblicherweise in zwei Schritten vollzogen. Zunächst beschäftigt sich die Projektgruppe im ersten Schritt mit den Materialflüssen. Die Betrachtung der Ist-Materialflüsse, die Analyse der Engpässe und der Verbesserungsmöglichkeiten, die Festlegung von Materialfluss-Strategie und der dazugehörigen Hauptprozesse sowie die Gestaltung der zukünftigen Materialflüsse stellen dabei die hauptsächlichen Aufgaben dar.

Der zweite Schritt beinhaltet die Ausrichtung der Geschäftspraktiken und Informationssysteme der verschiedenen Produktgruppen unter Einbeziehung von Arbeitsabläufen und Informationsflüssen. Dabei stellen die Betrachtung von Ist-Arbeitsabläufen und -Informationsflüssen, die Analyse der Geschäftsvorgänge, die Darstellung der zukünftigen Arbeitsabläufe und -Informationsflüsse sowie die Zusammenfassung der Auswirkungen auf die erwartete Kapitalrendite die primären Aufgaben dar.

Klassischerweise wird die Kapitalrendite berechnet, indem der Gewinn ins Verhältnis zum eingesetzten Kapital gesetzt wird. In der vorliegenden Variante wird sie zur Beurteilung von Einzelinvestitionen herangezogen und unterscheidet sich von der ursprünglichen Definition primär dadurch, dass nicht das Gesamtkapital eines Unternehmens betrachtet wird, sondern Einzelinvestitionen im Rahmen unternehmerischer Tätigkeit. Dabei sollten jedoch die Berechnung (Ermittlung des reinen Zahlenwertes) und Analyse (systematische Untersuchung der Rückflüsse) klar unterschieden werden.

Bei einer Berechnung der Kapitalrendite bezogen auf eine Einzelinvestition wird grundsätzlich davon ausgegangen, dass die Rückflüsse der Investition aus einer vorangegangenen Analyse bereits bekannt sind. Grundsätzlich ist eine Berechnung immer nur dann interessant, wenn die Investition auch zum Unternehmenserfolg beitragen kann, d.h. wenn davon ausgegangen werden kann, dass eine Amortisation innerhalb der Nutzungsdauer erreicht wird. Deshalb muss etwa für Investitionen in Informationstechnologien und -systeme berücksichtigt werden, dass hier die Nutzungsdauer vergleichsweise niedrig, in der Regel für drei Jahre, angesetzt wird.

Somit gilt in dem Zusammenhang die Faustregel, dass nur Investitionen mit einer Amortisationsdauer von unter drei Jahren vorteilhaft sind. Wird eine Gewinnschwelle sogar innerhalb von zwölf Monaten erreicht, so ist die Investition budgetneutral *(Amortisation)*. Entsprechend diesen kurzfristigen Planungshorizonten ist es sinnvoll, die Kapitalrendite bereits im Vorfeld einer Investition zu berechnen und eine Berechnung für die gesamte Nutzungsdauer durchführen zu können (vgl.beispielsweise Schierenbeck 2003, S. 65 f. u. 635 ff. und Preißner 2003, S. 177 ff.).

Zum Abschluss dieser Phase fasst die Projektgruppe die Bewertung und Priorisierung der Änderungen im Hinblick auf die Arbeitsabläufe und die Material- und Informationsflüsse zusammen. Diese Projektphase schließt, eine Zahl von Arbeitssitzungen ein, die über dreizehn Wochen verteilt sind (siehe Anhang B). Der Kern der Teilnehmer besteht in erster Linie aus dem Projektmentor, dem Projektleiter, den weiteren Mitgliedern der Projektgruppe sowie den Mitgliedern der erweiterten Gruppe zur Klärung und Beantwortung von Fragen bezüglich Daten, Prozess-Schritten, Transportverfahren, usw.

Entsprechend der Projektsatzung hatte die Arbeitsgruppe die Aufgabe, sieben Meilensteine zum erfolgreichen Abschluss der Projektphase zu erreichen. Diese bestanden aus der Prüfung und Freigabe von:

- Bestehenden Materialflüssen
- Engpässen zu den Materialflüssen
- Einer vorläufigen Zusammenfassung der Verbesserungsmöglichkeiten
- Empfehlungen zu den zukünftigen Materialflüssen
- Einer Analyse der bestehenden Geschäftsvorgänge
- Vorläufigen Entwürfen für die zukünftigen Geschäftsprozesse in Form eines SCOR-basierten Geschäftsentwurfs
- Einer Zusammenfassung der Verbesserungsmöglichkeiten mit Berechnungen zur erwarteten Kapitalrendite.

Diese Aufgaben sind erfahrungsgemäß hilfreich, um einen Maßnahmenkatalog von Lieferkettenverbesserungen zu erstellen. Der Maßnahmenkatalog, der in Kapitel 20 eingehend diskutiert wird, kennzeichnet Aufgaben, welche sich über vierundzwanzig bis sechsunddreißig Monate erstrecken. Die erfolgreiche Erledigung der darin enthaltenen Aufgaben kann dazu beitragen, eine kostenneutrale Kapitalrendite *(Amortisation)* innerhalb der ersten sechs Monate und eine zwei- bis sechsfache Kapitalrendite innerhalb eines Jahres nach Projektbeginn erzielen zu können.

8.2 Struktur und Aufbau des SCOR-Modells

Grundidee des SCOR-Modells ist, dass jedes Produktions- und Logistiknetz durch fünf grundlegende Basisprozesse beschrieben werden kann. Mit jedem der vier ausführenden Hauptprozesse – Beschaffen, Herstellen, Liefern und Rückliefern – werden Materialien oder Produkte bearbeitet oder transportiert. Durch die Verbindung dieser Prozesse zu einer Kette werden Kunden-Lieferanten-Beziehungen definiert, für die durch den fünften Basisprozess, die Planung, Angebot und Nachfrage ausbalanciert werden.

Fasst man alle Hauptprozesse zusammen, so erhält man ein Gesamtmodell des Produktions- und Logistiknetzes. Die Beschreibung dieser grundlegenden Prozesse in der Supply Chain ist ein maßgeblicher Bestandteil des SCOR-Modells (vgl. Supply-Chain Council 2006, S. 2 ff.).

8.2.1 SCOR-Prozessarten

Die fünf grundlegenden Hauptprozesse *(Chevrons)*, die dem SCOR-Modell zugrunde liegen, sind: Planen *(Plan)*, Beschaffen *(Source)*, Herstellen *(Make)*, Liefern *(Deliver)* und Rückliefern *(Return)* (siehe Abbildung 8-1).

Neben diesen fünf Hauptprozessen oder Prozess-Elementen, welche die organisatorische Struktur des SCOR-Modells bilden, können die folgenden drei Prozessarten unterschieden werden (vgl. hierzu und zu den folgenden Ausführungen Supply-Chain Council (1) 2006, S. 12 ff.):

- Planung *(Planning)*: Ein Planungselement ist ein Prozess, der den erwarteten Ressourcenbedarf auf die erwarteten Nachfragebedingungen ausrichtet. Planungsprozesse gleichen die aggregierte Nachfrage über einen bestimmten Planungshorizont aus. Planungsprozesse finden gewöhnlich in regelmäßigen Abständen statt und können zur Lieferketten-Antwortzeit beitragen. Diese Prozessart referenziert auf den o.g. Steuerungsprozess des Planens *(Plan)*.
- Ausführung *(Execution)*: Ausführungsprozesse werden von geplanter oder eigentlicher Nachfrage ausgelöst, die den Zustand eines Produkts ändern. Sie schließen Einplanung und Reihenfolgeplanung, die Veränderung von Materialien und Dienstleistungen sowie das Bewegen von Produkten ein. Diese Prozessart umfasst somit die o.g. Steuerungsprozesse Beschaffen *(Source)*, Herstellen *(Make)*, Liefern *(Deliver)* und Rückliefern *(Return)*.
- Ermöglichung *(Enable)*, vormals Infrastruktur *(Infrastructure)*: Ermöglichende Prozesse sind für die Vorbereitung, Pflege und Steuerung von Informationen oder Beziehungen verantwortlich, auf denen die vorgenannten Planungs- und Ausführungsprozesse beruhen.

Die Notation des Modells ist festgelegt und folgt durchgängigen Bezeichnungskonventionen für die Hauptprozesse:

- Der Buchstabe „P“ steht für Planungselemente *(Plan elements)*;
- Der Buchstabe „S“ stellt Beschaffungselemente *(Source elements)* dar;
- Der Buchstabe „M“ steht für Herstellungselemente *(Make elements)*;
- Der Buchstabe „D“ stellt Lieferungselemente *(Deliver elements)* dar;
- Der Buchstabe „R“ steht für Rücklieferungselemente *(Return elements)*.

Diese Hauptprozesse können auch als ermöglichende Prozesse ausgestaltet sein. In dem Fall wird dem betreffenden Hauptprozess der Buchstabe „E“ vorangestellt, was darauf hinweist, dass dieser ein Ermöglichungselement *(Enable element)* darstellt. Beispiel: „EP“ stellt ein ermögliches Element innerhalb des Planungsprozesses dar.

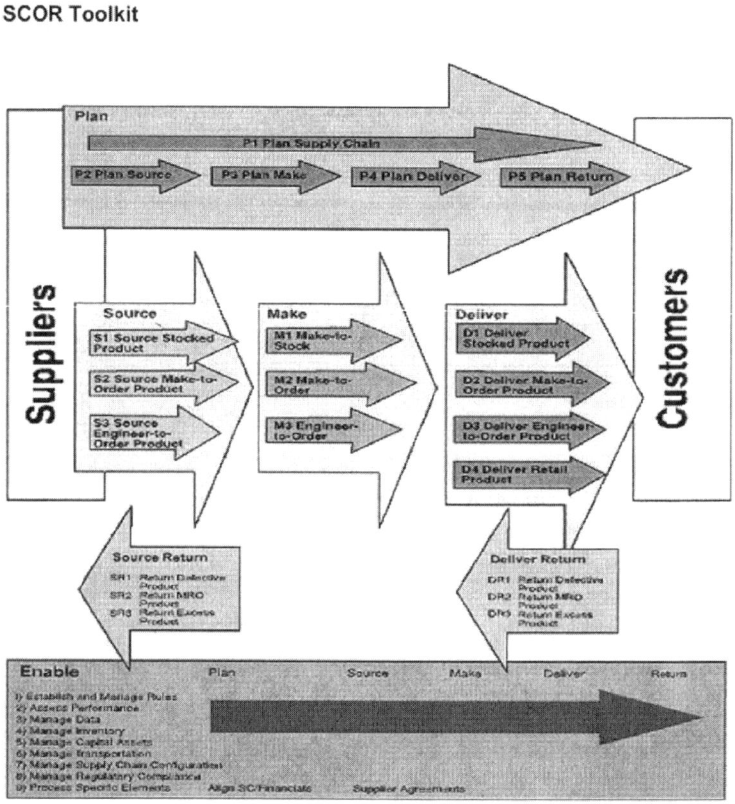

Abb. 8-1: SCOR-Prozesstypen der zweiten Ebene (entnommen aus Supply-Chain Council (1) 2006, S. 10. Qualitätseinbußen in der Wiedergabe der Abbildung resultieren aus der Übernahme aus dem Originaldokument, auf welches ggf. zur besseren Lesbarkeit zurückgegriffen werden kann)

8.2.2 Hierarchischer Aufbau des SCOR-Modells

Bei SCOR handelt es sich um ein hierarchisches Modell, das mehrere Ebenen *(Level.* umfasst. Die Lieferkette des Unternehmens selbst stellt die Ausgangsebene (Ebene 1) dar. Die darauf folgende Hauptprozessebene, z.B. Plan – P, stellt die zweite Ebene dar. Dies wird durch eine einstellige Ziffer angezeigt. Darunter folgt quasi das Zielobjekt des Hauptprozesses, z.B. P1 – Planen der Lieferkette *(Plan Supply Chain)*. Die genaue Nummer leitet sich aus der jeweiligen Position innerhalb der Modellstruktur ab. Eine weitere Ebene darunter, d.h. auf der dritten Ebene, befinden sich die dazugehörigen konkreten Prozess-Schritte, z.B. P1.1 – Identifikation, Priorisierung und Aggregation von Lieferkettenanforderungen *(Identify, Prioritize, and Aggregate Supply Chain Requirements)*.

Das Schaubild in der untenstehenden Abbildung 8.2 vermittelt einen bildlichen Überblick zum hierarchischen Aufbau des Modells. Es weist auch auf die Modell-Ebenen unterhalb der dritten Ebene von SCOR hin:

- Die vierte Ebene enthält Aufgaben *(Tasks)*;
- Die fünfte Ebene fokussiert auf Tätigkeiten *(Activities)*;
- Die sechste Ebene bezieht sich auf Arbeitsanweisungen *(Instructions)*.

Die vierte und folgenden Ebenen sind bewusst nicht in der SCOR-Modell-Dokumentation enthalten. Der *Supply-Chain Council* führt als einen Grund dafür an, dass der Detaillierungsgrad dieser Ebenen zu hoch ist und deshalb der Anspruch an das Modell, ein branchenunabhängiges renzmodell zu sein, nicht mehr eingehalten werden kann. Die Untersuchung und Aus- bzw. Umgestaltung dieser Ebenen stellt deshalb den Gegenstand von individuellen Implementierungsprojekten dar (vgl. Supply-Chain Council (1) 2006, S. 2 und Supply-Chain Council (2) 2006, S. 6 und 14).

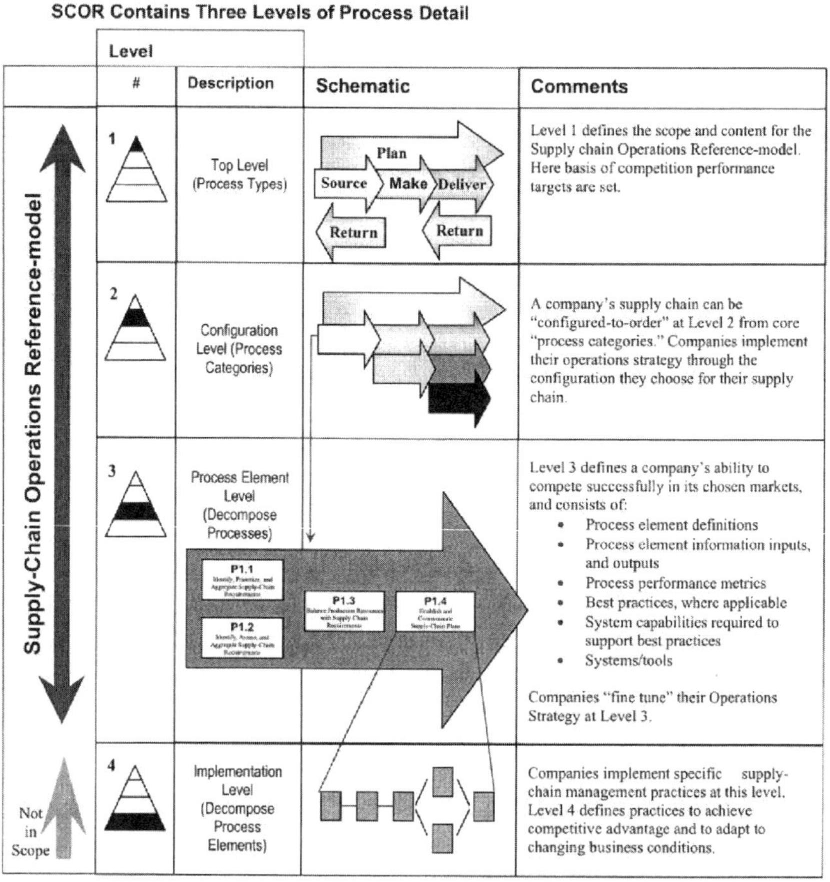

Abb. 8-2: SCOR als hierarchisches Geschäftsprozess-Referenzmodell (entnommen aus Supply-Chain Council (1) 2006, S. 3. Qualitätseinbußen in der Wiedergabe der Abbildung resultieren aus der Übernahme aus dem Originaldokument, auf welches ggf. zur besseren Lesbarkeit zurückgegriffen werden kann)

8.2.3 SCOR-Hauptprozesse und -Prozesstypen

8.2.3.1 SCOR-Hauptprozess: Planen

Das Planen der Lieferkette (P1) stellt den Prozess dar, auf Grundlage von aktuellen Nachfragedaten einen Lieferplan für eine gegebene Lieferkette zu generieren. Im Falle der Logistik AG bestimmte die SCOR-Lieferketten-Matrix den genauen Umfang dieses Lieferplans (siehe Tabelle 4-5). Dieser Prozesstyp wird am ehesten mit den führenden Praktiken der Absatzplanung in Verbindung gebracht.

Die grundsätzlichen Schritte zur Erstellung des Lieferplans beinhalteten im Einzelnen:

- Eine Prognose auf Ebene der Geschäftseinheiten, welche Marketing- und Verkaufsaktionen berücksichtigt.
- Eine Prognose, welche die Ressourcenverfügbarkeit bezüglich Lagerbeständen, Fertigungs- und Transportkapazitäten, usw. einbezieht.
- Einen systemgestützten Prozess zum Ausgleich der prognostizierten Nachfrage und der Verfügbarkeit von Rohmaterialien, Endprodukten, Dienstleistungen, usw. Dies steht in Einklang mit einem wesentlichen Ziel des Supply Chain Managements, nämlich dem Abgleich zwischen Angebot und Nachfrage und der koordinierten Steuerung der Angebots- und Nachfrageketten.

Das Planen der Beschaffung (P2) besteht aus einem Vergleich der gesamten Materialbedarfe, unter Einbeziehung der unter Prozesstyp P1 erstellten (eingeschränkten) Prognose und unter Berücksichtigung des unter Prozesstyp P3 generierten Produktionsplans (siehe unten). Das Ergebnis ist ein Materialbedarfsplan, um die produktspezifischen Kosten- und Lagerbestandsziele zu erreichen.

Dieser Prozesstyp liefert unter anderem einen Zeitplan für die Materialabrufe, der den Käufer auf der Basis von aktuellen Aufträgen, Lagerbeständen und künftigen Bedarfen über die erforderlichen Einkaufsmengen informiert. Dabei bezieht er sich auf die Positionen der Stückliste und kann nach Lieferanten oder Produkten aggregiert werden. Der Prozesstyp wird am ehesten mit den führenden Praktiken zur Planung von Materialbedarfen in Verbindung gebracht.

Die Planung der Produktion (P3) vergleicht aktuelle Fertigungsaufträge sowie Wiederauffüllungsaufträge aus Prozesstyp P4 mit der (eingeschränkten) Prognose aus Prozesstyp P1 und generiert daraus einen Produktionsplan, um die Kundendienst-, Kosten- und Lagerbestandsziele zu erreichen. Dieser Produktionsplan beeinflusst wiederum den Materialplan (P2), welcher die zuständigen Einkaufsmitarbeiter und Materialdisponenten über die benötigte Menge an bezogenen Produkten informiert und einen Produktionsplan, der die zuständigen Fertigungsdisponenten über die Anzahl und Art der zu fertigenden Produkte informiert, die bis zu einem bestimmten Liefertermin hergestellt werden müssen. Das Verfahren wird für jeden Fertigungsstandort ausgeführt und kann nach Region oder anderen geografischen Gegebenheiten aggregiert werden. Der Prozesstyp wird am ehesten mit den führenden Praktiken für die Produktionsplanung in Verbindung gebracht.

Das Planen der Lieferung (P4) besteht aus einem Vergleich von aktuellen zugesagten Kundenaufträgen mit der unter Prozesstyp P1 erstellten Prognose und führt zur Entwicklung eines Lieferplans, um Kundendienst-, Kosten-, und Lagerbestandsziele zu erreichen. Der Plan hat eine Auswirkung auf die Wiederauffüllungsanforderungen aus Prozesstyp P3, welche den Werksleiter über Art und Menge der einzuplanenden Produkte informieren und ermöglicht gleichzeitig eine Verfügbarkeitsprüfung der betreffenden Lagerbestände. Der Prozesstyp P4 wird für jeden Lagerstandort ausgeführt und kann nach Region oder anderen geografischen Gegebenheiten aggregiert werden. Er wird am ehesten mit den führenden Praktiken zur Lieferplanung in Verbindung gebracht.

Das Planen der Rücklieferung (P5) beinhaltet die Aggregation von geplanten Rücklieferungen und generiert darauf aufbauend einen Rücklieferplan, um Kundendienst-, Kosten-, und Lagerbestandsziele zu erreichen. Der Plan beinhaltet Rücklieferungsanforderungen, welche die jeweiligen Fertigungs-, Instandhaltungs- und Logistikmitarbeiter über Typen, Mengen und Termine der geplanten und prognostizierten ungeplanten Rücklieferungen informiert. P5 wird für jedes Warenlager und jede Rücklieferung durchgeführt und kann nach Region oder anderen geografischen Gegebenheiten aggregiert werden.

8.2.3.2 SCOR-Hauptprozess: Beschaffen

Die Beschaffungs-Prozesstypen auf der zweiten SCOR-Ebene umfassen im Einzelnen:

- Beschaffen lagergefertigter Produkte *(Source Make-to-Stock Product)* – S1
- Beschaffen von auftragsgefertigten Produkten *(Source Make-to-Order Product)* – S2
- Beschaffen sondergefertigter Produkte *(Source Engineer-to-Order Product)* – S3

Diese Prozesstypen sollen die verschiedenen Möglichkeiten abdecken, wie ein Unternehmen Rohmaterialien und Fertigprodukte beschaffen kann. Die Schlüsselfaktoren für die Festlegung der Beschaffungsprozesse sind das direkte Resultat der Planungs-, Herstellungs- und Lieferprozesse sowie der Materialverfügbarkeit seitens des/der Lieferanten zum Zeitpunkt der Erteilung des Einkaufsauftrages.

Der Prozesstyp S1 wird gewöhnlich durch eine prognostizierte Anforderung aus den Prozessen Planen, Herstellen oder Liefern ausgelöst, und der Lieferant verfügt in der Regel über einen ausreichenden Lagerbestand des Produkts zum Zeitpunkt des Einkaufsauftrags.

Der Prozesstyp S2 wird im Regelfall von einer spezifischen Anforderung des Kundenauftrags aus den Prozessen Herstellen oder Liefern ausgelöst, und der Lieferant muss Rohmaterial bzw. Halbfabrikate in lieferbare Produkte verwandeln, um den Einkaufsauftrag erfüllen zu können.

Der Prozesstyp S3 wird am häufigsten von einem speziellen Kundenauftrag und den Spezifikationen eines Entwurfes aus den Prozessen *Herstellen* oder *Liefern* ausgelöst. Ein qualifizierter Lieferant sollte vor Erteilung eines Einkaufsauftrages identifiziert werden. Die Menge der im Einkaufsauftrag enthaltenen Produkte hängt von spezifischen Kundenauftragsmengen ab und die Ausführung findet oft nur einmalig statt.

Oftmals verändert sich das Angebot hinsichtlich eines gegebenen Rohmaterials bzw. Fertigprodukts für diese Prozesstypen beim Durchlaufen des Produkt-Lebenszyklus. Ein einziger Standort kann außerdem einen, zwei oder alle drei der Beschaffungs-Prozesstypen abdecken.

8.2.3.3 SCOR-Hauptprozess: Herstellen

Die Herstellungs-Prozesstypen auf der zweiten SCOR-Ebene beinhalten:

- Lagerfertigung *(Make-to-Stock)* – M1
- Auftragsfertigung *(Make-to-Order)* – M2
- Spezialanfertigung *(Engineer-to-Order)* – M3
- Handelswaren *(Retail Product)* – M4

Diese Prozesstypen umfassen sämtliche Methoden, mittels denen ein Unternehmen Rohmaterialien über Halbfabrikate in ein Fertigprodukt umwandeln kann. Dieser Umwandlungsprozess findet gewöhnlich in Fertigungsstandorten statt, kann jedoch auch in einem Warenlager vollzogen werden. Die Schlüsselfaktoren für die Festlegung der diesbezüglichen Prozesstypen sind das direkte Resultat der Planungs- bzw. Lieferprozesse und der Materialverfügbarkeit bei Auftragserteilung durch den Kunden.

Der Prozesstyp M1 wird gewöhnlich durch eine Prognose bzw. Wiederauffüllungsanforderung aus dem Plan-Prozess ausgelöst. Der darauf folgende Umwandlungsprozess erfolgt vor Erteilung des Kundenauftrages. Die Produktmenge des Arbeitsauftrages hängt von den spezifischen Kundenauftragsmengen ab und ist häufig mit einer Wiederauffüllungsanforderung für eine Auftragsmenge, welche über Mengenrabatte bezogen werden kann, verbunden.

Prozesstyp M2 wird in der Regel von einer speziellen Anforderung des Kundenauftrags aus dem Prozess Liefern ausgelöst. Die Umwandlung der Rohmaterialien bzw. Halbfabrikate wird als Reaktion auf die Erteilung eines Kundenauftrags durchgeführt. Arbeitsauftrags- und Kundenauftragsmengen sind identisch.

Der Prozesstyp M3 wird gewöhnlich von einer spezifischen Anforderung aus einem Kundenauftrag und den Spezifikationen eines Entwurfes aus dem Liefer-Prozess ausgelöst. Für die Spezialanfertigung müssen vor Erteilung eines Arbeitsauftrages zunächst die Herstellungsrichtlinien vervollständigt werden. Die Arbeitsauftragsmenge hängt von spezifischen Kundenauftragsmengen ab, und die Ausführung findet gewöhnlich nur einmal statt.

Wie im Fall der Rohmaterialien kann die Entwicklung von Halbfabrikaten sich durch jeden Prozesstyp beim Durchlaufen des Produkt-Lebenszyklus weiterentwickeln, und ein einzelner Standort kann ebenfalls einen, zwei oder alle drei Prozesstypen einsetzen.

8.2.2.4 SCOR-Hauptprozess: Liefern

Die Lieferungs-Prozesstypen auf der zweiten SCOR-Ebene beinhalten:

- Liefern lagergefertigter Produkte *(Deliver Make-to-Stock Product)* – D1
- Liefern von auftragsgefertigten Produkten *(Deliver Make-to-Order Product)* – D2
- Liefern von spezialgefertigten Produkten *(Deliver Engineer-to-Order Product)* – D3.

Diese Prozesstypen umfassen sämtliche Methoden, mittels denen ein Unternehmen als Reaktion auf die Erteilung von Kundenaufträgen mit seinen Fertigprodukte verfährt. Der Lieferprozess findet häufig in Lagerhäusern statt, kann jedoch auch an den Fertigungsstandorten bzw. direkt an den Standorten der Lieferanten vollzogen werden. Die Schlüsselfaktoren für die Festlegung der Lieferprozesse sind das direkte Resultat aus dem Prozess Planen bzw. der Erteilung des Kundenauftrags und der Materialverfügbarkeit zum Zeitpunkt der Erteilung des Kundenauftrags.

Der Prozesstyp D1 wird gewöhnlich von einer Prognose aus dem Planungsprozess ausgelöst, welche die Einlagerung von Produkten beinhaltet, um eine Verfügbarkeitsprüfung vor Erteilung des Kundenauftrages zu ermöglichen. Die Lagerbestände sind von der Kundenauftragsmenge unabhängig.

Prozesstyp D2 wird in der Regel von den spezifischen Anforderungen an Fertigprodukten aus einem Kundenauftrag ausgelöst, welche für die Umwandlung, die Montage oder die Konfigurierung nach Eingang des Kundenauftrages vorgesehen sind. Verkaufsauftrags- und Kundenauftragsmengen sind identisch.

Der Prozesstyp D3 wird gewöhnlich durch eine spezifische Anforderung aus einem Kundenauftrag ausgelöst und umfasst Herstellungsspezifikationen, welche vor Erteilung eines Verkaufsauftrags vervollständigt bzw. abgeklärt werden müssen. Dabei sind die Verkaufsauftragsmengen und die Kundenauftragsmengen die gleichen, und die Ausführung findet gewöhnlich nur einmalig statt. Fertigprodukte können sich, ähnlich wie die Halbfabrikate, über jeden Prozesstyp in ihrem Produkt-Lebenszyklus hinweg weiterentwickeln und ein einziger Standort kann auch hier einen, zwei oder alle drei Prozesstypen einsetzen.

8.2.2.5 SCOR-Hauptprozess: Rückliefern

Die Rücklieferungs-Prozesstypen auf der zweiten SCOR-Ebene umfassen im Einzelnen:

- Rücklieferung von defekten Produkten *(Return Defective Product)* – R1
- Rücklieferung zur Wartung, Reparatur oder Überholung *(Return Maintenance, Repair or Overhaul)* – R2
- Rücklieferung von Überschüssen *(Return Excess Product)* – R3.

Diese Prozesstypen beinhalten sämtliche Methoden, mit denen ein Unternehmen als Reaktion auf die Erteilung von Rücklieferungsgenehmigungen seitens der Kunden bzw. Lieferanten die Rücklieferung von Fertigprodukten bzw. bezogenen Produkten und Materialien abwickelt. Der eigentliche Rücklieferungsprozess findet mehrheitlich in Lagerhäusern statt, kann jedoch auch an den Fertigungsstandorten bzw. direkt an den Standorten der Lieferanten vollzogen werden.

Es existieren zwei Prozesstypen für den Hauptprozess Rückliefern:

- Rücklieferungen von Kunden – DR *(Deliver Return)* und
- Rücklieferungen an Lieferanten – SR *(Source Return)*.

Die Schlüsselfaktoren für die Festlegung dieser Prozesstypen werden direkt als Resultat des Planungsprozesses und des Materialzustandes bei Auftragserteilung durch den Kunden bzw. an den Lieferanten ausgelöst.

Der Prozesstyp R1 wird gewöhnlich in begrenztem Umfang durch Garantieansprüche seitens der Kunden und in größeren Umfang im Zuge einer Rückrufaktion, die von eigenen Mitarbeitern im Zusammenhang mit dem Prozess P5 *(Planen der Rücklieferung)* initiiert wurde, ausgelöst.

Prozesstyp R2 wird in der Regel von einem Ereignis während einer geplanten Wartung – initiiert durch den Prozess P5 *(Planen der Rücklieferung)* – oder ein Ereignis während einer ungeplanten Wartung – initiiert durch technische Mitarbeiter aus dem Bereich Instandhaltung – ausgelöst.

Der Prozesstyp R3 wird gewöhnlich durch geplante Lagerbestandsaufnahmen auf der Basis von Bestandteilen eines Rahmenvertrags mit speziellen Kunden oder durch ungeplante Lagerbestandaufnahmen aufgrund von kundenspezifischen Daten bezüglich des von Einzel- oder Zwischenhändlern benötigten Lagerstellplatzes ausgelöst.

Innerhalb jedes Abschnitts zur Beschreibung der Planungs- und Ausführungsprozesse sind ebenfalls die zugehörigen Ermöglichungselemente beschrieben. Auch bei diesen findet dasselbe Format Anwendung, welches oben zur Beschreibung und grafischen Darstellung erläutert wurde.

8.3 Analyse der Ist-Materialflüsse

Der zweite Tag war der Beschäftigung mit den Prozessen auf der zweiten SCOR-Ebene und der Analyse und Beschreibung der aktuellen Ist-Materialflüsse gewidmet. Die Projektgruppe musste dazu vor allem drei Punkte beachten:

- Einhaltung der erforderlichen Genauigkeit bei der Darstellung der Einzelheiten, d.h. Sicherstellung des erforderlichen Detaillierungsgrades;
- Wirklichkeitsnahe Darstellung der physischen Standorte anhand der Prozesstypen auf der zweitem SCOR-Ebene in geografischen Karten;
- Erstellung einer Tabelle zur Darstellung des Leistungsvermögens der Materialflüsse.

8.3.1 Die erforderliche Genauigkeit der Einzelheiten

Die erste Aufgabe bei der Analyse von Materialflüssen besteht aus der Festlegung des Detaillierungsgrades, um etwaige Ineffizienzen ausfindig zu machen. Einige Faktoren, welche bei der Bestimmung der angemessenen Genauigkeit helfen können, sind wie folgt:

- Im Falle der Ist-Werte ist es häufig einfacher, Materialflüsse aus Sicht der Produkte (dargestellt in den Spalten) und nicht aus der Sicht der Kunden (dargestellt in den Reihen) in der entsprechenden Lieferketten-Matrix festzulegen. Der Grund hierfür liegt darin, dass physische Standorte, Rohmaterialien und Großlieferanten überwiegend nach Produkten, nicht nach Kunden, aufgeführt sind (siehe hierzu die Tabellen 4-4 und 4-5 in Kapitel 4).
- Die Daten in der SCOR-Wertungsliste müssen mit den kartografischen Darstellungen in Einklang gebracht werden können. Die Thematik wird im weiteren Verlauf von Kapitel 8 und in Kapitel 9 im Zusammenhang mit der Leistungszusammenfassung der Materialflüsse eingehend behandelt.
- Die Ebene der Produkte, welche kartografisch dargestellt werden sollen, spielt bei dieser Vorgehensweise eine wichtige Rolle. Die kartografische Darstellung der Materialflüsse auf der Ebene des Bestands an lagerhaltigen Produkten ist arbeitsaufwändiger als die Darstellung auf Ebene der Produktgruppe oder der Produktfamilie. Um die taktischen und operativen Ineffizienzen bei den Dienstleistungen, den Transportkosten, der Durchlaufzeit und der Lagerbestandsreichweite so umfassend wie möglich hervorzuheben, sollte die höchstmöglichste Ebene verwenden werden.

8.3.2 Darstellung der bestehenden Materialflüsse

Nach der Definition der Einzelheiten konnte mit der Erstellung der kartografischen Darstellung begonnen werden. Ähnlich wie bei der Erstellung der SCOR-Wertungslisten (siehe Kapitel 7) wurde die Projektgruppe in kleinere Arbeitsgruppen aufgeteilt, um die hiermit verbundenen Aufgaben zuweisen zu können. Diese Aufteilung wurde auf Basis des individuellen Erfahrungsschatzes, der Position bzw. Rolle in der Organisation und dem voraussichtlichen Wertbeitrag zum Veränderungsprozess vorgenommen. Gewöhnlich werden die physischen Standorte zuerst dargestellt und danach die Verbindungsstrecken der Produktfamilien zwischen diesen Standorten eingezeichnet.

Dabei existieren zwei grundlegende Vorgehensweisen zur Erstellung der kartografischen Darstellung:

- Nach der Art der Materialbewegung (Eingangslieferungen, innerbetriebliche Lieferungen zwischen Fertigungsstandorten bzw. Warenlägern, Ausgangslieferungen und Rücklieferungen);
- Nach der Lieferkette.

8.3.3 Geografische Karten

8.3.3.1 Karten der Produktgruppe Lebensmittel

Die Projektgruppe fertigte zwei Karten an, welche notwendig sein würden, um die Ineffizienzen im Hinblick auf die Materialflüsse der Produktgruppe Lebensmittel zu identifizieren. Die erste Karte beinhaltete die Darstellung der Hauptlieferanten für Lebensmittel, gruppiert nach Warengattung (Verpackungen, Frischwaren, Vertragshersteller von vorgefertigten Speisen, usw.), Fertigungsstandorten (Stuttgart, Magdeburg und Regensburg) und Verteilungsstandorten des Unternehmens (Pforzheim, Augsburg, Bremen und Dresden), sortiert nach Produktfamilie (frisch, gefroren, und vorgekocht).

Die zweite Karte beinhaltete auf einer Ebene die Darstellung der Verteilungsstandorte und auf einer zweiten Ebene die Darstellung einer regionalen Aufteilung der Verkaufsdaten der Lebensmittel-Produktgruppe, gruppiert nach Kundenkanälen (Einzel- und Zwischenhändler, Direktvertrieb und Behörden).

8.3.3.2 Karten der Produktgruppe Technologie

Die Projektgruppe erstellte außerdem zwei Karten für die Produktgruppe Technologie. Die erste Karte beinhaltete eine Darstellung der Großlieferanten, gruppiert nach Warengattung (Lösungsmittel, Verpackungen und Vertragshersteller für die Lieferung von optischen Medien und Computerzubehör) und Fertigungsstandorten (Düsseldorf, Potsdam, München und Kiel), sortiert nach Produktfamilie (Vervielfältigung von Bildplatten, Installation und Wartung optischer Laufwerke) sowie nach Verteilungsstandorten des Unternehmens (Augsburg, Bremen, Dresden und Pforzheim). Die Verteilzentren waren geschäftsbereichsübergreifend ausgelegt und bedienten alle Produktgruppen. Die nachstehende Abbildung 8-3 gibt einen grafischen Überblick zu den Standorten der Produktgruppe.

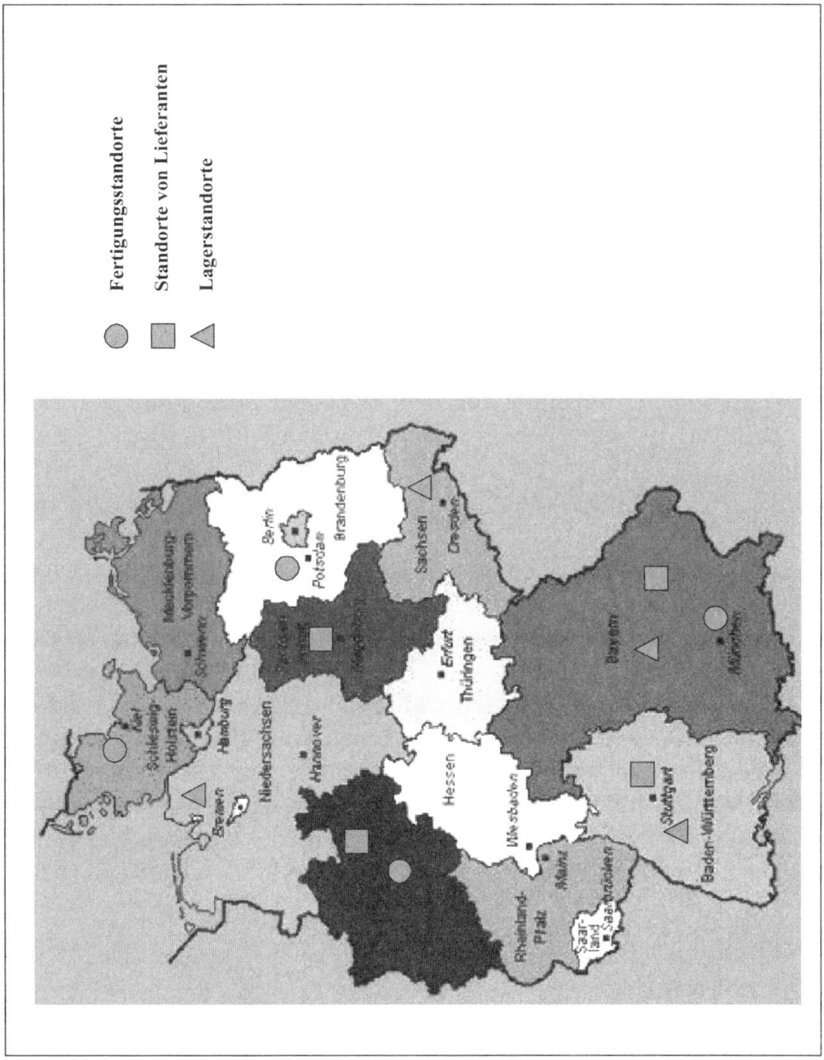

Abb. 8-3: Die geografische Karte der Produktgruppe Technologie (nach Standorten)

Die zweite Karte enthielt auf einer Ebene die Verteilungsstandorte der Produktgruppe und auf einer zweiten Ebene eine regionale Aufteilung der Verkaufsdaten nach Kundenkanälen (Einzelhandel, Großkunden und Erstausrüster.

Im Falle der Lieferanten bevorzugte die Mehrzahl der Projektmitglieder die Darstellung der physischen Standorte einiger Großlieferanten, sortiert nach Warengattungen. Die Konzentration einer kleineren Arbeitsgruppe auf die Zusammenstellung und Zusammenfassung von Frachtrechnungen stellt eine gute Möglichkeit dar, genaue Daten bezüglich der Transportstrecken zu bekommen. Frachtrechnungen enthalten wichtige Einzelheiten über Produkttyp, Mengen, Verkaufswert, Frachtkosten, Ursprungs- und Bestimmungsort, Zykluszeit der Lieferungen,. Die überwiegende Anzahl dieser Daten stehen abhängig von den jeweiligen Speditionen und Logistik-Dienstleistern eventuell auch in elektronischer Form zur Verfügung.

Die geografische Karte der Technologie-Produktgruppe fasste die Materialflüsse von vier Produktfamilien ab dem Standort des Lieferanten über den Herstellungsort bis zum Standort des Warenlagers zusammen (siehe hierzu die untenstehende Abbildung 8-4). Auf der Karte wurden zusätzlich sämtliche Bewegungen der Produkte von Warenlager zu Warenlager und von Fertigungsstandort zu Fertigungsstandort (innerbetriebliche Transporte) hervorgehoben.

Der Fluss der Rücklieferungen wurde nicht eingezeichnet, da die Projektgruppe diesen auf einer kundenbezogenen Karte bereits mit einbezogen hatte. Ebenso wurden aus Vereinfachungsgründen die Einfuhrstandorte für optische Medien und optische Laufwerke (Saarbrücken und Leipzig) nicht explizit eingetragen, sondern angenommen, dass die Produkte von dort unmittelbar an einen Lager- oder Fertigungsstandort weitergeleitet würden.

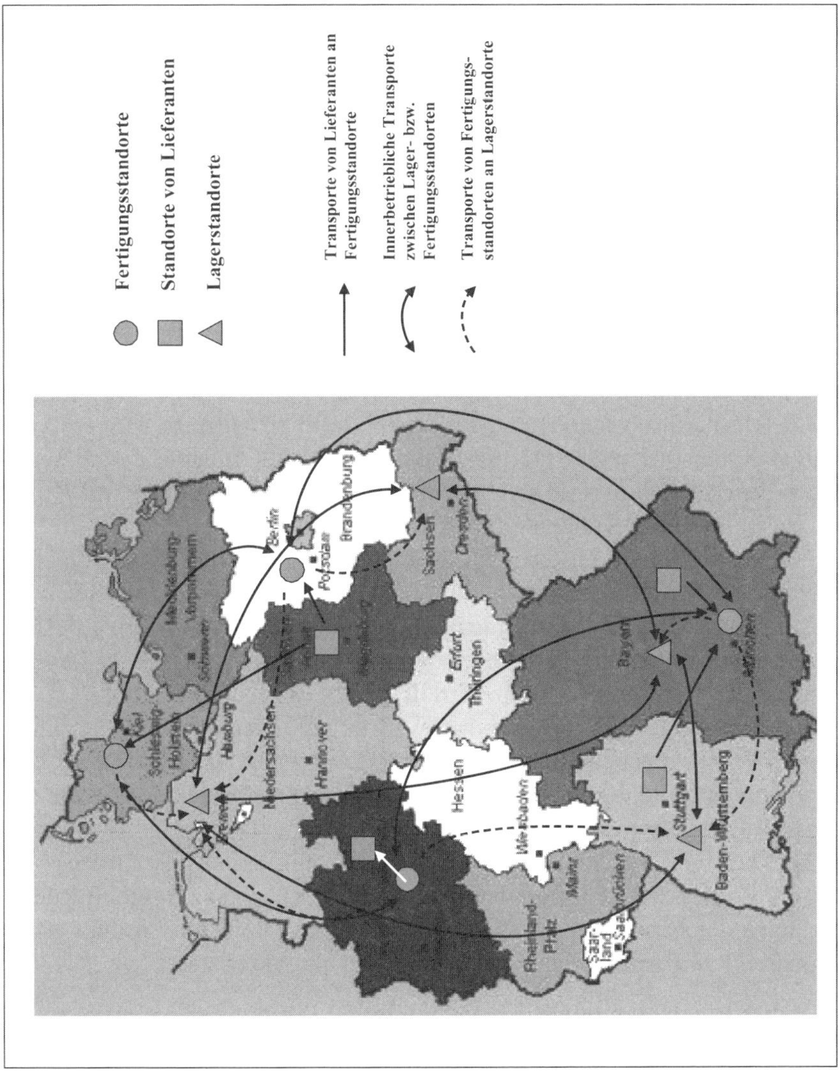

Abb. 8-4: Die geografische Karte der Produktgruppe Technologie (nach Materialflussarten)

8.3.4 Darstellung der Standorte mittels SCOR-Prozessen auf der zweiten Ebene

Der erste Schritt enthält die Festlegung der Prozesstypen auf der zweiten SCOR-Ebene, welche an den Standorten, die in den geografischen Karten eingezeichnet sind, verwendet werden. Ein guter Ausgangspunkt bei dieser Aufgabe stellt die Identifizierung von standortspezifischen Ausführungsprozessen (Beschaffen, Herstellen, Liefern und Rückliefern) dar. Der zweite Schritt besteht aus der Festlegung der betreffenden Prozesstypen – Lager-, Auftrags- oder Spezialfertigung, Rücklieferung von überschüssigem Lagerbestand und defekten Produkten sowie Instandhaltung.

Ein typischer Fertigungsstandort besitzt beispielsweise ein Profil, welcher von den Prozesstypen S1 (Beschaffen lagergefertigter Produkte), S2 (Beschaffen von auftragsgefertigten Produkten), M1 (Lagerfertigung) und D2 (Liefern auftragsgefertigter Produkte) definiert wird. In dem konkreten Fall steht beispielsweise D2 für direkte Produktlieferungen, die im Warenlager des Herstellers und nach den genauen Spezifikationen des Kunden als Bestandteil des Kundenauftrags konfiguriert werden.

Nicht alle Standorte verfügen zwangsläufig über alle Prozesstypen. So könnte z.B. ein Warenlager lediglich D1 (Liefern lagergefertigter Produkte) und D2 (Liefern auftragsgefertigter Produkte) als Profil besitzen, weil die geplanten und gelieferten Wiederauffüllungsaufträge das Angebot seitens der Fertigung steuern. Erteilt dieses Warenlager zusätzlich auch Einkaufsaufträge für Fertigprodukte an einen Vertragshersteller, schließt dessen Profil gegebenenfalls auch die Prozesstypen S1 (Beschaffen lagergefertigter Produkte), D1 (Liefern lagergefertigter Produkte) und D2 (Liefern auftragsgefertigter Produkte) mit ein.

Die Fertigungsstandorte der Logistik AG umfassten alle Prozesstypen für die Prozesse Beschaffen, Herstellen und Liefern und lediglich Rücklieferungen des Prozesstyps R1 (Rücklieferung von defekten Produkten). Die primären Konfigurationen wurden wie folgt charakterisiert:

- Vertragshersteller von Lösungsmitteln: S2 (Lagerung von auftragsgefertigten Produkten);
- Vertragshersteller für optische Medien und optische Laufwerke: S1 (Lagerung lagergefertigter Produkte);
- Vervielfältigung von optischen Bildplatten, Installation und Wartung optischer Laufwerke: M2 (Auftragsfertigung);
- Direktvertrieb von Bildplatten, Installation und Wartung optischer Laufwerke: D2 (Liefern auftragsgefertigter Produkte).

Die primäre Konfiguration der Verteilungsstandorte der Technologie-Produktgruppe wurde wie folgt charakterisiert:

- Optische Laufwerke: S2 (Lagerung von auftragsgefertigten Produkten) und D1 (Liefern lagergefertigter Produkte);
- Optische Medien: S2 (Lagerung von auftragsgefertigten Produkten) und D1 (Liefern lagergefertigter Produkte).

Ein weiteres, nützliches Hilfsmittel bei der Anwendung von SCOR stellt das Lieferketten-Verknüpfungsdiagramm dar. Eine Verknüpfung *(Thread)* kann im vorliegenden Kontext folgendermaßen beschrieben werden: Eine Lieferketten-Verknüpfung stellt eine Möglichkeit zur Abbildung einer Lieferkette mittels SCOR dar. Die einzelnen Verknüpfungen können für die Beschreibung, Messung und Analyse der Lieferketten-Konfiguration herangezogen werden (vgl. Supply Chain Council 2005, S. 17).

Die Konfiguration erfolgt dabei schrittweise in folgender Art:

- Auswahl der abzubildenden Teile des Unternehmens (nach Region, Produktgruppe, Organisationseinheit, usw.);
- Darstellung der physischen Standorte von Produktionsanlagen (Herstellen), Verteilungsaktivitäten (Liefern), Beschaffungsaktivitäten (Beschaffen);
- Kennzeichnung der Materialflüsse vom Anfang bis zum Ende (dargestellt durch Pfeile);
- Einzeichnen der passendsten Ausführungsprozesse für die einzelnen Standorte.

Diese Vorgehensweise ermöglichte eine verbesserte, prozessorientierte Darstellung des Materialflusses. Der Einsatz der unterschiedlichen Methoden lag im Ermessen der einzelnen Projektgruppen.

8.3.5 Leistungszusammenfassung der Materialflüsse

Nach Erfüllung der ersten beiden Schritte erfolgte die Erstellung der Leistungszusammenfassung der Materialflüsse in tabellarischer Form. Das Ziel dabei war die Analyse der Leistungskennzahlen der zweiten SCOR-Ebene für jeden Standort (siehe die SCOR-Wertungslisten in den Tabellen 7.1, 7.2 und 7.3 in Kapitel 7).

Die Kennzahlen der zweiten Ebene bezüglich des Beschaffungsprozesses sind wie folgt:

- Pünktlichkeit und Vollständigkeit der Lieferungen seitens der Produktlieferanten;

- Bestandsreichweite der Rohmaterialien an Lager- und Fertigungsstandorten und auf dem Transportweg;
- Transportkosten berechnet nach eingehenden Lieferungen;
- Dauer der Auftragsrückstände;
- Zykluszeit für die Beschaffung aufgrund aktueller Vertragsabkommen.

Die Kennzahlen der zweiten Ebene bezüglich des Herstellungsprozesses sind wie folgt:

- Einhaltung des Produktionszeitplans bzw. pünktliche Lieferungen;
- Bestandsreichweite von Rohmaterial, Halbfabrikaten, Fertigprodukten und rückgelieferten Produkten an Produktions- und Lagerstandorten und auf dem Transportweg;
- Transportkosten berechnet nach Lieferungen zwischen Unternehmensstandorten;
- Zykluszeit der Fertigung berechnet nach tatsächlicher Produktionszeit und Einrichtungszeit für die Produktionsanlagen.

Die Kennzahlen der zweiten Ebene bezüglich des Lieferprozesses sind wie folgt:

- Pünktliche Auftragserfüllung;
- Bestandsreichweite von Rohmaterialien, Halbfabrikaten, Fertigprodukten und Rücklieferungen an Standorten und auf dem Transportweg;
- Transportkosten berechnet nach ausgehenden Lieferungen und Rücklieferungen;
- Dauer der Auftragsrückstände;
- Pünktliche Bereitstellung zum Versand.

Die Zusammenstellung und Zusammenfassung der Einzelheiten aus den Frachtrechnungen und die Erstellung der Tabelle zur Leistungszusammenfassung der Materialflüsse stellte für die Projektgruppe die Aufgabe für die restliche Woche dar. Die Projektmitglieder waren sich darüber einig, dass der Arbeitsaufwand in dieser Phase größer war, als es der zur Anfertigung der SCOR-Wertungslisten erforderliche Aufwand gewesen war.

8.3.6 Fazit zur zurückliegenden Projektphase

Die Projektgruppe der Logistik AG hatte bei der Vervollständigung der zurückliegenden Projektphase einige bedeutungsvolle Einsichten gewonnen. Der erste Lernpunkt war, dass der eigentliche Sinn der Analyse der SCOR-Wertungslisten nicht in der Erledigung der Aufgabe per se, sondern im Erkennen der daraus resultierenden Veränderungen lag.

Der zweite Lernpunkt bezog sich auf die erfolgreiche Übertragung von Kenntnissen und Wissen: Die Projektgruppe musste Wissen vermitteln und die in die Validierung eingebundenen Mitarbeiter, die nicht der Kern-Projektgruppe angehörten, mussten Wissen aufnehmen. Durch die Wissensvermittlung hatten die Projektmitglieder auch beiläufig eigene noch bestehende Wissenslücken gefüllt, d.h. es erwies sich auch hier, dass jemand, der einen Sachverhalt erklären muss selbst noch Zusätzliches zu diesem Sachverhalt lernt.

8.4 Zweite Lenkungsausschuss-Sitzung

Die zweite wichtige Aufgabe für diese Woche stellte die Vorbereitung und Moderation der nächsten Lenkungsausschuss-Sitzung dar. Dies umfasste auch die Benennung der Projektmitglieder, welche die Ergebnisse in der zweiten Lenkungsausschuss-Sitzung präsentieren sollten sowie die Durchführung eines Probelaufs der Sitzung, um Abfolge, Zeiteinteilung, usw. prüfen und ggf. anpassen zu können.

8.4.1 Vorbereitung und Moderation der Lenkungsausschuss-Sitzung

Die geplante Tagesordnung umfasste die folgenden Punkte:

- Status des Projektverlaufs und -fortschritts (Projektfortschritts- und Rechenschafts-Bericht)
- Durchsicht der Konkurrenzanforderungen für die konsolidierte Lieferkette sowie für jede einzelne Teil-Lieferkette
- Durchsicht der konsolidierten und geschäftsbereichsbezogenen SCOR-Wertungslisten (siehe Tabellen 7-1, 7-2 und 7-3 in Kapitel 7)
- Ergebnisse der Lückenanalyse
- Anstehende Entscheidungen
- Festlegung der Erwartungen für die dritte Lenkungsausschuss-Sitzung.

Da das Projekt erst begonnen hatte und folglich noch keinen weiterreichenden Ergebnisse erzielt worden waren, dauerte die Sitzung diesmal nur knapp eine Stunde und führte zu keinen erwähnenswerten Folgeaufgaben oder Entscheidungen. Die Projektgruppe hatte zu diesem Zeitpunkt bereits eine Reihe interessanter und aufschlussreicher Einsichten gewonnen.. Der erste Lernpunkt war, dass der eigentliche Sinn der Analyse der SCOR-Wertungslisten nicht in der Erledigung der Aufgabe per se, sondern im Erkennen der daraus resultierenden Veränderungen lag.

Der zweite Lernpunkt bezog sich auf die erfolgreiche Übertragung von Kenntnissen und Wissen: Die Projektgruppe musste Wissen vermitteln und die in die Validierung eingebundenen Mitarbeiter, die nicht der Projektgruppe angehörten, mussten ihrerseits Wissen aufnehmen. Durch die Wissensvermittlung hatten die Projektmitglieder auch beiläufig eigene noch bestehende Wissenslücken gefüllt, d.h. es erwies sich auch hier, dass wer einen Sachverhalt erklären muss selbst noch Zusätzliches zu diesem Sachverhalt lernt.

8.4.2 Verhaltensweisen im Veränderungsprozess

Die Vorbereitungen auf die Sitzung hatten zwar zu keinen nennenswerten Veränderungen der Zahlen oder Annahmen geführt. Sie gaben aber einige wertvolle Hinweise zu relevanten Veränderungsschritten, welche dringend vollzogen werden mussten und Bestandteile des Veränderungsprozesses waren. Die beobachteten Verhaltensweisen waren im Einzelnen: Umgang mit Ablehnung, Schuldzuweisung und Lösungsvorschlägen.

Die verschiedenen Verhaltensweisen werden nachfolgend näher erläutert. Auf den Veränderungsprozess wird außerdem in Kapitel 21 noch detailliert eingegangen.

8.4.2.1 Umgang mit Ablehnung

Die Reaktionen der Projektgruppe bei der Besprechung der Ergebnisse der Analysen waren zum größten Teil durch Ablehnung gekennzeichnet. „Die Zahlen können nicht stimmen; wir sind nicht so schlecht“ war eine häufige Aussage, die auf eine erste Ablehnungsreaktion hindeutete. Die Projektmitglieder der Technologie- und Lebensmittel-Produktgruppen reagierten, als sie mit den Ergebnissen der Lückenanalyse konfrontiert wurden, ebenfalls auf ähnliche Weise und stellten die vorliegenden Zahlen in Frage.

Dieses Verhalten kann bei der Durchführung nahezu aller Projekte beobachtet werden. Die Anwesenheit von Führungskräften als Mitglieder der Projektgruppe ist deshalb von größter Bedeutung bei der Erläuterung der Daten und Prüfung der Informationsquellen. Hiermit wird ein Vertrauen im Hinblick auf die Zuverlässigkeit der Zahlen erzeugt und schnell dafür gesorgt, dass sich die Projektmitglieder von der ablehnenden Perspektive loslösen und statt dessen den notwendigen Verbesserungsmaßnahmen zuwenden können.

8.4.2.2 Umgang mit Schuldzuweisungen

Die zweite Reaktion bestand aus der Zuweisung von Schuld, was natürlich erheblich einfacher war, als Verantwortung für die negativen Ergebnisse zu übernehmen. Um der Projektgruppe dabei zu helfen, diese Phase möglichst rasch zu überwinden, kann es hilfreich sein, den Projektmitgliedern eine Gelegenheit zu geben, ihre persönlichen Perspektiven bezüglich der Lückenanalyse vorzutragen und eine Prüfung der Fakten aus der Analyse der Konkurrenzanforderungen gemeinsam mit ihnen vorzunehmen.

Auf dieser Weise kann beispielsweise der häufig angewendeten und bequemen Ausrede „Unser Geschäft und unsere Prozesse sind eben anders und haben spezielle Anforderungen" begegnet werden.

8.4.2.3 Umgang mit Lösungsvorschlägen

Die dritte mögliche Reaktion bestand darin, die Akzeptanz der Analysen und Lösungsvorschläge mit deren Umsetzung zu verwechseln. Eine Einigung über eine Verbesserungsmöglichkeit bedeutet noch lange nicht die Umsetzung der Verbesserungsmaßnahme.

Im ersten Moment sind die Projektmitglieder häufig über die Bedeutung der möglichen Lieferketten-Verbesserungen erfreut. Außerdem scheint die Anzahl der Verbesserungsmöglichkeiten auf Grundlage der Konkurrenzvergleiche und Wettbewerbsanforderungen schnell zuzunehmen. Es ist jedoch auf jeden Fall noch zu früh, daraus resultierende bzw. erwartete Vorteile, wie z.B. Kostensenkungen, in künftige Unternehmensplanungen bzw. anderweitige Veröffentlichungen aufzunehmen. Der eigentliche (quantitative) Wert der Veränderungen kristallisiert sich außerdem erst im Verlauf der nächsten Phase heraus.

Kapitel 9: Leistungsanalyse der bestehenden Materialflüsse

Sechste SCOR-Projektwoche: Untersuchung der Ist-Materialflüsse

In der sechsten Projektwoche war es die hauptsächliche Aufgabe der Projektgruppe, die Materialflüsse aus zwei Perspektiven heraus zu betrachten: Unter Anwendung ihrer Erfahrung und Kenntnisse und unter Einsatz der gesammelten und erarbeiteten Tatsachen. Lieferketten, deren Erstellung auf einzelne Schlüssellieferanten und Großkunden ausgerichtet sind, neigen eher dazu, ereignisgetrieben als strategiegetrieben zu sein. Anders gesagt, lässt sich in diesen Fällen eine weitaus stärkere Tendenz zu reaktivem Verhalten als proaktivem Denken beobachten.

Um eine Lieferketten-Strategie auf effiziente Materialflüsse hin auszurichten, sind sowohl Kenntnisse und Erfahrung als auch gesammelte und erarbeitete Fakten notwendig. Dabei werden Kenntnisse und Erfahrung zur Betrachtung der Materialflüsse aus einer übergeordneten Perspektive heraus eingesetzt um zu verstehen, inwieweit sie mit der Lieferketten-Strategie und den Geschäftspraktiken in Einklang stehen. Die Tatsachen werden hingegen dazu herangezogen, um auf Details zu fokussieren und beispielsweise zu untersuchen, wie effektiv und effizient das Unternehmen Transportmittel und Kapital zur Wiederauffüllung des Lagerbestands einsetzt, um die Kundenanforderungen erfüllen zu können. Dieser Teil ist naturgemäß mit dem Durcharbeiten größerer Datenmengen verbunden und deshalb zeitintensiver.

Der erzielte Fortschritt dieser Woche hängt vor allem davon ab, wie einfach es ist, die erforderlichen Transportdaten zu beschaffen, wie komplex die Lagerbestände unter finanziellen Aspekten organisiert sind und welche Methode eingesetzt werden soll, um die Eingangsfrachten zu behandeln. Für viele Projektmitglieder bedeutet die Erstellung von geografischen Karten zur Darstellung der Materialflüsse (siehe Abbildung 8-4 in Kapitel 8) die erste eingehende Betrachtung der Effizienz von Materialbewegungen in ihrem Unternehmen. Die Leistungszusammenfassung der Materialflüsse stellt daher möglicherweise den ersten Versuch dar, diese Effizienz zu quantifizieren und ihr einen realen Wert beizumessen. Bei dieser Aufgabe ist erfahrungsgemäß die Unterstützung seitens der Transportabteilung und der Logistikdienstleister von großer Hilfe.

9.1 Leistungszusammenfassung der Materialflüsse und Verfeinerung der geografischen Karten

Die meisten Projektgruppen würden ihre Materialflussbewertung wahrscheinlich bevorzugt anhand der erstellten geografischen Karten vornehmen. Diese eher übergeordnete Sichtweise würde jedoch die Fähigkeit einschränken, individuelle Ereignisse oder Probleme transparent zu machen und damit vergleichen zu können. Eine weitere häufig beobachtete Präferenz besteht darin, sämtliche Materialflussprobleme einzeln lösen zu wollen. Diese detaillierte Sichtweise schränkt jedoch die Möglichkeiten zur Betrachtung der Effizienz des gesamten Lieferketten-Systems stark ein. Es ist deshalb wichtig, darauf zu achten, dass keine dieser beiden Sichtweisen vernachlässigt wird.

Eine geografische Karte mit eingezeichneten Anfangs- und Endpunkten für Lieferungen von den Verteilzentren zu den Erfüllungsorten der Kunden sollte beispielsweise eine Auflistung der dabei bestehenden Ineffizienzen beinhalten. Die nachstehende Abbildung 9-1 enthält die ausgehenden Kundenlieferungen von den Lagerstandorten der Logistik AG, wobei zu beachten ist, dass auch Kunden außerhalb von Deutschland beliefert werden. Daher gehen einige der Linien über die Landesgrenzen hinaus.

Eine solche Karte kann eine wertvolle Information für Führungskräfte darstellen. Ähnliche Karten können für innerbetriebliche Transporte zwischen den eigenen Lager- bzw. Fertigungsstandorten und für eingehende Lieferungen entwickelt werden. Sie sind jedoch nicht dazu in der Lage, ein tiefergehendes Verständnis der Einzelheiten zu vermitteln, welches notwendig ist, um die ultimative Frage zu beantworten: *Was wären die (positiven und negativen) Konsequenzen, wenn die unter Zuhilfenahme der Karten identifizierten Probleme gelöst würden?* In Anbetracht dieser Problematik bestand der einzige Punkt auf der Tagesordnung des ersten Tages dieser Woche aus der Durchsicht der Tabelle für die Leistungszusammenfassung der Materialflüsse.

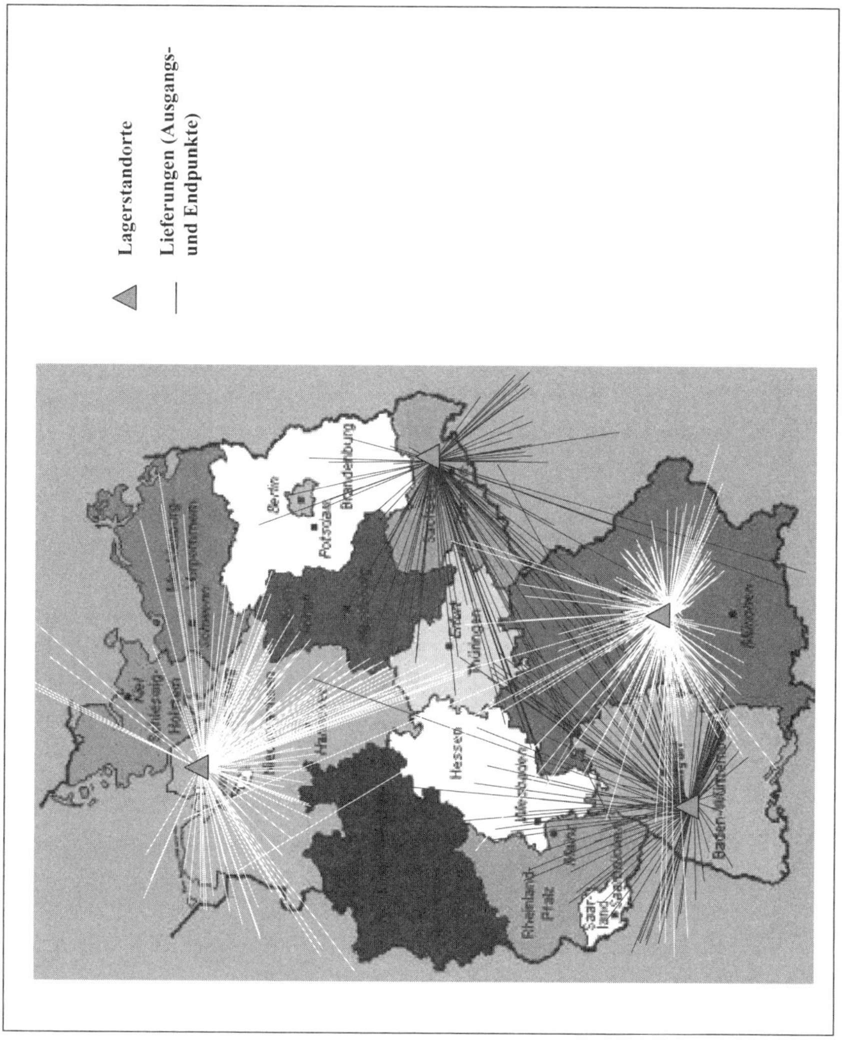

Abb. 9-1: Grafische Übersicht der ausgehenden Kundenlieferungen

Lagerverwaltungskosten (€)				Transportkosten (€)				Lagerbestand (€)				Pünktliche Lieferungen (%)		Durchlaufzeit (Tage)			Rücklieferungen (€)		
Standort	Umsätze	Rohmaterial und Halbfabrikate	Fertigprodukte		Eingehende Lieferungen	Unternehmensintern	Ausgehende Lieferungen		Rohmaterial	Lagerbestand in Produktion	Fertigprodukte	Wareneingänge	Ausgehende Lieferungen	Eingehende Lieferungen	Unternehmensinterne Aufträge	Ausgehende Kundenaufträge	Volumen	Lagerbestand	Eingangsfrachten
				€				Lager-bestand €											
				kg				Verkaufs-kosten €											
				€/kg				Tage											

Tabelle 9-1: Schablone für eine Leistungsübersicht der Materialflüsse

9.1.1 Struktur der Tabelle zur Leistungszusammenfassung der Materialflüsse

Die Hauptkomponenten der Tabelle zur Leistungszusammenfassung der Materialflüsse (siehe obenstehende Tabelle 9-1) sind Ortsnamen, Umsatz, Lagerverwaltungskosten, Transportkosten, Lagerbestandswert, pünktlicher Auftragserfüllung, Durchlaufzeiten und Rücklieferungsquoten. Die Tabelle stellt – expressis verbis – eine Zusammenfassung dar. Jede Komponente wird jedoch durch Detailinformationen unterstützt.

Der tatsächliche Verkaufswert der Lieferungen von einem bestimmten Lieferstandort wird durch die diesbezüglichen Umsatzdaten repräsentiert. Andere möglichen Einzelheiten zur Einbeziehung in die Analyse stellen die Anzahl der Lieferungen und die Anzahl der Kunden z.B. nach Erfüllungsorten dar. Die Lagerhaltungskosten resultieren aus den Materialien und Produkten, die eingelagert und bewegt werden. Die beiden Lagerbestandskategorien, welche in der Tabelle ausgewiesen werden, sind Rohmaterialien bzw. Halbfabrikate und Fertigprodukte.

Die Transportkosten werden nach drei Kategorien aggregiert:

- Frachtkosten für eingehende Lieferungen von Lieferanten;
- Frachtkosten zwischen eigenen Standorten, d.h. das Transportieren von Gütern zwischen zwei Lager- bzw. Fertigungsstandorten;
- Frachtkosten für ausgehende Lieferungen an Kunden.

Für jede Kategorie stellen die Kosten, das Gewicht und die Anzahl der Lieferungen relevante Informationen dar, um die Effizienz der Güterbewegungen einschätzen zu können. Die Kosten pro Lieferung und die Anzahl der Lieferungen, welche notwendig sind, um einen Kundenauftrag zu erfüllen, stellen in diesem Fall kritische Faktoren für die Qualitätsmessung dar. Die Lagerbestandsdaten können dabei nach dem Produkttyp – Rohmaterialien, Halbfabrikate und Fertigprodukte – kategorisiert werden. Die jährlichen Kosten der verkauften Produkte nach Produkttyp, die im SCOR-Modell auch als Verkaufskosten (direkte sowie indirekte Kosten, die in einem Unternehmen anfallen, um Endprodukte herzustellen) bezeichnet werden, müssen bekannt sein, um eine Berechnung der Bestandsreichweite zu ermöglichen.

Die pünktliche Erfüllungsrate wird für eingehende und ausgehende Lieferungen berechnet. Viele Unternehmen ermitteln sowohl die pünktliche Auftragserfüllung (d.h. die Erfüllung des kompletten Auftrags) als auch die pünktliche Erfüllung von Kundenauftragspositionen. Dabei wird de Lieferzeit für sämtliche eingehende Einkaufsaufträge, unternehmensinterne Transferaufträge und ausgehende Verkaufsaufträge kalkuliert.

Die Daten, welche für diesen Teil der Tabelle zusammengestellt werden, schließen sowohl die Dauer der pünktlichen Auftragserfüllungen als auch die Dauer der Auftragsrückstände mit ein. Die Rücklieferungsdaten schließen die Gesamtkosten der rückgelieferten Produkte, den Wert des Lagerbestandes, die Bestandsreichweite auf Grundlage der jährlichen Verkaufskosten sowie das Frachtgewicht der Rücklieferung und die damit verbundenen Kosten mit ein.

Die meisten Projektgruppen erkennen am Ende dieser Woche zum ersten Mal den hierarchischen Aufbau der SCOR-Kennzahlen und die Beziehung der Kennzahlen zu den Angaben im Gewinn- und Verlustbericht des Unternehmens. So verlaufen beispielsweise die gesamten Lieferkettenkosten hierarchisch von den Auftragsverwaltungskosten über die Materialbeschaffungskosten, die Planungskosten und die Kosten der Informationssysteme bis hin zu den Lagerverwaltungskosten. Die Auftragsverwaltungskosten verlaufen wiederum hierarchisch von den Kundendienstkosten über die ausgehenden Transportkosten bis hin zu den Kosten für die Einlagerung von Fertigprodukten. Ein umfassender Überblick zum hierarchischen Aufbau der Kennzahlen und zu den Komponenten der SCOR-Ebenen zwei und drei kann den SCOR-Wertungslisten in den Tabellen 5-4a-b, 5-5a-b sowie 5-6a-b (siehe Kapitel 5) entnommen werden.

9.1.2 Durchsicht der Tabelle zur Leistungszusammenfassung der Materialflüsse

Die Durchsicht der Tabelle zur Leistungszusammenfassung der Materialflüsse fiel in die bislang arbeitsintensivste Projektwoche. Der SCOR-Berater schlug deshalb vor, die Durchsicht in zwei Schritten durchzuführen. Das Ziel des ersten Schritts bestand aus einer einfachen Durchsicht des Tabelleninhalts. Der zweite und wichtigere Schritt beinhaltete dann die Auflistung wichtiger Lernpunkte aus bereits gewonnenen Erkenntnissen und neuen Entdeckungen.

Dieser zweite Teil stellte eine wichtige Voraussetzung zur Erstellung der Engpass-Analyse, die für die siebte Projektwoche geplant war, dar. Die Standorte in der Leistungsübersicht für die Technologie-Produktgruppe (siehe nachstehende Tabellen 9-2a-c) stimmten mit den Angaben in der geografischen Karte, die in der vergangenen Woche erstellt worden war, (siehe Abbildung 8-3 in Kapitel 8), überein.

Lagerverwaltungskosten (Mill.€)				Transportkosten (Mill.€)				Lagerbestand (Mill.€)				Pünktliche Lieferungen (%)		Durchlaufzeit (Tage)			Rücklieferungen (Mill.€)		
Standort	Umsätze	Rohmaterial und Halbfabrikate	Fertigprodukte		Eingehende Lieferungen	Unternehmensintern	Ausgehende Lieferungen		Rohmaterial	Lagerbestand in Produktion	Fertigprodukte	Wareneingänge	Ausgehende Lieferungen	Eingehende Lieferungen	Unternehmensinterne Aufträge	Ausgehende Kundenaufträge	Volumen (€)	Lagerbestand	Eingangsfrachten
Augsburg	61,5	0	0,87	€	2,28	0,85	2,1	Lager-bestand €	0	0	22	0.67	0.69	62	3	5	19	20	0,25
				kg	5,4	4,3	5,5	Verkaufs-kosten €	0	0	86,1							86,1	1,2
				€/kg	0,42	0,2	0,38	Tage	-	-	93							85	0,21
Bremen	52,5	0	1,04	€	1,92	0,72	0,38	Lager-bestand €	0	0	20	0.59	0.75	59	4	4	16	16,8	0,24
				kg	4,5	3,6	4,6	Verkaufs-kosten €	0	0	73,5							73,5	1
				€/kg	0,43	0,2	0,38	Tage	-	-	99							83	0,24
Dresden	56,2	0	0,97	€	2,07	0,77	1,9	Lager-bestand €	0	0	18,5	0.61	0.77	72	3	5	17	17,9	0,23
				kg	4,9	4	5	Verkaufs-kosten €	0	0	78,8							78,8	1,1
				€/kg	0,42	0,19	0,38	Tage	-	-	86							83	0,21

Tabelle 9-2a: Leistungsübersicht der Materialflüsse für die Produktgruppe Technologie

Lagerverwaltungskosten (Mill.€)				Transportkosten (Mill.€)				Lagerbestand (Mill.€)				Pünktliche Lieferungen (%)		Durchlaufzeit (Tage)			Rücklieferungen (Mill.€)		
Standort	Umsätze	Rohmaterial und Halbfabrikate	Fertigprodukte		Eingehende Lieferungen	Unternehmensintern	Ausgehende Lieferungen		Rohmaterial	Lagerbestand in Produktion	Fertigprodukte	Wareneingänge	Ausgehende Lieferungen	Eingehende Lieferungen	Unternehmensinterne Aufträge	Ausgehende Kundenaufträge	Volumen (€)	Lagerbestand	Eingangsfrachten
Pforzheim	54,8	0	1,03	€	2	0,77	1,8	Lager-bestand €	0	0	18,6	0.66	0.71	69	3	5	17	17,9	0,2
				kg	4,7	3,9	4,9	Verkaufs-kosten €	0	0	76,7							76,7	0,9
				€/kg	0,43	0,2	0,37	Tage	-	-	89							85	0,22
Düsseldorf	42	0,84	73	€	1,5	0,58%	0	Lager-bestand €	6	0,02	0	0.5	0.95	62	3	4	n.v.	-	-
				kg	3,6	2,9	0	Verkaufs-kosten €	27,7	2	0							-	-
				€/kg	0,42	0,2	-	Tage	79	4	-							-	-
Kiel	17,2	0,35	0,3	€	0,6	0,23	0	Lager-bestand €	3,1	0,02	0	0.67	0.96	63	3	4	n.v.	-	-
				kg	1,4	1,2	0;0	Verkaufs-kosten €	9,2	1,1	0							-	-
				€/kg	0,43	0,19	-	Tage	123	5	-							-	-

Tabelle 9-2b: Leistungsübersicht der Materialflüsse für die Produktgruppe Technologie

Lagerverwaltungskosten (Mill.€)				Transportkosten (Mill.€)				Lagerbestand (Mill.€)				Pünktliche Lieferungen (%)		Durchlaufzeit (Tage)			Rücklieferungen (Mill.€)		
Standort	Umsätze	Rohmaterial und Halbfabrikate	Fertigprodukte		Eingehende Lieferungen	Unternehmensintern	Ausgehende Lieferungen		Rohmaterial	Lagerbestand in Produktion	Fertigprodukte	Wareneingänge	Ausgehende Lieferungen	Eingehende Lieferungen	Unternehmensinterne Aufträge	Ausgehende Kundenaufträge	Volumen (€)	Lagerbestand	Eingangsfrachten
München	16,5	0,33	0,29	€	0,6	0,24	0	Lager-bestand €	2,8	0,02	0	0,7	0,97	61	3	4	r.v.	-	-
				kg	1,3	1,1	0	Verkaufs-kosten €	9	1	0							-	-
				€/kg	0,46	0,22	-	Tage	114	7	-							-	-
Potsdam	36,8	0,74	0,64	€	1,3	0,51	0	Lager-bestand €	6,2	0,02	0	0,59	0,98	64	3	4	r.v.	-	-
				kg	3,1	2,6	0	Verkaufs-kosten €	23	2	0							-	-
				€/kg	0,42	0,2	-	Tage	98	4	-							-	-
Gesamt €	337,5 Mio.	2,25	5,85		12,3	4,7	7,6		18,1	0,1	79,1						69,0	72,5	0,9
Gesamt %		0,5	1,3																

Tabelle 9-2c: Leistungsübersicht der Materialflüsse für die Produktgruppe Technologie

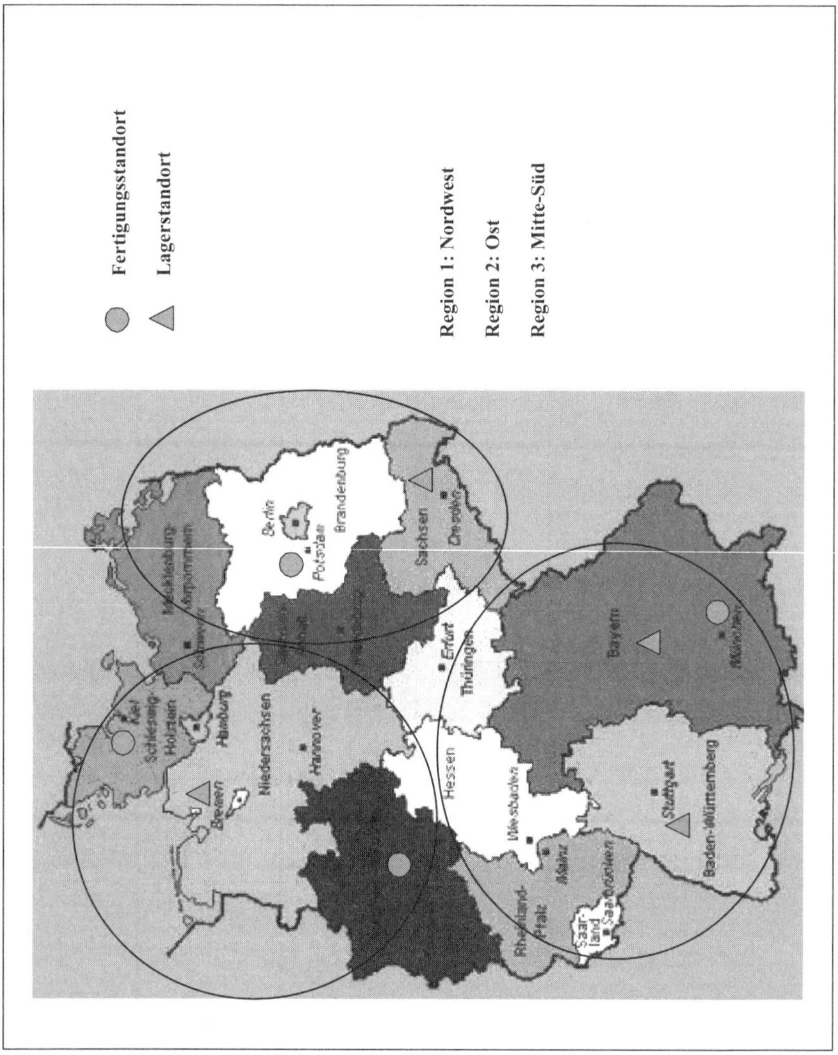

Abb. 9-2: Verkaufsregionen der Produktgruppe Technologie

Die ersten vier Standorte stellten die Verteilzentren des Unternehmens dar, die letzten vier Standorte seine Fertigungsstandorte. Alle Umsatzzahlen wurden nach Standorten gruppiert. Die Fertigungsstandorte unterstützten den Direktvertrieb von Dienstleistungen bezüglich Vervielfältigung von Bildplatten und die Installation und Wartung optischer Laufwerke an Erstausrüster. Die Verteilzentren des Unternehmens unterstützten den direkten Verkauf von den optischen Laufwerken und Medien an den Einzelhandel. Eine Betrachtung der Verkaufszahlen zeigte, dass von den 337,5 Millionen Euro Umsatz des Geschäftsbereichs in 2005 rund 120 Millionen Euro auf den Verkauf an Erstausrüster und ca. 220 Millionen Euro auf den Verkauf an den Einzelhandel entfiel. Weiterhin wurden rund 50 Prozent des Umsatzes in der Region Mitte-Süd erzielt; etwa 30 Prozent entfielen auf die Region Nordwest und die verbleibenden rund 20 Prozent auf die Region Ost (siehe obenstehende Abbildung 9-2 für die Zuordnung der Verteilzentren auf die Verkaufsregionen der Technologie-Produktgruppe).

Die Lagerverwaltungskosten der Verteilzentren beschränkten sich auf die reine Behandlung von Fertigprodukten. Bei den Fertigungsstandorten fielen hingegen Kosten für Fertigprodukte, Rohmaterialien und Halbfabrikaten an. Die gesamten Ausgaben für die Lagerverwaltung betrugen 8,1 Millionen Euro, was rund 2,4 Prozent des Geschäftsbereichsumsatzes entsprach. Hiervon entfiel wiederum der überwiegende Teil – 13 Prozent – auf Fertigprodukte.

Es ist in dem Zusammenhang relevant, zwischen Ausgaben und Kosten zu unterscheiden. Kosten stehen betriebswirtschaftlich gesehen für den bewerteten Verbrauch an Produktionsfaktoren, welche zur Erstellung der betrieblichen Leistung notwendig sind. Somit wird unter Kosten der ordentliche, betrieblich bedingte, bewertete Verzehr von Gütern und Dienstleistungen einer Periode verstanden. Die Bewertung erfolgt in Geldeinheiten. Der Faktorverzehr kann in Form von Gütern, Dienstleistungen, Arbeitskraft und Rechten erfolgen. Den Kosten werden die Erlöse gegenübergestellt. Die Begriffe werden im internen Rechnungswesen, insbesondere in der Kostenrechnung, verwendet. Dagegen stellen Ausgaben bzw. Auszahlungen einen negativen Zahlungsstrom im Sinne des Abflusses von Geld dar. Ihnen gegenübergestellt werden die Einnahmen bzw. Einzahlungen. Diese Begriffe finden im externen Rechnungswesen bzw. der Buchführung Anwendung und werden zur Erstellung einer periodisierten Gewinn- und Verlustrechnung verwendet (vgl. z.B. Scherrer 2001, S. 628 ff.).

Die Transportkosten der Verteilzentren bezogen alle Varianten an Transportmethoden ein. Die Ausgaben für eingehende Lieferungen fielen überwiegend in Deutschland und im osteuropäischen Raum an. Unternehmensinterne Transportkosten umfassten Materialbewegungen zwischen den Verteilzentren und den Fertigungsstandorten. Die Ausgaben für ausgehende Lieferungen bezogen alle Kundenlieferungen innerhalb und außerhalb der jeweiligen Region mit ein. Die Ausgaben für eingehende Lieferungen und Lieferungen zwischen Fertigungsstandorten lagen in vergleichbarer Höhe. Die Kunden des Marktkanals Erstausrüster übernahmen die ausgehenden Frachtkosten, so dass diese kostenneutral waren. Insgesamt betrugen die Transportkosten dadurch 19,7 Millionen Euro (ausschließlich der von den Kunden beglichenen Frachtkosten) und damit ca. 5,8 Prozent des Geschäftsbereichsumsatzes.

Der Wert der Lagerbestände in den Verteilzentren beschränkte sich ausschließlich auf Fertigprodukte. Im Gegensatz dazu lagerten die Fertigungsstandorte vor allem Rohmaterial und Halbfabrikate ein. Die Verteilzentren stellten darüber hinaus eine Bezugsquelle für optische Medien für die Fertigungsstandorte dar. Produkte, welche ursprünglich als Fertigprodukte eingestuft worden waren, erhielten nach dem Eingang in der Fabrik eine Neueinstufung als Rohmaterial. Insgesamt lag der Lagerbestand bei rund 97 Millionen Euro, was einem Anteil von ca. 28,7 Prozent vom Geschäftsbereichsumsatz entsprach. Gemeinsam mit Verkaufskosten in Höhe von 315 Millionen Euro (direkte und indirekte Kosten, die anfielen, um Endprodukte herzustellen) ergab sich daraus eine Bestandsreichweite (d.h. eine Anzahl an Tagen, die benötigt werden, um Güter herzustellen und zu verkaufen) von 91 Tagen. Dabei wurde die pünktliche Lieferleistung auf zwei verschiedene Arten determiniert bzw. gemessen:

- Eingehende Lieferungen aus Einkaufs- bzw. Transferaufträgen
- Ausgehende Lieferungen aus Transfer- bzw. Verkaufsaufträgen.

In beiden genannten Fällen basierten die Daten auf aktuellen Aufträgen. Ähnlich wie bei der Gesamtkennzahl für die Lieferleistung auf der SCOR-Wertungsliste waren auch hier Daten bezüglich der pünktlichen und vollständigen Lieferungen für die Berechnung erforderlich. Die Lieferleistung für die eingehenden Lieferungen war konsistent unzureichend, während die Ergebnisse für die ausgehenden Lieferungen, speziell an die Erstausrüster, mitunter zu den besten in der gesamten Branche gehörten.

Die Leistung der Verteilzentren beim Umschlag von Produkten hatte einen maßgeblichen Anteil an den kritischen Problemen hinsichtlich der Lieferzuverlässigkeit und trug signifikant zu der bei Kunden verbreiteten Meinung bei, dass die Technologie-Produktgruppe ein „schwieriger Handelspartner“ war. Die pünktliche Bereitstellung zum Versand wurde in drei Kategorien zusammengefasst:

- Eingehende Lieferungen (Einkaufsaufträge)
- Unternehmensinterne Lieferungen (Transferaufträge)
- Ausgehende Lieferungen (Verkaufsaufträge).

Diese Daten repräsentieren die Gesamtzahl an Tagen, welche notwendig waren, um einen Auftrag zu erfüllen. Dabei wurde sowohl die Dauer der normalen Auftragserfüllung als auch die erforderliche Dauer zur Abarbeitung der Auftragsrückstände einbezogen.

Die Kategorie der Rücklieferungsdaten beinhaltete die Gesamtkosten an rückgelieferten Umsätzen, den Lagerbestandswert bzw. die Bestandsreichweite auf Grundlage der jährlichen Verkaufskosten und die Einzelheiten über die Rücklieferungsfrachten einschließlich Ausgaben, Gewicht und Kosten nach Gewicht. Der Gesamtwert an rückgelieferten Gütern betrug 69 Millionen Euro bzw. rund 20,4 Prozent des Geschäftsbereichsumsatzes. Der Lagerbestandswert von 72,5 Millionen Euro entsprach einem Anteil von knapp 21,5 Prozent, die Transportkosten in Höhe von 24,6 Millionen Euro entsprachen ca. 7,2 Prozent des Geschäftsbereichsumsatzes.

9.1.3 Fazit zur Leistungszusammenfassung der Materialflüsse

Die Projektgruppe sah sich bei der Auswertung der Informationen mit einigen typischen Schwierigkeiten konfrontiert: Die Karten enthielten zu viele oder zu wenige Informationen, Kundendaten standen nicht oder nur eingeschränkt zur Verfügung, und es bestand ein Mangel an Klarheit zur Anwendung der SCOR-Prozesstypen S1 (Beschaffen lagergefertigter Produkte), M1 (Lagerfertigung) und D1 (Liefern lagergefertigter Produkte). Die Projektmitglieder fuhren trotzdem mit ihrer Arbeit fort und verfeinerten die Kennzahldaten für die einzelnen Marktkanäle und Standorte.

Ein häufiges Problem trat bei der Extraktion der Frachtkosten für eingehende Lieferungen und Transporte zwischen unternehmenseigenen Standorten aus den Gesamtverkaufszahlen auf. Außerdem zeigte sich, dass eine allgemeine Inkonsistenz bei der Kalkulation der lieferantenspezifischen Kennzahlen vorhanden war. Bei der Dauer der Auftragsrückstände ergab sich ein ähnliches Bild. Dennoch war die Projektgruppe in der Lage, diesen Teil der Analyse mittels Validierung ihrer Berechnungen zu vervollständigen und gleichzeitig die auftretenden Engpässe und fehlenden Messgrößen zu dokumentieren.

Die Analyse der Materialflüsse führte zu den folgenden Ergebnissen:

- Sämtliche Standorte besaßen weitgehende Entscheidungsfreiheit bezüglich der Wahl des Transportmitteleinsatzes für die eingehenden Materialien auf Grundlage der individuellen Produktionspläne und Lieferanforderungen. Die Lieferanten beförderten die gleichen Materialien mit einer Vielzahl verschiedener Transportmitteln an die verschiedenen Standorte der Logistik AG und setzten dazu häufig Luftfracht als die kostspieligste Variante ein.

- Der Vertrieb verfügte über die Möglichkeit, in Ausnahmefällen Lieferungen kostenfrei für den Kunden zu schicken („frei Haus“). Diese Variante wurde ursprünglich nahezu ausschließlich in Kulanzfällen angewendet, hatte sich aber mit der Zeit zunehmend etabliert und war, unabhängig von der vereinbarten Liefermethode oder den vom Kunden geforderten Liefertermin, eher zum Normalfall geworden und trug deutlich zu den hohen Transportkosten der Logistik AG bei. Die vergangenen Anstrengungen seitens des Unternehmens, diese Kosten einzudämmen, hatten zu einer Verschlechterung der Lieferleistung geführt, welche wiederum in negativer Weise zu dem hohen Umfang an ausstehenden Forderungen und einer längeren Zahlungszykluszeit beigetragen hatte.
- Die Transportkosten (24,6 Millionen Euro) stellten mehr als 24 Prozent der gesamten Lieferkettenkosten (99,8 Millionen Euro) dar, welche wiederum 14 Prozent der gesamten Unternehmenskosten (645 Millionen Euro) betrugen. Die Frachtkosten (berechnet nach dem Gewicht) machten die finanziellen Auswirkungen der beschleunigten Lieferungen und Luftfracht, die sich allmählich eher zum Standardverfahren entwickelt hatten, deutlich. Ein Grund hierfür neben den o.g. Gründen war, dass mit beschleunigten Lieferungen versucht wurde, Kundentermine einhalten zu können. Das Bild war noch negativer, wenn die tatsächlich von den Kunden bezahlten Lieferungen mit denjenigen, für die das Unternehmen selbst aufkommen musste, verglichen wurden: In der Mehrzahl der Fälle wurden die Kosten aus Kulanzgründen selbst getragen.
- Die Rücklieferleistung erwies sich als nicht besonders aussagekräftig, da der Lagerbestand in der Bilanz mittels Rückstellungen und Abschreibungen verbucht wurde. Zusätzliche und zutreffendere Daten für die Rücklieferungen waren nicht verfügbar. Allerdings konnten zum ersten Mal die Frachtkosten unabhängig von den Rücklieferungsarten aggregiert und für alle Beteiligten transparent gemacht werden. Ferner konnte festgehalten werden, dass der Transport von Rücklieferungen zwei verschiedene Kostenarten beinhaltete: Die Kosten für die Beförderung an das vorläufige Rücklieferzentrum und für die unternehmensinterne Beförderung, um die Güter zum endgültigen Bestimmungsort zu bringen.
- Die unzureichende Nutzung des neuen betriebliches Planungs- und Warenwirtschaftssystems hatte unter anderem zur Folge, dass die Projektgruppe auf keine brauchbaren Berichte für die aktuellen Lagerbestände, Kosten und Auftragsstatik zurückgreifen konnte. Dies bedeutete, dass die Aktivitäten bezüglich der Problemlösung sich mehr auf vorliegende Ergebnisse bzw. Auswirkungen als auf die proaktive Suche nach den zugrunde liegenden Ursachen dieser Probleme konzentrierten musste, zumindest im ersten Schritt.

- Bei Produkten mit einem Lebenszyklus von sechs Monaten, welcher bei elektronischen Produkten häufig vorkommt, machten Durchlaufzeiten von sechzig Tagen und mehr eine genaue Einplanung des Lagerbestandes nahezu unmöglich. Die Projektgruppe erkannte sofort die Auswirkungen dieser Tatsache: Die betreffende Geschäftseinheit war dadurch gezwungen, das Gesamtvolumen der betreffenden Produkte über deren gesamten Produkt-Lebenszyklus hinweg abzuschätzen. Zudem gab es kaum eine Möglichkeit, die Zahlen gegebenenfalls nachträglich auszurichten bzw. an tatsächliche Bedarfsverläufe anzupassen.

9.2 Planung der Engpass-Analyse

Die Untersuchung von Engpass-Situationen bringt neben den unmittelbaren Vorteilen, die sich aus dem Verständnis und der daraus resultierenden Beseitigung von Engpässen ergeben können, auch eine Fülle an Informationen mit sich, die für den Veränderungsprozess von großem Nutzen sein können. Der Nutzen besteht speziell in der Identifikation und Bewertung von Möglichkeiten zur Lieferkettenverbesserung mittels etablierter Problemlösungstechniken. Der Wert für die Steuerung des Veränderungsprozesses besteht vorrangig darin, die Gelegenheit wahrzunehmen, zusätzliche Personen in den Prozess einzuführen. Die Arbeitssitzung zur Besprechung der diesbezüglichen Aktivitäten und Aufgaben kann leicht die Mitarbeit von bis zu fünfzig Personen in Anspruch nehmen.

9.2.1 Ausgleichsgesetz der Planung und Engpass-Theorie

Im Hinblick auf die Engpass-Steuerung ist es erforderlich, zunächst das von Erich Gutenberg formulierte und in der modernen Betriebswirtschaftslehre verbreitete *Ausgleichsgesetz der Planung* zu verstehen. Danach erfordert ein koordinierter Ablauf des Betriebsgeschehens die kontinuierliche wechselseitige Abstimmung von Absatzmöglichkeiten, Herstellungskapazitäten, Beschaffungsgegebenheiten, usw. Daraus resultieren im Zeitablauf wechselnde Bereiche, welche als *Engpass-Sektor* die anderen betrieblichen Teilbereiche aufgrund der Verflechtungen in deren voller quantitativen bzw. qualitativen Entfaltung hindern. Für die Planung ergibt sich daraus, dass Teilpläne durch entsprechende Abstimmungsmaßnahmen auf den Minimumsektor ausgerichtet werden müssen (vgl. Gutenberg 1979, S. 164).

Darauf aufbauend entwickelte Eliyahu Goldratt die auf die Lieferkette bezogene Engpass-Theorie *(Theory of Constraints)*, die im Kern davon ausgeht, dass der Lieferketten-Leistungsprozess durch jeweils mindestens einen Engpass-Prozess *(Bottleneck)* eingeschränkt wird. Eine Erhöhung der Produktivität, d.h. der Ausbringungsmenge im Verhältnis zur Faktoreinsatzmenge, ist dabei nur möglich, wenn der Durchsatz bezogen auf den Engpass-Prozess erhöht und dadurch der Engpass beseitigt wird (vgl. etwa Goldratt und Cox 2002).

9.2.2 Planung der Arbeitssitzung zur Informationssammlung

Die Aufgabeneinteilung des zweiten Tages konzentrierte sich zunächst auf die Vervollständigung der Zusammenfassung der Materialflüsse, die Aktualisierung der geografischen Karten und die Planung zur Durchführung der Engpass-Analyse. Für die Engpass-Analyse sollten zunächst in erster Linie Projektmitglieder zur Durchführung und Teilnahme an Arbeitssitzungen für die Sammlung von Informationen identifiziert werden. Außer den Mitgliedern der Projektgruppe wurden noch Experten auf dem Gebiet der verschiedenen Materialfluss-Standorte und Absatzkanäle zu den Arbeitsgruppen hinzugefügt. Diese Experten besaßen auch gute Kenntnisse über die Existenz von Problembereichen im Hinblick auf die Materialflüsse und die damit zusammenhängenden Prozesse.

Ein weiterer Aufgabenblock bestand in der konkreten Planung der Arbeitssitzung zur Sammlung von Informationen. Hierzu wurde unter anderem ein Einladungsschreiben formuliert, das per elektronischem Mail an die Teilnehmer geschickt wurde. Die Tagesordnung für die Arbeitssitzung sollte folgende Punkte mit einbeziehen:

- Eine einstündige Vorbereitungssitzung für diejenigen Personen, welche noch nicht an der Einführung zum SCOR-Projekt teilgenommen hatten, um sie beispielsweise mit der Lückenanalyse der SCOR-Wertungsliste bekannt zu machen;
- Durchsicht der geografischen Ist-Materialflusskarten;
- Durchsicht der Leistungszusammenfassung der Ist-Materialflüsse;
- Diskussion der individuellen Engpässe mit Identifikation der jeweiligen Standorte und den Auswirkungen;
- Sortierung der Engpässe gruppiert nach Ursachen und Formulierung einer klaren Problembeschreibung für jede einzelne Gruppe;
- Besprechung der Problembeschreibungen innerhalb der gesamten Projektgruppe;
- Schriftliche Dokumentation der bisherigen Ergebnisse.

Die Durchführung der Arbeitssitzung wurde für die folgende Projektwoche angesetzt. Die aktuelle Woche diente der Fertigstellung der Leistungszusammenfassung der Materialflüsse.

Kapitel 10: Die Materialfluss-Engpass-Analyse

Siebte SCOR-Projektwoche: Zwischenbewertung der erarbeiteten Ergebnisse unter Einbeziehung des gesamten Unternehmens und dritte Lenkungsausschuss-Sitzung

Den Zahlen fünfzig, zwanzig, eintausend und fünfzehn ist gemeinsam, dass sie das typische Ergebnis einer erfolgreichen Arbeitssitzung zur Feststellung von Materialfluss-Engpässen sind. Diese Arbeitssitzung konzentriert sich auf die Identifikation von Ereignissen, Ineffizienzen und Problemen im Hinblick auf Güterbewegung von den Lieferanten über das Unternehmen bis hin zu den Kunden, mit anderen Worten: Über die gesamte Lieferkette hinweg. Dies ist möglich, weil das SCOR-Modell eine Sprache zur Kommunikation zwischen allen Lieferketten-Partnern zur Verfügung stellt und damit integrativen Charakter hat – sowohl hinsichtlich der unternehmensinternen als auch der unternehmensübergreifenden Lieferkette (vgl. Supply-Chain Council (1) 2006, S. 4 f.).

10.1 Sammlung von Informationen für die Materialfluss-Engpass-Analyse

Die Zahl fünfzig stellt die Anzahl der Personen dar, welche erfahrungsgemäß in etwa an der eintägigen Arbeitssitzung teilnehmen. Die Zahl zwanzig repräsentiert die Anzahl an Problemen, die eine einzelne Person erfahrungsgemäß durchschnittlich innerhalb einer ganztägigen Arbeitssitzung bewältigen kann. Die Zahl eintausend repräsentiert folglich die Anzahl der Probleme, welche die gesamte Projektgruppe in dem gleichen Zeitraum bewältigen kann (zwanzig mal fünfzig). Und die Zahl fünfzehn schließlich stellt die Anzahl an einzigartigen respektive verschiedenartigen Problemen dar, mit denen die tausend Probleme Gemeinsamkeiten aufweisen bzw. auf die sie sich reduzieren lassen.

Anders gesagt: Falls es gelingt, die Hauptursachen für diese fünfzehn „Problem-Unikate“ zu finden, ist man auf dem besten Wege, eine Lösung für die eintausend wahrgenommenen Probleme zu finden. Auch wenn diese Denkweise stark vereinfacht ist, trifft sie doch in verblüffend präziser Form zu, wie in einer Vielzahl von SCOR-Projekten festgestellt werden konnte. Als Faustregel kann angenommen werden, dass die Lösung dieser fünfzehn einmaligen Probleme zu einem Verbesserungspotential von mindestens drei Prozent des Umsatzes der Lieferkette beiträgt. Eine Projektgruppe, welche beispielsweise an den Problemen einer Lieferkette arbeitet, welche durch einen Lieferketten-Umsatz von 100 Millionen Euro gekennzeichnet ist, kann demnach mindestens 3 Millionen Euro an möglichen Kosteneinsparungen bzw. Umsatzzuwächsen identifizieren.

Die primären Ziele der siebten Projektwoche waren wie folgt:

- Durchführung der Engpass-Analyse;
- Erstellung eines so genannten *Ishikawa-Diagramms*, für das sich auch die Bezeichnung *Ursache-Wirkungs-Diagramm* findet und das zur Entdeckung der Ursachen von Problemen beitragen soll;
- Vorbereitung der dritten Lenkungsausschuss-Sitzung, welche einen ersten Einblick in das Verhältnis zwischen den identifizierten und quantifizierten Lücken der SCOR-Wertungslisten und den Ursachen der Ineffizienzen, die aufgrund der gesammelten und ausgewerteten Informationen herausgearbeitet worden waren, ermöglichen sollte (siehe hierzu die letzten drei Spalten der SCOR-Wertungslisten für das gesamte Unternehmen sowie die Geschäftsbereiche Technologie und Lebensmittel in den Tabellen 7-1, 7-2 und 7-3 in Kapitel 7).

10.1.1 Planung der Arbeitssitzung zur Sammlung von Informationen

Eine gut vorbereitete Arbeitssitzung ist unter anderem durch die schnelle und effiziente Sammlung von relevanten Informationen geprägt und erzeugt ein positives Gefühl der Gruppenarbeit anhand eines gemeinsamen Verständnisses der zugrunde liegenden Erwartungen. Die Sitzung führt dann außerdem zu einer gemeinsamen Vision darüber, welche Schritte gemacht werden müssen, um die Vision zur Realität werden zu lassen und gibt den Teilnehmern, die keine permanenten Mitglieder der Projektgruppe sind, eine anschauliche Vorstellung zur Organisation des Projekts und der Geschwindigkeit des gemachten Fortschritts. Die Arbeitssitzung versetzt damit über die eigentliche Projektgruppe hinausgehende Mitarbeiter aus der Organisation dazu in die Lage, die Werte und Vorteile des Projekts innerhalb ihres jeweiligen Umfelds zu kommunizieren und trägt dadurch auch zum Veränderungsmanagement bei.

Die folgenden Voraussetzungen müssen in jedem Fall für eine erfolgreiche Arbeitssitzung erfüllt sein:

- Liste der erforderlichen Teilnehmer;
- Effektive Kommunikation in Form einer frühzeitigen Einladung mit Informationen zu Zielen und Erwartungen, einem Projektüberblick und Anweisungen zu gegebenenfalls relevanten Vorbereitungsarbeiten;
- Übersicht der Themenbereiche, zu denen Informationen gesammelt werden sollen;
- Informationen zu Termin und Ort;
- Klar definierte Rollen und Verantwortlichkeiten der Projektmitglieder.

10.1.1.1 Liste der erforderlichen Teilnehmer

Es sollten für die Einladung nur solche Personen in Betracht gezogen werden, welche sich in ihrer täglichen Arbeit eingehend mit den Einzelheiten der Materialbewegung beschäftigen. Unter Anwendung der Prozesskategorien des SCOR-Modells trifft dies auf diejenigen Personen zu, die Probleme auf den Ebenen der Einkaufsaufträge, Fertigungs- bzw. Arbeitsaufträge und Verkaufsaufträge verstehen und erläutern können. Im Verlauf dieser Phase stellt der Umgang mit Problemen einschließlich der Erarbeitung von dazugehörigen Beispielen einen wichtigen Erfolgsfaktor dar.

Bei der Auswahl des Teilnehmerkreises sollte innerhalb der Hierarchie des Unternehmens nicht zu hochgegriffen werden, da sich häufig beobachten lässt, dass Mitarbeiter mit zunehmender Hierarchieebene aufgrund ihrer Sichtweise weniger geeignet für die Erstellung einer ausführlichen Problemliste und die Formulierung spezifischer Beispiele sind. Genau diese detaillierte Sichtweise ist jedoch erforderlich, um die Analyse der Kernursachen zu ermöglichen.

10.1.1.2 Effektive Kommunikation

Das Einladungsschreiben sollte die Ziele der Veranstaltung, die Anweisungen für die Vorbereitung und die grundsätzlichen Erwartungen gut verdeutlichen. Die Einladungen sollten mindestens zwei Wochen vor der Veranstaltung per Hauspost oder elektronischem Mail an die Teilnehmer versendet werden. Eine kürzere Frist kann den Eindruck vermitteln, das Projekt wäre schlecht geplant. Außerdem kann dadurch die Qualität der durchzuführenden Vorbereitungen beeinträchtigt werden, weil Teilnehmer, die nicht zum festen Mitarbeiterstamm der Projektgruppe gehören, neben den Vorbereitungen auch noch ihr Tagesgeschäft erledigen müssen.

Ein vorhergehendes Treffen kann hilfreich sein, um diesen Teilnehmern einen Überblick zu SCOR, dem Projekt, der Lückenanalyse, den SCOR-Wertungslisten, den geografischen Karten und den Tabellen für die Leistungsübersicht der Materialflüsse zu geben. Darin können bereits im Vorfeld eine Vielzahl von Fragen beantwortet werden, die andernfalls der Arbeitssitzung vorbehalten wären. Dadurch kann in der eigentlichen Arbeitssitzung auf die relevanten Punkte fokussiert werden.

10.1.1.3 Übersicht der Themenbereiche zur Informationssammlung

Eine vorhergehende Aufstellung von Themenbereichen, die diskutiert werden sollen, hilft den Teilnehmern dabei, sich vorab Gedanken zu machen und dadurch in der Sitzung schneller und gezielter mit Informationen beitragen zu können. Es existiert keine einheitliche Vorgehensweise bei der Auswahl der Bereiche.

Als Orientierungshilfe können hier beispielsweise die SCOR-Prozesse der ersten Ebene – Planen, Beschaffen, Herstellen, Liefern, Rückliefern und Ermöglichen – dienen. Es können jedoch auch physische Standorte und Kennzahlen aus der Tabelle für die Leistungsübersicht der Materialflüsse – beispielsweise Umsatzzahlen, Lagerverwaltungskosten, Transportkosten, Lagerbestandswert, pünktliche Lieferungen, Durchlaufzeit und Anzahl an Rücklieferungen – ausgewählt werden (siehe Tabellen 9-2a-c in Kapitel 9).

10.1.1.4 Termin und Ort für die Sitzung

Der Termin für die Sitzung ist genau zu spezifizieren. Dies umfasst den Tag, die Uhrzeit, gegebenenfalls die Zeitzone, falls auch Teilnehmer aus anderen Ländern eingeplant sind und Einwahl- bzw. Videokonferenzinformationen, falls auch Teilnehmer vorgesehen sind, die nicht persönlich anwesend sein können.

Der ideale Ort für diese Sitzung ist ein großer, rechteckiger Raum mit genügend Sitzplätzen für alle Teilnehmer. Je länger und größer der Raum ist, desto schwieriger ist es, der Diskussion zu folgen – akustisch und wegen der Sichtbarkeit von Darstellungen auf Tafeln, Tageslichtprojektoren, usw. Die Bezeichnungen der festgelegten Themenbereiche werden auf Papierfahnen in geeigneter Höhe und gut lesbar an allen vier Wänden befestigt.

10.1.1.5 Klar definierte Rollen und Verantwortlichkeiten

Im Rahmen der Sitzung formalisieren und untermauern die Mitglieder der Projektgruppe ihre Rollen als Experten und stellen ihre Fähigkeiten zum aktiven Austausch von Erkenntnissen unter Beweis. Der Projektleiter und der externe Berater fungieren in diesem Fall als Moderatoren und passen nach jedem Schritt die Tagesordnung und die Anweisungen falls erforderlich an. Sie haben außerdem die Aufgabe, den Fortschritt der Sitzung zu kontrollieren und zu steuern, etwaige Konflikte beizulegen und als ein Rollenmodell für die anderen Teilnehmer zu agieren.

Die weiteren Mitglieder der Projektgruppe werden mit der Ausführung der einzelnen Schritte, für die sie verantwortlich sind, beauftragt. Nach der Zuordnung der Probleme zu den jeweiligen Themenbereichen arbeiten die jeweils zugewiesenen Sitzungsteilnehmer in Untergruppen an der Definition der Problemaussagen für ihre betreffende Gruppe und einer Einschätzung der damit verbundenen Verbesserungsmöglichkeiten.

10.1.2 Durchführung der Arbeitssitzung zur Sammlung von Informationen

Die Liste der Mitarbeitern der Logistik AG, die neben der Kern-Projektgruppe an der Vorbereitung und Durchführung der Arbeitssitzung zur Sammlung von Informationen beteiligt waren, war wie folgt:

- Mitarbeiter aus der Produktentwicklung
- Einkäufer und Disponenten
- Kundendienstmitarbeiter
- Mitarbeiter aus dem Finanzbereich und der Betriebsbuchhaltung
- Marketingmitarbeiter
- Materialplaner
- Fertigungsplaner
- Vertriebsmitarbeiter
- Produktionsmitarbeiter
- Experten aus den Funktionsbereichen Einkauf, Auftragsverwaltung, Planung, Distribution und Produktion
- Transportplaner
- Mitarbeiter des Bereichs Ein- und Ausfuhrplanung
- Lagerverwalter
- Marktforschungs- und Prognoseanalytiker für die Produktgruppen Technologie- und Lebensmittel
- Mitarbeiter der Marketingabteilung.

Insgesamt befanden sich über vierzig Personen auf der Liste. Die Mitglieder der Projektgruppe einigten sich über die Anwendung der Prozesse auf der ersten SCOR-Ebene als Themenbereiche: Planen, Beschaffen, Herstellen, Liefern, Rückliefern und Ermöglichen. Die dahinterliegende Logik bestand darin, die Teilnehmer der Arbeitssitzung statt in aktuellen Problemdimensionen vielmehr in zukünftigen Lösungsdimensionen denken zu lassen und sie zu animieren, sich Gedanken darüber zu machen, wie diese Prozesse in Zukunft innerhalb der jeweiligen Themenbereiche bzw. auf ihr Arbeitsfeld bezogen gestaltet sein könnten. Dadurch sollte die in Ablauforganisationen verbreitete funktionale Betrachtungsweise („Silodenken") in den Hintergrund gerückt und eine prozessorientierte Denkweise gefördert werden.

Eine der Regeln für die Sitzung war, dass die Personen, welche einen Engpass identifiziert hatten, in einem weiteren Schritt dessen Auswirkungen auf die betreffende/n Kennzahl/en beschreiben und in der entsprechenden Spalte der Tabelle zur Leistungszusammenfassung der Materialflüsse notieren mussten. Für die Themenbereiche wurden folgende Anweisungen zum Betrachtungsumfang und der Diskussionsleitung gegeben:

- Themenbereich *Planen*: Probleme mit Absatz- und Produktionsplanung, Prognosen, Materialbedarfsplanung, Produktionsplanung, Distributionsplanung, planmäßige Wartung von Betriebsanlagen, Einkaufsplanung, langfristige Fertigungskapazität,.
  Diskussionsleitung: Erich Zahn, Leiter der Planungsabteilung.
- Themenbereich *Beschaffen*: Probleme mit Beschaffungs- und Einkaufsaufträgen, Terminierung von individuellen Lieferungen, Lieferantenbezahlungen, Güterannahme, kurzfristigen Materialverfügbarkeiten, eingehenden Transporten, Lagerbestand an Rohmaterialien.
  Diskussionsleitung: Cecilia Vieri, Einkaufsleiterin.
- Themenbereich *Herstellen*: Probleme mit der Terminierung von Produktionslinien, Fertigung, Qualitätskontrolle, Verpackung, Weiterleitung an Lagerhäuser, unternehmensinternen Transporten, Lagerbeständen an Halbfabrikaten, Auslastung von Betriebsanlagen, Produktivitäts- und Kapazitätsengpässen.
  Diskussionsleitung: Geert van der Lengen, Logistikleiter.
- Themenbereich *Liefern*: Probleme mit der Auftragserfüllung (Erstellung von Angeboten, Behandlung von Anfragen, Auftragserfassung, Auftragsbestätigung, usw.), Zuteilung von Lagerbeständen, Zusammenfassung von Aufträgen, Beladungs- und Frachtoptimierung, Touren- bzw. Routenplanung, Annahme am Erfüllungsort des Kunden, Installation (falls anwendbar), Rechnungserstellung und Rechnungsverfolgung.
  Diskussionsleitung: Jana Černa, Direktorin der internationalen Gruppe.

- Themenbereich *Rückliefern*: Probleme mit Rücklieferungen aus Garantieansprüchen, Rückrufaktionen, Rücklieferungen überschüssiger Lagerbestände, Rücklieferungen aus Instandhaltung, Wartung und Reparatur.
  Diskussionsleitung: Kai Heidemann, Direktor Kundendienst.
- Themenbereich *Ermöglichen*: Probleme mit Informationsaustausch, Lieferanten- und Kundenbeziehungen, Planung und Implementierung der Lieferkette, Einhaltung von Unternehmensrichtlinien, Leistungsmessung, Datenerhebung, Einsatz des Unternehmenskapitals und Einhaltung gesetzlicher Bestimmungen.
  Diskussionsleitung: Daniel Fischer, Leiter der Abteilung für Informationstechnologie.

Mit der Diskussionsleitung der obenstehenden Themenbereiche wurden bewusst Mitglieder der Kern-Projektgruppe beauftragt, die sowohl eine Anlaufstelle für die täglichen operativen Probleme waren als auch das Projekt genaustens kannten. Dirk Abele fungierte dabei als hauptsächlicher Moderator, während der SCOR-Berater mit der erforderlichen Expertise zum SCOR-Modell zur Verfügung stand.

Die Tagesordnung beinhaltete die folgenden fünf Punkte:

- Einleitung
- Initiale Informationssammlung
- Organisation der Themenbereiche
- Durchsicht der Problemaussagen
- Dokumentation der Ergebnisse.

Nachfolgend wird näher auf diese Tagesordnungspunkte eingegangen, um ein besseres Verständnis für den Ablauf der Arbeitssitzung zu schaffen.

10.1.2.1 Einleitung

Dirk Abele stellte die Tagesordnung, die räumliche und zeitliche Aufteilung, die Themenbereiche der Arbeitssitzung sowie die Diskussionsleiter (siehe oben) vor.

10.1.2.2 Initiale Informationssammlung

Die initiale Sammlung von Informationen zur Identifizierung von Engpässen und Problemen wurde von Dirk Abele mit Unterstützung des externen SCOR-Beraters geleitet. Den Sitzungsteilnehmern wurden selbstklebende Notizblockzettel und eine Stunde Zeit zur Verfügung gestellt, um so viele Engpässe wie möglich niederzuschreiben – jeweils ein Engpass auf einen Zettel.

Es wurde davon ausgegangen, dass jeder Teilnehmer in der Lage sein sollte, eigenständig um die zwanzig Engpässe aufzuführen. Für eine gute und brauchbare Darstellung eines Engpasses wurde die genaue Beschreibung des Problems in einem vollständigen, gut verständlichen Satz vorgegeben. Dieser musste einen Bezug auf aktuelle und reale Beispiele (Benennung eines Produkts, Lieferanten, Kunden, usw.), die Einschätzung der Häufigkeit (täglich, wöchentlich, monatlich, usw.) sowie die Angabe der Initialen der Person, welche den Engpass aufgeführt hatte, enthalten.

10.1.2.3 Organisation der Themenbereiche

Dirk Abele als der Diskussionsleiter führte eine Zuordnung der Teilnehmer zu den Themenbereichen durch, für die angenommen wurde, dass sie aufgrund ihrer Kenntnisse und Erfahrungen den größten Beitrag leisten konnten. Es folgte eine zweistündige Besprechung der Engpässe seitens der Arbeitsgruppen auf Grundlage der abgegebenen Notizblockzettel sowie die Kategorisierung der aufgeführten Engpässe. Anschließend wurde den Mitgliedern der Arbeitsgruppen die Aufgabe erteilt, eine Problemaussage niederzuschreiben, welche die jeweilige Problemkategorie möglichst exakt darstellen sollte.

Eine gute Problemaussage beinhaltet gewöhnlich drei Sätze: Einen Satz zur Problembeschreibung, einen Satz zur Beschreibung eines Beispiels und einen Satz zur Aufführung der Kennzahl/en aus der Leistungszusammenfassung des betreffenden Materialflusses, auf welche sich das Problem ggf. auswirken könnte.

10.1.2.4 Durchsicht der Problemaussagen

Dirk Abele führte im Anschluss mit der gesamten Projektgruppe eine interaktive Diskussion der Problemaussagen zu den identifizierten Kategorien jeder Arbeitsgruppe durch. Für diese Aufgabe sollte zwischen einer und zwei Stunden eingeplant werden.

10.1.2.5 Vorstellung und Dokumentation

Der Diskussionsleiter jeder Arbeitsgruppe stellte die einzelnen Engpässe und Problemkategorien seiner jeweiligen Arbeitsgruppe vor. Dirk Abele und der SCOR-Berater stellten sicher, dass die Informationen korrekt von den Notizblockzetteln übertragen und erfasst wurden, wobei der SCOR-Berater für die Dateneingabe und Dirk Abele für die Moderation verantwortlich war.

Um den Vorgang transparent zu gestalten, wurde der Eingabeschirm mittels eines Tageslichtprojektors für alle Teilnehmer sichtbar gezeigt. Ein effektives und einfaches System bei dieser Aufgabe besteht aus der Zuteilung einer Zahl für jede Problemkategorie (1, 2, usw.), einer zweiten Zahl für jede Unterkategorie (z.B. 1.1, 1.2, usw.) und einer dritten Zahl für jeden einzelnen Engpass (z.B. 1.1.1, 1.1.2, usw.). Die untenstehende Tabelle enthält eine exemplarische Vorlage zu den Dokumentationsmöglichkeiten der im Verlauf der Arbeitssitzung gesammelten Daten.

1.1 Bezeichnung des Engpasses für Kategorie 1	**Nummer**
Detaillierte Beschreibung des Engpasses bzw. der Ursache	
Erster Engpass der Gruppe 1	1.1.1
Zweiter Engpass der Gruppe 1	1.1.2
1.2 Bezeichnung des Engpasses für Kategorie 1	**Nummer**
Detaillierte Beschreibung des Engpasses bzw. der Ursache	
Erster Engpass der Gruppe 2	1.2.1
Zweiter Engpass der Gruppe 2	1.2.2
1.3 Bezeichnung des Engpasses für Kategorie 1	**Nummer**
Detaillierte Beschreibung des Engpasses bzw. der Ursache	
Erster Engpass der Gruppe 3	1.3.1
Zweiter Engpass der Gruppe 3	1.3.2

Tabelle 10-1: Schablone für die Zusammenfassung der Engpässe

10.1.2.6 Ergebnisse der initialen Informationssammlung

Die initiale Informationssammlung ergab 838 individuelle Engpässe innerhalb der sechs Themenbereiche, die sich auf 32 Problem- bzw. Engpasskategorien zurückführen ließen. Zum Zweck eines detaillierten Beispiels sollen nachfolgend die Ergebnisse innerhalb des Themenbereichs *Planen* betrachtet werden, welcher 258 individuelle Engpässe in acht Engpass-Kategorien mit den zugehörigen Problemaussagen umfasste:

- Engpasskategorie 1.1: Ungenaue Prognosen der Geschäftsbereiche bedingt durch einen Mangel an zuverlässigen Marktinformationen, schwachen Nachfragesignalen, zu vielen Produktvarianten und unzureichende Datenintegrität, welche in zu hohen Lagerbeständen bzw. entgangenen Umsatzmöglichkeiten resultierte. Beispielsweise wurde der Artikel *Bildplatte CD-R01*, Artikel Nr. 7890987, zu niedrig prognostiziert, während die *Computer-Karte PC-C9*, Artikel Nr. 3443939, deutlich zu hoch prognostiziert wurde.
  Relevante Kennzahlen: Prognosegenauigkeit, pünktliche Lieferleistung, Umsatz, Transportkosten, Lagerbestand.
- Engpasskategorie 1.2: Ineffektive Kommunikation zwischen den unternehmensinternen Abteilungen, schlechte Ergebnisse bezüglich der Zusammenarbeit dieser Abteilungen und daraus resultierender negativer Einfluss auf die Erreichung von Unternehmenszielen. So gab es beispielsweise keine Abstimmung einerseits zwischen Zielvorgaben, welche auf die Stückkosten (d.h. die auf eine Mengen- oder Volumeneinheit bezogenen Selbstkosten bzw. die Kosten je Stück eines Gutes) ausgerichtet waren und über die Verkaufspreisspanne und die verschiedenen Fertigungsarten erzielt werden sollten und andererseits Logistikzielen, welche über die Lieferbereitschaft und die Lagerbestände sowie Lager- und Transportkosten gesteuert werden sollten.
  Relevante Kennzahlen: Umsatz, pünktliche Lieferleistung, Lagerbestand.
- Engpasskategorie 1.3: Mangel an klar definierten und kommunizierten Prioritäten bei der Einführung neuer Produkte. Diese Tatsache führte zu Umsatzverlusten und einer unzureichender Zuteilung von Ressourcen zur Unterstützung der Produktentwicklung. So dauerte beispielsweise die Entwicklung der *Speicherkarte MD-110*, Artikel -Nr. 1325644, zu lange, während die dazugehörige Betriebsanleitung, Artikel Nr. 1325 644-1, bedingt durch die Tatsache, dass noch Änderungen nach deren Fertigstellung und Druck stattgefunden hatten, nicht mehr brauchbar war und neu erstellt werden musste, was zwangsläufig mit Zusatzkosten verbunden war.
  Relevante Kennzahlen: Nettoeinnahmen für neue Produkte, Lagerbestand, potenzielle Abschreibungen.

- Engpasskategorie 1.4: Eine Vielzahl an Technologie-Plattformen zwischen der Herstellung, dem Einkauf, der Auftragserfüllung und der Planung führte zu Fehlern in der Materialbedarfsplanung und inkonsistenten Prioritäten zwischen den Lieferanten und den Produktionsanlagen. Diese Gegebenheiten hatten einen negativen Einfluss auf die Liefereffizienz speziell im Falle von Produkten, welche die gleichzeitige Einbindung mehrerer Produktionsstätten erforderten. So wurde z.B. ein Einkaufsauftrag für eine Bildplatte erteilt, während ein damit zusammenhängender Arbeitsauftrag angesichts sinkender Prognosezahlen storniert wurde.
Relevante Kennzahlen: Verkaufskosten und Lagerbestand.
- Engpasskategorie 1.5: Es war kein aktueller Absatz- und Produktionsplan vorhanden, um die Finanz- und Geschäftsbereichspläne in Einklang zu bringen. Die Geschäftsbereichspläne unterschieden sich z.B. vom konsolidierten Produktionsplan, dem Marketing- und Absatzplan und den Absatzprognosen.
Relevante Kennzahlen: Umsatz, Transportkosten, Lagerverwaltungskosten, pünktliche Lieferleistung und Durchlaufzeit.
- Engpasskategorie 1.6: Fehlende Definition der erforderlichen Dauer zur Planung von Verkaufsförderungsmaßnahmen und mangelnde Kommunikation im Falle von Änderungen mit den betroffenen Parteien. Als Beispiel dienten die identifizierten Artikel, bei denen Verkaufsaktionsmengen erhöht, reduziert, storniert oder verschoben worden waren und die dadurch bedingten Verstöße gegen Abkommen mit den Kunden (inkorrekte Bepreisung in Rechnungen, usw.), deren Korrektur zwangsläufig mit Mehraufwand und teils mit Strafzahlungen verbunden war.
Relevante Kennzahlen: Umsatz, Lagerbestand, Lagerverwaltungskosten und Transportkosten.
- Engpasskategorie 1.7: Ineffizienter Gütertransfer zwischen den Lagerhäusern und/oder fehlerhafter Abgleich mit den Lagerbeständen. Das Resultat waren längere Durchlaufzeiten und ineffiziente Verwendung der Lagerbestände. Als Beispiel diente das Fertigprodukt *Tiefgefrorene Regenbogenforelle, filetiert* mit der Artikel Nr. 7687878, das von Dresden nach Pforzheim transportiert worden war, um eine Wiederauffüllung des dortigen Lagerbestandes als Reaktion auf gemeldete Auftragsrückstände zu ermöglichen. Tatsächlich war das Produkt dort in großer Zahl vorhanden und die Auftragsrückstande bezogen sich auf einen anderen Artikel.
Relevante Kennzahlen: Umsatz, Lagerbestand, Transportkosten und Lagerverwaltungskosten.

- Engpasskategorie 1.8: Schwierigkeiten bei der Planung von Einkaufslieferungen bedingt durch Unstimmigkeiten zwischen möglichst niedrigen Einkaufspreisen, bestehender Kundennachfrage, vorgeschriebenen Mindestbestellmengen laut Rahmenvertrag und ökonomischen Fertigungsauftragsmengen. So resultierte beispielsweise die vorgeschriebene und minimale Einkaufsmenge, welche notwendig war, um den bestmöglichen Einkaufspreis zu erzielen, in einer Lagerdauer für die betreffende Güter von 365 Tage. Diese Güter waren jedoch in der aktuellen Absatzprognose mit einem Nachfragerückgang von 20 Prozent eingeschätzt worden.
  Relevante Kennzahlen: Lagerbestand und Verkaufskosten.

Unter jeder oben genannten Engpass- bzw. Problemkategorie (1.1 – 1.8) sind beliebig viele individuelle Engpässe subsumiert. Nachstehend einige Beispiele zu den individuellen Engpässen zu Engpasskategorie 1.1 – ungenaue Prognosen der Geschäftsbereiche:

- Engpass 1.1.1: Die Prognosen für neue Produkte sind häufig ungenau und resultieren in entgangenen Umsätzen.
- Engpass 1.1.2: Unzutreffende Prognosen für neue Produkte.
- Engpass 1.1.3: Unzureichende Marktinformationen für die Prognose neuer Produkte
- Engpass 1.1.4: Eine Prognose auf Ebene der Produktfamilie bietet angesichts der Variantenvielfalt der lagerhaltigen Produkte keine ausreichende Unterstützung.
- Engpass 1.1.5: Die Wachstumsrate von neuen Produkten sollte in die Vertriebspläne und Prognosen integriert werden.
- Engpass 1.1.6: Zu hohe Abhängigkeit von den Prognosen des Vertriebsbereichs für neue Produkte bzw. mangelnde Einbeziehung von marktstrategischen Prognosen.
- Engpass 1.1.7: Ersatzteile werden nicht als separate Nachfrageartikel prognostiziert, sondern es wird angenommen, dass diese durch die bestehenden Prognosen mit abgedeckt sind.
- Engpass 1.1.8: Fehler bei der Datenbearbeitung, die zu Fehlern in der Planung und Auftragsvergabe an Produktionsanlagen (für gefertigte Produkte) bzw. Lieferanten (für bezogene Artikel) führen.
- Engpass 1.1.9: Unstimmigkeiten zwischen den Vertriebsprognosen, den Marketingprognosen und den Prognosen der Geschäftsbereiche.
- Engpass 1.1.10: Mangelnde Transparenz hinsichtlich dem Einfluss von Rücklieferungen auf die (bereinigten) Verkaufszahlen an Endkunden und Zwischenhändler.

10.2 Das Ursache-Wirkungs-Diagramm

Der erste Punkt auf der Tagesordnung des zweiten Tages dieser Woche bestand in der Konsolidierung ähnlicher Problemaussagen, sowohl innerhalb als auch zwischen den Themenbereichen aus der Arbeitssitzung zur Informationssammlung. Beispielsweise konnte angenommen werden, dass ein Problem, welches auf die Planung des Lagerbestands eingeht, in den Themenbereichen Planen, Beschaffen und Liefern vorkam. Die Projektgruppe musste deshalb zunächst untersuchen, ob eine Konsolidierung angebracht war. Falls ja, konnte darauf aufbauend eine der bereits bestehenden Beschreibungen entsprechend modifiziert bzw. erweitert und die andere/n Variante/n eliminiert werden. Alternativ konnte es unter Umständen angebrachter sein, eine neue, kombinierte Problemaussage zu erstellen, um die verschiedenen Beschreibungsvarianten einzubeziehen.

Um eine Nachvollziehung der Änderungen zu ermöglichen, sollten die ursprünglich vergebenen Dokumentationszahlen (z.B. 1.1) zu der geänderten bzw. zusammengefassten Problemaussage hinzugefügt werden. Diese werden außerdem in einem weiteren Analyseschritt noch benötigt. In jedem Fall können hierbei spezifische, auf die jeweiligen Probleme bezogene Beispiele hilfreich sein. Im Zweifelsfall sollten die Probleme jedoch besser getrennt gelassen werden.

Die 32 Engpasskategorien konnten letztlich zu zwölf einmaligen und eindeutigen Problemaussagen konsolidiert werden:

- Ungenaue Prognosen: Hierbei handelte es sich um unzureichend definierte Geschäftspraktiken, nicht optimierte Prognoseverfahren und mangelnde Kenntnisse der Mitarbeiter aus den Bereichen Marketing- und Absatzplanung.
- Inkonsistenz in der Einkaufsverwaltung: Die Probleme waren in erster Linie taktischer Art und auf die Zusammenarbeit mit einigen konkreten Lieferanten bezogen.
- Unvereinbare Systeme: Das Problem wurde in mangelnder Integration und lediglich marginaler Anwendung des bestehenden betrieblichen Planungs- und Warenwirtschaftssystems zur Durchführung der Planung und Prognose gesehen.
- Schlechte Datenintegrität: Definiert als ineffektive Pflege der Lieferanten-, Kunden- und Artikelstammdaten.
- Mangelnde Flexibilität der Lieferanten: Hierunter wurde die mangelnde Flexibilität der Lieferanten auf kurzfristige Nachfrageschwankungen bei lager- und kundenauftragsbezogenen Artikeln verstanden.

- Ineffektive Produkt-Lebenszyklusplanung: Dieses Problem wurde für alle Phasen des Produkt-Lebenszyklus gesehen, von der Markteinführung eines Produkts über die Wachstums-, Reife-, Sättigungs- und Rückgangsphase bis hin zur Herausnahme aus dem Markt.
- Schlechte Lagerbestandsplanung: Das Problem lag in einer rein taktischen und reaktiven Verwaltung der Lagerbestände und Wiederauffüllungsaufträge.
- Unzureichende Absatz- und Produktionsplanung: Hier wurde das Fehlen von Verfahren, Methoden und Werkzeugen zur Integration von Angebots- und Nachfrageplanung in die Unternehmensplanung zum Zweck eines Abgleichs mit den finanziellen Zielen genannt.
- Reaktive Planung und Ausführung der Logistik. Dieses Problem bezog sich auf die physischen Güterbewegungen.
- Mangelnde Disziplin in der Auftragsverwaltung. Hierunter fielen Anfragen, Angebote, Auftragserfassung und die Zuteilung der Lagerbestände.
- Ineffektive Verwaltung der Rücklieferungen: Die diesbezüglichen Probleme umfassten die Abwicklung von Rücksendungen, die damit zusammenhängenden Güterbewegungen, Richtlinien und Genehmigungsverfahren.
- Unzureichend definierte Geschäftspraktiken zur Lagerbestandskontrolle: Statt formalisierten, einheitlichen Prozessen und Arbeitsvorgängen wurde vielfach intuitiv und individuell bei der Kontrolle von Lagerbeständen vorgegangen (keine vordefinierten Kontrollintervalle, usw.).

Nach Abschluss der Konsolidierungsaufgabe teilte Dirk Abele die zwölf Problemaussagen auf die betreffenden Projektmitglieder auf, damit diese darauf aufbauend mit der Analyse der jeweiligen Problemursachen und Verbesserungsmöglichkeiten beginnen konnten. Die konkrete Aufteilung ist von der Anzahl der Gruppenmitglieder und der Probleme abhängig und es besteht eventuell die Notwendigkeit, einer Gruppe mehrere Probleme zuzuteilen. Für jede Arbeitsgruppe wurde ein Gruppenleiter benannt, der die Verantwortung für die Durchführung und Validierung der Aufgaben übernahm.

Als ein Verfahren zur Strukturierung der Problemursachen und ihrer Auswirkungen bietet sich beispielsweise das nach seinem Erfinder Kaoru Ishikawa benannte *Ishikawa-Diagramm*, auch als *Ursache-Wirkungs-Diagramm* bekannt, an. Dieses basiert auf der Visualisierung eines Problemlösungsprozesses, bei dem nach den primären Ursachen eines Problems gesucht wird. Es zählt zu den so genannten *Sieben Qualitätswerkzeugen.*

Ausgangspunkt ist ein horizontaler Pfeil nach rechts, an dessen Spitze das möglichst prägnant formulierte Problem steht (z.B. hohe Fehlerquote bei einem bestimmten Arbeitsvorgang). Auf diesen Pfeil zielen nun von oben und unten schräge Ursachenpfeile, die dem Diagramm auch die weit verbreiteten Bezeichnungen *Fischgräten-Diagramm* oder *Tannenbaum-Diagramm* eingebracht haben. Diese Hauptpfeile werden meist mit den Grundkategorien *Material*, *Maschine*, *Methode* und *Mensch* bezeichnet. Weitere typische Kategoricn sind: *Umfeld*, *Unternehmen*, *Messung* und *Prozesse*. Auf diese Hauptpfeile zielen nun wiederum horizontale Pfeile, an denen die gefundenen Problemursachen eingetragen werden. Im Wechsel der schrägen und horizontalen Pfeile kann nun nach immer tieferen Ursachen geforscht werden. Als Faustregel gilt hierbei die Technik der *Fünf aufeinander folgenden Fragen*, wobei aufgrund von Erfahrungswerten angenommen wird, dass zu einem bestimmten Sachverhalt bis zu fünfmal mit gezielten Fragen nach dem Warum vorgegangen werden muss, um an die eigentliche Wurzel des Problems zu gelangen (vgl. etwa Angermeier 2005, S. 377 ff.).

Zur Erstellung des Ursache-Wirkungs-Diagramms wurden zunächst entsprechende Analyseformular-Vorlagen an die Arbeitsgruppen verteilt, wie in nachfolgender Abbildung 10-1 dargestellt.

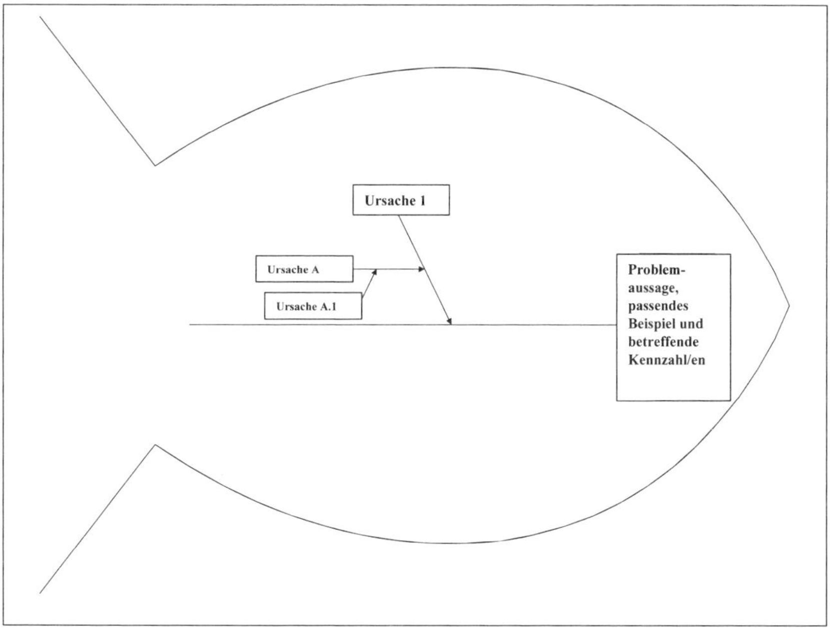

Abb. 10-1: Vorlage des Ursache-Wirkungs-Diagramms

Die einzelnen Problemaussagen, d.h. die Wirkungen, bildeten hierbei den Ausgangspunkt (rechte Seite des Schaubilds). Im ersten Schritt wurde die Ursache auf einer übergeordneten Ebene benannt (z.B. Ursache 1) und danach eine Ebene tiefer gegangen (z.B. Ursache 1). In jedem Fall wurde versucht, die zweite Ebene der Ursachenhierarchie zu erreichen (z.B. Ursache A). In dieser initialen Analyse sollte zunächst nicht tiefer als bis zu dieser Ebene vorgedrungen werden.

Zur Ausführung der Aufgabe verwendeten die Arbeitsgruppen die oben genannten Problemaussagen. Zur Vervollständigung der Ursachen wurde auf die Ergebnisse aus den Arbeitssitzungen zur Informationssammlung, d.h. die Problembeschreibungen, Engpässe und Engpasskategorien, zurückgegriffen. Abschließend besprach jede Arbeitsgruppe einen Plan, wie und bis wann ihr jeweiliges Ursache-Wirkungs-Diagramm fertig gestellt werden sollte. Die jeweiligen Arbeitsgruppenleiter hatten die Aufgabe, das Ergebnis in der nächsten Arbeitssitzung vorzustellen.

10.3 Planung und Moderation der dritten Lenkungsausschuss-Sitzung

Die Tagesordnung für die dritte Lenkungsausschuss-Sitzung umfasste folgende Punkte:

- Status des Projektverlaufs und -fortschritts (Projektfortschritts- und Rechenschafts-Bericht)
- Vorgehensweise bei der Analyse der Material-Engpässe
- Vorstellung der Arbeitsgruppen zur Analyse der Engpässe
- Zusammenfassung der Ergebnisse der Engpass-Analyse
- Durchsicht der erarbeiteten Problemaussagen der einzelnen Arbeitsgruppen
- Anstehende Entscheidungen
- Erwartungen für die vierte Lenkungsausschuss-Sitzung.

Die Sitzung verlief aufgrund der geleisteten Vorarbeiten und der guten Vorbereitung ebenso erfolgreich, wie die beiden vorhergehenden Sitzungen. Dirk Abele hatte deshalb ein positives Gefühl, was den Fortschritt des SCOR-Projekts anbetraf. Auch der SCOR-Berater konnte nur bestätigen, dass bisher alles wunschgemäß verlaufen war.

Kapitel 11: Identifikation von Verbesserungspotenzialen zur Beseitigung von Materialfluss-Engpässen

Achte SCOR-Projektwoche: Erarbeitung von Lösungsvorschlägen für die identifizierten Materialfluss-Probleme

Die Ziele für die achte Woche bestanden in erster Linie aus der Durchsicht und Verfeinerung des Ursache-Wirkungs-Diagramms und der darauf aufbauenden Erarbeitung und Priorisierung von Verbesserungsmöglichkeiten. Dazu sollten sich die Arbeitsgruppen, die für die Bearbeitung der Problemaussagen am Ende der vorangegangenen Woche gebildet worden waren, zunächst in Arbeitssitzungen und dann falls erforderlich unter Einbindung von weiteren Experten um die Vervollständigung ihrer jeweiligen Ursache-Wirkungs-Diagramme kümmern. Die Ergebnisse sollten dann den anderen Arbeitsgruppen vorgestellt und gemeinsam mit ihnen besprochen werden. Anschließend konnte mit der Quantifizierung und Berechnung der Verbesserungen in Form von potenziellen Kosteneinsparungen, Umsatzzuwächsen, Produktivitätssteigerungen, usw. begonnen werden.

11.1 Durchsicht und Verfeinerung der Ursache-Wirkungs-Diagramme

Die Durchsicht und Verfeinerung der Diagramme stellte eine weitere Gelegenheit dar, Probleme vor der Analyse von Verbesserungsmöglichkeiten zu konsolidieren. Die Vorgehensweise bestand aus drei grundsätzlichen Schritten, wobei das Ziel in der Identifikation von einmaligen und eindeutig definierten Problemen lag, um das Risiko von Mehrfachbewertungen potenzieller Verbesserungen so gering wie möglich zu halten.

11.1.1 Vorgehensweise

Der erste Schritt bestand in der von den Arbeitsgruppen durchgeführten Überprüfung ihrer jeweiligen Ursache-Wirkungs-Diagramme, beginnend mit der Problemaussage über die Ursachen auf der ersten Ebene (z.B. Ursache 1), über die detaillierteren Ursachen auf der zweiten Ebene (z.B. Ursache A), jetzt bis hin zu den Einzelheiten auf der dritten Ebene (z.B. Ursache A.1). Die Arbeitsgruppen sollten alle Änderungen, die sie vornahmen und die dahinter liegenden Gründe eingehend untereinander diskutieren und die Ressourcen benennen bzw. dokumentieren, welche im Laufe der Überprüfung verwendet wurden.

Der zweite Schritt sah die Konsolidierung bzw. Erweiterung der Diagramme auf Grundlage der Einzelheiten aus der Analyse der Ursachen und Auswirkungen vor. Im Zweifelsfall sollte ein Beispiel zur Beschreibung des Problems herangezogen werden. Das Ziel dabei war es letztlich, einen Punkt zu erreichen, an dem jedes der Diagramme ein einmaliges, eindeutiges Problem darstellte, das unter finanziellen Gesichtspunkten analysiert werden konnte. Hierzu waren sowohl Erfahrungen als auch Fachkenntnisse aus dem Finanz- und Buchhaltungsbereich erforderlich.

Der dritte Schritt beinhaltete die Validierung der einzelnen Problemaussagen, um sicherzustellen, dass sie auch auf die für die Arbeitssitzung vorgegebenen Themenbereiche, individuellen Engpässe und Engpass-Kategorien zurückzuführen waren.

11.1.2 Konsolidierung der Diagramme

Die zwölf Diagramme, die ursprünglich auf Grundlage der zwölf erarbeiteten Problemaussagen erstellt worden waren, konnten schließlich folgendermaßen zu acht Diagrammen konsolidiert werden:

- Die Problemaussagen *Ungenaue Prognosen* und *Schlechte Lagerbestandsplanung* wurden mit der Problemaussage *Unzureichende Absatz- und Produktionsplanung* konsolidiert, um eine neue Problemaussage mit der vereinfachten Bezeichnung *Unzureichende Planung* zu bilden.
- Die Problemaussage *Inkonsistenz in der Einkaufsverwaltung* konnte mit *Mangelnde Flexibilität der Lieferanten* zu der neuen Problemaussage *Ineffiziente Einkaufsauftragsverwaltung* zusammengefasst werden.
- Die Problemaussage *Unzureichend definierte Geschäftspraktiken zur Lagerbestandskontrolle* wurde mit *Reaktive Planung und Ausführung der Logistik* zu der neuen Problemaussage *Reaktive Logistikplanung und -ausführung* kombiniert.
- Die restlichen Diagramme bzw. Problemaussagen blieben unverändert.

Damit ergab sich die folgende endgültige Liste der Problemaussagen und damit der verschiedenen Ursache-Wirkungs-Diagramme:

- Unzureichende Planung
- Ineffiziente Einkaufsauftragsverwaltung
- Reaktive Logistikplanung und -ausführung
- Unvereinbare IKT-Systeme
- Schlechte Datenintegrität
- Ineffektive Produkt-Lebenszyklusplanung
- Mangelnde Disziplin in der Auftragsverwaltung
- Ineffektive Verwaltung der Rücklieferungen.

Die besondere Anforderung bei der Durchführung dieser Aufgabe bestand aus dem Verständnis der kausalen Beziehungen zwischen den Ursachen auf den verschiedenen Ebenen und dem Hauptproblem, d.h. der Auswirkung. So lagen etwa bei den drei Diagrammen, die zu dem konsolidierten Diagramm *Unzureichende Planung* kombiniert wurden, eine Vielzahl überlappender Ursachen auf allen Ursachenebenen vor (siehe nachstehende Abbildung 11-1 für ein Beispiel des Ergebnisses nach erfolgter Konsolidierung).

Nach der Fertigstellung der Diagramme wurde mit der darauf aufbauenden Analyse der Verbesserungsmöglichkeiten begonnen. Diese Aufgabe wurde mittels der durchgeführten Konsolidierung vereinfacht, und die Abschätzung der Verbesserungspotenziale sollte dadurch ebenfalls präziser ausfallen, etwa durch die Vermeidung inkorrekter mehrfacher Berechnungen.

11.2 Analyse der Verbesserungsmöglichkeiten

Die Ziele der Arbeitssitzung des zweiten Tages bestanden aus einer Einführung der Projektgruppe in die Vorgehensweise zur Quantifizierung von Verbesserungspotenzialen, der Auswahl einer geeigneten Anwendung zur Dokumentation, der Anleitung zur Erstellung geeigneter Testszenarien und der Festlegung der Aufgaben für die folgende Woche zur Fertigstellung der Analyse der Verbesserungsmöglichkeiten.

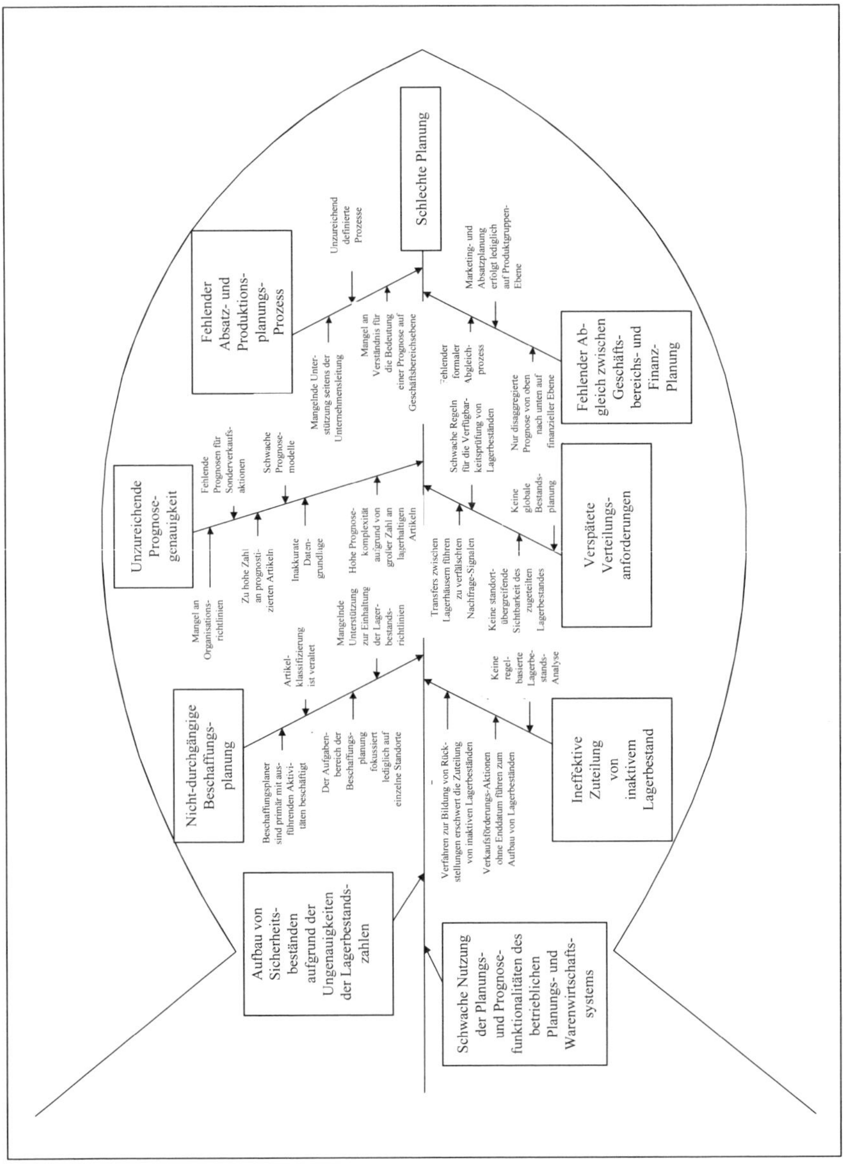

Abb. 11-1: Ursache-Wirkungs-Diagramm: Unzureichende Planung

11.2.1 Verfahren zur Quantifizierung von Verbesserungen

Das Quantifizierungsverfahren basierte auf den folgenden fünf grundlegenden Prinzipien:

- Die Arbeitsgruppen sollten versuchen, den quantitativen Wert der Eliminierung einer Problemaussage unter Einbeziehung der Standorte und Messgrößen aus der Tabelle für die Leistungszusammenfassung der Materialflüsse (siehe Tabellen 9-2a-c in Kapitel 9) abzuschätzen.
- Für die Abschätzung der Auswirkungen des prognostizierten Wachstums wurde angenommen, dass der Umsatz in der betreffenden Finanzperiode konstant sein würde. Die Verbesserungen sollten auf einer jährlichen Basis berechnet werden und es wurde als akzeptabel angesehen, die Gewinnzuwächse mittels des Umsatzwachstums abzubilden, d.h. von einer linearen Gewinnentwicklung auszugehen.
- Im Hinblick auf die Höhe der Verbesserungen sollten möglichst realistische Annahmen zugrunde gelegt werden. Der Lenkungsausschuss und die Führungskräfte aus der Projektgruppe waren deshalb dazu angehalten, bei ihren Abschätzungen eher zu konservativ zu sein und gegebenenfalls einen Sicherheitspuffer einzukalkulieren. Damit sollten zu hohe und möglicherweise unrealistische Erwartungen vermieden werden.
- Vor einer Besprechung der Zahlen und Annahmen mit dem Lenkungsausschuss sollten alle Mitarbeiter identifiziert und eingebunden werden, die zu einer gewissenhaften Prüfung und objektiven Validierung beitragen konnten. Die daraus resultierenden Nutzenaspekte betrafen sowohl die inhaltliche Seite wie auch den Veränderungsprozess: Zum einen wurde die Qualität im Hinblick auf die Gültigkeit und Zuverlässigkeit des Zahlenmaterials verbessert. Zum anderen wurde dadurch die Einbindung von über die Projektgruppe hinausgehenden Mitarbeitern aus der Organisation ermöglicht und diesen einen Einblick in die Projektaktivitäten vermittelt.
- Alle Annahmen im Hinblick auf die abgeschätzten Werte sollten klar und deutlich dokumentiert werden. Dieses Prinzip ist von großer Bedeutung, weil eine etwaige Ablehnung seitens des Lenkungsausschusses erfahrungsgemäß weit häufiger auf fehlende oder unklare Annahmen, als auf die eigentlichen Zahlenwerte zurückzuführen ist.

Die Möglichkeiten zur Dokumentation der Verbesserungsmöglichkeiten variieren von hoch entwickelten Werkzeugen zur Lieferkettenmodellierung und -simulation bis hin zu einfachen Kalkulationstabellen. Die eigentliche Herausforderung besteht aber vielmehr darin, ungeachtet der eingesetzten Anwendung festzulegen, welche finanziellen Auswirkungen ein Wert als Resultat der Eliminierung einer Problemaussage auf den Gewinn- und Verlustbericht und die Bilanz hat. Es ist deshalb nachvollziehbar, dass sich Mitarbeiter häufig schwer mit diesen Abschätzungen tun. Um die Aufgabe etwas zu erleichtern, kann beispielsweise eine Auf- bzw. Abrundung auf ganze 50.000 oder 100.000 Euro erfolgen.

Eine weitere Hilfe bei der Aufgabe kann darin bestehen, einen Wert für jeden einzelnen Ursachenzweig, d.h. auf der ersten Ursachenebene (z.B. Ursache 1) zu bestimmen und dann aus den Einzelwerten mittels Addition eine Gesamtsumme für das betreffende Ursache-Wirkungsdiagramm respektive die zugehörige Problemaussage zu berechnen. In anderen Fällen kann die Projektgruppe bevorzugen, unmittelbar einen Gesamtwert für das ganze Diagramm zu bestimmen. Solange die Annahmen hierzu detailliert dokumentiert werden, sind beide Vorgänge akzeptabel.

11.2.2 Berechnung der Verbesserungsmöglichkeiten

Die nachfolgenden Tabellen 11-1a-c stellten ein ausreichend detailliertes Beispiel zur Kalkulation der Verbesserungsmöglichkeiten dar. Die Tabellen bestanden aus drei Hauptspalten:

- Die Grundlinie enthielt die realen Daten aus den SCOR-Wertungslisten und der Tabelle für die Leistungsübersicht des Materialflusses (siehe hierzu Tabellen 9-2a-c in Kapitel 9).
- Das Testszenario repräsentierte die Auswirkungen der Eliminierung der Problemaussagen aus den Ursache-Wirkungs-Diagrammen.
- In die Spalte *Änderungen* wurden die finanziellen Einschätzungen hinsichtlich den erarbeiteten Änderungen bzw. Verbesserungsmaßnahmen eingefügt.

Die Reihen der Tabellen waren auf Grundlage der Kennzahlen auf der zweiten SCOR-Ebene angeordnet und bezogen die Lieferbereitschaft für Kundenaufträge, die Durchlaufzeiten, das Arbeitskapital und den Gewinn mit ein. Die Tabelle der Verbesserungsmöglichkeiten kann je nach Aufteilung der Kostenstellen und der Behandlung von Lagerbeständen von Projekt zu Projekt leicht variieren. Außerdem wird in manchen SCOR-Projekten die Tabelle für die Leistungszusammenfassung der Materialflüsse dazu verwendet, um die Änderungen und damit zusammenhängenden Verbesserungen für die Standorte und diesbezüglichen Leistungskennzahlen darzustellen. Es ist nicht erforderlich, eine Einschätzung der Ursachen bezüglich der Materialflussprobleme – wie etwa Kundendienst-, Einkaufs- und Planungskosten – durchzuführen.

	Ausgangsbasis			Testszenario			Differenz	
	Gesamt	Prozent / Euro	Pro Stück / Auftrag (€)	Gesamt	Prozent / Euro	Pro Stück / Auftrag (€)	Änderung (%)	Änderung (€)
Zusammenfassung der Transaktion								
Umsatz (€)	450 Mio.			450,25 Mio.			0	250.000
Aufträge	1,326632 Mio.		339,3	1.326.632		339,39	0	0
Artikel gesamt	134,090.08 Mio.		0,34	1,3409008 Mio.		0,34	0	0
Einkaufsaufträge	35.678		9.809,97	35.678		9.803,82	0	0
Gesamtzahl eingekaufter Artikel	10,457862 Mio.		33,47	10,457862 Mio.		33,45	0	0
Lieferbereitschaftsgrad								
Erfüllungsrate Lieferanten	62,4%			62,4%			0	
Erfüllungsrate Kundenaufträge	84,7%			84,7%			0	
Durchlaufzeit für Kundenaufträge								
Neueinplanungszeit	0			0			0	
Auftragsdurchlaufszeit	6,8			6,8			0	
Transportzeit ausgehende Aufträge	3			3			0	
Gesamte Beschaffungszeit für einen Artikel	63,8	100%		63,8	100%			
Tage für lagergefertigte Produkte (Anteil)	30	46%		30	46%		0	0
Tage für auftragsgefertigte Produkte (Anteil)	90	52%		90	52%		0	0
Tage für sondergefertigte Produkte (Anteil)	160	2%		160	2%		0	0

Tabelle 11-1a: Beispiel einer Tabelle zur Kalkulation der Verbesserungsmöglichkeiten

	Ausgangsbasis			Testszenario			Differenz	
	Gesamt	Prozent / Euro	Pro Stück / Auftrag (€)	Gesamt	Prozent / Euro	Pro Stück / Auftrag (€)	Änderung (%)	Änderung (€)
Herstellungs- und Handelskosten								
Vertriebskosten - Material	77,8%	350 Mio.	33,47	0,777	349,78076 Mio.	33,45	0	-219.240
Vertriebskosten - Löhne und unternehmensinterne Frachten	9,9%	44,7 Mio.	0,03	0,09	40,625 Mio.	0,03	0	-4,075 Mio.
Lieferkettenkosten								
Auftragsverwaltungskosten	3,2%	14,35 Mio.	0,01	3,3%	14,878 Mio.	0,01		
Kundendienst	0%		0	0%	0	0	0	-
Fertigproduktlager	1,3%	5,85 Mio.	0	1,3%	5,85 Mio.	0	0	-
Ausgehende und Rücklieferungs-Transporte	1,9%	8,5 Mio.	0,01	2%	9,028 Mio.	0,01	0	528.000
Materialbeschaffung	3,2%	14,55 Mio.	1,39	2,8%	12,72 Mio.	1,22		
Einkauf	0%		0	0%	-210.000	- 0,02	0	-210.000
Rohmateriallager	0,5%	2,25 Mio.	0,22	0,5%	2,25 Mio.	0,22	0	-
EingehendeTransporte	2,7%	12,3 Mio.	1,18	2,4%	10,68 Mio.	1,02	0	-1,620 Mio.
Auswirkungen auf Gewinne/Verluste								
Brutto-Betriebsgewinn (%)	94,1%			1,3%				
Brutto-Betriebsgewinn (€)				5,831573 Mio.				
Abschreibungen (%)	- 16%			-16%				0
Abschreibungen (€)				-72,04 Mio.				
Gesamteinnahmen (€)				-66,208427 Mio.				

Tabelle 11-1b: Beispiel einer Tabelle zur Kalkulation der Verbesserungsmöglichkeiten

	Ausgangsbasis			Testszenario			Differenz	
	Gesamt	Prozent / Euro	Pro Stück / Auftrag (€)	Gesamt	Prozent / Euro	Pro Stück / Auftrag (€)	Änderung (%)	Änderung (€)
Auswirkungen auf Anlagevermögen								
Lagerbestand (Tage/€)	91	97,3 Mio		91	97,3 Mio.		0	0
Ausstehende eigene Zahlungen (Tage/€)	34,4	33 Mio.		34,4	33 Mio.		0	0
Ausstehende Forderungen (Tage/€)	140	172,600 Mio.		140	172,6 Mio.		0	0
Gesamtarbeitskapital (Tage/€)	196,6	236,9 Mio.		196,6	236,9 Mio.			
Arbeitskapital (%)				0	0		Kapitalkosten	
Arbeitskapital (€)				0	0	0	10%	

Tabelle 11-1c: Beispiel einer Tabelle zur Kalkulation der Verbesserungsmöglichkeiten

Die nächste anstehende Aufgabe bezog sich auf die Produktivität der indirekten Prozesse, um die Geschäftsvorgänge im Hinblick auf Einkaufsaufträge, Arbeitsaufträge, Verkaufsaufträge, Rücklieferungsgenehmigungen, Prognosen und Wiederauffüllungsaufträge zu untersuchen. Im Falle der Lagerverwaltungskosten entsteht dabei eine leichte Unschärfe, da die Verlagerung bzw. Schließung eines Lagerstandortes sowohl einen Einfluss auf die Arbeitskosten als auch auf die physischen Kosten (Transportkosten, usw.) hat. Falls die Lagerstandorte in die Analyse der Verbesserungsmöglichkeiten einbezogen werden sollen, ist es am naheliegendsten, dies über die Abschätzung der potenziellen Verbesserungen im Hinblick auf die Materialflüsse zu tun. Wird jedoch auf eine Verbesserung der Produktivität des Prozesses fokussiert, so sollte sich die diesbezügliche Analyse auf die Arbeits- und Informationsflüsse beschränken.

Wie bereits angesprochen, stellt das SCOR-Modell ein Beschreibungsmodell für die Lieferkette, nicht jedoch ein Gestaltungsmodell dar (siehe hierzu Kapitel 2). Selbstverständlich zeigt das Modell dabei unter anderem Schwachstellen sowie damit zusammenhängende Optimierungspotenziale der Lieferkette auf, wie im bisherigen Verlauf verdeutlich worden ist. Die Schwachstellen müssen dann jedoch mittels anderer Maßnahmen beseitigt bzw. die Optimierungen realisiert werden. Eine derartige Maßnahme zur Verbesserung der Lieferkette stellt beispielsweise die Geschäftsprozess-Optimierung dar, bei welcher die Informationstechnologie häufig als ein wesentliches Mittel zur Ermöglichung (als eine der drei Prozessarten des SCOR-Modells) für den Veränderungsprozess angesehen wird (vgl. etwa Davenport 1993, S. 27 ff.). Hierauf wird in Kapitel 22 noch näher eingegangen.

Kapitel 12: Bewertung der Verbesserungspotenziale

Neunte SCOR-Projektwoche: Quantifizierung der Verbesserungsmöglichkeiten und vierte Lenkungsausschuss-Sitzung

Wie bereits in Kapitel 10 angesprochen, stellt ein Verbesserungspotenzial von wenigstens drei Prozent des Lieferketten-Umsatzes eine gute empirische Orientierungsgröße für die Verbesserungspotenziale eines Lieferketten-Projekts dar. Dies bedeutet ein Umsatzzuwachspotenzial von 3 Millionen Euro je 100 Millionen Euro Umsatz. Diese Grundannahme kann zur Kontrolle benutzt werden, wenn die Zahlen auf Basis der Analyse für die Präsentation vor dem Lenkungsausschuss und dem Vorstand vorbereitet werden. Die Ergebnisse variieren erfahrungsgemäß und hängen in starkem Maße von der jeweiligen Ausgangssituation, der bereits vorhandenen Lieferketten-Kompetenz der Organisation und den speziellen Anstrengungen und Möglichkeiten der Projektgruppe ab.

12.1 Lieferketten-Kompetenz

Die Kompetenz, innovative Produkte in höchstmöglicher Qualität zu marktfähigen Preisen schneller als die Konkurrenz anbieten zu können, stellt einen entscheidenden Faktor für den Unternehmenserfolg dar (vgl. Schäfer und Seibt 1998, S. 365). Die dabei speziell auf die Lieferkette bezogene Kompetenz kann – expressis verbis – als Lieferketten-Kompetenz bezeichnet werden. Sie hat zum Ziel, durch entsprechende Lieferketten-Prozesse Kundenanforderungen besser zu bedienen, bessere Entscheidungen zu treffen und insgesamt die betriebliche Leistung zugunsten eines Wettbewerbsvorteils steigern zu können. Ihr kommt deshalb im Rahmen des SCOR-Modells und den damit verbundenen Leistungsindikatoren eine hohe Bedeutung zu.

System-variablen	Ziele der Lieferketten-Strategie	Gestaltung der Lieferkette	Planung, Steuerung und und Messung
Organisation	- Ist die Lieferketten-Strategie der Organisation ausgearbeitet und kommuniziert worden? - Ist die Lieferketten-Strategie in Bezug auf die externen Risiken und Möglichkeiten sowie die internen Stärken und Schwächen sinnvoll? - Sind im Hinblick auf die Lieferketten-Strategie die notwendigen Ergebnisse und erwarteten Leistungen festgelegt und kommuniziert worden?	- Unterstützt die formale Organisationsstruktur die Lieferketten-Strategie und trägt zur Verbesserung der organisationalen Effizienz bei? - Sind alle relevanten Funktionen vorhanden und alle vorhandenen Funktionen notwendig? - Sind die aktuellen Auslöser und Ergebnisse zwischen den Funktionen passend/optimal?	- Wird die Leistung nach den Kategorien *kundenbezogen*, *unternehmensintern* und *aktionärsbezogen* gemessen? - Sind die adäquaten Leistungsanforderungen, Prioritäten und Ziele der Lieferkette definiert worden? - Sind die Ressourcen entsprechend zugeteilt worden?
Prozess	- Sind die Ziele für die Planungs-, Beschaffungs-, Herstellungs-, Lieferungs- und Rücklieferungsprozesse adäquat mit den Anforderungen der Kunden und der Organisation verbunden? - Sind die entsprechenden Befähigungsprozesse vorhanden, um die Planung und Ausführung der Lieferkettenprozesse zu unterstützen?	- Stellen die vorhandenen/festgelegten Planungs-, Beschaffungs-, Herstellungs-, Lieferungs- und Rücklieferungsprozesse die effizientesten und effektivsten diesbezüglichen Prozesse dar?	- Sind die entsprechenden Unterziele für die Planungs-, Beschaffungs-, Herstellungs-, Lieferungs- und Rücklieferungsprozesse festgelegt worden? - Wird die Leistung der Planungs-, Beschaffungs-, Herstellungs-, Lieferungs- und Rücklieferungsprozesse in angemessener Weise gemessen und gesteuert? - Sind für die einzelnen Prozesse der Planung, Beschaffung, Herstellung, Lieferung und Rücklieferung ausreichende Ressourcen zugeteilt worden? - Werden die Schnittstellen zwischen den Planungs-, Beschaffungs-, Herstellungs-, Lieferungs- und Rücklieferungsprozess-Stufen geplant, kontrolliert und gesteuert?

Tabelle 12-1a: Matrix der Lieferketten-Kompetenz

System-variablen	Ziele der Lieferketten-Strategie	Gestaltung der Lieferkette	Planung, Steuerung und und Messung
Personen/Aufgaben	- Sind die Ergebnisse der Aufgaben und die Arbeitsvorgaben adäquat mit den Planungs-, Beschaffungs-, Herstellungs-, Lieferungs- und Rücklieferungsprozess-Anforderungen verbunden? - Sind die Ergebnisse der Aufgaben und die Arbeitsvorgaben konsistent über alle Organisationsebenen hinweg?	- Sind die Anforderungen der Planungs-, Beschaffungs-, Herstellungs-, Lieferungs- und Rücklieferungsprozesse adäquat in den jeweiligen Stellenbeschreibungen enthalten/wiedergegeben? - Folgen die Arbeitsabläufe in den Aufgabenbeschreibungen einer logischen Sequenz? - Sind unterstützende Regeln und Richtlinien entwickelt und kommuniziert worden?	- Haben die ausführenden Personen/Mitarbeiter ein ausreichend gutes Verständnis über die von ihnen erwarteten Ergebnisse und die von ihnen einzuhaltenden Regeln und Richtlinien? - Verfügen die ausführenden Personen/Mitarbeiter über genügend Ressourcen, klare Prioritäten und eine schlüssige Aufgabengestaltung? - Werden die ausführenden Personen/Mitarbeiter in angemessener Weise für das Erreichen ihrer Aufgabenziele belohnt? - Wissen die ausführenden Personen/Mitarbeiter, ob sie diese Aufgabenziele erreicht haben? - Verfügen die ausführenden Personen/Mitarbeiter über die erforderlichen Kenntnisse und Fähigkeiten, um die Aufgabenziele zu erreichen?
Technologie	- Sind die technologischen Ziele in adäquater Weise mit den Anforderungen der Kunden und der Organisation verbunden? - Unterstützen die technologischen Ziele die Planungs-, Beschaffungs-, Herstellungs-, Lieferungs- und Rücklieferungsprozesse und die damit verbundenen Personen/Aufgaben?	- Wird die effizienteste und effektivste Technologie eingesetzt, um die Planungs-, Beschaffungs-, Herstellungs-, Lieferungs- und Rücklieferungsprozesse auszuführen?	- Sind die entsprechenden Unterziele für die Technologie festgelegt worden? - Wird die Leistung der Technologie in angemessener Weise kontrolliert und gesteuert? - Sind genügend Ressourcen zur Unterstützung des effektiven Einsatzes der Technologie vorhanden und zugeteilt worden? - Werden die Schnittstellen zwischen den verschiedenen Technologien geplant, kontrolliert und gesteuert?

Tabelle 12-1b: Matrix der Lieferketten-Kompetenz

Die Konsequenz ist, dass eine Vielzahl von Organisationen Strategien entworfen haben, die auf die relevanten Prozesse zur Bedarfsdeckung fokussieren. Diese Strategien sollen letztlich dazu beitragen, Auftragsdurchlaufzeiten, Finanzströme, Kapitalrendite, Marktanteil und Rentabilität zu optimieren. Sie bilden die Grundlage für die Lieferketten-Strategie. Umso mehr Kompetenz ein Unternehmen bereits im Hinblick auf seine Lieferkettenverwaltung vorweist, desto höher ist die Wahrscheinlichkeit, dass die Verbesserungsmöglichkeiten geringer als drei Prozent ausfallen werden. Umgekehrt gilt, dass je niedriger die Lieferketten-Kompetenz ausgeprägt ist, desto höher die quantitativen Verbesserungen ausfallen können.

Die Lieferketten-Kompetenz kann beispielsweise mittels der Beantwortung einiger grundsätzlicher Fragen erfasst werden (siehe obenstehende Tabellen 12-1a-b). Auf die verwendeten Systemvariablen – Organisation, Prozess, Personen/Aufgaben und Technologie – wird in Kapitel 21 noch ausführlicher eingegangen. Umso häufiger die darin enthaltenen und auf die Systemvariablen bezogenen Fragen mit „ja" beantwortet werden können, desto höher die Kompetenz in der Lieferkettenverwaltung dieses Unternehmens. Im Hinblick auf die Projektgruppe gilt dagegen das Gegenteil: Je erfahrener und motivierter die Projektmitglieder sind, desto höher fallen die Verbesserungen aus. Für die Ausgangssituation kann zur Vereinfachung davon ausgegangen werden, dass die Verbesserungspotenziale umso höher liegen, je schlechter die Ausgangssituation bei Projektbeginn ist.

Es ist für viele Unternehmen häufig das erste Mal, dass die Fähigkeiten und die Vorgehensweise eines Unternehmens hinsichtlich der Verwaltung seiner Lieferkette betrachtet werden. Diese Betrachtung hat den primären Zweck, eine Bezugsgrundlage zu schaffen, die später dazu herangezogen werden kann, die erzielten Verbesserungen zu messen. Sie hat aber auch den Nebeneffekt, den Projekt- und Lenkungsausschussmitgliedern die aktuelle Situation vor Augen zu führen. In den meisten Fällen führt dies zu einer zusätzlichen Motivation, das Projekt möglichst gut und erfolgreich durchzuführen.

Der Grad der Schwierigkeit bei der Bewertung der Verbesserungsmöglichkeiten hängt in hohem Maße von den Erfahrungen der Projektmitglieder im Hinblick auf Kostenrechnungsverfahren ab. Da es sich bei Leistungen innerhalb der Lieferkette oftmals um übergreifende Aufgaben sowie um Querschnittsaufgaben handelt, gestaltet sich eine Kostenzuordnung auf interne Kostenstellen als schwierig. Darüber hinaus ist die Transparenz der Kostenverteilung auf inner- und überbetrieblicher Ebene oft nicht gegeben. Neben der klassischen Zuordnung von Kosten auf Kostenstellen hat deshalb in den vergangenen Jahren insbesondere für Logistikleistungen die so genannte Prozesskostenrechnung an Bedeutung gewonnen.

Im Mittelpunkt der Prozesskostenermittlung steht der Versuch, kostenrelevante Einflussfaktoren zu identifizieren, die auch als *Kostentreiber* bezeichnet werden. Dabei wird zwischen mengen- und leistungsabhängigen Kostentreibern unterschieden. Die Zuordnung der Produktgemeinkosten der indirekten Leistungsbereiche auf die hergestellten Produkte erfolgt in dem Fall nicht unter Zugrundelegung wertmäßiger Bezugsgrößen, sondern entsprechend der zur Herstellung erforderlichen Tätigkeiten (Prozesse und Aktivitäten) unter Berücksichtigung der die Prozesse beeinflussenden Bezugsgrößen (Kostentreiber). Das Ziel ist es dabei letztendlich, die Kosten pro Prozessdurchführung zu ermitteln. Die relevanten Basisdaten werden aus den einzelnen Tätigkeiten des Prozesses gewonnen (vgl. z.B. Scherrer 2001, S. 655 f. und Horváth und Mayer 1989, S. 214 ff.). Aber auch der Einsatz von Verfahren wie der Prozesskostenrechnung stellt bestenfalls eine ungefähre Einschätzung der Verbesserungsmöglichkeiten dar.

Die Ziele der neunten Projektwoche beinhalteten die Durchsicht, die Verfeinerung und Priorisierung der Verbesserungsmöglichkeiten, den Beginn der Erarbeitung von zukünftigen Materialflüssen und die Vorbereitungen für die vierte Lenkungsausschuss-Sitzung.

12.2 Vervollständigung der Analyse der Verbesserungsmöglichkeiten

Um die Analyse der Verbesserungsmöglichkeiten vervollständigen zu können, mussten noch die folgenden drei Aufgaben erledigt werden:

- Prüfung und Verfeinerung der Annahmen und der damit verbundenen Finanzzahlen;
- Identifikation weiterer Mitarbeiter aus der Organisation, die bei der Validierung der Zahlen helfen und durch ihre Einbindung zum Veränderungsprozess beitragen konnten;
- Priorisierung der Verbesserungsmöglichkeiten.

Diese Aktivitäten sollten den ganzen ersten Tag und einen guten Teil des zweiten Tages in Anspruch nehmen.

12.2.1 Prüfung und Verfeinerung der Annahmen

Bei sämtlichen Tabellen zur Analyse der Verbesserungsmöglichkeiten war eine Verfeinerung erforderlich (siehe Tabellen 11-1a-b in Kapitel 11). Dabei stand die Überprüfung der Integrität, Genauigkeit und Relevanz der zugrunde liegenden Annahmen und der damit verbundenen Kalkulationen im Mittelpunkt. Die präzise Dokumentation aller getroffenen Annahmen, angefangen mit der Arbeitssitzung zur Informationssammlung (siehe hierzu Kapitel 10), stellte hierfür eine kritische Voraussetzung dar.

Die Erstellung dieser Dokumentation stellte keine besonderen Anforderungen und war auch nicht besonders schwierig, sondern primär eine Frage des Formats, auf welches sich die Projektgruppe einigen und das unbedingt einheitlich und konsistent eingehalten werden musste. Die einzelnen Tabellen – eine für jede Problemaussage bzw. für jedes Ursache-Wirkungs-Diagramm – wurden mit ihren eigenen, individuellen Annahmen versehen. Diese Annahmen sollten den Produkttyp (Rohmaterialien, Halbfabrikate, Fertigprodukte oder Rücklieferungen), das geschätzte Volumen (berechnet auf Basis der Marktanteile, der geografischen Segmente und dem Einheitsvolumen), die Auswirkungen auf die Kosten bzw. den Umsatz (berechnet auf Grundlage der Stückkosten und der Brutto-Gewinnspanne der einzelnen Geschäftsbereiche), Lieferzuverlässigkeit, Durchlaufzeit und die jeweiligen Gegebenheiten des Unternehmens (gesetzliche Richtlinien, usw.) einbeziehen.

Die aus den Annahmen resultierenden Verbesserungsmöglichkeiten resultierten dann aus mathematischen Kalkulationen dar. Sollten die sich ergebenden Zahlen nicht mit Vergleichsdaten, wie beispielsweise der im vorhergehenden Kapitel beschriebenen *Drei-Prozent-Regel*, übereinstimmen, mussten die Annahmen nochmals überprüft und eine erneute Kalkulation durchgeführt werden. Falls dann immer noch Diskrepanzen bestanden, mussten die Kalkulationsformeln überprüft und gegebenenfalls korrigiert werden.

Es existierten verschiedene Arten von Annahmen, wie beispielsweise die Beschreibung der Auswirkungen der Kostensenkungen respektive der Produktivitätssteigerungen in direkten und indirekten bzw. fixen und variablen Kostenarten. Eine andere Art von Annahmen ging auf die Auswirkungen der Lieferzuverlässigkeit durch die Verringerung der Anzahl verlorener Aufträge bzw. durch die damit verbundenen Umsatzzuwächse. Und schließlich bezog sich eine weitere Art von Annahmen auf die Auswirkungen der Durchlaufzeit und der Lieferleistung, gemessen anhand von Lagerbestand, Verbindlichkeiten gegenüber Lieferanten, ausstehenden Zahlungen seitens der Kunden, Arbeitskapital, usw.

	Ausgangsbasis			Testszenario			Differenz	
	Gesamt	Prozent / Euro	Pro Stück / Auftrag (€)	Gesamt	Prozent / Euro	Pro Stück / Auftrag (€)	Änderung (%)	Änderung (€)
Zusammenfassung der Transaktion								
Umsatz (€)	450 Mio.			455.45 Mio.				4,5 Mio.
Aufträge	1,326632 Mio.		339.2	1,326632 Mio.		342.6	0	0
Artikel gesamt	654 Mio.		0.69	654 Mio.		0.69	0	0
Einkaufsaufträge	35678		9809.97	35678		971.193	0	0
Gesamtzahl eingekaufter Artikel	10,457862 Mio.		33.47	10,457862 Mio.		33.13	0	0
Annahmen	1. Reduzierung entgangener Aufträge verursacht durch mangelnde Materialverfügbarkeit. Diese werden auf 1% der Gesamtaufträge bzw. 26.532 entgangene Aufträge veranschlagt. Bei einem durchschnittlichen Auftragswert von 33.920€ ergibt sich daraus ein Verbesserungspotenzial in Höhe von 4,5 Mio.€.							
Lieferbereitschaftsgrad								
Erfüllungsrate Lieferanten	62,4%			62,4%			0	
Erfüllungsrate Kundenaufträge	84,7%			84,7%			0	
Durchlaufzeit für Kundenaufträge								
Neueinplanungszeit	0			0			0	
Auftragsdurchlaufzeit	6.8			6.8			-5.8	
Transportzeit ausgehende Aufträge	3			3			0	
Annahmen	2. Verbesserung der Auftragsdurchlaufzeit um 5,8 Tage (ausschließlich Transportzeiten für eingelagerten Teile) zur Unterstützung einer Umsatzerhöhung.							

Tabelle 12-2a: Analyse der Verbesserungsmöglichkeiten am Beispiel der Problemaussage: Unzureichende Planung

	Ausgangsbasis			Testszenario			Differenz	
	Gesamt	Prozent / Euro	Pro Stück / Auftrag (€)	Gesamt	Prozent / Euro	Pro Stück / Auftrag (€)	Änderung (%)	Änderung (€)
Gesamte Beschaffungszeit für einen Artikel	63,8	100%		63.8	100%			
Tage für lagergefertigte Produkte (Anteil)	30	46%		30	46%		0	0
Tage für auftragsgefertigte Produkte (Anteil)	90	52%		90	52%		0	0
Tage für sondergefertigte Produkte (Anteil)	160	2%		160	2%		0	0
Herstellungs und Handelskosten								
Verkaufskosten - Material	77,8%	315 Mio.	33,47	76,2%	311,5 Mio.	33,13	0	-3,5 Mio.
Verkaufskosten - Löhne und unternehmensinterne Frachten	9,9%	4,47 Mio.	0,07	9,8%	44,7 Mio.	0,07	0	
Annahmen	3. Erreichung einer ein-prozentigen Preissenkung pro Stück durch die Bereitstellung akkurater Prognosedaten für alle Lieferanten. Bei Verkaufskosten in Höhe von 315 Mio.€ bedeutet dies ein jährliches Kostensenkungspotenzial von 3,5 Mio.€.							
Lieferkettenkosten								
Auftragsverwaltungskosten	3,2%	14,35 Mio.	0,02	3%	13,766282 Mio.	0,02		
Kundendienst	0		0	0	0	0	0	
Fertigproduktlager	1,3%	5,85 Mio.	0,01	1,2%	5,266282 Mio.	0,01	0	-583.718
Ausgehende und Rücklieferungs-Transporte	0,019	8,5 Mio.	0,01	1,9%	8,5 Mio.	0,01	0	

Tabelle 12-2b: Analyse der Verbesserungsmöglichkeiten am Beispiel der Problemaussage: Unzureichende Planung

	Ausgangsbasis			Testszenario			Differenz	
	Gesamt	Prozent / Euro	Pro Stück / Auftrag (€)	Gesamt	Prozent / Euro	Pro Stück / Auftrag (€)	Änderung (%)	Änderung (€)
Annahmen	4. Sofortige Verfügbarkeit von Lagerbeständen verringert die benötigte Zeit zur vollständigen Entnahme eines Auftrages, die ansonsten für Mehrfachzugiffe erforderlich ist. Dadurch können Lagertransferaufträge beschleunigt und telefonische Anfragen seitens der Kunden besser und schneller beantwortet werden. Bei durchschnittlich 4,40€ Lagerverwaltungskosten pro Auftrag und 1,326632 Mio. Aufträgen pro Jahr bedeutet dies ein Verbesserungspotenzial in Höhe von 583.718€.							
Materialbeschaffung	3,2%	14,55 Mio.	1,39	2,3%	10,25 Mio.	0,98		
Einkauf	0		0	0	0	0	0	
Rohmateriallager	0,5%	2,25 Mio.	0,22	0,5%	2,25 Mio.	0,22	0	
Eingehende Transporte	2,7%	12,3 Mio.	1,18	1,8%	8 Mio.	0,76	0	-4,3 Mio.
Annahmen	5. Reduzierung ungeplanter Änderungen von Einkaufsaufträgen zur Verringerung der Häufigkeit von Eiltransporten innerhalb der Durchlaufzeit. Derzeit werden 65% der Einkaufsaufträge als Eiltransporte behandelt, was eine unnötige Erhöhung der eingehenden Transportkosten um 35% verursacht. Bei eingehenden Transportkosten in Höhe von 12,3 Mio.€ bedeutet dies ein Kosteneinsparungspotenzial von 4,3 Mio.€ .							
Auswirkungen auf Gewinne/Verluste								
Brutto-Betriebsgewinn (%)	94,1%			2,8%				
Brutto-Betriebsgewinn (€)				12,617518 Mio.				
Abschreibungen (%)	-16%			-16%				
Abschreibungen (€)	69 Mio.			-72,72 Mio.				
Gesamteinnahmen (€)				-60,102482 Mio.				

Tabelle 12-2c: Analyse der Verbesserungsmöglichkeiten am Beispiel der Problemaussage. Unzureichende Planung

	Ausgangsbasis			Testszenario			Differenz	
	Gesamt	**Prozent / Euro**	**Pro Stück / Auftrag (€)**	**Gesamt**	**Prozent / Euro**	**Pro Stück / Auftrag (€)**	**Änderung (%)**	**Änderung (€)**
Auswirkungen auf Anlagevermögen								
Lagerbestand (Tage/€)	91	97,3 Mio.			91	65,223077 Mio.		
Ausstehende eigene Zahlungen (Tage/€)	34,3	33 Mio.			34,3	33 Mio.		
Ausstehende Forderungen (Tage/€)	140	172,6 Mio.			140	172,6 Mio.		
Gesamtarbeitskapital (Tage/€)	196,6	236,9 Mio.			166,6	204,8 Mio.	-30 days	32,1
Annahmen	6. Halbierung des inaktiven Lagerbestandes von derzeit 25% auf 12,5 Anteil am gesamten Lagerbestand; dies entspricht einem Lagerwert von 12,1625 Mio.€ bzw. 11,8 Tagen. Rückstellungen sind bereits für den 25%-Anteil gebildet worden, d.h. das erste Jahr wäre ausschließlich Arbeitskapital; die Einsparungen im zweiten Jahr hätten eine direkten Einfluss auf den Gewinn durch die Auflösung der Rückstellungen. Nutzung des Absatz- und Produktionsplanungprozesses, um die Lagerbestände in den verschiedenen Lagerhäusern aufeinander abzustimmen und besser nutzen zu können. Dies führt zu einem zusätzlichen Einsparungspotenzial in Höhe von 19,9375 Mio.€ bzw. 23,2 Tagen.							
Arbeitskapital (%)					15,3%		Kapitalkosten	
Arbeitskapital (€)					32,076923 Mio.	3,207692 Mio.	10%	

Tabelle 12-2d: Analyse der Verbesserungsmöglichkeiten am Beispiel der Problemaussage: Unzureichende Planung

12.2.2 Analyse der Verbesserungsmöglichkeiten

Die Projektgruppe verwendete das Ursache-Wirkungs-Diagramm *Unzureichende Planung* als Ansatzpunkt und gelangte auf die Art zu den obenstehenden Tabellen 12-2a-d. Darin konnten sechs primäre Möglichkeiten zur Steigerung der Gewinne identifiziert werden, die aus der Eliminierung der zugehörigen Problemaussage resultierten:

- Verringerung der verlorenen Aufträge, welche mit einem Prozent des gesamten Auftragsvolumens bzw. rund 26.500 Aufträgen beziffert werden und auf die Nichtverfügbarkeit von Material zurückgeführt werden konnten. Die Berechnung erfolgte anhand eines durchschnittlichen Auftragswerts von rund 340 Euro pro Auftrag und einer 50-prozentigen Gewinnspanne. Dies führte zu potenziellen Gewinnzuwächsen im Gesamtwert von 4,3 Millionen Euro.
- Verbesserung der Durchlaufzeit für die Auftragserfüllung um 5,8 Tage, ausschließlich der Transportdauer, für alle lagerhaltigen Artikel. Damit sollten entgangene Auftrage aufgrund zu langer Lieferzeiten reduziert und in der Folge Umsatzsteigerung erzielt werden.
- Ständige und unmittelbare Verfügbarkeit von Lagerbestandszahlen. Dadurch könnte die Zeit für die mehrfache Bearbeitung eines Auftrags, den Versand von Bestandsumlagerungsaufträgen und die Benachrichtigung von Außendienst-Mitarbeitern um schätzungsweise zehn Prozent reduziert werden. Bei Lagerverwaltungskosten von 3,52 Euro pro Auftrag und rund 1,3 Millionen Aufträgen pro Jahr konnten dadurch jährliche Einsparungen von fast einer halben Million Euro erzielt werden.
- Minimierung nachträglicher Änderungen bei Einkaufsaufträgen, um dadurch die Anzahl an Eilaufträgen innerhalb der Auftragsdurchlaufzeit zu reduzieren. Zu der Zeit stellten ca. 65 Prozent der Einkaufsaufträge Eilaufträge dar. Daraus resultierten zusätzliche Transportkosten für eingehende Lieferungen, welche um schätzungsweise 35 Prozent höher lagen als notwendig. Die Transportkosten für Anlieferungen betrugen derzeit insgesamt rund 12 Millionen Euro; das Verbesserungspotenzial lag folglich bei ca. 3,5 Millionen Euro.
- Verminderung von inaktiven Lagerbeständen durch die Optimierung der Absatz- und Produktionsplanungsprozesse in den Lagerhäusern, um die Konkurrenzanforderungen bezüglich der Lagerbestände zu erfüllen. Das sich daraus ergebende Verbesserungspotenzial lag bei knapp 20 Millionen Euro bzw. einer Verringerung der Lagerbestandsreichweite um weitere 23,2 Tage.

- Verminderung des inaktiven Lagerbestandes um 50 Prozent, d.h. von 25 Prozent auf 12,5 Prozent des Gesamtlagerbestandwerts in Höhe von 97,3 Millionen Euro (siehe Tabellen 9-2a-c in Kapitel 9). Dies entsprach Einsparungen in Höhe von etwa 12 Millionen Euro bzw. einer Reduzierung der Lagerbestandsreichweite um 11,8 Tage. Da die Bestandsabschreibungen mit 25 Prozent angesetzt wurden, betrafen die daraus resultierenden Kosteneinsparungen im ersten Jahr lediglich das Arbeitskapital. Im zweiten Jahr jedoch hatten die Kosteneinsparungen, bedingt durch die Eliminierung von Abschreibungen, eine direkte Auswirkung auf den Gewinn.
- Senkung der Einkaufskosten im Gegenzug dafür, den Lieferanten akkurate Prognosedaten zur Verfügung zu stellen. Bei einem jährlichen Wert an Verkaufskosten, d.h. der direkten und indirekten Kosten, um Endprodukte herzustellen, in Höhe von rund 315 Millionen Euro stellte dies ein Kostensenkungspotenzial von jährlich rund 3,5 Millionen Euro dar.

Die Projektgruppe machte sich eingehende Gedanken darüber, in welchen Bereichen weitere Verbesserungspotenziale liegen könnten, wie beispielsweise der Verminderung der Zugänge aus Rücklieferungen und der Anzahl an Auftragsrückständen oder der Optimierung ausgehender Transporte. Diese Verbesserungsmöglichkeiten standen alle in Zusammenhang mit einer Optimierung der Absatz- und Produktionsplanungsprozesse. Die Projektgruppe war sich jedoch darüber einig, bei der Zuteilung des damit verbundenen finanziellen Nutzens eher vorsichtig zu sein und einigte sich infolgedessen auf die Zuteilung auf jeweils ausschließlich ein Ursache-Wirkungs-Diagramm, um eine Doppelberechnung zu vermeiden.

12.2.3 Identifikation weiterer Mitarbeiter zur Validierung

Während die Projektgruppe eine Verfeinerung der Annahmen anstrebte, arbeitete sie auch an der Liste der Namen von weiteren Mitarbeitern aus der Organisation, die einen Beitrag zur Validierung der Annahmen leisten konnten. In dem Zusammenhang wurden zwei maßgebliche Gründe dafür in Erwägung gezogen, zusätzliche Namen in die Liste aufzunehmen.

Zunächst bestand eventuell eine Notwendigkeit, die Meinung von Experten zu Einzelheiten bezüglich des Inhalts einzubeziehen, um eine weitere Verfeinerung der Annahmen zu ermöglichen. So konnte etwa die Einbeziehung der Meinung eines Marktforschungsanalytikers zur Verfeinerung der Marktanteils- und Absatzvolumenzahlen oder eines Buchhaltungsexperten zur Berechnung der Auswirkungen bestimmter Verbesserungsmöglichkeiten auf die Bilanz durchaus einen positiven Beitrag leisten.

Der zweite Grund für die Einbeziehung dieser Fachexperten war, dass den Projektmitgliedern durch die Einbindung zusätzlicher Ressourcen zur Durchsicht und Überarbeitung der Annahmen mehr Zeit zur Verfügung stand, sich auf die weiteren anstehenden Aufgaben zu konzentrieren.

12.3 Priorisierung der Verbesserungsmöglichkeiten

Der letzte Teil des Tages war für die Erstellung einer Engpass-Potenzial-Matrix gedacht (siehe Abbildung 12-1). Diese Matrix besteht aus vier Feldern, die Projekte anhand des Schwierigkeitsgrades ihrer Umsetzung und des erwarteten Nutzens einstuft.

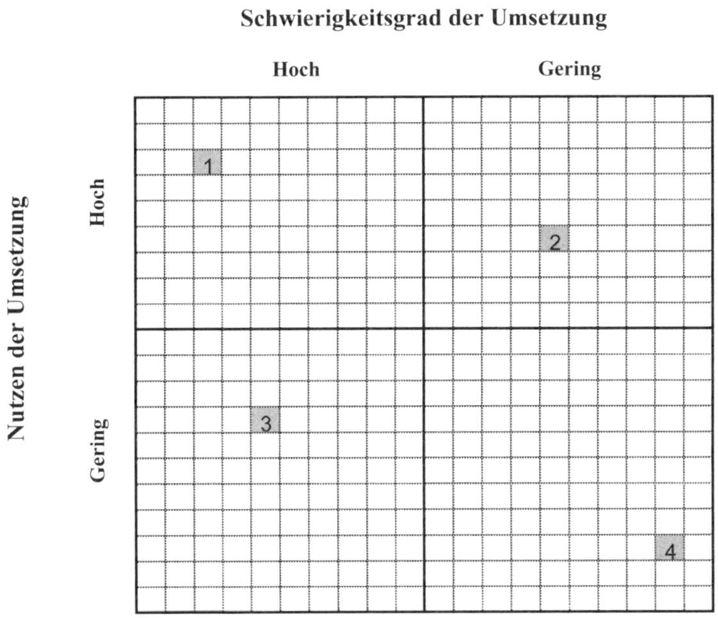

Abb. 12-1: Vorlage einer Engpass-Potenzial-Matrix

Der erwartete Nutzen wird unmittelbar aus der Tabelle für die Verbesserungsmöglichkeiten jedes einzelnen Ursache-Wirkungs-Diagramms entnommen. Die Zuteilung eines Schwierigkeitsgrades ist stärker subjektiv und basiert auf Faktoren wie etwa Technologieanforderungen, Abhängigkeit von Lieferkettenpartnern und Funktionen, die Ressourcen verschiedener Geschäftsbereiche einbeziehen.

Die bevorzugten Projekte liegen im Quadranten *geringer Schwierigkeitsgrad / hoher Nutzen*. Am entgegengesetzten Ende befinden sich die Projekte im Quadranten *hoher Schwierigkeitsgrad / geringer Nutzen*. Jeder Quadrant besteht wiederum aus einer Matrix und erlaubt eine graduelle Einstufung der Projekte mit ähnlichen Schwierigkeitsgraden bzw. Auswirkungen (siehe die Nummern 1 bis 4 in Abbildung 12-1 als Beispiele). Das Ziel besteht in der Einordnung jedes Ursache-Wirkungs-Diagramms hinsichtlich der beiden Faktoren und der daraus resultierenden Positionierung in der Engpass-Potenzial-Matrix.

Die am Ende des vorangegangenen Kapitels erarbeitete Liste für die Logistik AG umfasste acht Problemaussagen respektive Ursache-Wirkungs-Diagramme, die für die darauf aufbauende Analyse der Verbesserungsmöglichkeiten verwendet worden waren:

- Unzureichende Planung
- Ineffiziente Einkaufsauftragsverwaltung
- Reaktive Logistikplanung und -ausführung
- Unvereinbare Systeme
- Schlechte Datenintegrität
- Ineffektive Produkt-Lebenszyklusplanung
- Mangelnde Disziplin in der Auftragsverwaltung
- Ineffektive Verwaltung der Rücklieferungen.

Die Projektgruppe war sich darüber einig, dass lediglich diejenigen Problemaussagen, deren Verbesserungspotenzial bei mindestens 200.000 Euro oder höher lag, den Aufwand rechtfertigten, sich eingehender mit ihnen zu befassen. Diejenigen Problemaussagen bzw. Verbesserungen, die Veränderungen in der Technologie oder dem Verhalten von Kunden und Lieferanten erforderten, wurden als schwierig eingestuft. Die Abschätzung des Schwierigkeitsgrades zur Eliminierung einer Problemaussage bzw. der ihr zugrunde liegenden Ursachen war aufgrund des subjektiven Aspekts mit längeren und intensiven Diskussionen innerhalb der Projektgruppe verbunden. Schließlich konnte die Aufgabe aber erfolgreich abgeschlossen und alle mit den Problemaussagen verbundenen Projekte in der Matrix eingeordnet werden (siehe nachstehende Abbildung 12-2). Die Projekte mit den Nummern 4, 5 und 7 fehlten noch in der Matrix, da ihre Quantifizierung und Kalkulation noch nicht abgeschlossen war.

Die Einordnung der Problemaussage *Ineffektive Verwaltung der Rücklieferungen* stellte für alle Projektmitglieder außer Jürgen Gruber, dem Leiter der Betriebsbuchhaltung, eine Überraschung dar. Die Klassifizierung als schwierig basierte auf der Notwendigkeit, in verstärktem Maße neue Richtlinien für Rücklieferungen einzuhalten.

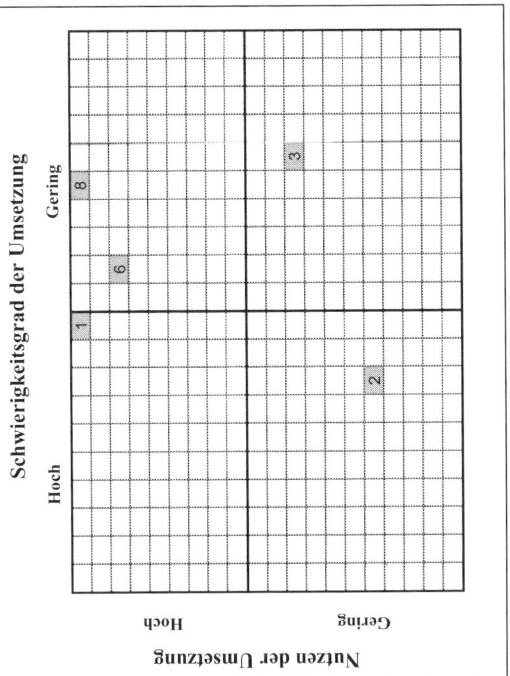

Engpass	Verbesserungspotenzial
1. Unzureichende Planung	15.825.210€
2. Ineffiziente Einkaufsauftragsverwaltung	1.257.888€
3. Reaktive Logistikplanung und –ausführung	2.390.833€
4. Unvereinbare IKT-Systeme	Prozessoptimierung
5. Schlechte Datenintegrität	Prozessoptimierung
6. Ineffektive Produkt-Lebenszyklusplanung	4.440.985€
7. Mangelnde Disziplin in der Auftragsverwaltung	Prozessoptimierung
8. Ineffektive Verwaltung der Rücklieferungen	38.000.000€
Gesamt (monetär):	**61.914.916€**

Erschwerende Faktoren: Technologie, Kunde, Lieferant

Abb. 12-2: Engpass-Potenzial-Matrix der Logistik AG

Das Verbesserungspotenzial belief sich in Summe auf knapp 62 Millionen Euro, was etwa 20 Prozent des Lieferkettenumsatzes in Höhe von 315 Millionen Euro entsprach. Dies stand im Einklang mit der Einschätzung der Projektgruppe, dass sich die Logistik AG eher am unteren Ende auf der Lieferketten-Kompetenzskala befand.

Zum Abschluss der Woche wurde noch mit Vorarbeiten zur Erarbeitung der zukünftigen Materialflüsse begonnen, die Ende der folgenden Woche abgeschlossen werden sollten. Dazu wurden die führenden Geschäftspraktiken aus der SCOR-Dokumentation, die Validierung der Lieferanforderungen der Kunden nach Marktsegmenten und die Identifikation möglicher interner Quellen für führende Geschäftspraktiken herangezogen.

Dadurch, dass mit den Arbeiten bereits in der laufenden Woche begonnen wurde, sollte den Projektmitgliedern eine Möglichkeit gegeben werden, sich schon einmal vorab Gedanken darüber zu machen. Die Aufgabe war zwar auf der einen Seite interessant, stellte aber auf der anderen Seite hohe Anforderungen an die Kreativität und das Wissen der eingebundenen Mitarbeiter.

12.4 Vorbereitung und Moderation der vierten Lenkungsausschuss-Sitzung

Die Tagesordnung für die vierte Lenkungsausschuss-Sitzung umfasste die folgenden Punkte:

- Status des Projektverlaufs und -fortschritts (Projektfortschritts- und Rechenschafts-Bericht)
- Vorstellung der Engpass-Potenzial-Matrix
- Besprechung der erarbeiteten Verbesserungsmöglichkeiten
- Anstehende Entscheidungen
- Erwartungen für die fünfte Lenkungsausschuss-Sitzung.

Die Sitzung verlief insgesamt gut. Es entstand jedoch eine längere Diskussion zu den geschätzten finanziellen Verbesserungspotenzialen. Die Lenkungsausschussmitglieder wollten in der nächsten Sitzung nochmals auf das Thema zurückkommen und hatten darum gebeten, die zugrunde liegenden Annahmen mit einigen speziellen Mitarbeitern aus der Organisation zu besprechen, die bereits an Projekten arbeiteten, die teils ähnliche Ziele verfolgten. Es sollte auf jeden Fall sichergestellt werden, dass kein unnötiger Doppelaufwand entstand und die richtigen Prioritäten gesetzt werden konnten.

Kapitel 13: Gestaltung der zukünftigen Materialflüsse

Zehnte SCOR-Projektwoche: Ausarbeitung und Dokumentation von Soll-Materialflüssen

Die ersten Tage der Erarbeitung der zukünftigen Materialflüsse verliefen etwas zähflüssig und führten bei einem Teil der Projektgruppe zu einer gewissen Unzufriedenheit. Jedes Projektmitglied hatte bereits über Verbesserungsideen nachgedacht und mehr oder weniger klare Vorstellungen darüber entwickelt, wie diese umgesetzt werden könnten.

Die notwendigen Änderungen, um Gewinnsteigerungen zu erzielen, Kosten zu senken und die Kundenzufriedenheit zu erhöhen, waren zu diesem Zeitpunkt relativ offensichtlich. In manchen Fällen schien die Identifikation der durchzuführenden Änderungen einfach darin zu liegen, die erarbeiteten Problemaussagen zu negieren und z.B. *Reaktive Logistikplanung und -ausführung* in *Proaktive Logistikplanung und -ausführung* oder *Ineffektive Produkt-Lebenszyklusplanung* in *Effektive Produkt-Lebenszyklusplanung* zu überführen. Diese scheinbare Trivialität war jedoch eine Täuschung, denn die anstehende Aufgabe stellte tatsächlich hohe Anforderungen an die Projektgruppe. Die Ziele der zehnten Woche bestanden deshalb aus der strukturierten Erarbeitung von führenden Geschäftspraktiken und anderer notwendiger Veränderungen im Hinblick auf die Materialflüsse, um die Problemaussagen so weit wie möglich eliminieren zu können.

13.1 Werkzeuge zur Modellierung der Lieferkette

In dieser Phase des SCOR-Projekts kann die Anwendung hoch entwickelter Modellierungswerkzeuge vorteilhaft sein. Derartige Werkzeuge existieren für die Prozesse, die Logistik-Netzwerke und die Datenflüsse. Einige kombinieren SCOR-Elemente mit den Prozess- und Materialflüssen. Andere wiederum stellen eine Schnittstelle für die betreffenden Arbeitsabläufe zum betrieblichen Planungs- und Warenwirtschaftssystem des Unternehmens dar.

Der *Supply-Chain Council* referenziert auf seiner Internetseite über Beispiele der Modellierungswerkzeuge, welche auf SCOR basierten bzw. die SCOR-Elemente einschließen. Anfang 2007 umfasste die Liste folgende Anbieter von Dienstleistungen und Modellierungswerkzeugen (abgerufen im Januar 2007 unter der folgenden Internetseite des SCC: www.supply-chain.org/ page.ww?section=Resource+Guide&name=Resource+Guide):

- SCE Limited
- EICHER
- Optiant
- PRAGMATEK Consulting Group
- Xelocity
- Proforma
- PRTM
- eKNOWtion Ltd.

Diese Werkzeuge zur Modellierung der Lieferkette sind nicht zu verwechseln mit Anwendungen zur Planung der Betriebsabläufe, unter die unter anderem die betrieblichen Planungs- und Warenwirtschaftssysteme fallen. Einige Hersteller derartiger integrierter, lieferkettenorientierter Lösungen – wie z.B. *International Business Systems*, *IBS* (www.ibsde.de) oder *Business Objects* (www.businessobjects.com) – geben an, dass sich ihre Produkte am SCOR-Modell orientieren bzw. auf dem SCOR-Modell basieren. Die Modellierungswerkzeuge sind außerdem nicht zu verwechseln mit solchen Anwendungen, die zur initialen Gestaltung und möglicherweise sporadischen Umgestaltung der Lieferkette eingesetzt werden. Hierunter fallen etwa die bereits genannten fortschrittlichen Planungssysteme (für einen Überblick zu den verschiedenen Anwendungen zur Unterstützung des Supply Chain Managements durch Informationstechnologie vgl. beispielsweise Richmond u.a. 1999, S. 509 ff.).

Vielmehr geht es um elektronische Werkzeuge für die kontinuierliche Gestaltung bzw. Umgestaltung der Lieferkette, deren Ziel es ist, komplexe Lieferketten für strategische, taktische und operative Voraussagen zu entwerfen. Die Modellierungswerkzeuge der in der oben stehenden Liste des *Supply-Chain Councils* aufgeführten Anbieter zeichnen sich dadurch aus, dass sie weitgehend oder einheitlich auf dem SCOR-Modell basieren. Weitere Anbieter und Werkzeuge in dem Zusammenhang sind z.B. *e-SCOR* von *Gensym* (www.gensym.com), *ADOLog* von *BOC* (www.boc-eu.com) und *ARIS EasySCOR* von *IDS Scheer* (www.ids-scheer.de) und. Hierauf wird in Kapitel 22 noch näher eingegangen.

13.2 Identifikation notwendiger Veränderungen und Erarbeitung zukünftiger Modelle

Die Analyse der bestehenden Materialflüsse war aus praktischen Gründen in Arbeitsgruppen durchgeführt worden (siehe Kapitel 10). Der SCOR-Berater wies jedoch darauf hin, dass es in der Regel vorteilhafter war, die zukünftigen Materialflüsse in einer Arbeitssitzung von der gesamten Projektgruppe entwickeln zu lassen. Diese Aufgabe gestaltete sich dann zwar als zeitaufwändiger, funktionierte aber erfahrungsgemäß besser, da es hierbei neben dem Fachwissen und der Anwendung geeigneter Techniken ebenfalls in hohem Maße auf Erfahrung und Kreativität ankam. Das Gleiche galt im Hinblick auf die Arbeitsabläufe und Informationsflüsse: Die Analyse der bestehenden Situation gestaltete sich in Arbeitsgruppen als vorteilhafter, während die Entwicklung zukünftiger Prozesse besser von der gesamten Gruppe durchgeführt wurde.

13.2.1 Einsatz führender Geschäftspraktiken

Die erste Aufgabe stellte die Anfertigung einer kurzen Liste der führenden Geschäftspraktiken auf Grundlage der SCOR-Dokumentation, welche auf die Branche bzw. das spezielle Unternehmen anwendbar waren, dar.

Folgende Quellen wurden für die Entwicklung dieser Liste herangezogen (siehe hierzu auch die Anhänge D und E):

- SCOR-Dokumentation (vgl. Supply-Chain Council (1) 2006, S. 386 ff.);
- Erfahrungen und Kenntnisse der Projektmitglieder;
- Industrie- und Berufsverbände, wie beispielsweise der Verein Deutscher Ingenieure, VDI (www.vdi.de);
- Kenntnisse aus bereits durchgeführten Initiativen zur Umstrukturierung der Unternehmensprozesse (vgl. etwa Hammer und Champy 1996);
- Qualitätsverbesserungsmaßnahmen (ISO 9000 und folgende, Six Sigma, usw.) (vgl. z.B. Angermeier 2005, S. 377 ff.);
- Theorie der Produktionsengpässe (vgl. Goldratt und Cox 2002);
- Schlanke Produktion (vgl. etwa Thaler 2003, S. 113 f.).

Der zweite Schritt, bei dem einige Nachforschungen notwendig waren, beinhaltete die Erstellung einer jeweils passenden Fallstudie für die einzelnen in Frage kommenden führenden Geschäftspraktiken. Dabei wurden vorrangig drei Kriterien angewendet, um die Anwendbarkeit der Fallstudie sicherzustellen:

- Die einzelnen Fallstudien sollten eine Beschreibung der detaillierten Merkmale der angestrebten Zielsituation enthalten. Diese Merkmale wiederum sollten Strategie, Ausgestaltung und Steuerungsfaktoren hinsichtlich Organisation, Prozessen, Arbeitsaufgaben und Technologie einbeziehen.
- Die Fallstudien sollten den Übergang von den bestehenden Praktiken in die führenden Geschäftspraktiken des angestrebten Zustandes einschließlich der dabei gesammelten Erfahrungen beschreiben.
- Die Fallstudien sollte einen bedeutenden Beitrag zur Wettbewerbsfähigkeit innerhalb des entsprechenden Industriezweiges und/oder zur Gestaltung der Lieferkette leisten (idealerweise zu beiden Punkten).

Auf Grundlage des erarbeiteten Hintergrunds für jede der einzelnen führenden Geschäftspraktiken begann die Projektgruppe mit der Zusammenfassung der bestehenden Praktiken, die anwendbar waren, gefolgt von der Identifikation und Dokumentation der notwendigen Änderungen und Annahmen. Jede einzelne Problemaussage bzw. das entsprechende Ursache-Wirkungs-Diagramm wurde eingehend besprochen. Dabei diente die Matrix der Lieferketten-Kompetenz (siehe Tabelle 12-1 in Kapitel 12) als Anhaltspunkt, um die Diskussion zu strukturieren.

Für jede Problemaussage wurde zu Prüfzwecken dieselbe Frage gestellt: *Besteht die Notwendigkeit, führende Geschäftspraktiken anzuwenden, um das Problem zu eliminieren?* Fiel die Antwort auf diese Frage positiv aus, sollten die Informationen aus der Fallstudie angewendet werden, um die notwendigen Änderungen zu identifizieren und die Fragen in den jeweiligen Feldern der Kompetenz-Matrix zu beantworten. Einige Felder mussten als *nicht zutreffend* eingestuft werden. Häufig waren Änderungen in mehreren Feldern der Matrix notwendig, um die Implementierung eines der führenden Geschäftspraktiken zu vollziehen. Fiel die Antwort auf die Frage negativ aus, wurde aus Vereinfachungsgründen die oben erwähnte Vorgehensweise angewendet und die betreffende Problemaussage negiert (beispielsweise *Ineffiziente Einkaufsauftragsverwaltung* in *Effiziente Einkaufsauftragsverwaltung).*

Die Anzahl der Felder, bei welchen eine Änderung notwendig war, hing von der Komplexität des jeweiligen Ursache-Wirkungs-Diagramms ab. Beispielsweise war eine Änderung der Richtlinien für die Bearbeitung verspäteter Zahlungen relativ einfach und hatte nur auf zwei Felder eine Auswirkung. Die Methode, mit welcher die Absatz- und Produktionsplanung durchgeführt wurde, wirkte sich hingegen auf jedes einzelne Feld aus. Erfahrungsgemäß gelingt es Projektgruppen, die eine große Zahl der Ursache-Wirkungs-Diagramme durch relativ wenige, dafür aber eher schwerwiegende Änderungen eliminieren können, die leistungsfähigsten Lieferketten zu gestalten.

Abschließend sollte ein Szenario für eine Unternehmensanwendung erstellt werden, um eine Darstellung der geografischen Materialflüsse und Materialflusstabellen vor und nach den Änderungen und der in der Kompetenz-Matrix der Lieferkette enthaltenen Änderungsannahmen zu ermöglichen.

13.2.2 Führende Geschäftspraktiken der Logistik AG

Die Liste der führenden Geschäftspraktiken für die Technologie-Produktgruppe enthielt zwei Punkte, die sich auf die Planung bezogen:

- Absatz- und Produktionsplanung
- Gemeinschaftliche Planung, Prognose und Wiederauffüllung *(Collaborative Planning, Forecasting and Replenishment).*

Die Absatz und Produktionsplanung folgte eher dem *Negierungsprinzip* und war folglich mit der Forderung verbunden, unzureichende Absatz- und Produktionsplanungsprozesse in wirkungsvolle und funktionierende Prozesse zu überführen. Im Gegensatz dazu waren die mit den Prozessen zur gemeinschaftlichen Planung, Prognose und Wiederauffüllung verbundenen Probleme zu diesem Zeitpunkt wesentlich komplexer. Die verschiedenen Methoden, die zur Bedarfsplanung und Wiederauffüllung von Beständen für Großkunden eingesetzt wurden, hatten bezüglich den Rücklieferungen, den ein- und ausgehenden Transportkosten, den Lagerbestände und der inkonsistenten Lieferzuverlässigkeit schwerwiegende finanzielle Konsequenzen (in negativer Hinsicht) verursacht. Es bestand deshalb ein klares Verständnis und Einvernehmen darüber, dass die diesbezüglichen Prozesse verbessert werden mussten.

Das Konzept der gemeinschaftlichen Planung, Prognose und Wiederauffüllung ermöglicht den Käufern und Verkäufern einerseits eine unternehmensübergreifende Zusammenarbeit für Bedarfs- und Absatzprognosen. Andererseits schafft es die Grundlage für eine regelmäßige Aktualisierung von Plänen, die auf einem dynamischen Austausch von Informationen basieren sowie optimale Lagerbestände der Kunden und reduzierte Bestände der Lieferanten zum Ziel haben (vgl. etwa Schneider und Grünewald 2001, S. 198f.).

Führende Vertriebsorganisationen setzen das Konzept seit Jahren bei deren größten Lieferanten ein. Dabei spielen informationstechnische Lösungen eine große Rolle, um die Kosten der Infrastruktur zur Kommunikation und Prognoseerstellung zu senken. Die Zahl der Lieferanten, welche in die diesbezüglichen Geschäftsprozesse eingebunden sind, nimmt seit einigen Jahren stetig zu. Eine Organisation, die industrieübergreifende Standards auf dem Gebiet zur Verfügung stellt, ist die Voluntary Interindustry Commerce Standards Organization, VICS (www.vics.org). Die im Jahre 1998 veröffentlichte Studie mit dem Titel „Richtlinien zur freiwilligen kollaborativen Planung, Prognose und Wiederauffüllung“ *(Collaborative Planning, Forecasting and Replenishment Voluntary Guidelines)* enthält eine Vielzahl an nützlichen Informationen und relevanten Forschungsdaten zu dem Thema (vgl. VICS 1998). Außerdem wurden ein Jahr später unter dem Titel „Vorgehensweise bei der Einführung von gemeinschaftlicher Planung, Prognose und Wiederauffüllung“ *(Roadmap to Collaborative Planning, Forecasting and Replenishment)* dazugehörige Fallstudien veröffentlicht (vgl. VICS 1999). Eine weitere nützliche Informationsquelle ist die Internetseite der Collaborative Planning, Forecast and Replenishment Organisation, abgekürzt CPFR (www.cpfr.org).

Die Projektgruppe benutzte in erster Linie die obigen Quellen bei der Suche nach speziellen Informationen und nach einer Fallstudie, in der die folgenden Punkte behandelt bzw. Fragen beantwortet werden sollten:

- Was sind primärer Zweck und Ziele der gemeinschaftlichen Planung, Prognose und Wiederauffüllung?
- Was sind die notwendigen Schritte zur Einführung eines Anwendungssystems zur Unterstützung der diesbezüglichen Prozesse?
- Wie sind die Geschäftsprozesse zur gemeinschaftlichen Planung, Prognose und Wiederauffüllung im Zusammenhang mit den SCOR-Prozessen zu sehen?
- Was sind die erforderlichen Schritte zur Umsetzung des Konzepts?
- Wo können weitere relevante Informationen gefunden werden?

Die Projektmitglieder waren nahezu einheitlich von der hohen Komplexität des Konzepts überzeugt. Sie sahen dies dadurch bestätigt, dass Änderungen in allen zwölf Feldern der Lieferketten-Kompetenztabelle vorgenommen werden mussten.

13.2.3 Verfeinerung der zukünftigen Modelle

Es existieren keine allgemeingültigen Regeln dafür, wie lange die Entwicklung von zukünftigen Lösungen in Anspruch nimmt. Dies hängt in starkem Maße von Umfang und Komplexität der Probleme ab. Am ersten Tag wurde ein erster grober Lösungsvorschlag für jede einzelne Problemaussage bzw. jedes Ursache-Wirkungs-Diagramm entwickelt. Der zweite

Tag begann mit einer erneuten Durchsicht und der gewissenhaften Dokumentation.

Die entscheidende Frage zu diesem Zeitpunkt bestand nicht darin, ob die erarbeiteten groben Lösungsvorschläge und die damit assoziierten Annahmen einer Überarbeitung bedurften, sondern vielmehr, wie viele Überarbeitungen notwendig sein würden, um die Aufgabe abschließen zu können. Außerdem waren zusätzliche Einzelheiten und Klärungen nötig, um die Situation vor und nach Einführung der Lösung detailliert beschreiben zu können mit dem Ziel, eine deutliche Vorstellung über die finanziellen Auswirkungen zu bekommen und die in dem Kontext getroffenen Annahmen validieren zu können.

Als ein Beispiel soll der zukünftige Materialfluss zur gemeinschaftlichen Planung, Prognose und Wiederauffüllung dienen. Dieser umfasste im Wesentlichen vier Änderungen:

- Durchführung einer erhöhten Anzahl an Direktlieferungen von Lieferanten an die Lagerhäuser bestimmter Einzelhandelskunden. Dies bedeutete eine Veränderung der Verbindungslinien in den geografischen Karten. Vor den Änderungen wurden Materialien von Lieferanten über einige Lagerhäuser der Logistik AG und erst im letzten Schritt zu den Standorten der Endkunden transportiert. In den zukünftigen Karten würden diese Materialien statt dessen direkt von den Lieferanten zu einem regionalen Lagerhaus des Endkunden transportiert werden, d.h. die Logistik AG war in diesen Fällen nicht mehr direkt in den physischen Materialfluss eingebunden.
- Zusammenfassung von bereits in Auftrag gegebenen Lagerbeständen und Lagerung an einer verminderten Anzahl von Standorten, die sich in der näheren Umgebung der Vertriebszentren der Kunden befanden. Vor der Änderung war ein bestimmter lagerhaltiger Artikel in allen Lagerhäusern der Logistik AG vorhanden. In den zukünftigen Karten sollte sich dieser Artikel in einem einzigen Lagerhaus und in ausgewählten regionalen Lagerhäusern der Kunden, welche dann als Konsignationslager fungierten, befinden.
- Optimierung des Materialflusses für rückgelieferte Güter. Vor der Änderung wurden sämtliche Rücklieferungen von den Standorten der Kunden zu dem am nächsten gelegenen Lagerhaus der Logistik AG transportiert. In den zukünftigen Karten wurden die rückgelieferten Güter zunächst in einem regionalen Lagerhaus des Kunden konsolidiert, um anschließend an ein einziges Lagerhaus der Logistik AG transportiert zu werden, welches als zentrale Anlaufstelle für die Annahme aller Rücklieferungen fungierte.

- Verkürzung der Durchlaufzeiten bedingt durch Verbesserungen bei der Lagerbestandsaggregation und den Einlagerungstechniken. Das Ziel war eine Erhöhung der Lieferzuverlässigkeit und reduzierte Transportkosten.

Die Mitglieder des Lenkungsausschusses erwarteten, in der nächsten Sitzung eine klare Vorstellung über die zukunftsweisenden Lösungsvorschläge vermittelt zu bekommen. Diese mussten deshalb einerseits in vereinfachter Form dargestellt werden, um schnell und einfach verstanden werden zu können, ohne auf alle zugrunde liegenden Details eingehen zu müssen. Andererseits durften jedoch auch ein ausreichendes Maß an Erklärungen und Einzelheiten nicht fehlen, um ein grundsätzliches Verständnis über ihre Auswirkungen zu ermöglichen.

13.3 Planung kurzfristiger Verbesserungsmaßnahmen

Der nächste Arbeitspunkt des zweiten Tages bestand aus der Planung von Änderungen, deren Auswirkungen in relativ kurzer Zeit erkennbar waren. Hier ging es um ein oder zwei Projekte, die in relativ kurzer Zeit durchgeführt werden konnten, nur einen geringfügigen Einfluss auf die Unternehmenskultur bzw. Mitarbeiter hatten (so dass mit keinen zu großen internen Widerständen zu rechnen war) und einen schnellen Mittelrückfluss ermöglichten. Zur Identifikation und Umsetzung solcher Projekte sind in erster Linie zwei Richtlinien zu beachten: Die richtige Priorisierung und die richtige Umsetzung.

Zunächst musste die Projektgruppe eine Priorisierung der erarbeiteten Lösungsvorschläge zur Optimierung der Materialflüsse durchführen. Die daraus resultierende Aufstellung wurde als Grundlage für eine sechsmonatige Amortisationsdauer, d.h. der Erreichung einer kostenneutralen Kapitalrendite innerhalb der ersten sechs Monate, benutzt. Die dabei erzielten Erfolge sowie das damit verbundene Vertrauen der Unternehmensleitung sollte dann dazu dienen, die weiteren Projekte anzustoßen, bei denen es das Ziel war, über einen Zeitraum von zwölf Monate eine zwei- bis sechsfache Kapitalrendite zu erzielen.

Den Ausgangspunkt stellte die Engpass-Potenzial-Matrix dar (siehe Abbildung 12-1 in Kapitel 12), wobei einige bestimmte darin enthaltenen Informationen zur Erstellung einer neuen Matrix verwendet wurden. Die neu entstandene Matrix bezog zum einen den Umfang der Änderungen – *strategisch* gegenüber *taktisch* – und zum anderen die Geschwindigkeit der erwarteten Änderungen – *schnell* gegenüber *moderat* – ein (siehe nachstehende Abbildung 13-1).

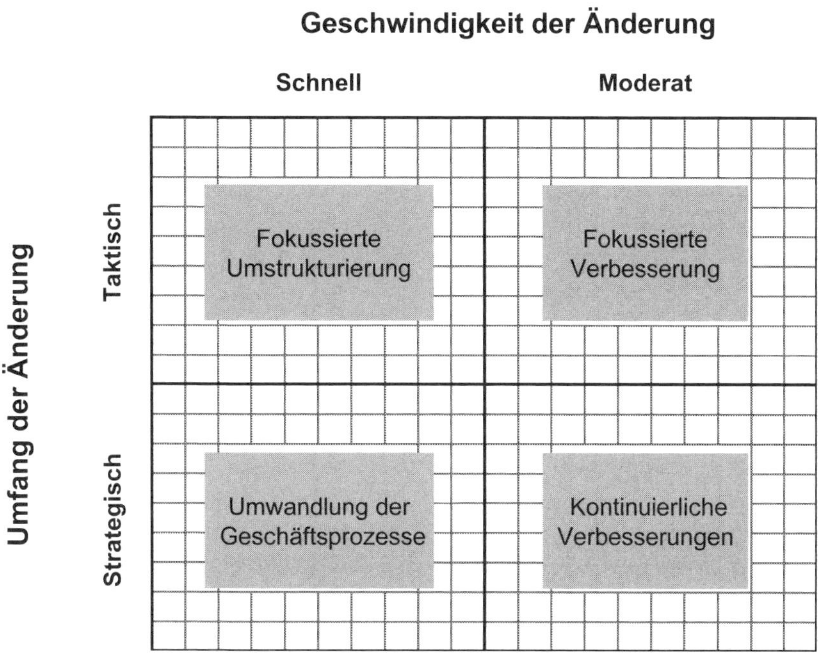

Abb. 13-1: Ausgewogene Projekt-Matrix

In diese Matrix wurden nun die ausgewählten Projekte eingruppiert. Um auf die richtigen Maßnahmen zu fokussieren, sollten lediglich Verbesserungsmöglichkeiten mit der Ausprägung *taktisch* für das Kriterium *Umfang der Umsetzung* in der Engpass-Potenzial-Matrix untersucht werden. Im Hinblick auf das zweite Kriterium, die *Geschwindigkeit der Änderung*, war es nahe liegend, auf die Ausprägung *schnell* zu fokussieren. Folglich sollten zur Planung der kurzfristigen Änderungen lediglich diejenigen Projekte in Erwägung gezogen werden, welche die Kombination *schnell* und *taktisch* aufwiesen, d.h. die sich im Quadrant mit der Bezeichnung *Fokussierte Umstrukturierung* befanden.

Eine weitere Richtlinie beinhaltete die effektive Übergabe der Verantwortung für die Durchführung der ausgewählten Projekte an Mitglieder der erweiterten Projektgruppe. Dazu zählte auch die Erstellung einer Art „Mini-Projektsatzung“, die der ursprünglichen SCOR-Projektsatzung ähnelte, jedoch speziell auf die durchzuführenden Änderungsmaßnahmen bezogen war.

Problem- und Ursachenanalyse	Eingehende Lieferungen aus der Tschechische Republik sind für einzelne Lieferanten zusammengefasst, um komplette Containerbeladungen und damit die Frachtgutoptimierung zu unterstützen
	Während die einzelnen Lieferungen dadurch niedrige Transportkosten aufweisen, ist zwar der Lagerbestandswert hoch, jedoch sind die Flexibilität und Reaktionsfähigkeit niedrig
Empfehlungen	Aufstellung eines regionalen Konsolidierungsplans für alle Lieferanten
	Die Regionen können beispielsweise in Nord-, Ost-, Süd und Westeuropa gegliedert werden. Besonders transportintensive Länder innerhalb einer Region, wie z.B. die Tschechischen Republik, können zusätzlich separat ausgewiesen werden
Aktionsplan	1. Identifikation der Lieferanten
	2. Identifikation der Logistik-Dienstleister
	3. Definition und Pilotierung des Prozesses
	4. Einführung der Änderungen
Verantwortungen und Zeitplanung	1. Gruppierung der Lieferanten und die Validierung mit den zuständigen Sachbearbeitern. Dauer: Zwei Wochen.
	Involvierte Personen: Einkäufer, Beschaffungsplaner, Disponenten
	2. Definition der Anforderungen der Logistik-Dienstleister und Erteilung einer Anfrage. Dauer: Vier Wochen.
	Involvierte Personen: Mitarbeiter aus der Transportabteilung, Logistik-Dienstleister

Tabelle 13-1a: Beispiel eines kurzfristigen Verbesserungsprojekts für Lieferungen von Lieferanten aus europäischen Ländern außerhalb Deutschlands

Verantwortungen und Zeitplanung	3. Entwicklung und Pilotierung der Änderungen. Dauer: Zwei Wochen. Involvierte Personen: Einkäufer, Beschaffungsplaner, Disponenten, Mitarbeiter aus der Transportabteilung, Logistik-Dienstleister
	4. Planung und Einführung der Konsolidierung. Dauer: Vier Wochen. Involvierte Personen: Einkäufer, Beschaffungsplaner, Disponenten, Mitarbeiter aus der Transportabteilung, Logistik-Dienstleister
Projektressourcen	Vollzeitmitarbeiter, jeweils Arbeitsaufwand (gemäß internen Verrechnungssätzen) und Auslagen
	Mitarbeiter aus den Bereichen wie unter *Verantwortungen* aufgelistet, für die Dauer wie unter *Zeitplanung* aufgelistet, einschließlich eines Projektleiters für die gesamte Projektdauer (s.u., *Projektleiter*)
Nutzen (quantifiziert nach Kosten, Zykluszeit, Qualität und/oder Kundendienstleistung)	1. Senkung der jährlichen Transportkosten um 1,75 Mio.€
	2. Verbesserung der Durchlaufzeit um 6 Wochen
	3. Verbesserung der Lieferzuverlässigkeit für Einkaufsaufträge um 35%
Projektmentor/en	Direktoren der Einkaufs- und Logistikabteilung
Projektleiter	Mitarbeiter aus der Abteilung Einkauf oder Beschaffungsplanung
Status	Genehmigt in der fünften SCOR-Lenkungsausschuss-Sitzung vom 14. Juli 2006

Tabelle 13-1b: Beispiel eines kurzfristigen Verbesserungsprojekts für Lieferungen von Lieferanten aus europäischen Ländern außerhalb Deutschlands

Die „Mini-Projektsatzungen“ für die identifizierten Verbesserungsprojekte sollten die folgenden Elemente einschließen:

- Zusammenfassung des zugrunde liegenden Problems
- Kurze Analyse der Ursachen
- Empfohlene Änderungen
- Aktionspläne
- Zeitplanung
- Nutzen gemäß der Tabelle der Verbesserungsmöglichkeiten
- Projektleiter (aus der erweiterten Projektgruppe oder aus einem Organisationsbereich mit dem entsprechenden Fachwissen)
- Projektressourcen (erforderliches Kapital, Ausgaben und Mitarbeiter)
- Projektmentor (aus der SCOR-Projektgruppe).

Eines der Folgeprojekte, das bei der Logistik AG vorgeschlagen werden sollte, betraf die Lieferungen von Lieferanten innerhalb von europäischen Ländern, aber außerhalb von Deutschland. Die damit in Zusammenhang stehenden Informationen sind in den obenstehenden Tabellen 13-1a-b dargestellt.

Kapitel 14: Darstellung der bestehenden Informationsflüsse und Arbeitsabläufe

Elfte SCOR-Projektwoche: Beginn der Analyse der Ist-Arbeitsabläufe und -Informationsflüsse und fünfte Lenkungsausschuss-Sitzung

Im Verlauf eines SCOR-Projekts gibt es mehrere Zeitpunkte, an denen die Aufmerksamkeit der Projektmitglieder mehr auf die strategische Bedeutung ihrer Aktivitäten für das Unternehmen mit Blick auf die Verbesserungsmöglichkeiten gerichtet ist, als auf die Erledigung der für die jeweilige Woche anstehenden Aufgaben. Die Lückenanalyse der SCOR-Wertungsliste in der fünften Woche (siehe hierzu Kapitel 8) stellte beispielsweise einen solchen Anlass dar, da zu dem Zeitpunkt Einsichten gewonnen und Schlüsse gezogen wurden, die zu einem großen Teil neu und oftmals überraschend waren. Der gegenwärtige Zeitpunkt stellte ebenfalls einen solchen Anlass dar.

Die Mitglieder der Projektgruppe hatten zu dem Zeitpunkt ein – durchaus begründetes – Gefühl, einen gemessen an den potenziellen Gewinnverbesserungen und Kosteneinsparungen bedeutenden und relevanten Beitrag zum Unternehmenserfolg leisten zu können. Außerdem sind sie oftmals davon überzeugt, ein detailliertes Verständnis für die durchzuführenden Veränderungen entwickelt zu haben. Falls es gelingt, diese Überzeugung auch auf das Selbstvertrauen der Moderatoren bei der Lenkungsausschuss-Sitzung zu übertragen, trägt dies erfahrungsgemäß zu einer positiven Wahrnehmung des Lenkungsausschusses bei. Wenn der Projektleiter diese positive Atmosphäre richtig nutzt, kann sie auch dazu dienen, die Effizienz der Projektgruppe weiter zu erhöhen. Damit kann in vielen Fällen der Schritt von der Regelphase in die Leistungsphase innerhalb des Projektgruppen-Entwicklungsprozesses gemacht werden (siehe hierzu Kapitel 3).

Das Projekt nimmt zu diesem Zeitpunkt auch die maximale Geschwindigkeit auf und erreicht im Optimalfall einen Bekanntheitsgrad in der Organisation, der unter anderem dazu führt, dass Mitarbeiter außerhalb des Projektes gerne daran teilnehmen wollen. Das gute Ansehen des Projektes kann soweit gehen, dass Kommentare wie etwa „Dieses Projekt ist eines der Besten, das unser Unternehmen in den letzten Jahren durchgeführt hat“ keine Seltenheit sind.

Eine Mischung aus Erfahrungen, Kenntnissen, Analyseergebnissen und quantifizierbaren Zielvorgaben sollten zu dem Zeitpunkt auch gezielt dazu eingesetzt werden, das Projekt vollends zu einer strategisch wichtigen Initiative für die Geschäftsführung und die gesamte Organisation werden zu lassen. Es geht in erster Linie darum, davon zu überzeugen, dass die Organisation bereit ist für den Übergang zu etwas Neuem und Wichtigem und dass das SCOR-Projekt einen signifikanten Beitrag dazu leistet, das dafür erforderliche Verständnis zu schaffen und bestmöglich darauf vorbereitet zu sein.

Die Projektmitglieder der Logistik AG konnten es zu dem Zeitpunkt kaum erwarten, nach zehn Wochen harter Arbeit endlich die geografischen Karten, SCOR-Wertungslisten, Engpass-Potenzial-Matrix, usw. hinter sich lassen zu können, um sich auf die zukünftigen Prozesse zu konzentrieren zu können. Die Ziele der elften Woche bestanden aus der Durchsicht und Verfeinerung der „Mini-Projektsatzungen“ für die Projekte zur Erzielung kurzfristiger Erfolge, die im vorangegangenen Kapitel ins Zentrum der Betrachtung geruckt waren. Darüber hinaus mussten die fünfte Lenkungsausschuss-Sitzung vorbereitet und durchgeführt, die Materialflussänderungen genehmigt sowie die Analyse der Arbeitsabläufe und Informationsflüsse begonnen werden.

14.1 Durchsicht und Verfeinerung der kurzfristigen Verbesserungsprojekte

Der erste Tag begann mit der Identifikation der Personen, welche die Verantwortung für die Durchführung der kurzfristigen Verbesserungsprojekte übernehmen sollten, einschließlich der Teilprojektleiter. Dirk Abele als Leiter des gesamten SCOR-Projekts musste zu dem Zweck die folgenden Aufgaben erledigen:

- Identifikation einer engeren Auswahl von in Frage kommenden Teilprojektleitern – falls möglich aus der Gruppe der Personen, welche bereits Mitglieder der erweiterten Projektgruppe waren – und Zuteilung von Rangordnungen. Idealerweise sollten die Kandidaten an Abteilungen berichten, welche von den Mitgliedern des Lenkungsausschusses oder der Projektgruppe repräsentiert wurden, um so einen informellen Informationsaustausch bezüglich den Projekterfolgen zu gewährleisten.

- Durchführung einer Diskussion über die in der engeren Auswahl stehenden Kandidaten mit dem Projektmentor und Einigung auf jeweils einen Namen je durchzuführendem Teilprojekt.
- Besprechung des vorgeschlagenen Kandidaten mit dem jeweiligen Mitglied der Projektgruppe oder des Lenkungsausschusses. in dessen/deren Berichtsstruktur der jeweilige Mitarbeiter fiel. Das betreffende Mitglied sollte dann Kontakt zum entsprechenden direkten Vorgesetzten des Mitarbeiters aufnehmen, um die Empfehlung zu bestätigen und seine/ihre Freistellung für das anstehende Projekt, einschließlich eines verbindlichen Zeitrahmens, zu vereinbaren.
- Durchführung eines individuellen Treffen mit dem/der Vorgesetzten des betreffenden Mitarbeiters, um die verbindliche Unterstützung einer Freistellung zu bestätigen und einen Überblick zum Inhalt der „Mini-Projektsatzung" und dem anstehenden Projekt zu geben.
- Durchführung eines individuellen Treffens mit dem Mitarbeiter, um die „Mini-Projektsatzung" und das konkrete Projekt, einschließlich den Erwartungen und der zeitlichen Planung, zu besprechen und etwaige Änderungsvorschläge zu diskutieren.

Diese Aufgaben mögen zwar auf den ersten Blick arbeits- und zeitaufwändig erscheinen; sie stellen jedoch einen überaus bedeutenden Teil des Veränderungsprozesses dar, der für die Umsetzung der anstehenden Verbesserungen der Lieferkette unumgänglich ist (siehe auch Kapitel 21).

Dirk Abele und Bernd Dachner hatten nach einiger Suche und gewissenhafter Abwägung zwei geeignete Kandidaten für das in Kapitel 13 vorgestellte beispielhafte Verbesserungsprojekt *Lieferungen von Lieferanten aus europäischen Ländern außerhalb Deutschlands* in der engeren Auswahl: Eine Mitarbeiterin aus dem Einkauf, die für wertmäßig große Einkaufsaufträge zuständig war und einen Logistikmitarbeiter, welcher auf Ein- und Ausfuhrbestimmungen spezialisiert war. Ihrer Meinungen nach verfügten beide über ausgezeichnete Kenntnisse im Hinblick auf die betreffenden Geschäftsprozesse und die Beziehungen zu Lieferanten, d.h. auf Gebieten, welche erfolgskritisch für das Verbesserungsprojekt waren. Des Weiteren hatten beide an der Arbeitssitzung zur Informationssammlung im Hinblick auf die Materialflüsse teilgenommen.

Die eine Kandidatin berichtete an die Einkaufsleiterin, Cecilia Vieri, der andere Kandidat an den Direktor Logistik, Geert van der Lengen. In Anbetracht der Tatsache, dass beide von ihnen geeignet schienen, wurden die Beziehungen zu den Lieferanten zum Entscheidungskriterium, und deshalb die Mitarbeiterin aus dem Einkaufsbereich, Jacqueline Devereaux, schließlich ausgewählt. Nach einem Treffen mit Cecilia Vieri als der zuständigen

Vorgesetzten teilten Dirk Abele und Bernd Dachner ihr die gute Nachricht mit.

Die Teilprojektleiterin wurde, nachdem sie eingewilligt hatte, ebenso wie die weiteren Teilprojektleiter/innen mit der Verfeinerung der jeweiligen „Mini-Projektsatzungen“ beauftragt mit den damit verbundenen Zeitplänen und Aufgaben vertrau gemacht. Diese erste Aufgabe, bei der es auf Fachkenntnissen und Erfahrung ankommt, ist kritisch für den Projektverlauf. Die Teilprojektleiter sollten sich dieser Tatsache bewusst sein und alle dafür erforderliche Unterstützung seitens der Projektleitung erhalten. Aus dem Grund übernahm Dirk Abele persönlich die Rolle des Mentors und die Verantwortung für den erforderlichen Informationsaustausch. Dazu gehörte unter anderem die Bereitstellung von Hintergrundinformationen zu den durchgeführten Analysen und den erarbeiteten Lösungsvorschlägen.

14.2 Beginn der Untersuchung von bestehenden Arbeitsabläufen und Informationsflüssen

Den Hauptpunkt auf der Aufgabenliste des zweiten Tages stellte die Geschäftsvorgangsanalyse dar. Diese Aktivität ähnelte stark der Arbeitssitzung, welche den Auftakt zur Engpass-Analyse der Materialflüsse dargestellt hatte. Dazu mussten primär drei Aufgaben bewältigt werden:

- Vertrautmachen mit den SCOR-Elementen der dritten Ebene
- Identifizieren der Projektmitglieder zur Durchführung der Geschäftsvorgangsanalyse
- Planen und Durchführen der Arbeitssitzung.

14.2.1 Vertrautmachen mit den SCOR-Elementen der dritten Ebene

Das Vertrautmachen mit den Elementen auf der dritten SCOR-Ebene war deshalb so wichtig, weil es den Projektmitgliedern erlaubte, die richtige Namensgebung und Fachterminologie zu benutzen. Dies folgte dem bereits erläuterten Gedanken, SCOR unter anderem als ein Mittel zur Sprachstandardisierung auf dem Gebiet des Supply Chain Managements zu sehen.

Das Ziel war es, die Mitglieder der Projektgruppe ein Stückchen näher an den Status eines SCOR-Experten heranzuführen – eine Position, die sie am Ende des Projektes auf jeden Fall einnehmen mussten, um in der Lage zu sein, als eine Art „SCOR-Katalysator“ zu fungieren und ihr erworbenes Wissen innerhalb der Organisation weiter zu verbreiten. Zur Bewältigung dieser Aufgabe verwendete die Projektgruppe einige der folgenden offiziellen Publikationen des *Supply-Chain Councils*:

- Die SCOR-Modelldokumentation, welche umfassende Informationen zum SCOR-Modell enthält und mehrere hundert Seiten umfasst. Die Anfang 2007 gültige bzw. aktuelle Version 8.0 der Modell-Dokumentation beinhaltet eine Einleitung, die detaillierte Darstellung der SCOR-Hauptprozesse und der dazugehörigen Prozess-Elemente bis auf der dritten Ebene, Grafiken zur Darstellung der Arbeitsabläufe, die Terminologie zu den Geschäftsprozessen, Leistungsmessgrößen, führende Geschäftspraktiken und Eingangs- und Ausgangsgrößen. Außerdem war in Version 7 der Modell-Dokumentation ein Anhang mit Hintergrundsinformationen zu den Leistungsmessgrößen und führenden Geschäftspraktiken hinzugekommen (vgl. Supply-Chain Council (1) 2006).
- Die SCOR-Modellübersicht, welche auf rund dreißig Seiten eine Kurzzusammenfassung der o.g. Modell-Dokumentation enthält (vgl. Supply-Chain Council (2) 2006). Das Dokument ist komplett in Anhang D wiedergegeben.
- Die SCOR-Kurzreferenz, welche auf wenigen Seiten lediglich die Abkürzungen und Langbezeichnungen der SCOR-Prozesse bis hin zu den SCOR-Elementen auf der dritten Ebene umfasst, wie z.B. P1.1 – Identifikation, Priorisierung und Aggregation von Lieferkettenanforderungen *(Identify, Prioritize, and Aggregate Supply Chain Requirements)* (vgl. Supply-Chain Council (3) 2006). Das Dokument ist komplett in Anhang E wiedergegeben.

Die umfassende SCOR-Modelldokumentation ist den Mitgliedern des *Supply-Chain Councils* zugänglich und kann direkt von der entsprechenden Internetseite des SCC heruntergeladen werden. Die SCOR-Modellübersicht und die Kurzreferenz sind auch Nicht-Mitgliedern auf der SCC-Internetseite frei zugänglich (www.supply-chain.org).

Das Befassen mit der dritten SCOR-Ebene umfasste unter anderem eine kurze Diskussion der einzelnen SCOR-Elemente und ein Beispiel zu den betreffenden Prozess-Schritten (siehe hierzu auch die nachfolgenden Abbildungen 14-1 und 14-2a-d). Auch wenn das SCOR-Modell ein normatives Modell bzw. Geschäftsprozess-Referenzmodell darstellt (siehe hierzu Kapitel 2), existiert auch hier zum Teil ein gewisser Interpretationsspielraum. Dies ist deshalb der ideale Moment, sich über ein gemeinsames Verständnis zu den Begrifflichkeiten und deren Bedeutung zu einigen.

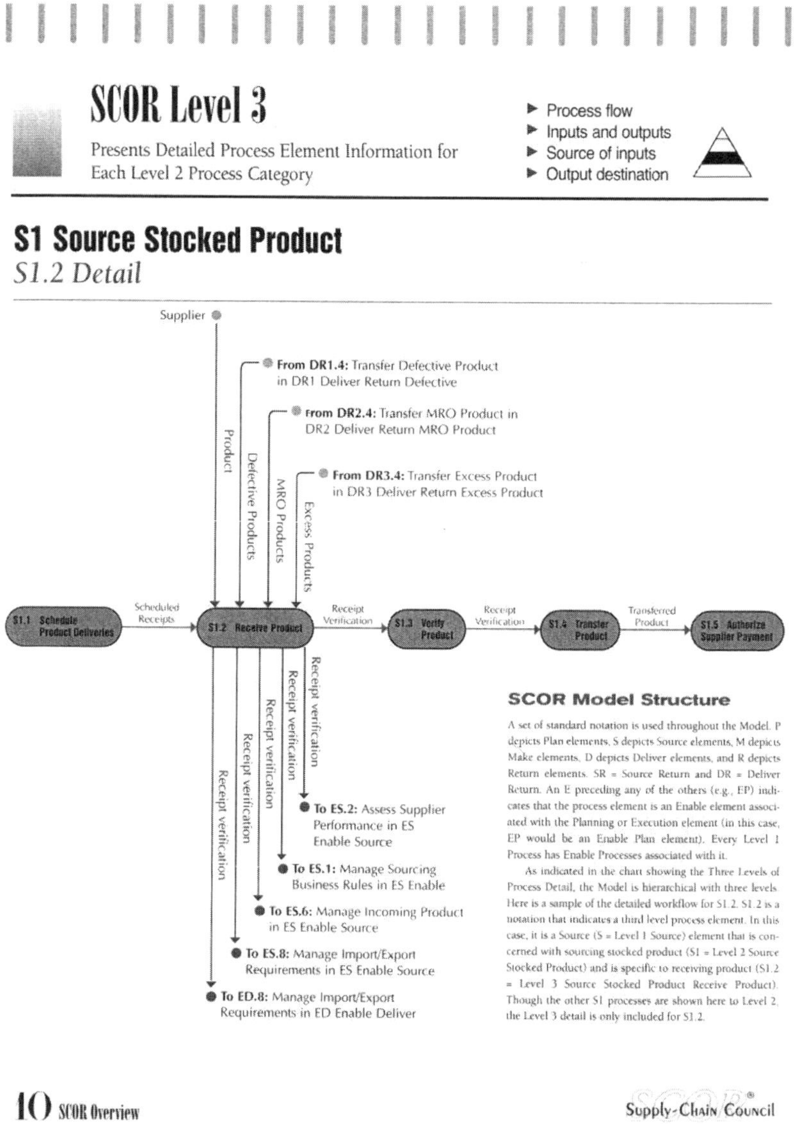

SCOR Level 3

Presents Detailed Process Element Information for Each Level 2 Process Category

- Process flow
- Inputs and outputs
- Source of inputs
- Output destination

S1 Source Stocked Product

S1.2 Detail

SCOR Model Structure

A set of standard notation is used throughout the Model. P depicts Plan elements, S depicts Source elements, M depicts Make elements, D depicts Deliver elements, and R depicts Return elements. SR = Source Return and DR = Deliver Return. An E preceding any of the others (e.g., EP) indicates that the process element is an Enable element associated with the Planning or Execution element (in this case, EP would be an Enable Plan element). Every Level 1 Process has Enable Processes associated with it.

As indicated in the chart showing the Three Levels of Process Detail, the Model is hierarchical with three levels. Here is a sample of the detailed workflow for S1.2. S1.2 is a notation that indicates a third level process element. In this case, it is a Source (S = Level 1 Source) element that is concerned with sourcing stocked product (S1 = Level 2 Source Stocked Product) and is specific to receiving product (S1.2 = Level 3 Source Stocked Product Receive Product). Though the other S1 processes are shown here to Level 2, the Level 3 detail is only included for S1.2.

10 SCOR Overview

Supply-Chain Council

Abb. 14-1: Beispiel eines Prozess-Elements auf der dritten SCOR-Ebene (entnommen aus Supply-Chain Council (2) 2006, S. 10)

S1.2 Receive Product

The process and associated activities of receiving product to contract requirements. Each occurrence consumes time:

Metrics (see Appendix A for metrics attributes):

% Orders/ Lines Processed Complete	The number of orders / lines that are processed complete divided by the total orders / lines processed within the measurement period
% Orders/ Lines Received On-Time To Demand Requirement	The number of orders / lines that are received on-time to the demand requirements divided by the total orders / lines for the demand requirements in the measurement period
% Orders/ Lines Received with Correct Shipping Documents	The number of orders / lines that are received on-time with correct shipping documents divided by the total orders / lines processed in the measurement period
Cost to Receive Product	The sum of the costs associated with receiving product
Receiving Product Cycle Time	Total elapsed time from time product is received to time it is passed to next process

Best Practices:

Bar Coding is Used to Minimize Handling Time and Maximize Data Accuracy	- Bar code interface for data collection devices - Generate bar coded receiving documents - Product serial number used as identifier - RFID
Carrier Agreement	Carrier agreements are agreements between a company and its domestic and global carriers (for both, inbound raw materials and outbound finished goods) specifying service levels, payment terms, and other conditions
Deliveries Are Balanced Throughout Each Working Day and Throughout the Week	None identified
Supplier Certification Programs Are Used to Reduce (Skip Lot) or Eliminate Receiving Inspection	Skip lot/sampling inspection logic
Supplier Delivers Directly to Point of Use - (Dock to Line or End Destination)	Electronic Tag tracking to Point of Use (POU) destination
Vendor Managed Inventory	VMI is a concept for planning and control of inventory, in which the supplier has access to the customer's inventory data and is responsible for maintaining the inventory level required by the customer. Re-supply is performed by the vendor through regularly scheduled reviews of the on-site inventory. The on-site inventory is counted, damaged or outdated goods are removed, and the inventory is restocked to predefined levels

Abb. 14-2a: Details zum exemplarischen Prozess-Element auf der dritten SCOR-Ebene: S1.2 – Erhalt bzw. Annahme/Empfang von lagergefertigten Produkten (entnommen aus Supply-Chain Council (1) 2006, S. 71 f.)

Inputs:

Defective Products from DR1.4 Transfer Defective Product	Maintenance, Repair and Overhaul spare parts used to support of operations and maintenance.
Excess Products from DR3.4 Transfer Excess Product	Material in excess of the current requirements.
MRO Products from DR2.4 Transfer MRO Product	Maintenance, Repair and Overhaul spare parts used to support of operations and maintenance.
Product from Source: Supplier	The end object of a transformation process that includes physical objects, information or services.
Scheduled Receipts from S1.1 Schedule Product Deliveries	Product due to arrive.

Outputs:

Receipt Verification to ES.2 Assess Supplier Performance	Acknowledgement that the product received conforms to specified requirements and criteria.
Receipt Verification to ES.8 Manage Import/Export Requirements	Acknowledgement that the product received conforms to specified requirements and criteria.
Receipt Verification to ES.1 Manage Sourcing Business Rules	Acknowledgement that the product received conforms to specified requirements and criteria.
Receipt Verification to S1.3 Verify Product	Acknowledgement that the product received conforms to specified requirements and criteria.
Receipt Verification to ED.8 Manage Import/Export Requirements	Acknowledgement that the product received conforms to specified requirements and criteria.
Receipt Verification to ES.6 Manage Incoming Product	Acknowledgement that the product received conforms to specified requirements and criteria.

Abb. 14-2b: Details zum exemplarischen Prozess-Element auf der dritten SCOR-Ebene: S1.2 – Erhalt bzw. Annahme/ Empfang von lagergefertigten Produkten (entnommen aus Supply-Chain Council (1) 2006, S. 71 f.)

14.2.2 Identifikation der Projektmitglieder zur Durchführung der Geschäftsvorgangs-Analyse

Die Identifikation der Projektmitglieder für die Geschäftsvorgangs-Analyse stellte eine schwierigere Aufgabe dar, als es auf den ersten Blick schien. Das Ziel dabei bestand, ähnlich wie bei den vorhergegangenen Arbeitssitzungen, aus dem Einsatz von Mitgliedern der Projektgruppe, um die Diskussionsleitung bestimmter Themenbereiche zu übernehmen.

Auf den Rat des SCOR-Beraters hin beschloss Dirk Abele, sich bei der Strukturierung der Geschäftsvorgänge an den zur Erfüllung eines Kundenauftrags involvierten Auftragsarten zu orientieren (vgl. hierzu etwa Kotler und Bliemel 2005, S. 373 ff.). Dabei wurden die folgenden Auftragsarten identifiziert, die bei einem Kundenauftrag in den verschiedenen Geschäftsbereichen der Logistik AG beteiligt sein konnten. Diese Auftragsarten wurden außerdem den SCOR-Hauptprozessen zugeordnet,. Daraus ergaben sich die folgenden sechs Geschäftsvorgangstypen der dritten SCOR-Ebene, die sich im Einklang mit den zugehörigen fünf SCOR-Hauptprozessen befanden, um den unmittelbaren Bezug zu SCOR sicherzustellen:

- Einkaufsaufträge – Beschaffen (S1)
- Arbeitsaufträge – Herstellen (M1)
- Verkaufsaufträge – Liefern (D1)
- Rücklieferungsgenehmigungen – Rückliefern (R1)
- Prognosen – Planen (P1)
- Wiederbeschaffungsaufträge – Planen (P1).

14.2.3 Planung und Durchführung der Arbeitssitzung

Die Projektgruppe einigte sich auf den Vorschlag von Dirk Abele hin auf Erich Zahn, Direktor Planung, als Diskussionsleiter für die Geschäftsvorgangs-Analyse. Seine Aufgabe war es nun, jeweils einen geeigneten Mitarbeiter der erweiterten SCOR-Projektgruppe zu identifizieren, der mit den Einzelheiten der jeweiligen SCOR-Prozess-Schritte gut vertraut war.

Beispielsweise musste der ausgewählte Mitarbeiter für den Geschäftsvorgang *Einkaufsaufträge* in der Lage sein, aufgrund seiner Erfahrungen und Fachkenntnisse seine Teilprojektgruppe, die er mit der Unterstützung von Dirk Abele und Erich Zahn zusammenstellen sollte, durch die folgenden Schritte bzw. Geschäftsvorgänge bei der Abwicklung eines Einkaufsauftrages zu führen:

- Terminierung von Produktlieferungen für lagerhaltige Produkte (S1.1)
- Erhalt bzw. Annahme/Empfang des lagergefertigten Produkts (S1.2)
- Eingangskontrolle des lagergefertigten Produkts (S1.3)
- Übergabe und Transport des lagergefertigten Produkts (S1.4)
- Genehmigung der Zahlung an den Lieferanten (S1.5).

Die Vorgehensweise für die weiteren Auftragsarten und die Besetzung der Teilprojektgruppen erfolgte ganz analog, wobei die Anzahl der Teilprojektmitglieder abhängig von den jeweils erforderlichen Fachkenntnissen war und zwischen zwei und fünf Mitarbeitern lag.

14.3 Analyse der Auftragsverfolgung

Das primäre Ziel der Geschäftsvorgangs-Analyse unter Verwendung von Auftragsarten stellt die Sammlung von Ist-Daten für die jeweils relevanten Elemente der dritten SCOR-Ebene dar. Dies kann beispielsweise anhand der physischen Verfolgung eines bestimmten Prozess-Elements, angefangen von seiner Entstehung über seine Abwicklung bis hin zu seinem endgültigen Abschluss, geschehen.

14.3.1 Vorbereitung der Analyse zur Auftragsverfolgung

Die verschiedenen Kategorien der Ist-Daten bezogen alle Informationen mit ein, die als relevant angesehen wurden, um den Prozess zu durchlaufen:

- Identifikation von Auslösern des Ereignisses und den diesbezüglichen Auswirkungen auf die Hauptprozesse;
- Ermöglichende Informationstechnologien (einschließlich der betreffenden Anwendungssysteme);
- Darstellung einzelner Arbeitsvorgänge, z.B. durch die Anwendung von selbstklebenden Notizblockzetteln;
- Richtlinien, Ziele und Strategie, die beachtet werden mussten (siehe dazu auch das in Abbildung 3-1 in Kapitel 3 dargestellte Integrationskonzept zur Gestaltung von Geschäftsprozessen);
- Engpässe und Probleme, die eine Verlängerung der Durchlaufzeiten und Verzögerungen in der Abwicklung hinsichtlich den betreffenden Geschäftsvorgängen verursachten.

Bei der Datensammlung mussten die folgenden drei Aufgaben erledigt werden: Eine Arbeitssitzung, die Verarbeitung der erforderlichen Informationen und ein effektiver Kommunikationsplan. Diese Komponenten werden im Folgenden näher erläutert.

14.3.1.1 Arbeitssitzung zur Datensammlung

Für die Arbeitssitzung zur Datensammlung musste zunächst eine formale Einladung formuliert sowie die relevanten Hintergrundsinformationen gesammelt werden. Darüber hinaus war eine Tagesordnung zu erstellen, welche die folgenden Tagesordnungspunkte vorsah:

- Besprechung der Lückenanalyse zu den SCOR-Wertungslisten
- Durchsicht der zukünftigen Materialflusskarten
- Besprechung der Vorgehensweise zur Analyse der Geschäftsvorgänge
- Überblick über die einzelnen Schritte bei der Auftragsverfolgung
- Festlegung der Regeln zur Dokumentation der Ergebnisse.

Die Einladung sollte gemeinsam mit dem Informationsmaterial und der Tagesordnung mindestens eine Woche im Voraus an die geplanten Teilnehmer geschickt werden (per Hauspost oder elektronischer Nachricht). Für Teilnehmer, die bislang noch keine Einführung zum Projekt und zu SCOR erhalten haben, sollte außerdem vor der eigentlichen Veranstaltung eine etwa zweistündige Veranstaltung eingeplant werden, um sie mit dem Projekt und dem SCOR-Modell vertraut zu machen. Schließlich mussten Räumlichkeiten gefunden und reserviert werden, die groß genug und vom Aufbau her geeignet waren – ganz ähnlich wie bei der Arbeitssitzung zur Informationssammlung (siehe hierzu Kapitel 10).

14.3.1.2 Verarbeitung der erforderlichen Informationen

Die zweite Komponente bestand aus einer Karte, welche die Informationsflüsse innerhalb und zwischen Standorten schilderte, um die komplette Verfolgung eines Kundenauftrags und die Abwicklung aller zu durchlaufenden Geschäftsvorgänge zu ermöglichen. Diese Karte identifizierte die in den jeweiligen Informationsfluss involvierten Personen nach Namen und Position bzw. Aufgabenbereich innerhalb der Organisation.

Aus praktischen Gründen war es nicht möglich, sämtliche Standorte und Geschäftsvorgänge abzudecken. Die Karte sollte deshalb eine Sammlung der repräsentativsten Daten darstellen, wobei die Einschätzung, inwieweit die Daten repräsentativ waren, auf den Erfahrungen der Projektmitglieder und dem Rat des SCOR-Beraters beruhte.

14.3.1.3 Effektiver Kommunikationsplan

Die dritte Komponente bestand aus einem effektiven Kommunikationsplan, um die Standorte über die bevorstehenden Aktivitäten und die zu befragenden Personen über den dafür zu erwartenden Zeitaufwand zu informieren. *Befragung* bedeutet in dem Zusammenhang entweder die Aufforderung zu Auskünften über Tatsachen, die den Befragten bekannt sind, oder die Aufforderung zu Meinungsäußerungen (Urteilen) über solche Tatbestände, zu denen der Befragte einer Äußerung fähig scheint.

Nach der Art des Vorgehens können die folgenden Befragungsformen unterschieden werden (zu den verschiedenen Befragungsformen und den speziellen Anforderungen aus der Sicht der empirischen Sozialforschung vgl. z.B. Kromrey 2002 , S. 348 ff):

- Schriftliche Befragung
- Mündliche Befragung: Persönliche Befragung, telefonische Befragung
- Elektronische Befragung: Elektronisches Dokument oder Internet-Fragebogen.

Nach der Art des Vorgehens können außerdem unsystematische (uneigentliche) und systematische Befragungen unterschieden werden. Die unsystematischen Befragungen, auch Gelegenheitsbefragungen genannt, lassen sich meist im Zusammenhang mit anderen geschäftlichen Vorgängen erledigen. Die systematischen Befragungen haben ein genau definiertes Untersuchungsziel und müssen planmäßig angelegt und vorbereitet sein. Nach dem Merkmal der Häufigkeit, der Stetigkeit der Befragung, ergibt sich eine Zweiteilung in einmalige Befragung und wiederholte Befragung. Bei den einmaligen Befragungen, die manchmal auch als *ad-hoc Befragungen* bezeichnet werden, wird ein ganz bestimmtes Thema untersucht. Sie haben mithin eine Art Diagnosecharakter, kommen aber auch zur Klärung der Verhältnisse vor wichtigen Entscheidungen in Betracht (vgl. beispielsweise Hammann und Erichson 2006, S. 78 ff.).

Die Projektgruppe entschied sich dafür, aus Zeitgründen eine persönliche Befragung (Interview) durchzuführen. Da es sich um eine systematische, einmalige Befragung zur Diagnose ganz bestimmter Themengebiete handelte, war eine gezielte und gut geplante Vorbereitung wichtig, um zu brauchbaren und qualitativ hochwertigen Ergebnissen zu gelangen.

14.3.2 Bildung von Arbeitsgruppen

Die Arbeitsgruppen zur Vorbereitung und Durchführung der Interviews wurden anhand der SCOR-Prozessbereiche organisiert, wie in der Folge dargestellt.

14.3.2.1 Arbeitsgruppe Planen

In seiner Eigenschaft als Direktor der Planungsabteilung übernahm Erich Zahn die Leitung der Arbeitsgruppe *Planen*, die sich auf die aggregierten Prognosen der Geschäftsbereiche und die Pläne zur Wiederauffüllung konzentrierte.

Er hatte zur Erledigung dieser Aufgabe spezielle Mitglieder der erweiterten SCOR-Projektgruppe, bestehend aus Vertretern der Einkaufsauftragsplanung, Mitarbeitern für Prognosen innerhalb der einzelnen Geschäftsbereiche, Margot Reich, die Geschäftsführerin der Technologie-Produktgruppe sowie den Leiter für interne Kostenrechnung und den Produktionsleiter der Technologie- Produktgruppe zur Verfügung.

14.3.2.2 Arbeitsgruppe Beschaffen

Cecilia Vieri, Einkaufsleiterin, war für die Arbeitsgruppe *Beschaffen* verantwortlich, die sich auf die gesamten Beschaffungs- und Wiederbeschaffungsprozesse konzentrierte.

Diese Aufgabe erledigte sie mit der Hilfe von Mitgliedern der unternehmensweiten Finanzbuchhaltung, Einkaufsmitarbeitern der Lebensmittel- und Technologie-Produktgruppen, einem Lagerverwalter für die Wareneingänge und einem Einkaufsplaner aus der Technologie-Produktgruppe.

14.3.2.3 Arbeitsgruppe Herstellen

Dirk Abele in seiner Funktion als Produktionsleiter leitete die Arbeitsgruppe *Herstellen*, die sich auf die Terminierung, Bearbeitung und Erteilung von Arbeitsaufträgen konzentrierte.

Diese Aufgabe erledigte er gemeinsam mit Projektmitgliedern, welche die Produktionsplanung an den Fertigungsstandorten durchführten sowie Mitarbeitern aus der Materialkontrolle und der Fertigung.

14.3.2.4 Arbeitsgruppe Liefern

Der Logistikleiter, Geert van der Lengen, war für die Arbeitsgruppe *Liefern* verantwortlich, die sich auf die Einhaltung von erteilten Auftragsangeboten, die Kreditwürdigkeitsprüfung, die Lagerbestandszuteilung und die

Prozesse innerhalb der Lagerhäuser von der Auftragserfassung über die Lieferung bis hin zum Empfang am Standort des Kunden konzentrierte.

Zur Erledigung dieser Aufgabe nahm er die Hilfe der Kundendienstleiter aus den Lebensmittel- und Technologie-Produktgruppen, Mitarbeitern aus der Finanzabteilung sowie Lagerverwaltern aus zwei Lagerhäusern in Anspruch.

14.3.2.5 Arbeitsgruppe Rückliefern

Kai Heidemann, Direktor Kundendienst, leitete die Arbeitsgruppe *Rückliefern*, die sich auf Rücklieferungsgenehmigungen und Güterbewegungen fokussierte.

Diese Aufgabe erledigte er gemeinsam mit Projektmitgliedern aus der Kundendienstabteilung, Lagerverwaltern des größten Rücklieferungsstandortes und Vertretern aus den Abteilungen für Kreditwürdigkeitsprüfung und Qualitätskontrolle.

14.3.2.6 Arbeitsgruppe Ermöglichen

Daniel Fischer, Leiter der Abteilung für Informationstechnologie, übernahm die Leitung der Arbeitsgruppe *Ermöglichen*, die sich auf die Datenintegrität, einschließlich der Lieferanten-, Kunden- und Artikel-Stammdaten, konzentrierte.

Für diese Aufgabe standen ihm Projektmitglieder aus den Forschungs- und Entwicklungsabteilungen der Lebensmittel- und Technologie-Produktgruppen, der Kundendienstabteilung und der Einkaufsabteilung zur Verfügung.

14.4 Vorbereitung und Moderation der fünften Lenkungsausschuss-Sitzung

Die Vorbereitung und Durchführung der nächsten Lenkungsausschuss-Sitzung sah die folgenden Punkte auf der Tagesordnung vor:

- Status des Projektverlaufs und -fortschritts (Projektfortschritts- und Rechenschafts-Bericht)
- Durchsicht der zukünftigen geografischen Karten
- Besprechung der kurzfristigen Verbesserungsprojekte
- Geplante Aktivitäten und Arbeitsgruppen zur Auftragsverfolgung
- Anstehende Entscheidungen
- Erwartungen für die nächste Lenkungsausschuss-Sitzung.

Erwartungsgemäß galt die bei weitem größte Aufmerksamkeit den kurzfristigen Verbesserungsprojekten, da bei diesen unter anderem die berechneten und angestrebten finanziellen Verbesserungen in Form von Kosteneinsparungen bzw. Umsatzzuwächsen präsentiert wurden. Dadurch war auf der einen Seite Interesse geweckt worden, das dem SCOR-Projekt zugute kommen konnte, beispielsweise wenn Unterstützung seitens der Unternehmensleitung erforderlich sein sollte. Auf der anderen Seite waren dadurch aber auch Erwartungen geweckt worden, die erfüllt werden mussten, um dem Projekt die notwendige Glaubwürdigkeit zu verleihen. Die Projektgruppe war jedoch mittlerweile in der Leistungsphase des Projektgruppen-Entwicklungsprozesses angelangt (siehe dazu Kapitel 3), so dass dieser Erwartungsdruck sich nicht als hemmend, sondern vielmehr als zusätzlicher Ansporn auswirkte.

Damit war auch die dritte Phase des SCOR-Projekts, die Analyse und Neugestaltung der Materialflüsse, vollends abgeschlossen. In der kommenden Woche sollte bereits die nächste Projektphase beginnen, in welcher die Analyse und Neugestaltung der Arbeitsabläufe und Informationsflüsse im Mittelpunkt standen, mit denen bereits in der aktuellen Woche begonnen worden war.

Kapitel 15: Zusammenfassung der bestehenden Produktivität

Zwölfte SCOR-Projektwoche: Analyse der Geschäftsvorgänge mittels Auftragsverfolgung

Die zwölfte Projektwoche war – nach der Veranstaltung zur Sammlung von Informationen im Kontext der Materialfluss-Engpassanalyse – der zweite Anlass, zu dem eine große Gruppe von Personen aus den verschiedensten Bereichen der Organisation benötigt wurden, um einen essenziellen Beitrag zum Erfolg des SCOR-Projekts und den daraus resultierenden Veränderungen leisten zu können. Im ersten Fall, der Analyse der Materialfluss-Engpässe, waren zusätzliche Mitarbeiter aus der Organisation zur SCOR-Projektgruppe gestoßen. Diesmal sollte die Projektgruppe zusätzlichen Mitarbeitern des Unternehmens einen Besuch abstatten, um Befragungen durchzuführen. Die primären Ziele der Projektwoche lagen somit darin, mit der Auftragsverfolgung zu beginnen und die dazu erforderlichen Ist-Daten bereitzustellen.

Die Analyse der Geschäftsvorgänge mittels der Auftragsverfolgung bestand im Kern aus der Durchführung von persönlichen Befragungen von Mitarbeitern außerhalb der SCOR-Projektgruppe, die zu den Fragestellungen des jeweiligen Themengebiets (Beschaffen, Herstellen, usw.) einen wichtigen Beitrag leisten konnten. Die Arbeitsgruppen orientierten sich an den betreffenden Geschäftsvorgängen ihres jeweiligen Themengebiets und reisten zu den physikalischen Abwicklungsorten der Geschäftsvorgänge unter Maßgabe der Elemente der dritten SCOR-Ebene, um die jeweiligen Auftragsarten bis zu ihrem Abschluss zu verfolgen. Auf ihrem Weg führte die Arbeitsgruppe Befragungen der identifizierten Mitarbeitern vor Ort, d.h. an deren Arbeitsplatz, durch. In den meisten Fällen fand das erste Interview im Büro des Mitarbeiters statt, der für die Initiierung des jeweiligen Prozesses und die Erstellung des entsprechenden Angebots zuständig war und wurde am Hauptsitz des Unternehmens weitergeführt, um den Eingang, die Validierung und die Erfassung des Auftrages zu verfolgen. Die gesamte Woche wurde der Sammlung, Aufbereitung und Zusammenfassung dieser Informationen gewidmet.

15.1 Beginn der Auftragsverfolgung und Analyse der Geschäftsvorgänge

Zu Beginn der Veranstaltung wurde ein Überblick zu den bereits durchgeführten Aktivitäten und dem Fortschritt des SCOR-Projekts gegeben. Die hauptsächliche Intention der Arbeitssitzung lag in der Einführung der Projektgruppe in das anzuwendende Verfahren zur Analyse der Geschäftsvorgänge, der Erarbeitung eines anschaulichen Beispiels und der Definition der Arbeitspakete zur Durchführung der geplanten Aktivitäten. Dabei legte der letztgenannte Punkt fest, was (Aufgabenbeschreibung) von wem (verantwortlicher Mitarbeiter) bis wann (Termin zum Abschluss der Aufgabe) erledigt werden sollte.

15.1.1 Verfahren zur Analyse der Geschäftsvorgänge

Der SCOR-Berater schlug aufgrund seiner Erfahrung vor, den Projektmitgliedern zunächst eine kurze Einleitung zum Verfahren zu geben, im Anschluss daran gemeinsam an einigen Beispielen zu arbeiten und es danach den Projektmitgliedern bzw. Arbeitsgruppen zu überlassen, die Beispiele individuell zu überarbeiten und an die speziellen Themengebiete anzupassen.

Das eingesetzte Verfahren zur Analyse der Geschäftsvorgänge bestand aus drei Schritten:

- Um einheitliche Regeln und Abläufe für die Durchführung der Befragungen festzulegen, wurden im ersten Schritt die bestehenden Informationsflüsse und Arbeitsabläufe je nach Themengebiet bzw. Arbeitsgruppe (Beschaffen, Herstellen, usw.) für das jeweilige Geschäftsvorgangs-Analyseformular gesammelt.
- Im zweiten Schritt wurden die Ergebnisse durch die Arbeitsgruppen vorgestellt und in der gesamten Projektgruppe besprochen, um zum einen sicherzustellen, dass keine wichtigen Einzelheiten übersehen wurden und zum anderen Einheitlichkeit hinsichtlich der Befragungen zu gewährleisten.
- Der dritte Schritt beinhaltete die Dokumentation der erarbeiteten Ergebnisse für die einzelnen Elemente der dritten SCOR-Ebene. Dabei kam es in erster Linie auf ein gemeinsames Verständnis des Geschäftsvorgangs-Analyseformulars und der Informationen, welche für die einzelnen Elemente der dritten SCOR-Ebene gesammelt werden mussten, an.

15.1.2 Das Geschäftsvorgangs-Analyseformular

Das Geschäftsvorgangs-Analyseformular enthält eine Reihe von Informationen, deren Bedeutung jedem Projektmitglied klar sein muss, um in den Interviews die richtigen Fragen stellen und zu den erforderlichen Informationen gelangen zu können (siehe untenstehende Abbildung 15-1).

SCOR-Prozess:
M1.2: Herstellen von lagergefertigten Produkten – Zuteilen von Produkten

Auslöser / Ergebnis:

Prozess-Stufen:
1. Lokalisieren der Lagerplätze von Produkten zur Entnahme
2. Entnahme der Produkte aus dem Lagerplatz
3. Bewegen der Produkte zu den Zwischenlagerplätzen zur Bereitstellung zum Transport
4. Zuweisen einer Rangfolge im Abhol-/Abtransportplan

Angewendete Informations- und Kommunikationstechnik (IKT)-Systeme:
Betriebliches Planungs- und Warenwirtschaftssystem (SAP R3), Microsoft-Excel, Strichcode-Scanner, manuell

Volumen:
1.300 Stück pro Stunde

Zykluszeit (Ereigniszeit):
60 Minuten

Zykluszeit (benötigte Zeit):
240 Minuten

Ausbeute:
85 Prozent

Geschäftsregeln:
1. Vermeidung eines Produktionsausfalls.

Engpässe:
1. Transport der Produkte von den Zwischenlagerplätzen zur Bereitstellung für die Auslieferung.

Abb. 15-1: Beispiel eines Geschäftsvorgangs-Analyseformulars

Wie in der Abbildung ersichtlich, umfasst das Formular im Einzelnen die nachfolgend näher beschriebenen Begriffe: Prozess, Prozess-Schritte, Eingangs- und Ausgangsgrößen, eingesetzte Technologie, Werte zur Produktivitätsberechnung, Unternehmensrichtlinien und Engpässe.

15.1.1.1 Prozess-Beschreibung

Mit *Prozess* ist der Prozess auf der dritten SCOR-Ebene gemeint, der das zu analysierende Element zusammenfasst. Die Beschreibung ist sowohl im Langtext als auch abgekürzt angegeben.

Beispiel: Der Prozess *M1.2 – Materialanweisung* bezieht sich auf die Entnahme und Vorbereitung von Materialien für die Herstellung zur Lagerfertigung.

15.1.1.2 Prozess-Schritte

Die unter dem jeweiligen Prozess subsumierten *Prozess-Schritte* beziehen sich auf maximal zehn Tätigkeiten bzw. Aufgaben, die notwendig sind, um das Element auf der dritten SCOR-Ebene abzuschließen.

Im Beispiel musste der Materialverwalter vier Aufgaben bzw. Tätigkeiten ausführen: Lokalisierung, Übergabe, physische Bewegung und Reihenfolgeplanung hinsichtlich der Vorbereitung der Materialien.

15.1.1.3 Eingangs- und Ausgangsgrößen

Eingangs- und Ausgangsgrößen beziehen sich auf die primären Auslöser der auszuführenden Prozesse und die primären Ergebnisse der ausgeführten Prozesse.

Im Beispiel stellen die Produktionsplanung und die Entnahmeanweisungen die Eingangsgrößen bzw. Auslöser für den Materialverwalter dar, welcher für die Ausgabe des Materials an die Produktionslinie zuständig ist. Die darauf folgende Vorbereitung des Materials repräsentiert die Ausgangsgröße bzw. das Ergebnis des Prozesses, welche aus vier Prozessstufen bestehen.

15.1.1.4 Angewendete Informations- und Kommunikationstechnologie (IKT)-Systeme

Die *angewendeten Informations- und Kommunikationstechnologie (IKT)-Systeme* beziehen sich auf die Werkzeuge und Anwendungen, welche eingesetzt werden um die Ausführung der in der vorhergehenden Stufe identifizierten Aufgaben zu ermöglichen.

Hierzu gehören z.B. Funktionalitäten eines betrieblichen Planungs- und Warenwirtschaftssystems, eine Internetseite, aber auch ein Fax oder ein Telefonanruf. Im Beispiel verwendet der Materialverwalter einen Teil des Funktionsumfanges des betrieblichen Planungs- und Warenwirtschaftssystems *R3* des Anbieters *SAP* (www.sap.de), einen Eintrag in einem *Microsoft Word*-Formular und ein Referenzdokument in einer *Microsoft Excel*-Tabelle.

15.1.1.5 Werte zur Produktivitätsberechnung

Die nächsten drei Punkte auf dem Formular stellen Werte dar, welche für die Berechnung der Produktivität der jeweiligen Geschäftsvorgänge benötigt werden: Volumen, Durchlaufzeit und Ausbeute.

- Das *Volumen* stellt die Anzahl der Geschäftsvorgänge für die primären Ausgangsgrößen über einen bestimmten Zeitraum dar. Es wird in der Regel auf einer jährlichen Basis dargestellt. Im Beispiel plante der Arbeitsvorbereiter die Taktung einer Stückzahl von 1.300 pro Stunde für ein bestimmtes Material, was einer jährlichen Stückzahl bzw. einem Volumen von rund 2,7 Millionen entsprach.
- Die *Durchlaufzeit* kann in zwei Kategorien unterteilt werden: Zum einen die *Ereigniszeit*, d.h. die Zeit, welche vom Anfang bis zum Ende für die vollständige Erledigung einer Aufgabe notwendig ist, ausschließlich sämtlicher Wartezeiten. Zum anderen die *benötigte Zeit*, d.h. die Zeit, welche tatsächlich zur vollständigen Erledigung einer Aufgabe von Anfang bis Ende, einschließlich aller Wartezeiten zur Erteilung von Genehmigungen, Zeiten zum Umrüsten der Maschine, usw. anfällt. Im Beispiel plant der Arbeitsvorbereiter eine Stunde an Ereigniszeit und vier Stunden an benötigter Zeit ein, um alle vier Aufgaben zu erledigen. Oft existiert eine Differenz zwischen der Ereigniszeit und der benötigten Zeit; der Umfang der Differenz hängt jedoch in starkem Maße vom jeweiligen Geschäftsvorgang ab. Die Differenz kann beispielsweise für die Erfassung eines Einkaufsauftrags bei ein paar Minuten liegen, jedoch für die Erteilung einer Genehmigung zur Auftragserteilung durchaus mehrere Tage betragen kann. Ist das Genehmigungsverfahren Teil der Unternehmensrichtlinien, so ist es meistens schwierig, die Ereigniszeit abzukürzen und damit die Differenz zu verringern. In solchen Fällen würde deshalb eine Verkürzung der Ereigniszeit bei der überwiegenden Anzahl der Geschäftsvorgänge lediglich eine marginale Verbesserung der Produktivität bewirken, da die Auswirkung auf die benötigte Zeit nur geringfügig wäre. Bedeutungsvolle Verbesserungen sollten deshalb bei Änderungen bzw. Verkürzungen der benötigten Zeit ansetzen.

- Die *Ausbeute* repräsentiert den Anteil der Geschäftsvorgänge, welche keine erneute Bearbeitung benötigen. Sie stellt damit den reziproken Wert der Ausschussquote dar und wird ebenso wie diese als Prozentanteil der gesamten Geschäftsvorgänge berechnet. Beträgt beispielsweise die Ausschussquote 2 Prozent, so liegt die Ausbeute bei 98 Prozent. Die Ausbeute bezieht die Anzahl der Einkaufs-, Arbeits-, Verkaufs- sowie Rücklieferungsaufträge ein, welche erneut bearbeitet werden müssen, um Änderungen an falschen oder fehlenden Daten durchzuführen, wie beispielsweise falsche Adressierungen, inkorrekte Stückpreise, fehlende Mengenangaben, usw. Ein Kundendienstvertreter, der z.B. 1.000 Aufträge innerhalb eines bestimmten Zeitraumes erfasst und danach auf 250 dieser Aufträge bedingt durch Unstimmigkeiten erneut zugreifen muss, erzeugt eine Ausbeute von 75 Prozent. Im Beispiel aus Abbildung 15-1 müssen bedingt durch schlecht gekennzeichnete Materialien, falsch eingeordnete oder ausgezeichnete Lagerbestände und inkorrekte Materialstückzahlen fünfzehn von einhundert Materialentnahmen erneut durchgeführt werden. Die Ausbeute liegt folglich bei 85 Prozent.

15.1.1.6 Unternehmensrichtlinien

Die Unternehmensrichtlinien bestehen aus internen Abmachungen und formellen Richtlinien, aber auch informellen Absprachen welche einen Einfluss auf Entscheidungen und das Verhalten der an dem Prozess beteiligten Mitarbeiter haben.

Die mögliche Erfassung aller Aufträge bis zu einer bestimmten Uhrzeit stellt beispielsweise eine dieser Richtlinien dar. Allerdings können die Abteilungsleiter der für die Auftragserfassung zuständigen Mitarbeiter vor Ort eine informelle Abmachung getroffen haben, dass etwa die um eine Stunde verspäteten Aufträge, welche die gleichen Lieferanforderungen haben, wie die bis zum Stichpunkt angenommenen Aufträge, trotzdem noch angenommen werden, um damit die Kundenorientierung des Unternehmens unter Beweis zu stellen. In beiden Fälle werden die getroffenen Entscheidungen von den bestehenden Unternehmensrichtlinien beeinflusst.

Im Beispiel aus Abbildung 15-1 ist die wichtigste Unternehmensrichtlinie für die Materialverwalter eine informelle Richtlinie, welche die Entscheidung und das Verhalten zur Vermeidung einer Unterbrechung der Produktion regelt.

15.1.1.7 Engpässe

Die Engpässe beziehen sich auf Probleme, die zu einer Verzögerung hinsichtlich der Ereigniszeit bzw. der benötigten Zeit führen und in einer Ausbeute unter 100 Prozent resultieren.

Im Beispiel würde sich der Materialverwalter im Regelfall an die oben genannte Unternehmensrichtlinie halten und z.B. bei möglichen Materialengpässen das erforderliche Material direkt aus dem Materialeingang benutzen, um einen Produktionsausfall zu verhindern. Dies kann jedoch einen negativen Einfluss auf einen anderen Fertigungsprozess haben, für den das Material trotz korrekter Planung nicht zur Verfügung steht, weil die Dokumentation des Materialeingangs möglicherweise noch nicht stattgefunden hatte.

Es muss deshalb eine regelmäßige Kontrolle solcher informeller Absprachen stattfinden, um zu vermeiden, dass diese insgesamt einen negativen Einfluss haben. Falls erforderlich kann auch eine Richtlinie dahingehend angepasst werden, etwaige informelle Regelungen einzubeziehen.

15.2 Durchführung der Geschäftsvorgangs-Analyse

In den untenstehenden Abbildungen 15-2a-b ist der erste Entwurf einer konsolidierten Geschäftsvorgangs-Analyse am Beispiel des Geschäftsvorgangs *D1.2 – Auftragserfassung, Auftragseingabe und Auftragsvalidierung* wiedergegeben. Die Mitarbeiter an den Standorten, mit denen die Befragungen für dieses Prozess-Element durchgeführt wurden, umfassten die Kundendienstvertreter aus den Geschäftsbereichen sowie die für die Kreditwürdigkeitsprüfung und den Kundendienst verantwortlichen Mitarbeiter aus der Konzernzentrale. Insgesamt wurden sechs Personen bezüglich ihrer konkreten Aufgabe im Zusammenhang mit der Auftragsverfolgung befragt und die Ergebnisse dokumentiert. Die Arbeitsgruppe einigte sich darauf, die Analyse auf die Hauptprozesse D1 (Liefern lagergefertigter Produkte) und D2 (Liefern auftragsgefertigter Produkte) zu beschränken.

Die Eingangsgrößen bzw. Auslöser, welche beispielsweise Anrufe von Kunden, Faxe, elektronische Nachrichten, Bestellungen über das Internet, Kundentermine der Außendienstmitarbeiter und das Aufsetzen der Kundenstammdaten umfassten, wurden zusammengefasst. Die Ausgangsgröße bzw. das Ergebnis wurde passend als *erfasster Auftrag* bezeichnet.

SCOR-Prozess:

D1.2: Eingang, Eingabe und Validierung von Kundenauftrag für lagerhaltige Artikel
D2.2: Eingang, Konfiguration und Validierung von Kundenauftrag für Auftragsfertigung

Auslöser / Ergebnis:

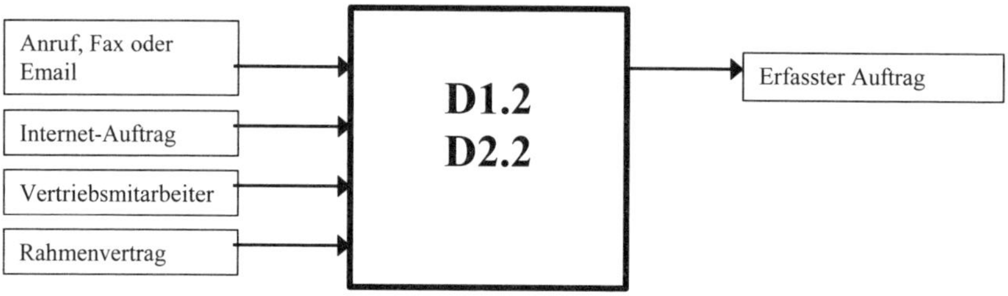

Prozess-Stufen:
1. Aufruf bzw. Neueingabe der Kundendaten
2. Prüfung der Liefer- und Rechnungsadresse/n
3. Eingabe von Kunden-Kontaktinformationen, Zahlungsbedingungen, Liefermethode und Auftragsnummer
4. Anpassung spezieller Liefer- und Zahlungsbedingungen für den Kunden (falls erforderlich)
5. Eingabe des angeforderten Lieferdatums
6. Eingabe der Artikelnummer und der Mengen
7. Prüfung und ggf. Änderung der Artikelbeschreibung
8. Eingabe der aktuell gültigen Preise und der Mengen-/Maßeinheiten
9. Auftrag aktualisieren und abspeichern
10. Falls Lagerbestandszuteilung fehlschlägt: Kunde zurückrufen und Auftrag neu terminieren

Angewendete Informations- und Kommunikationstechnik (IKT)-Systeme:
Betriebliches Planungs- und Warenwirtschaftssystem (SAP R3), Microsoft-Word, Microsoft-Excel, Fax, Email, Internetseite mit Produktkatalog

Volumen:
100.000 Aufträge pro Jahr

Zykluszeit (Ereigniszeit):
15 Minuten (Durchschnitt)

Zykluszeit (benötigte Zeit):
6 Stunden (Durchschnitt)

Ausbeute:
60 Prozent, d. h. 40 von 100 Aufträgen müssen neu geöffnet werden, um den Kundenauftrag abschliessen zu können

Abb. 15-2a: Konsolidiertes Geschäftsvorgangs-Analyseformulars der Logistik AG für die Prozess-Elemente D1.1 und D1.2

Geschäftsregeln:
1. Formell: Aufträge können nach Zuteilung des Lagerbestandes maximal 30 Tage zur Auslieferung zurückgehalten werden.
2. Formell: Kreditwürdigkeitsprüfung findet einmal täglich statt
3. Informell: Nach der Auftragserfassung werden die einzelnen Zeilen auf dem Auftrag manuell angepasst, um korrekte Mengen, korrekte Artikelnummern und korrekte Preies auszuweisen
4. Informell: Der Auftrag wird für den Transport zurückgehalten, wenn die Lieferadresse und/oder Rechnungsadresse geändert werden muss/müssen. Der Kundendienst muss die geänderte Adresse überprüfen und genehmigen.

Engpässe:
1. Kritische Informationen, die häufig nicht stimmen und die Genehmigung von Aufträge verzögern, umfassen im Einzelnen: Korrekte Preise, korrekte Kundenangaben, korrekte Artikelangaben, korrekte Liefer- und Zahlungsbedingungen und vollständige spezielle Auftragsbedingungen
2. Der Preis im System stimmt nicht mit den Listen- bzw. Kundenpreisen überein. Häufigkeit: 40 Prozent aller Fälle
3. Die manuelle Eingabe neuer Lieferadressen für Direktlieferungen von Lieferanten ist erforderlich. Häufigkeit: 20 Prozent aller Fälle
4. Der Kunde wünscht andere Auftragsbedingungen, als im Vertrag festgelegt sind. Häufigkeit: 17 Prozent aller Fälle
5. Inkorrekte Angaben auf dem Kundenauftrag, z.B. Mengen-/Maßeinheit und Mindestmengen. Häufigkeit: 10 Prozent aller Fälle
6. Der Querverweis auf die Artikelnummer/n des Kunden ist nicht korrekt. Häufigkeit: 7 Prozent aller Fälle
7. Neue Artikel sind noch nicht im System vorhanden und müssen manuell erfasst werden. Häufigkeit: 2 Prozent aller Fälle
8. Der Artikel steht nicht für die elektronische Datenübertragung (Electronic Data Interchange, EDI) zur Verfügung. Häufigkeit: 2 Prozent aller Fälle
9. Es fehlen Anweisungen bei den Aufträgen mit besonderen Kundenbedingungen. Häufigkeit: 2 Prozent aller Fälle.

Befragte Personen:
- Ralf Stopper –Sachbearbeiter Einkauf
- Annette Wild – Sachbearbeiterin Vetrieb
- Christoph Schauler – Materialdisponent
- Walter Brunner – Lagerverwalter

Abb. 15-2b: Konsolidiertes Geschäftsvorgangs-Analyseformulars der Logistik AG für die Prozess-Elemente D1.1 und D1.2

Am Ende der zwölften Woche hatte die Arbeitsgruppe *Liefern* die Befragungen und die Dokumentation der Interviews für alle dreizehn SCOR-Elemente, die dem Lieferprozess zugeordnet waren, abgeschlossen. Die anderen Arbeitsgruppen hatten Informationen zu den weiteren rund fünfzig Prozess-Elementen für die SCOR-Hauptprozesse Planen, Beschaffen, Herstellen und Rückliefern gesammelt. Außerdem lagen die Informationen zu der SCOR-Prozessart Ermöglichen vor (für einen Überblick zu den SCOR-Elementen siehe auch Anhang E).

Auf Grundlage der gesammelten Informationen mussten nun die Geschäftsvorgangs-Analyseformulare vervollständigt werden, die zu Beginn der folgenden Woche an alle Projektmitglieder verteilt werden sollten. Dieses Informationspaket sollte im nächsten Schritt als Grundlage zur Erstellung der so genannten *Bahnen-Diagramme* (siehe Kapitel 16) und für die Zusammenfassung der Ist-Produktivität dienen.

Um diese Aufgaben rechtzeitig erledigen zu können, waren wahrscheinlich zusätzliche Mitarbeiter außerhalb der Projektgruppe erforderlich. Dirk Abele informierte deshalb Bernd Dachner darüber, damit dieser sich nach kurzfristiger Unterstützung umschauen konnte. Da es sich hierbei in erster Linie um Dokumentationsaufgaben handelte, konnten erforderlichenfalls auch externe Mitarbeiter von Beratungsunternehmen oder Zeitarbeitsfirmen in Betracht gezogen werden.

Kapitel 16: Geschäftsvorgangs-Analyse und Möglichkeiten zur Beseitigung der Schwachstellen

Dreizehnte SCOR-Projektwoche: Erarbeitung von Lösungsvorschlägen und sechste Lenkungsausschuss-Sitzung

Nach ihrer Reisewoche war die Projektgruppe mit einer Vielzahl an Informationen und Daten für die Geschäftsvorgangs-Analyse ausgestattet, die sämtliche Elemente der dritten SCOR-Ebene umfassten. Die Projektmitglieder hatten im Rahmen der Befragungen außerdem eine Gelegenheit gehabt, aus eigener Anschauung ungeschriebene Regeln, die Umgehung von Richtlinien durch informelle Absprachen und die Konsequenzen der vorherrschenden Aufbauorganisation und des damit verbundenen *Silodenkens* in der Praxis ihres Unternehmens beobachten zu können.

Eine der wichtigsten Eindrücke war der negative Einfluss der oben genannten Beobachtungen auf die Produktivität. Die Projektgruppe war jetzt in der Lage, ein erweitertes Gesamtbild der Geschäftssituation zu erstellen, welches die Effektivität und Effizienz der Lieferketten-Prozesse in ihrem gegenwärtigen Zustand darstellte. Das Hauptziel der dreizehnten Projektwoche bestand in der Erstellung von Ist-Bahnen-Diagrammen auf Grundlage der im Geschäftsvorgangs-Analyseformular dokumentierten Daten. Diese Daten sollten außerdem einer zusätzlichen Validierung und Verfeinerung unterzogen werden.

16.1 Bahnen-Diagramme zur Abbildung von Geschäftsvorgängen

Bahnen-Diagramme dienen der Darstellung von Aktivitäten innerhalb von Prozessen und haben eine Ähnlichkeit mit Ablauf-Diagrammen. Der Unterschied liegt darin, dass ein Bahnen-Diagramm die Aktivitäten in Kategorien unterteilt, die in voneinander abgeteilten horizontalen Bahnen dargestellt werden (daher auch der häufig verwendete Name *Schwimmlinien-*

Diagramm). Die Kategorien können etwa die Rollen der einbezogenen Mitarbeiter, die Geschäftsbereiche des Unternehmens, die Anwendungssysteme oder die SCOR-Prozesse bzw. Prozess-Elemente repräsentieren. Außerdem können Eingangs- und Ausgangsgrößen in die Darstellung aufgenommen werden, um den Detaillierungsgrad zu erhöhen.

Bahnen-Diagramme sind insbesondere hilfreich, um die Übergabepunkte zwischen den jeweiligen Kategorien (Mitarbeiter, Abteilungen, usw.) innerhalb des Prozessflusses darzustellen. Ihr Nutzen liegt vor allen Dingen darin, die organisatorischen Verantwortlichkeiten im Zusammenhang mit den Prozessflüssen und dazugehörigen Aktivitäten zu verdeutlichen und damit auch auf „Prozessbrüche", zu häufige Übergabepunkte und unnötige Komplexität hinzuweisen (vgl. beispielsweise Sharp und McDermott 2001, S. 137 ff.).

Das grundlegende Bahnen-Diagramm, dessen ursprünglicher Entwurf auf einer Tafel oder einem Blatt Papier entstehen kann, beinhaltet diejenigen Funktionsebenen bzw. Abteilungen der Organisation, die eine mögliche Rolle in dem zu dokumentierenden Prozess ausüben. Beispielsweise schließen diese Funktionsebenen für einen Einkaufsauftrag das Lagerhaus, den Einkauf, die Zahlungsverbindlichkeiten und den Lieferanten mit ein. Das Bahnen-Diagramm illustriert die Abläufe, anhand derer die dargestellten Aktivitäten innerhalb der Organisation ausgeführt werden, indem die diesbezüglichen Prozess-Schritte in die jeweiligen Bahnen eingetragen werden. In den Fällen, in denen eine Vielzahl von Funktionsebenen zur Ausführung einer bestimmten Aktivität involviert ist, wird der entsprechende Prozess-Schritt in allen zutreffenden Bahnen eingetragen.

Die nachstehende Abbildung enthält ein Beispiel für ein Bahnen-Diagramm unter Verwendung der SCOR-Terminologie und Prozess-Elemente. Im Beispiel wurden die Prozesse der dritten SCOR-Ebene in diejenigen Bahnen eingetragen, die an der Ausführung der jeweiligen Aktivitäten beteiligt waren. Die Aktivitäten betrafen konkret die Prozess-Elemente des SCOR-Hautprozesses *Beschaffen.* Sowohl bei der Terminierung der Produktanlieferung als auch dem Wareneingang waren Einkauf, Wareneingang, Wareneingangskontrolle und Übergabe des Produkts an das Lager involviert. Außerdem waren Genehmigungen für die Zahlungen an Lieferanten erforderlich, was die Einbindung der Betriebsbuchhaltung erforderlich machte. In dem vereinfachten Beispiel führte das Lagerhaus die physische Materialannahme und die Einkaufsabteilung den elektronischen Materialeingang aus.

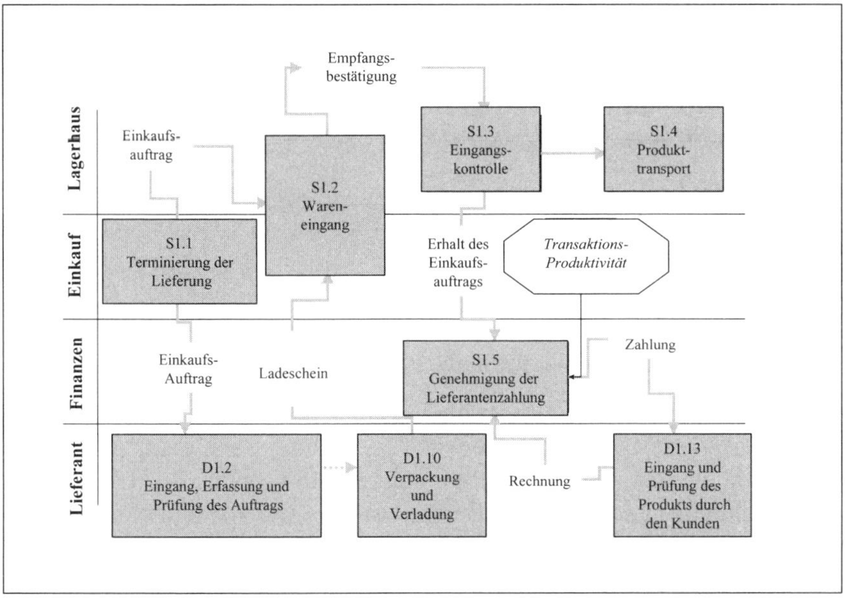

Abb. 16-1: Beispiel eines Bahnen-Diagramms für Einkaufsaufträge

Das Bahnen-Diagramm diente darüber hinaus dazu, die Informationsflüsse in Form von Eingangsgrößen (Auslösern) und Ausgangsgrößen (Ergebnissen) abzubilden, welche notwendig waren, um diese Prozesse zu ermöglichen. Dabei stellten die Erfassung des Einkaufsauftrags, die physische Lieferung der Materialien und der Lieferschein die Auslöser für die Entgegennahme der Materialien dar. Das Ergebnis, welches zur Auslösung des nächsten Prozess-Schritts, der Wareneingangskontrolle, führte, war die Bestätigung des Wareneingangs. Die Eingangs- und Ausgangsgrößen stellten somit Informationen dar.

Die letzte Hauptkomponente des Bahnen-Diagramms bestand aus den Messgrößen zur Bewertung der Prozessleistung. Diese Messgrößen bezogen sich auf bestimmte Punkte bzw. Aktivitäten innerhalb der entsprechenden Prozessflüsse. Im Beispiel wurde die Produktivität des Geschäftsvorgangs – berechnet anhand des Auftragsvolumens, der benötigten Zykluszeit und der Ausbeute – nach erfolgter Genehmigung der Zahlung an den Lieferanten gemessen.

16.2 Erstellung der vorläufigen Bahnen-Diagramme

Die Erstellung der Ist-Bahnen-Diagramme für die bestehenden Geschäftsvorgänge der Logistik AG umfasste die folgenden grundsätzlichen Aktivitäten:

- Interaktive Erarbeitung eines vorläufigen Diagramms an der Tafel;
- Übertragung des Diagramms in ein elektronisches Dokument und Verfeinerung der Darstellung;
- Identifikation von Fallstudien aus der Unternehmenspraxis für die einzelnen Geschäftsvorgänge – Absatzprognosen, Einkaufs-, Arbeits-, und Wiederbeschaffungsaufträge sowie Rücklieferungsgenehmigungen.

Der Ausdruck *interaktiv* bezieht sich dabei auf die gewählte Vorgehensweise: Es wurde bewusst keine Vorlage für das Bahnen-Diagramm verwendet, da die Resultate sonst erfahrungsgemäß weniger zufrieden stellend sind. Vielmehr gab der SCOR-Berater das Format vor und erarbeitete die Inhalte des Diagramms in einer interaktiven Arbeitssitzung gemeinsam mit den Projektmitgliedern. Die gemeinsame Erstellung eines beispielhaften Ist-Diagramms für die einzelnen Prozesse half den Projektmitgliedern außerdem, ein Verständnis dafür zu entwickeln, wie verschiedene Sichtweisen und Funktionsebenen in einer ganzheitlichen Form betrachtet und dargestellt werden können.

Es existiert eine Reihe von Modellierungswerkzeugen für die Erstellung eines elektronischen Dokuments zur Wiedergabe von Bahnen-Diagrammen. Einige dieser Werkzeuge sind relativ kompliziert und teuer und stellen automatisierte Darstellungs- und Simulationsfunktionen zur Verfügung. Eine verhältnismäßig einfache Möglichkeit liegt in der Verwendung von *Microsoft Visio*. Dieses Programm hat sich als sehr nützlich für den Zweck erwiesen und ist darüber hinaus leicht verfügbar oder wird in vielen Fällen sogar bereits im Unternehmen eingesetzt. Es kommt dabei prinzipiell nicht so sehr auf die verwendete Technologie an, sollte aber auf jeden Fall darauf geachtet werden, dass die gewählte Art der Darstellung nicht zu kompliziert, einfach zu erstellen und leicht aktualisierbar ist.

16.2.1 Vorgehensweise zur Erstellung der Bahnen-Diagramme

Idealerweise sollte ein Mitarbeiter dazu abgestellt werden, die Verantwortung für die Erstellung der Dokumentation zu übernehmen. Da diese Aufgabe mehr handwerkliches Können als Fachwissen hinsichtlich den zugrunde liegenden Inhalten erfordert, kann sie auch von einer Schreibkraft oder einem Praktikanten erledigt werden, welche/r idealerweise schon einmal mit der entsprechenden Anwendung gearbeitet hat und deshalb bereits damit umzugehen weiß. Dadurch können sich die Projektmitglieder voll und ganz auf die inhaltliche Seite konzentrieren.

Ein guter Ausgangspunkt sind die SCOR-Ausführungsprozesse *Beschaffen*, *Herstellen* und *Liefern*, welche am besten aus der nach vorne gerichteten Perspektive in der Lieferkette – ausgehend vom Lieferanten hin zum Kunden – betrachtet werden sollten. In speziellen Fällen kann es auch angebracht sein, eine entgegengesetzte Sichtweise – ausgehend vom Kunden zurück zum Lieferanten – zu wählen, was die Reihenfolge *Liefern, Herstellen und Beschaffen* ergeben würde. In keinem Fall ist es allerdings ratsam, mit den Prozessen *Planen* oder *Rückliefern* zu beginnen, da zu diesen in den meisten Unternehmen das geringste Wissen vorliegt und somit ein Start unnötig erschwert werden könnte.

Zur Erarbeitung und Eintragung in das Bahnen-Diagramm der einzelnen Prozess-Elemente auf der dritten SCOR-Ebene wurde eine dreistufige Vorgehensweise gewählt. Jede Stufe war durch eine spezielle Fragestellung gekennzeichnet:

- Welche Personen sind an den jeweiligen Prozess-Schritten zur Erledigung der Aktivitäten beteiligt?
- Welche Informationen stellen die primären Eingangsgrößen bzw. den Auslöser für diese Aktivitäten dar?
- Welche Informationen stellen die primären Ausgangsgrößen bzw. das Ergebnis des Prozess-Schrittes und damit den Auslöser für den nächsten Prozess-Schritt dar?

16.2.2 Sammlung der erforderlichen Informationen für das erste Bahnen-Diagramm der Logistik AG

In den nachfolgenden Ausführungen soll die Vorgehensweise zur Erarbeitung der Bahnen-Diagramme am Beispiel des SCOR-Prozesses *P1 – Planen der Lieferkette* und der dazugehörigen SCOR-Elemente auf der dritten Ebene dargestellt werden (zu einer Übersicht der Prozess-Elemente vgl. Supply-Chain Council (3) 2006, S. 1 ff. sowie Anhang E).

Das untenstehende Schaubild gibt einen Überblick zu den einzelnen Prozess-Schritten, die in der Folge eingehend erläutert werden. Die Erarbeitung der weiteren Prozess-Elemente erfolgte in analoger Form.

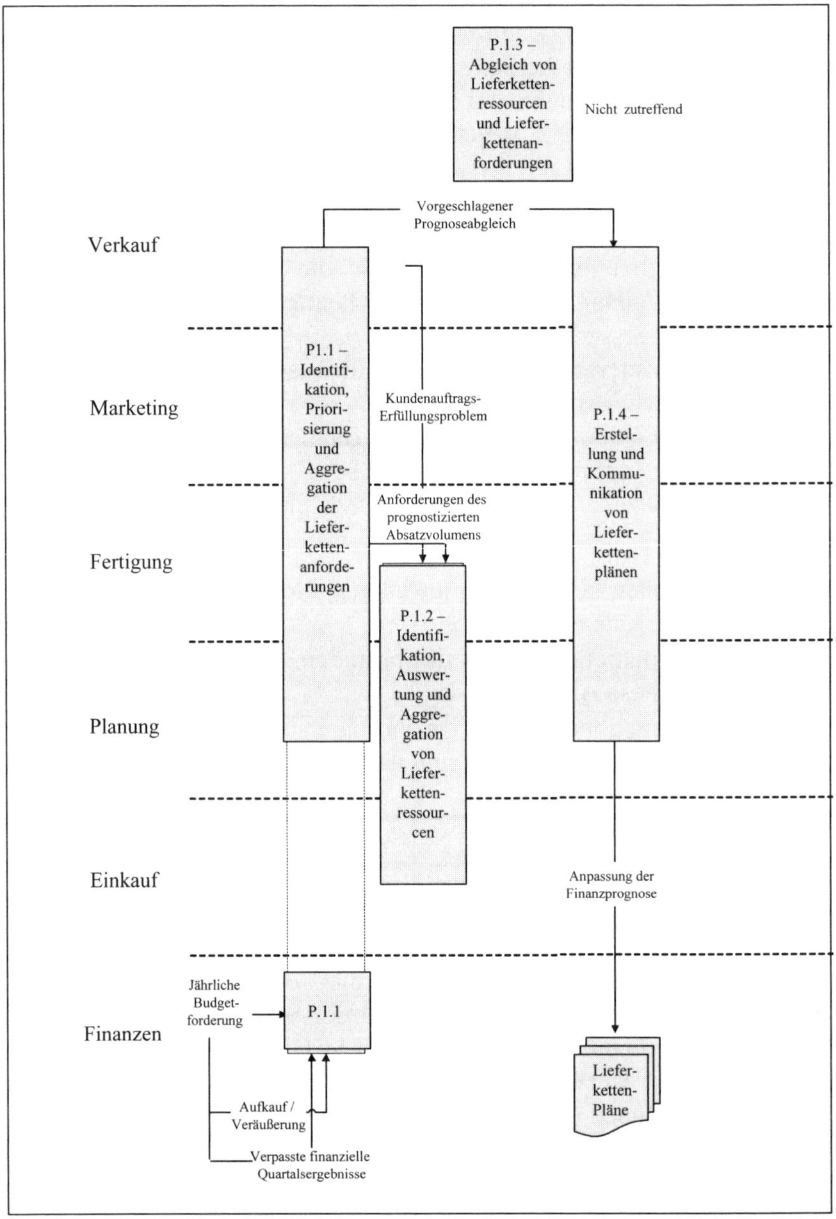

Abb. 16-2: Bahnen-Diagramm der Logistik AG für den SCOR-Hauptprozess P1 – Planen der Lieferkette

16.2.2.1 P1.1 – Identifikation, Priorisierung und Aggregation der Lieferkettenanforderungen

Die Projektgruppe stellte sich die Frage, welche Personen tatsächlich an den Prozess-Schritten zur Erledigung der analysierten Aktivitäten beteiligt waren. Beispielsweise war im Rahmen der Auftragsverfolgung festgestellt worden, dass in fünf verschiedenen Unternehmensbereichen Prognosen erstellt wurden. Diese einzelnen Bereiche arbeiteten bei der Prognoseerstellung weitgehend unabhängig voneinander und hatten auch unterschiedliche Ziele.

Das Marketing erstellte eine Netto-Umsatzprognose in Euro, die auf diversen Annahmen bezüglich der Produktkombinationen und den durchschnittlichen Verkaufspreisen beruhten. Der Vertrieb dagegen entwickelte eine Brutto-Umsatzprognose, die unabhängig von den Produktkombinationen und den Preisnachlässen war und außerdem einen relevanten Faktor für die Bonuszahlungen an die Außendienstmitarbeiter darstellte. Die Verkaufs- und Marketingabteilungen strebten zwar eine Einigung im Hinblick auf Probleme bei der Genehmigung von Preisen und den Verkaufsförderungsprogrammen an. Diese Einigung war jedoch keine Voraussetzung dafür, die Prognosen verabschieden zu können.

In der Fertigung wurde eine Prognose für die Baugruppen auf Basis von Vergangenheitsdaten entwickelt, um damit Mengenvorteile in Form von geringeren Stückkosten und durch Nutzung der Stückkostendegression erzielen zu können. Die Marketingabteilung verließ sich auf diese Fertigungsprognose, um eine Einschätzung der korrekten Produktkombinationen vornehmen zu können.

Weiterhin erstellte die Planungsabteilung einer Prognose zur Einschätzung der Lagerbestände, die dazu verwendet wurde, um den prognostizierten Umsatz abzuschätzen. Die Planungsabteilung hatte allerdings kein Vertrauen in die Prognosen der Marketing-, Vertriebs- und Fertigungsabteilungen, war jedoch auf die Daten angewiesen.

Schließlich erstellte die Finanzabteilung für alle oben erwähnten Abteilungen eine konsolidierte Prognose, die zur Abschätzung des erforderlichen Budgets für das folgende Geschäftsjahr herangezogen wurde und erstellte außerdem eine darauf basierende Proforma-Gewinn- und Verlustrechnung.

In den meisten Fällen wurden die Zahlen an die Fachabteilungen zur Überarbeitung zurückgeschickt, weil das Gesamtbild der Umsatzprognosen nicht zufrieden stellend ausfiel. Die Fachabteilungen hatten dann entweder die Möglichkeit, auf ihren Zahlen zu bestehen und möglicherweise unangenehme Rückfragen durch die Geschäftsführung zu bekommen. Oder sie passten die Zahlen nach oben hin an und riskierten, am Ende des

Geschäftsjahres unangenehme Fragen gestellt zu bekommen, wenn die Ergebnisse nicht erreicht worden waren. In der Mehrzahl der Fälle wurde die letztgenannte Option gewählt in der Hoffnung, die Vorgaben eventuell doch erfüllen zu können. Faktisch führte dies jedoch oftmals zu unrealistischen Umsatzvorgaben, die nicht eingehalten werden konnten.

Die Projektgruppe stellte sich weiterhin die Frage, welche primären Informationen den tatsächlichen Auslöser für die Erstellung der Prognosen darstellte. Durch ein paar Nachforschungen stellte sich heraus, dass es drei maßgebliche Ereignisse gab, welche die relevanten Eingangsgrößen zur Erstellung einer Prognose repräsentierten:

- Das erste Ereignis stellte der jährliche Budgetplan dar. Die Erarbeitung begann um Anfang September herum und sollte eigentlich bis Ende November abgeschlossen sein. Gewöhnlich zog sich der Abschluss aber bis in den Januar des betreffenden Budgetjahres hinein, was häufig zu Unstimmigkeiten in der abschließenden Aufsichtsratssitzung Mitte Dezember führte.
- Das zweite Ereignis stellte das Nicht-Erreichen der Gewinnvorgaben für ein Quartal, was sich in Unstimmigkeiten in einer Zeile der Gewinn- und Verlustrechnung oder der Bilanz niederschlug.
- Das dritte Ereignis bestand aus Akquisitionen und Veräußerungen von Unternehmensbereichen.

Die nächste Frage war, was die primäre Ausgangsgröße dieser Aktivität war, welche dann wiederum den nächsten Prozessesschritt auslöste. Das einzige konsistente Informationsergebnis, das die Projektgruppe identifizieren konnte, bestand aus einer revidierten Finanzprognose (berechnet in Euro), die jedoch den zweifelhaften Ruf hatte, keinen ausreichenden Realitätsbezug zu haben und letztlich fast nie mit den tatsächlich erzielten Umsatzzahlen übereinzustimmen. Dies stellte jedoch aufgrund der vorher gemachten Feststellungen hinsichtlich der Probleme mit den einzelnen Prognosen keine Überraschung dar, sondern war vielmehr eine Konsequenz aus einer Vielzahl von Problemen.

16.2.2.2 P1.2 – Identifikation, Auswertung und Aggregation von Lieferkettenressourcen

Die erste in dem Zusammenhang zu beantwortende Frage war, welche Abteilungen an den Prozess-Schritten zur Erledigung der Aktivität tatsächlich beteiligt waren. Die Antwort, die sich durch ein paar gezielte Nachforschungen ergab, lautete: Die Fertigung, die Planung und der Einkauf. Die Fertigung reagierte auf Mengenschwankungen, d.h. Mehr- oder Minderbedarfe. Eine Nachfrage wurde erzeugt und mittels Stückkostenzielen auf die

Lagerhäuser umgelegt. Die Planungsabteilung reagierte auf Probleme hinsichtlich der Auftragserfüllung mit der Anweisung zur Bewegung von Lagerbeständen zwischen den einzelnen Lagerhäusern und der Erteilung von Wiederbeschaffungsaufträgen. Der Einkauf wiederum reagierte auf Nachfrageschwankungen durch die Beschleunigung oder Verlangsamung der Erteilung und Ausführung von Einkaufsaufträgen.

Die nächste Frage war, welche primären Informationen den tatsächlichen Auslöser für den Arbeitsbeginn darstellten. Es stellte sich heraus, dass es nicht die in Prozess-Element P1.1 (Identifikation, Priorisierung und Aggregation von Lieferkettenanforderungen) generierte Absatzprognose war – glücklicherweise, weil diese unzutreffend war respektive unglücklicherweise, weil dies eigentlich führenden Geschäftspraktiken entsprochen hätte. Es waren vielmehr Probleme bei der Auftragserfüllung, welche aus einer bekanntermaßen schlechten Lagerbestandsplanung und informellen Absprachen zur Vermeidung von Produktionsausfällen, die eine korrekte Lagerbestandsverwaltung unmöglich erschienen ließen, resultierten. Die abschließende Frage war, welche primären Informationsergebnisse die Aktivität als Auslösung für den nächsten Prozess-Schritt hervorbrachte. Die Antwort lautete: Einen beschleunigten Lieferplan, welcher das Ziel hatte, die Probleme bei der Auftragserfüllung zu beseitigen.

16.2.2.3 P1.3 – Abgleich von Lieferkettenressourcen und Lieferkettenanforderungen

Die erste Frage, die beantwortet werden musste, lautete auch hier wieder: Welche Personen sind an den Prozess-Schritten zur Durchführung der Aktivitäten beteiligt? Es stellte sich heraus, dass keine formellen Vorgaben und Arbeitsabläufe zum Ausgleich von Lieferkettenressourcen und –anforderungen existierten. Die aktuellen Lieferprobleme wurden in einer dreistündigen Sitzung besprochen, die täglich (Montag bis Freitag) für acht Uhr angesetzt war. Die Sitzung wurde von Mitarbeitern aus der Fertigung organisiert und moderiert und von Mitarbeitern aus der Planungsabteilung und dem Einkauf unterstützt. Die primäre Information, welche in diesem Fall den tatsächlichen Auslöser für den Arbeitsbeginn darstellte, bestand aus einem täglichen Bericht, woraus der Status und die Dringlichkeit (in Form der abgelaufenen Zeit seit Auftreten des Lieferproblems) ersichtlich waren.

Abschließend musste wiederum die Frage beantwortet werden, welches primäre Informationsergebnis die Aktivitäten als Auslöser für den nächsten Prozess-Schritt erzeugten. Die identifizierten Ausgangsgrößen bestanden aus einer Reihe von auszuführenden Aufgaben, um die Beschleunigung bzw. Verlangsamung – d.h. die Priorisierung – von Kundenlieferungen, Lagerbestandstransfers, Einkaufsaufträgen und Wiederbeschaffungsgenehmigungen zu regeln.

16.2.2.4 P1.4 – Erstellung und Kommunikation von Lieferkettenplänen

Die Projektgruppe stellte sich erneut die Frage, welche Personen an den einzelnen Schritten zur Erledigung dieser konkreten Aktivitäten beteiligt waren. Die Verantwortung für die Budgeterstellung lag zunächst bei den Geschäftsführern der einzelnen Geschäftsbereiche. Die Geschäftsbereichs-Budgets wurden dann an die Konzern-Planung übergeben, die einen konsolidierten Budgetplan erstellte, der unter anderem zu einem für alle Geschäftsbereiche verbindlichen Lieferketten-Plan führte, der vom Hauptgeschäftsführer abgesegnet werden musste.

Die primäre Information, welche in diesem Fall den tatsächlichen Auslöser für den Arbeitsbeginn darstellte, bestand aus der in Prozess-Element P1.1 (Identifikation, Priorisierung und Aggregation von Lieferkettenanforderungen) generierten revidierten Absatzprognose. Das primäre Informationsergebnis der Aktivität stellte ein revidierter Budgetplan dar, der durch die Führungskräfte aus den Fachabteilungen und den Vorstand besprochen und verabschiedet werden musste.

16.2.3 Erstellung des ersten Bahnen-Diagramms

Die gesammelten Informationen waren unter Anleitung des SCOR-Beraters auf einer Tafel in Form eines ersten Entwurfs des Bahnen-Diagramms abgebildet worden. Unmittelbar im Anschluss wurden die Informationen von einem Praktikanten, der bereits in einem anderen Projekt intensiv mit Microsoft Visio gearbeitet hatte, in eine elektronische Version des Bahnen-Diagramms überführt und verfeinert. Die Verfeinerung beinhaltete außerdem den Versuch, möglichst viele relevante Hintergrundsinformationen und -daten einzufügen, um eine möglichst klare Darstellung der „Prozessbrüche" zu erzielen.

Die wichtigsten zusätzlichen Daten, die in das Visio-Diagramm aufgenommen wurden, stellten Informationen zur Produktivität der jeweiligen Prozess-Schritte und den eingesetzten Werkzeugen und Anwendungen im Rahmen der IKT-Systeme (siehe hierzu die Abbildungen 15-2a-b in Kapitel 15). Es existiert zwar kein formeller Standard für die Modellierung und die enthaltenen Daten der Bahnen-Diagramme. Erfahrungen in der Anwendung des SCOR-Modells (im vorliegenden Fall vertreten durch den externen SCOR-Berater) und Kenntnisse der speziellen Unternehmensprozesse, -abläufe und -probleme (im vorliegenden Fall vertreten durch die Projektmitglieder) sind jedoch die wichtigsten und besten Voraussetzungen für die Erstellung von aussagekräftigen und kompletten Bahnen-Diagramme.

Jetzt mussten noch möglichst aussagekräftige Beispiele aus der Unternehmenspraxis für die einzelnen Geschäftsvorgänge gefunden werden. Die in der Vergangenheit erstellten Fallstudien erwiesen sich als große Hilfe dabei, die Elemente der dritten SCOR-Ebene mit den aktuellen Geschäftspraktiken in Einklang zu bringen. Sie bildeten darüber hinaus die Basis für die spätere Überprüfung der zukünftigen Geschäftsvorgänge und -praktiken und sollten dabei helfen, zu belegen, dass der angestrebte Zustand tatsächlich effektiver und effizienter war, als der gegenwärtige Zustand.

Zuletzt mussten noch die Werte zur Ermittlung der Produktivität für die betreffenden Geschäftsvorgänge überprüft und gegebenenfalls verfeinert werden. Die geeignetsten Kräfte, um bei dieser Aufgabe zu helfen, sind Mitarbeiter, die über spezielle Fachkenntnisse zu Zeit- und Bewegungsstudien verfügen. Eine hervorragende Quelle für Expertise und Standards auf dem Gebiet ist der Verband für Arbeitsgestaltung, Betriebsorganisation und Unternehmensentwicklung – REFA (www.refaly.de). Dieser Verband verfügt über ein assoziiertes Beratungsunternehmen, das auf die Anwendung der REFA-Methoden spezialisiert ist, REFACONSULT (www.refa consult.de). Mitarbeiter können aber auch an Schulungen und Seminaren teilnehmen und sich in der Anwendung der REFA-Methoden zertifizieren lassen (REFA Grundschein für Arbeitsorganisation, REFA-Qualitätsmanager, usw.).

Die Genauigkeit der Annahmen und deren Einflüsse auf die zur Berechnung der Produktivität relevanten Werte – Volumen, Durchlaufzeit (Ereigniszeit und benötigte Zeit) und Ausbeute – haben einen entscheidenden Einfluss auf die Ermittlung der aktuellen Situation und die Festlegung von realistischen Verbesserungsmöglichkeiten. Der Überprüfung und Verfeinerung dieser Annahmen und Daten kommt deshalb eine hohe Bedeutung zu.

16.3 Vorbereitung und Moderation der sechsten Lenkungsausschuss-Sitzung

Die Vorbereitung und Moderation der anstehenden sechsten Lenkungsausschuss-Sitzung umfasste die folgenden Tagesordnungspunkte:

- Status des Projektverlaufs und -fortschritts (Projektfortschritts- und Rechenschafts-Bericht)
- Überblick zu den Befragungen im Rahmen der Auftragsverfolgung, einschließlich Beispielen zu den Befragungsorten und den gemachten Beobachtungen

- Durchsicht der Daten zur Produktivität der Geschäftsvorgänge
- Erläuterungen zur Erstellung der Bahnen-Diagramme
- Anstehende Entscheidungen
- Erwartungen für die siebte Lenkungsausschuss-Sitzung.

Die Sitzung war insgesamt wieder gut verlaufen. Es war jedoch eine gewisse Ungeduld seitens der Lenkungsausschuss-Mitglieder spürbar geworden, welche die Teilnehmer der Projektgruppe darauf zurückführten, dass in der vorangegangenen Sitzung Erwartungen hinsichtlich den kurzfristigen Verbesserungsprojekten geweckt worden waren, zu denen noch keine greifbaren Erfolge vorlagen. Außerdem hatte Dirk Abele den Eindruck gewonnen, dass die Ausführungen zu den Befragungen eher gemischt aufgenommen worden waren. Er führte dies unter anderem auf die – wenngleich in eher humorvoller Art und Weise vorgebrachten – Äußerung eines Lenkungsausschuss-Mitglieds zurück, dass die Projektmitglieder „ja wohl eine schöne Vergnügungsreise auf Kosten der Firma" gemacht hätten.

Der SCOR-Berater beruhigte ihn und erklärte dazu, dass es in der Phase des Projekts oftmals zu Widerständen innerhalb der Organisation kommt, was beispielsweise zu solchen Äußerungen führen konnte. Es war deshalb umso wichtiger, an dem eingeschlagenen Kurs festzuhalten und so schnell wie möglich mit Resultaten zu überzeugen.

Kapitel 17: Spezifikation und Gestaltung der zukünftigen Informationsflüsse und Arbeitsabläufe

Vierzehnte SCOR-Projektwoche: Quantifizierung der Verbesserungsmöglichkeiten der Informationsflüsse und Arbeitsabläufe

Das hauptsächliche Ziel dieser Projektwoche war es, an einer Fortsetzung der Identifikation, Quantifizierung und Prüfung der angestrebten finanziellen Verbesserungen zu arbeiten. Zu dem Zweck sollten die zur Ermittlung der Produktivität relevanten Daten – Volumen, Zykluszeit und Ausbeute – aus den rund sechzig verschiedenen Formularen der Geschäftsvorgangs-Analyse (siehe hierzu die Abbildungen 15-2 in Kapitel 15) und den assoziierten Bahnen-Diagramme (siehe hierzu Abbildung 16-2 in Kapitel 16) zusammengefasst werden, um daraus die Erstellung von sechs Tabellen für die folgenden Kategorien zu ermöglichen:

- Einkaufsaufträge
- Arbeitsaufträge
- Verkaufsaufträge
- Rücklieferungsgenehmigungen
- Prognosen
- Wiederbeschaffungsaufträge.

Ein weiteres Ziel für die Woche bestand aus dem Beginn der Erarbeitung eines SCOR-basierten Geschäftsentwurfs, welcher der Projektgruppe dabei helfen sollte, sich auf Grundlage der im bisherigen Projektverlauf gewonnenen Erkenntnisse Gedanken darüber zu machen, wie die zukünftigen Geschäftsvorgänge gestaltet sein könnten.

S1.1 – Terminierung der Produktlieferungen		Gewichtung	Beschreibung
Ist- Produktivität	Volumen	Ist-Anzahl der Geschäftsvorgänge für die primären Ausgangsgrößen über einen bestimmten Zeitraum	
	Ereignis-zeit	Ist-Zeit, welche vom Anfang bis zum Ende für die vollständige Erledigung einer Aufgabe notwendig ist, ausschließlich sämtlicher Wartezeiten	
	Benötigte Zeit	Ist-Zeit, welche tatsächlich zur vollständigen Erledigung einer Aufgabe vom Anfang bis zum Ende, einschließlich aller Wartezeiten zur Erteilung von Genehmigungen, Zeiten zum Umrüsten der Maschine, usw. anfällt	
Soll- Produktivität	Volumen	Soll-Anzahl der Geschäftsvorgänge für die primären Ausgangsgrößen über einen bestimmten Zeitraum	
	Ereignis-zeit	Soll-Zeit, welche vom Anfang bis zum Ende für die vollständige Erledigung einer Aufgabe notwendig ist, ausschließlich sämtlicher Wartezeiten	
	Benötigte Zeit	Soll-Zeit, welche tatsächlich zur vollständigen Erledigung einer Aufgabe vom Anfang bis zum Ende, einschließlich aller Wartezeiten zur Erteilung von Genehmigungen, Zeiten zum Umrüsten der Maschine, usw. anfällt	
Soll vs. Ist	Volumen	Differenz zwischen Soll- und Ist-Anzahl der Geschäftsvorgänge (primäre Ausgangsgrößen)	
	Ereignis-zeit	Differenz zwischen Soll- und Ist-Zeit (Ereigniszeit)	
	Benötigte Zeit	Differenz zwischen Soll- und Ist-Zeit (benötigte Zeit)	

Tabelle 17-1a: Geschäftsvorgangs-Produktivität am Beispiel von Prozess-Element S1.1 – Terminierung von Lieferungen für lagerhaltige Produkte

S1.1 – Terminierung der Produktlieferungen											
		Gewichtung	Beschreibung			Gewichtung	Beschreibung			Gewichtung	Beschreibung
Ist- Produktivität	Ausbeute	Ist-Anteil der Geschäftsvorgänge, welche keine erneute Bearbeitung benötigen		Soll- Produktivität	Ausbeute	Soll-Anteil der Geschäftsvorgänge, welche keine erneute Bearbeitung benötigen		Ist vs. Soll	Ausbeute	Differenz zwischen Soll- und Ist-Anteil der nicht nachzuarbeitenden Geschäftsvorgänge	
Engpass		Anteil des Eng-passes im Verhält-nis zu den weiteren Eng-pässen	Beschreibung des Engpasses aus dem Geschäftsvorgangs-Analyseformular	Empfehlung		Anteil der Empfehlung im Verhältnis zu den weiteren Empfeh-lungen	Beschreibung der Änderungen von Arbeitsabläufen und Informationsflüssen	Verbesserung		Anteil der Verbes-serung im Verhältnis zu den weiteren Verbes-serungen	Beschreibung der angestrebten Verbesserungen von Arbeitsabläufen und Informationsflüssen

Tabelle 17-1b: Geschäftsvorgangs-Produktivität am Beispiel von Prozess-Element S1.1 – Terminierung von Lieferungen für lagerhaltige Produkte

17.1 Vorgehensweise zur Erstellung einer Übersicht der Ist-Produktivität

Die Erstellung einer allgemeinen Übersicht zur Darstellung der Geschäftsvorgangs-Produktivität mag auf den ersten Blick schwierig und kompliziert erscheinen. Beschäftigt man sich jedoch etwas näher damit, stellt man fest, dass es sich um eine Tabelle handelt, bei der bereits bekannte oder auf Grundlage von bereits vorliegenden Informationen relativ einfach zu berechnende Daten eingetragen werden müssen.

17.1.1 Aufbau einer Tabelle zur Darstellung der Geschäftsvorgangs-Produktivität

Ein Beispiel dazu, wie die Geschäftsvorgangs-Produktivität erfasst und dokumentiert werden kann, ist den obenstehenden Tabellen 17-1a-b zu entnehmen. Darin sind die folgenden Spaltenblöcke enthalten:

- Daten zur Ist-Produktivität
- Daten zur Soll-Produktivität
- Vergleich von Soll- und Ist-Daten.

Die erste Reihe beschreibt ein Prozess-Element der dritten SCOR-Ebene (im Beispiel S.1.1) Die folgenden Reihen enthalten das Geschäftsvorgangsvolumen, die Ereigniszeit und benötigte Zykluszeit sowie die Ausbeute aus dem Geschäftsvorgangs-Analyseformular (siehe Abbildungen 15-2a-b in Kapitel 15). Die letzte Reihe bezieht sich auf einen zugehörigen Engpass sowie die Beschreibung einer vorgeschlagenen Empfehlung und Verbesserung. Dabei wird eine relative Gewichtung des Engpasses (in Prozent) vorgenommen, die dessen relative Bedeutung im Zusammenhang mit den anderen zu diesem Prozess gehörigen Engpässen einschätzt. Die Addition der Gewichtungen für alle Engpässe, die einem bestimmten Prozess-Element zuzurechnen sind, muss einen Gesamtwert von 100 Prozent ergeben. Falls nur ein Engpass vorliegt, bekommt dieser folglich einen Wert von 100 Prozent zugewiesen. Es ist wichtig, ein Gefühl für die Auswirkungen der einzelnen Engpässe auf die Gesamtproduktivität zu entwickeln.
Die letzten beiden Spalten sind für die Zusammenfassung der zukünftigen Lösungen vorgesehen, welche für die Kalkulation der gesamten Verbesserungsmöglichkeiten zu einem bestimmten Prozess-Element bzw. (mittels Aggregation) einem SCOR-Prozess benötigt werden. Auch hier wird eine relative Gewichtung vorgenommen, um im Falle mehrerer Engpässe zu einem Prozess-Element einschätzen zu können, wie relevant die Empfehlung bzw. Verbesserung im Vergleich zu den weiteren Empfehlungen bzw. Ver-

besserungen ist. Diese Gewichtung muss nicht zwangsläufig mit denjenigen des betreffenden Engpasses übereinstimmen.

17.1.2 Übersicht der Ist-Geschäftsproduktivität für die Logistik AG

Die erste Aufgabe der aktuellen Projektwoche bestand in der Erstellung der Übersicht für die Ist-Produktivität der Logistik AG. Die Projektgruppe ging dabei in drei Schritten vor:

- Übertragung der Produktivitätsdaten in die Tabellenvorlage;
- Gruppierung und Übertragung der „Prozessbrüche" bzw. Problemursachen aus den einzelnen Formularen in die Tabelle und Einschätzung ihrer Auswirkungen auf die Produktivität;
- Zurückführung der Problemursachen auf die in der achten Projektwoche erstellten Ursache-Wirkungs-Diagramme bzw. die dahinter liegenden Problemaussagen (siehe hierzu Kapitel 11).

Die untenstehende Tabelle 17-2 enthält einen solchen Produktivitätsüberblick, dargestellt am Beispiel des SCOR-Elements *S1.1 – Terminierung von Lieferungen für lagerhaltige Produkte*, im vorliegenden Fall konkret für Produkte, die in den Lagereinrichtungen von Lieferanten vorgehalten werden. Diese Produkte umfassten Lösungsmittel, Verpackungen sowie optische Medien und Computerzubehör von Vertragsherstellern.

Die Projektgruppe kam zu dem Ergebnis, dass die Mitarbeiter in den entsprechenden Fachabteilungen ca. 80.000 Stunden pro Jahr mit der Ausführung dieses Prozess-Elements verbrachten. Das Geschäftsvorgangsvolumen (ca. 8.500 Stunden pro Jahr) multipliziert mit der Ereigniszeit (durchschnittlich 8,25 Stunden), geteilt durch die Arbeitsstunden eines Jahres einschließlich Überstunden (1.835 Stunden im Durchschnitt pro Mitarbeiter) ergab eine ungefähre Anzahl von 38 Personen, welche an der Ausführung beteiligt waren (8.500 x 8,25 = 70,125 / 1.835 = 38,21).

Cecilia Vieri, die Leiterin der Einkaufsabteilung, zeigte ein besonderes Interesse für einen anderen Zahlenwert, nämlich das Verhältnis zwischen der benötigten Zeit und der Ereigniszeit, welches bei 72:8 bzw. 9:1 lag. Dies bedeutete, dass rund neun Stunden mit Umterminierungen, Transport und der Lösung von diversen Problemen, aber auch einfach nur Warten verbracht wurde, d.h. mit nicht-wertschöpfenden Aktivitäten, während dem eigentlichen Wertschöpfungsprozess – der Terminierung von Produktlieferungen – lediglich eine Stunde zukam.

Der SCOR-Berater wies in dem Zusammenhang auf aktuelle Forschungen hin, die belegten, dass in einer Vielzahl von Unternehmen bis zu 95

Prozent der Prozesszeit mit nicht-wertschöpfenden Aktivitäten verbracht wurde. Die jeweilige Branchenausrichtung und die damit verbundenen Spezialitäten bezüglich der Prozesse, im vorliegenden Fall konkret der Beschaffungsprozesse, hatten natürlich auch einen starken Einfluss auf diesen Wert. Die Logistik AG stellte aber mit knapp 90 Prozent sicherlich keine Ausnahme in ihrer Industriegruppe dar. Für Vergleichsdaten zu diesem Zweck referenzierte der Berater auf staatliche Institutionen, wie z.B. das Statistische Bundesamt (www.destatis.de), Forschungseinrichtungen, wie etwa die Fraunhofer-Gesellschaft (www.fraunhofer.de) und spezielle Beratungsfirmen, wie z.B. Gartner (www.gartner.com).

<table>
<tr><th colspan="4">S1.1 – Terminierung der Produktlieferungen</th></tr>
<tr><th colspan="2"></th><th>Engpass-Gewichtung</th><th>Beschreibung</th></tr>
<tr><td rowspan="4">Ist- Produktivität</td><td>Volumen</td><td>10</td><td></td></tr>
<tr><td>Ereigniszeit</td><td>9</td><td></td></tr>
<tr><td>Benötigte Zeit</td><td>72</td><td></td></tr>
<tr><td>Ausbeute</td><td>61%</td><td></td></tr>
<tr><td colspan="2">Engpass</td><td>30%</td><td>16 bis 20 Stunden Wartezeit für eine über Nacht ablaufende Systemtransaktion und den Ausdruck des Einkaufsauftrags</td></tr>
<tr><td colspan="2">Engpass</td><td>30%</td><td>Der Abschluss einer Teil-Lieferung bzw. eines Auftragsrückstands benötigt 24 bis 144 Stunden</td></tr>
<tr><td colspan="2">Engpass</td><td>25%</td><td>Große Anzahl an Diskrepanzen, wie z.B. Lieferung des falschen Produkts, einer inkorrekten Menge oder mit einem falschen Preis</td></tr>
<tr><td colspan="2">Engpass</td><td>15%</td><td>Die Überprüfung des Bestell-Status erfordert zusätzliche Zeit, weil die Lieferanten keine verbindlichen Lieferzeiten angeben</td></tr>
</table>

Tabelle 17-2: Geschäftsvorgangs-Produktivität der Logistik AG am Beispiel des Prozess-Elements S1.1 – Terminierung von Lieferungen für lagerhaltige Produkte

Darüber hinaus mussten aufgrund der schlechten Ausbeutezahlen rund 3.400 der 8.500 Einkaufsaufträge neu terminiert werden. Dies entsprach einem Anteil von fast 40 Prozent. Die Projektgruppe, welche für die Verfolgung der Einkaufsaufträge zuständig war, hatte vier Engpässe identifiziert (siehe obenstehende Tabelle) und deren Auswirkungen eingeschätzt. Die beiden relevantesten Engpässe bezogen sich auf die Aktualisierung der Einkaufsaufträge im betreffenden Anwendungssystem und die Zeit, welche in den Abschluss von Teilaufträgen der Lieferanten investiert wurde.

17.2 Beginn der Erarbeitung zukünftiger Informationsflüsse und Arbeitsabläufe

Ähnlich wie im Falle der zukünftigen Materialflüsse hat die Vorgehensweise zur Erarbeitung der zukünftigen Informationsflüsse und Arbeitsabläufe in erster Linie eine Verbesserung der Produktivität der betreffenden Geschäftsvorgänge mittels der Förderung führender Geschäftspraktiken und der Eliminierung von Engpässen zum Ziel. Den ersten Schritt stellt – anders als bei der Erarbeitung der Soll-Materialflüsse – ein auf einer Vorlage basierender Geschäftsentwurf dar.

Dieser auf SCOR basierende Geschäftsentwurf in Form eines Bahnen-Diagramms beinhaltet die integrierten SCOR-Prozess-Elemente für die folgenden fünf führende Geschäftspraktiken:

- Absatzplanung
- Produktionsplanung
- Distributionsplanung
- Materialbedarfsplanung
- Verfügbarkeitsprüfung.

Der Geschäftsentwurf bezieht darüber hinaus die integrierten Ausführungsprozesse für sämtliche Prozess-Elemente der dritten SCOR-Ebene – Beschaffen, Herstellen, Liefern und Rückliefern – mit ein Die Geschäftsentwurfs-Vorlage stellt den Ausgangspunkt für die zukünftigen Informationsflüsse und Arbeitsabläufe dar, wobei im Beispiel der SCOR-Ausführungsprozess Rückliefern nicht enthalten ist (siehe die nachstehenden Abbildungen 17-1a-b).

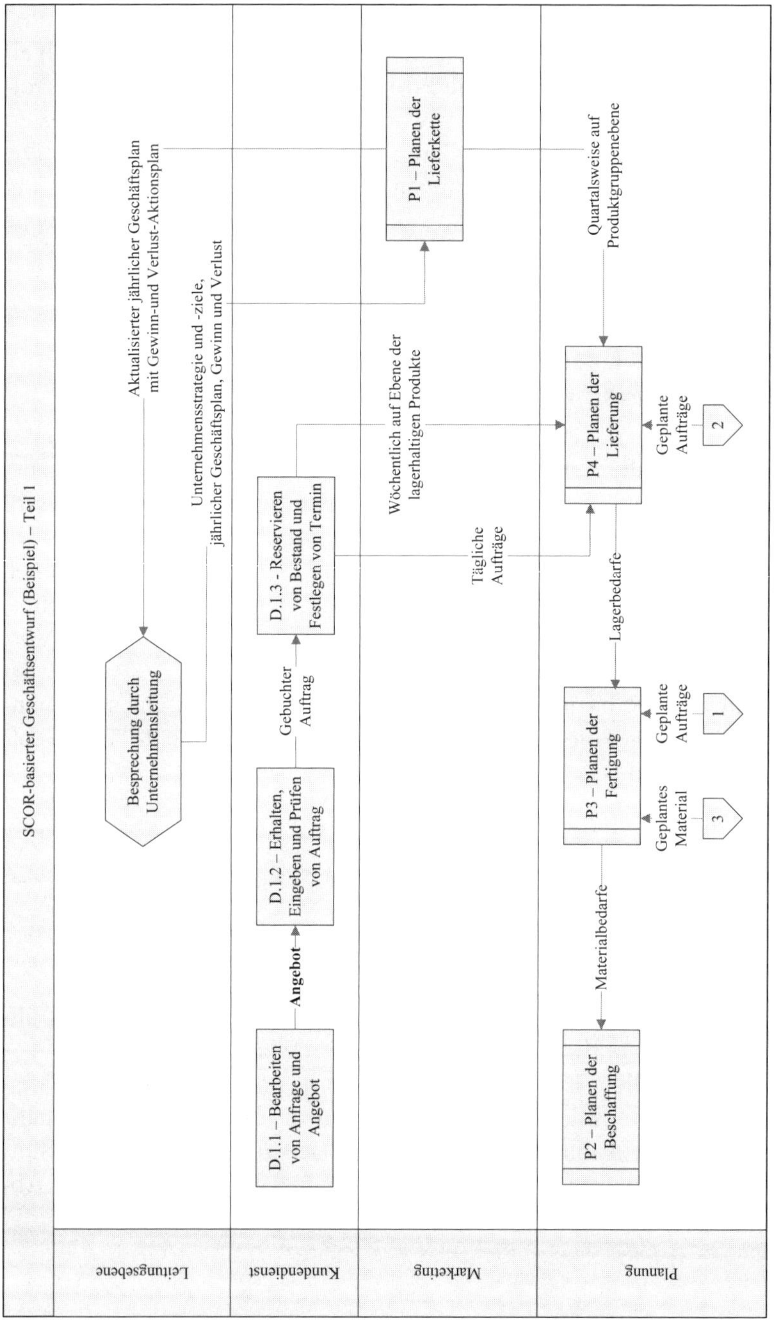

Abb. 17-1a: Beispiel eines SCOR-basierten Geschäftsentwurfs

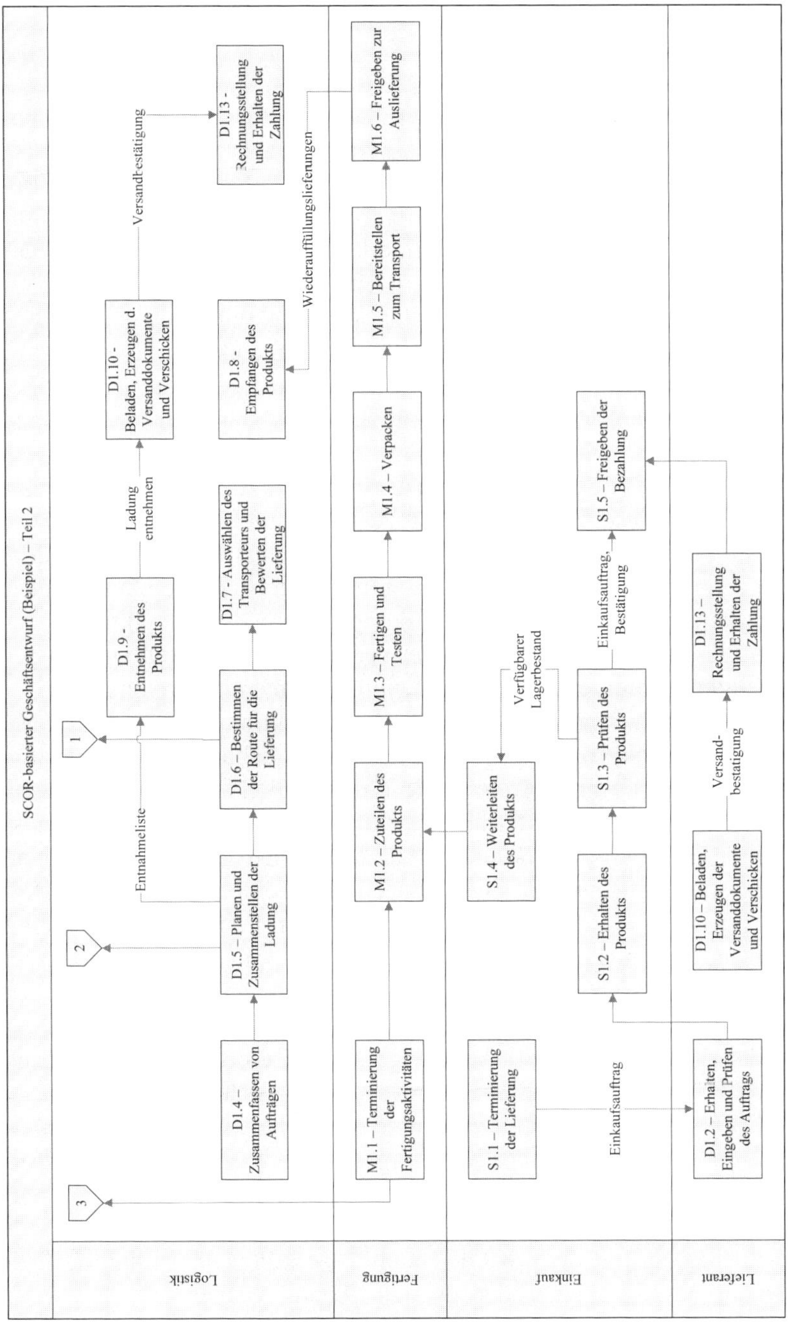

Abb. 17-1b: Beispiel eines SCOR-basierten Geschäftsentwurfs

17.2.1 Vorarbeiten zur Erstellung eines SCOR-basierten Geschäftsentwurfs

Der SCOR-Berater machte es von Beginn an klar, dass die Erarbeitung eines SCOR-basierten Geschäftsentwurfs keine einfache Aufgabe war, egal wie man sie anging und gliederte. Er wollte damit vermeiden, dass die Projektmitglieder die Schwierigkeit der Aufgabe unterschätzten und ihr möglicherweise nicht die erforderliche Aufmerksamkeit schenkten, zumal das Projekt jetzt in die abschließende und entscheidende Phase kam und die erzeugten Ergebnisse von besonders hoher Qualität sein mussten. Er war aber davon überzeugt, dass die Projektgruppe im Stande war, die Aufgabe erfolgreich zu bewältigen, da sie sich in der Zwischenzeit auf dem Höhepunkt der Leistungsphase im Projektgruppen-Entwicklungsprozess befand (siehe hierzu Kapitel 3).

Das Hauptziel des zweiten Tages bestand aus der Anleitung der Projektgruppe, wie integrierte Lieferketten-Prozesse ablaufen könnten und diese in eine bildliche Darstellung der verbesserten Arbeitsweise zu überführen. Erfahrungsgemäß hatte diese Aufgabe auf die meisten Projektmitglieder eine bestärkende und anspornende Wirkung, während die Reaktionen auf Seiten der Geschäftsführung häufig eher verhaltener Art waren und einiges an Überzeugungsarbeit erforderten, um ein Umdenken zu erreichen.

Der Grund hierfür war vor allem, dass die Projektmitglieder schrittweise durch einen Umdenkprozess gegangen waren und dabei sukzessive zu Erkenntnissen gelangt waren, welche die Grundlage für den Geschäftsentwurf darstellten. Die Geschäftsführung hatte jedoch in den Lenkungsausschuss-Sitzungen immer nur kleinere Ausschnitte der Ergebnisse gesehen, so dass der Geschäftsentwurf sogar bisweilen als eine „revolutionäre Änderung“ angesehen werden konnte. In den meisten Fällen setzte sich aber nach und nach die Erkenntnis durch, dass das Ausmaß der Änderungen, d.h. der Umfang der Unterschiede zwischen dem aktuellen und dem neuen Geschäftsmodell, letztlich eine Reflektion der aktuellen Situation bzw. der bestehenden Probleme waren. Anders gesagt: Je größer die Differenzen waren, desto gravierender waren in der Regel die bestehenden Probleme.

Zunächst wurden die Informationsflüsse und Arbeitsabläufe unter Anleitung des Beraters in die Vorlage eingetragen, was einen halben Tag in Anspruch nahm. Dabei wurden auch aktuelle Beispiele aus der Unternehmenspraxis zu ineffektiven und ineffizienten Geschäftspraktiken diskutiert. Der Ablauf begann mit dem SCOR-Hauptprozess Planen (P) und den zugehörigen Prozess-Elementen der zweiten Ebene – Planen der Lieferkette (P1), Planen der Lieferung (P4), Planen der Herstellung (P3) bis hin zu Planen der Beschaffung (P2).

Danach kamen die Ausführungsprozesse (siehe hierzu auch Kapitel 8):

- SCOR-Hauptprozess *Beschaffen (S)* mit den zugehörigen Prozess-Elementen der zweiten Ebene – S1.1 bis hin zu S1.5;
- Hauptprozess *Herstellen (M)* mit den zugehörigen Prozess-Elementen M1.1 bis M1.6;
- Hauptprozess *Liefern (D)* mit den Prozess-Elementen D1.1 bis D1.13
- Hauptprozess *Rückliefern* (R) für die Prozesstypen *Rücklieferungen von Kunden (DR)* und *Rücklieferungen an Lieferanten (SR)* mit den Prozess-Elementen DR1.1 bis SR1.6. und DR3.1 bis SR3.7.

Abschließend wurden Bedeutung und Anwendung der Prozessart *Ermöglichen* diskutiert und dabei in erster Linie auf die dazugehörigen IKT-Systeme zur Unterstützung der Geschäftsprozesse eingegangen.

17.2.2 Beispiele zu den Prozess-Elementen des SCOR-basierten Geschäftsentwurfs der Logistik AG

Nachfolgend soll die Vorgehensweise, die bei der Ausarbeitung des Geschäftsentwurfs angewendet wurde, mittels einiger exemplarischer SCOR-Prozess-Elemente dargestellt werden (für eine Übersicht der einzelnen Prozess-Elemente vgl. Supply-Chain Council (3) 2006, S. 1 ff.).

17.2.2.1 P1 – Planen der Lieferkette

Für diesen Prozess wurden aktuelle Nachfragedaten verwendet, um für eine bestimmte Lieferkette einen Beschaffungsplan zu erzeugen (im konkreten Fall definiert nach Kunden, Marktkanälen, Produkten, geografischen Standorten oder Geschäftsbereichen). Das Ziel war die Generierung eines Absatzplans.

Dazu waren die folgenden grundlegenden Informationen erforderlich:

- Eine Prognose für die Geschäftsbereiche unter Einbeziehung von Marketing- und Vertriebsaktionen;
- Ein Lieferplan unter Berücksichtigung von Ressourcen-Engpässen bezüglich Lagerbeständen, Fertigungskapazitäten, Transportdauer, usw.;
- Ein konsolidierter Plan zum Aus- bzw. Abgleich des Angebots (Lieferplan) und der Nachfrage (Prognose) unter Einbeziehung von Warnungen (z.B. im Hinblick auf das Risiko, vorgegebene Lieferbereitschaftsgrade nicht erfüllen zu können) und Aktualisierung der Informationen in den betreffenden Anwendungssystemen.

Das Ergebnis war ein konsolidierter und kapazitätsbereinigter Absatzplan als Ergebnis der durch den Lieferplan beschränkten Prognose.

17.2.2.2 P4 – Planen der Lieferung

In diesem Prozess wurden die zugesagten Kundenaufträge mit dem konsolidierten Absatzplan aus P1 verglichen und daraus ein Plan zur Verteilung von Ressourcen erstellt, um die Vertriebs-, Kosten- und Lagerbestandsziele zu erreichen. Dieser Vergleich wurde für sämtliche Standorte der Lagerhäuser ausgeführt und ermöglichte eine Aggregation nach Regionen bzw. anderen geografischen Gegebenheiten. Im Mittelpunkt stand dabei die Distributionsplanung, welche den Werksleitern Information für die Mengeneinplanung zur Verfügung stellte.

Das Prozess-Element *D1.3 – Reservieren von Lagerbestand und Zusage des Liefertermins* stellt für die Vertriebsabteilung eine wichtige Information zur Verfügbarkeit von Lagerbeständen dar, um bei Kundenanfragen Aussagen zum Liefertermin machen zu können.

17.2.2.3 P3 – Planen der Herstellung

Dieser Prozess verglich die tatsächlichen Produktions- und Wiederbeschaffungsaufträge mit dem konsolidierten Absatzplan aus P1 und erzeugte daraus einen Plan für die Terminierung von Produktionsmitteln, um die Fertigungs-, Kosten- und Lagerbestandsziele zu erreichen. Der Prozess wurde für sämtliche Fertigungsstandorte ausgeführt und ermöglichte eine Aggregation nach Region bzw. anderen geografischen Gegebenheiten.

Das Ergebnis war ein Produktionsplan, welcher die Mitarbeiter in der Arbeitsvorbereitung darüber informierte, welche Mengen eines bestimmten Produkts bis zu einem bestimmten Termin hergestellt werden mussten. Weiterhin versorgte er die Einkaufsmitarbeiter mit Information für die Einkaufsplanung (P2).

17.2.2.4 P2 – Planen der Beschaffung

Dieser Prozess verglich die gesamten Materialanforderungen mit dem konsolidierten Absatzplan aus P1 und erzeugte daraus einen Materialbedarfsplan, um die Ziele bezüglich den Beschaffungskosten und Lagerbeständen nach Warengattung zu erreichen. Der Prozess wurde für Artikel auf dem Material-Lieferschein ausgeführt und ermöglichte eine Aggregation nach Lieferanten bzw. Warengattung.

Der Materialbedarfsplan stellte für die Einkäufer und Materialdisponenten wichtige Informationen über die notwendige Einkaufsmengen und -termine, basierend auf den aktuellen Auftrags- und Lagerbestandszahlen, zur Verfügung.

17.2.2.5 S1 – Beschaffen

Die zugehörigen Prozess-Elemente bezogen die Verfahren der Materialbeschaffung mit ein, d.h. die Initialisierung und Terminierung von Einkaufsaufträgen, die Entgegennahme und Eingangsprüfung der Produkte, die Übergabe des Produktes an das jeweilige Lager (Rohmateriallager, Fertiglager, usw.) und die Genehmigung der Zahlung an den Lieferanten.

Im Falle der Beschaffung sondergefertigter Produkte bestanden spezielle Vorgaben für die Identifikation und Auswahl von passenden Lieferanten.

17.2.2.6 M1 – Herstellen

Die zugehörigen Prozess-Elemente umfassten alle erforderlichen Schritte zur Umwandlung von Rohmaterialien in Fertigprodukte: Terminierung von Produktionsaktivitäten, Zuteilung und Bereitstellung der benötigten Materialien, Durchführung des Fertigungsvorgangs, Prüfung des Endprodukts, Verpackung und Auslieferung der Fertigprodukte an Kunden bzw. Lagerhäuser.

Im Falle der Fertigung sondergefertigter Produkte bestanden spezielle Möglichkeiten für die Vervollständigung von Herstellungsspezifikationen vor der Freigabe eines Produktionsauftrags.

17.2.2.7 D1 – Liefern

Die zugehörigen Prozess-Elemente umfassten alle für die Erfüllung eines Kundenauftrags notwendigen Aktivitäten und Verfahren: Bearbeitung von Anfragen und Angebotserstellung, Auftragserfassung, Zuteilung von Lagerbeständen, Konsolidierung von Aufträgen, Einplanung und Zusammenfassung von Ladungen, Routenplanung für die Lieferungen, Auswahl des Transportunternehmens und der Transportmittel, Priorisierung von Lieferungen, Bereitstellung und Ablieferung am Standort oder Lagerhaus des Kunden, Durchführung der Installation (falls erforderlich) und Rechnungsstellung.

Bei Lieferungen sondergefertigter Artikel mussten oftmals spezielle Anforderungen unter Bezugnahme auf die vereinbarten Lieferkonditionen berücksichtigt werden.

17.2.2.8 R1 und R3 – Rückliefern

Die zugehörigen Prozess-Elemente beinhalteten das Genehmigungsverfahren für die Rücklieferungen, die eigentliche Abwicklung der Rücklieferung, die Ablieferung (bei Rücklieferungen an Lieferanten) bzw. Entgegennahme (bei Kundenrücklieferungen) der Rücklieferung, die Warenausgangs- bzw. -eingangskontrolle, die Entnahme bzw. Einlagerung des Produkts, Abwicklung des Gutschriftsverfahrens (entweder Gutschriften von Lieferanten oder Gutschriften für Kunden), der Ersatz von defekten und überschüssigen Lagerbeständen.

Das Prozess-Element R2 (Rücklieferung zur Wartung, Reparatur oder Überholung) umfasste eine detailliertere Inspektion mit Feststellung des Produktzustandes, Terminierung zur Rücklieferung, Zuteilung für die Wartung, Reparatur oder Überholung, Durchführung der Wartungs-, Reparatur- oder Überholungsarbeiten, Bereitstellung und Ablieferung der Rücksendung, gegebenenfalls Zahlungsstellung (abhängig von den jeweiligen Gewährleistungs- und Garantieansprüchen).

17.2.2.9 Ermöglichende SCOR-Prozesse

Die ermöglichenden Prozesse waren für die Vorbereitung, Pflege und Verwaltung von Informationen bzw. Beziehungen zuständig, von welchen die Planungs- und Ausführungsprozesse abhängig waren. Diese Prozesse zur Unterstützung der Planungs- und Ausführungsprozesse konnten nicht weiter zerlegt werden.

Die Projektgruppe konnten eine Reihe von Bereichen identifizieren, in denen die ermöglichenden Prozesse einen Einfluss hatten: Unternehmensrichtlinien, Leistungsverbesserungen, Datensammlung, Lagerbestandskontrolle, Kapitaleinsatz, Transportmittelbestimmung und Routenplanung, physische Netzwerkkonfiguration, Einhaltung von gesetzlichen Vorschriften, Verwaltung von Rahmenverträgen mit Lieferanten, Durchführung der Planungsprozesse, usw. Der Eindruck war, dass sich die Liste beliebig verlängern ließe. Die Projektgruppe kam deshalb zu der Schlussfolgerung, dass eine Lieferkette zwar über gut funktionierende integrierte Planungs- und Ausführungsprozesse verfügen und dennoch eine unter dem Durchschnitt oder den Anforderungen liegende Leistungsfähigkeit aufweisen konnte, wenn die ermöglichenden Prozesse bzw. die Infrastruktur unzureichend waren. So war etwa ein guter und aussagefähiger Absatz- und Produktionsplan zwangsläufig abhängig von der Qualität der Durchführung des Planungsprozesses und/oder den dazu eingesetzten IKT-Systemen.

Kapitel 18: Erarbeitung eines SCOR-basierten Geschäftsentwurfs

Fünfzehnte SCOR-Projektwoche: Gestaltung optimierter Geschäftsvorgänge unter Einbeziehung von unterstützenden Informations- und Kommunikationstechnologie-Systemen und siebte Lenkungsausschuss-Sitzung

Die Projektgruppe war aufgrund der in der Vorwoche geleisteten Vorarbeiten davon überzeugt, auf Grundlage der gesammelten Informationen einen brauchbaren Geschäftsentwurf zur Abbildung der Informationsflüsse und Arbeitsvorgänge erstellen zu können. Diese Aufgabe sollte in der aktuellen Woche abgeschlossen werden. Der SCOR-Berater wusste jedoch aufgrund seiner Erfahrungen, dass der noch ausstehende Schritt der schwierigste und anspruchsvollste war, denn dabei kam es neben Erfahrungen und Fachwissen in hohem Maße auf Kreativität und neue Ideen an.

Moderatoren von Arbeitssitzungen, bei denen es auf die kreative Ideenfindung ankommt, sind sich einig darüber, dass eine der wichtigsten Voraussetzungen, um die gewünschten Resultate zu erzielen, eine möglichst unvoreingenommene Denk- und Sichtweise ist. Diese Unvoreingenommenheit wird mit zunehmendem Alter bei den meisten Menschen mehr und mehr eingeschränkt, wobei hier die Erfahrungen eine kontraproduktive Rolle spielen können, was sich in typischen Äußerungen wie etwa „Das haben wir schon immer so gemacht" oder „Das haben wir schon alles ausprobiert und es hat nie funktioniert" widerspiegelt.

Da die Prozesse der Lieferkette aufgrund ihres integrativen Charakters eine spezielle Komplexität aufweisen, stellt es für eine Projektgruppe eine kaum zu bewältigende Aufgabe dar, ohne die Hilfe spezieller Methoden die zukünftigen Prozesse von Grund auf zu überdenken und wo nötig neu zu entwickeln.

18.1 Kreativitätstechniken zur Ideenfindung

Zum Zwecke der Unterstützung der kreativen Ideenfindung wurden so genannte Kreativitätstechniken entwickelt, die vor allem im Rahmen von Innovations-Projekten zum gezielten Erzeugen neuer Ideen zur Lösung von Problemen eingesetzt werden. Sie haben den Zweck, Probleme zu präzisieren, die Ideenfindung und den Ideenfluss einzelner Projektmitglieder oder von Projektgruppen zu beschleunigen, die Suchrichtung zu erweitern und gedankliche Blockaden aufzulösen.

Mit der Anwendung von Kreativitätstechniken wird somit die Kreativität angeregt, um völlig neue, noch nicht realisierte Lösungen zu finden. Auch wenn umgangssprachlich häufig die Bezeichnung *Ideenfindung* benutzt wird, liegt der Schwerpunkt tatsächlich eher auf dem Generieren von neuen Ideen, als im Suchen bzw. Finden von (schon vorhandenen) Ideen. Im Gegensatz zum eher zufälligen „Geistesblitz" versteht man unter *Ideengenerierung* das gezielte Erzeugen von Ideen zu einem definierten Zeitpunkt.

Die Kreativitätstechniken sind keine mathematischen Algorithmen, die zu einem „richtigen" Ergebnis führen, sondern vielmehr Heuristiken, d.h. Verfahrensschritte, die sich in der Praxis als zielführend erwiesen haben. Die bekannteste Methode ist das so genannte *Brainstorming*, das in den 1950er Jahren in den USA von Alex Osborn entwickelt wurde und seither als Inbegriff der Ideenfindung verstanden wird. Verwandte Techniken sind beispielsweise progressive Abstraktion, semantische Intuition, Metaplan-Technik, usw.

Bei unzureichend strukturierten, offenen Problemen ist die Zahl und Art der möglichen Lösungen nicht vorgegeben, d.h. jedes Ergebnis innerhalb des Lösungsprozesses ist nur eine verhältnismäßig optimale Lösung zu einem bestimmten Zeitpunkt. Grundsätzlich eignen sich Kreativitätstechniken vor allem für solche Probleme, bei denen der Lösungsweg noch unbekannt ist (so genannte *schlecht strukturierte Probleme*), nicht so sehr für Probleme, für die es bereits einen bekannten und zielführenden Lösungsweg gibt (so genannte *wohl strukturierte Probleme*) (vgl. z.B. Nöllke 2004, S. 53 ff.).

18.2 Vorgehensweise zur Entwicklung eines SCOR-basierten Geschäftsentwurfs

Die primären Ziele für diese Woche bestanden in der Anwendung geeigneter Kreativitätstechniken, um einen neuen, SCOR-basierten Geschäftsentwurf zu entwickeln. Dazu mussten primär die folgenden Aufgaben erledigt werden:

- Durchsicht des erarbeiteten Geschäftsentwurfs für die Prozesse auf der dritten SCOR-Ebene (siehe hierzu Abbildungen 17-1a-b in Kapitel 17);
- Verbindung und Ausrichtung der Prozesse der dritten SCOR-Ebene zwischen den verschiedenen Bahnen im Diagramm;
- Einbeziehung der jeweiligen Informations- bzw. Anwendungssysteme zur Ermöglichung der entsprechenden Informationsflüsse und Arbeitsvorgänge;
- Durchführung von exemplarischen Tests der entwickelten Geschäftsprozesse;
- Berechnung der erwarteten Produktivitätssteigerungen aufgrund der vorgeschlagenen Veränderungen.

18.2.1 Fertigstellung des SCOR-basierten Geschäftsentwurfs

Die erste Aufgabe auf der Tagesordnung bestand aus der Fertigstellung und Durchsicht des Geschäftsentwurfs. Im vorangegangenen Kapitel war mit der Beschreibung der Arbeitsvorgänge begonnen worden, nun mussten noch die Informationsflüsse hinzugefügt werden. Die Informationsflüsse werden, wie bereits angesprochen, in der SCOR-Terminologie mittels Eingangsgrößen bzw. Auslösern und Ausgangsgrößen bzw. Ergebnissen dargestellt (siehe Abbildungen 14-1 und 14-2a-b in Kapitel 14). Im Hinblick auf diese Eingangs- und Ausgangsgrößen sind im vorliegenden Zusammenhang zwei Punkte aus der SCOR-Modelldokumentation von besonderem Interesse (vgl. dazu Supply-Chain Council (1) 2006, S. 419 ff.).

Der erste Punkt ist, dass die Beschreibungen und Darstellungen in der Dokumentation lediglich eine Auflistung darstellten. Die einzelnen Größen stehen darin separat und sind nicht miteinander verknüpft. Aufgrund der fehlenden Verbindungen stellt die Dokumentation tatsächlich keine Informationsflüsse dar, sondern vielmehr einzelne „Bausteine" dieser Flüsse. So repräsentiert beispielsweise das eigentliche Produkt den Auslöser für Prozess-Element S1.2 (Produktannahme). Das Ergebnis besteht aus der Bestätigung der Warenannahme bzw. des Wareneingangs. Die Darstellung enthält also keine expliziten Ausführungen zur Verbindung dieser beiden Größen; sie stellen folglich eher Datenpunkte als Datenflüsse dar.

Es ist deshalb bei der Anwendung des SCOR-Modells wichtig, die in der Dokumentation enthaltenen Darstellungen zwar als Richtlinie zu betrachten, sich aber darüber bewusst zu sein, dass Entscheidungen und eigene Überlegungen zur Verbindung von Auslösern und Ergebnissen erforderlich sind. Die Informationsflüsse sollten das zukünftige Lösungsumfeld widerspiegeln und adäquat in den zukünftigen Geschäftsentwurf integriert sein (siehe hierzu Abbildungen 17-1a-b in Kapitel 17).

Der zweite Punkt ist, dass die betreffenden Eingangs- und Ausgangsgrößen zu ihrer Ausführung bestimmte Technologien benötigen (siehe hierzu das in den Abbildungen 15-1 und 15-2a-b in Kapitel 15 dargestellte Geschäftsvorgangs-Analyseformular). Die dafür eingesetzten Informations- und Kommunikationstechnologie (IKT)-Systeme und die dazugehörigen Anwendungen können ganz verschiedener Art sein, wie beispielsweise Telefon, Fax, elektronische Formulare, Dateneinträge im Internet, elektronischer Datenaustausch *(Electronic Data Interchange, EDI)*, die Funktionsbereiche eines betrieblichen Planungs- und Warenwirtschaftssystems, usw. Die IKT-Systeme unterstützen die Abwicklung der Eingangs- und Ausgangsgrößen, verbinden sie aber auch im Sinne von ermöglichenden Prozessen miteinander. Die konkrete Ausgestaltung und Verwendung der IKT-Systeme gibt auch wichtige Aufschlüsse über das Electronic Business-Konzept eines Unternehmens. Konsequent weitergedacht ist nämlich die Lieferkette ein immanenter Bestandteil des übergeordneten Electronic Business-Konzepts einer Organisation.

Nach Seibt betreibt eine Organisation dann *Electronic Business* (abgekürzt als *E-Business)*, wenn mehrere bis alle Geschäftsprozesse innerhalb des Unternehmens, zwischen ihm und seinen Geschäftspartnern oder zwischen ihm und Dritten (z.B. Behörden) ganz oder teilweise über elektronische Kommunikationsnetze realisiert und durch den Einsatz von IKT-Systemen unterstützt werden (vgl. Seibt 2000, S. 11). Dieser Definition soll gefolgt werden, da sie die prozessorientierte Sichtweise betont.

Die einzelnen Funktionsbereiche, die das Electronic Business-Konzept umfassen kann, sind beispielsweise (vgl. etwa Schäfer 2002, S. 23 f.):

- Planung und Steuerung der Kundenbeziehungen *(Customer Relationship Management, CRM)*
- Produktionsplanung *(Production Scheduling)*
- Materialbedarfsplanung *(Enterprise Resource Planning, ERP* bzw. *Material Requirements Planning, MRP)*
- Planung und Steuerung der Lieferantenbeziehungen *(Supplier Relationship Management, SRM)*
- Planung und Steuerung der Informationen für die Unternehmensführung *(Business Information Management)*
- Planung und Steuerung des Personalbereichs *(Human Resource Management)*
- Planung und Steuerung der Lieferkette *(Supply Chain Management)*.

Vom Electronic Business zu unterscheiden ist das verwandte Konzept des *Electronic Commerce* (abgekürzt als *E-Commerce)*, welches allgemein die elektronische Abwicklung des Geschäftsverkehrs bezeichnet und damit dem Electronic Business untergeordnet ist.

18.2.1.1 IKT-Systeme zur Unterstützung und Verbindung von Eingangs- und Ausgangsgrößen

Für jeden der oben genannten Funktionsbereiche des Electronic Business-Konzepts gibt es spezielle IKT-Systeme, welche die Abwicklung der zugehörigen Geschäftsvorgänge unterstützen. Für diejenigen IKT-Systeme, welche die Planung und Steuerung der Lieferkette unterstützen, wird stellenweise auch der Begriff des *Electronic Supply Chain Management (E-SCM)* verwendet (vgl. z.B. Hillek 2001, S. 2 ff.). Ein Beispiel für ein IKT-System im Kontext des Electronic Supply Chain Management repräsentieren die fortschrittlichen Planungssysteme *(Advanced Planning Systems)*.

Die IKT-Systeme zur Unterstützung und Verbindung von Eingangs- und Ausgangsgrößen können z.B. anhand der verschiedenen SCOR-relevanten Geschäftsvorgänge kategorisiert werden – analog zur Vorgehensweise im Zusammenhang mit der Geschäftsvorgangs-Analyse und den assoziierten Bahnen-Diagrammen (siehe hierzu Kapitel 17): Diese sind im Einzelnen:

- Verkaufsauftrag
- Fertigungsauftrag
- Einkaufsauftrag
- Rücklieferungsgenehmigung
- Prognose- und Wiederbeschaffungsplan.

Im Folgenden sind verschiedene mögliche Eingangs- und Ausgangsgrößen der jeweiligen Geschäftsvorgänge beschrieben, bei denen IKT-Systeme theoretisch zum Einsatz kommen können. Die Liste erhebt keinen Anspruch auf Vollständigkeit, d.h. es können im Einzelfall durchaus weitere Auslöser und Ergebnisse an den Geschäftsvorgängen beteiligt sein. Außerdem ist es von der individuellen Situation des betrachteten Unternehmens abhängig, für welche Geschäftsvorgänge die Größen in der Praxis tatsächlich zur Unterstützung und Verbindung von Eingangs- und Ausgangsgrößen verwendet werden. So können beispielsweise bestimmte Auslöser und Ergebnisse in einem informellen Gespräch oder einer Sitzung gehandhabt werden.

18.2.1.2 IKT-Systeme im Zusammenhang mit Verkaufsaufträgen

IKT-Systeme können bei den folgenden Eingangs- und Ausgangsgrößen in die Abwicklung eines Verkaufsauftrags eingebunden sein:

- Angebotsanforderung seitens des Kunden
- Erstellung des Angebotes
- Verfügbarer Lagerbestand
- Bestätigter Auftrag
- Auftragsbestätigung
- Auftragserfassung
- Entnahmeliste
- Aufsetzen der Kundenstammdaten
- Routenplanung
- Transportstammdaten einschließlich der Transportmittel und -kosten
- Bereitstellung zum Versand
- Ladeliste
- Avisierung der Lieferung
- Ablieferungsnachweis des Kunden
- Kundenrechnung.

18.2.1.3 IKT-Systeme im Zusammenhang mit Produktionsaufträgen

IKT-Systeme können bei den folgenden Eingangs- und Ausgangsgrößen in die Abwicklung eines Fertigungsauftrags eingebunden sein:

- Eingeplante Aufträge
- Produktionsterminierung (nach Fertigungslinie, Fertigungsprozess, Anforderungsdatum, usw.)
- Materialanforderung
- Arbeitsauftrag
- Wiederbeschaffungsauftrag
- Lieferung.

18.2.1.4 IKT-Systeme im Zusammenhang mit Einkaufsaufträgen

IKT-Systeme können bei den folgenden Eingangs- und Ausgangsgrößen in die Abwicklung eines Einkaufsauftrags eingebunden sein:

- Wiederbeschaffungsauftrag
- Einkaufsauftrag
- Auftragsannahme
- Wareneingangs- und Qualitätskontrolle

- Rechnungsstellung durch den Lieferanten.

18.2.1.5 IKT-Systeme im Zusammenhang mit Rücklieferungsgenehmigungen

IKT-Systeme können bei den folgenden Eingangs- und Ausgangsgrößen in die Abwicklung einer Rücklieferungsgenehmigung eingebunden sein:

- Garantie- oder Gewährleistungsanspruch seitens des Kunden
- Rücklieferungsgenehmigung
- Terminierung der geplanten Rücklieferung
- Eingangskontrolle (bei Rücklieferung vom Kunden)
- Bereitstellung zum Versand (bei Rücklieferung an Lieferanten)
- Ersatzteilanforderung (bei Reklamation oder Rückruf)
- Materialbewegungsanforderung
- Rücklieferungsgenehmigung
- Erfassung der Lieferung
- Gutschrift oder Rechnungsstellung (abhängig vom jeweiligen Garantie- bzw. Gewährleistungsanspruch).

18.2.1.6 IKT-Systeme im Zusammenhang mit der Absatz- und Wiederbeschaffungsplanung

IKT-Systeme können bei den folgenden Eingangs- und Ausgangsgrößen in die Erstellung einer Absatzprognose sowie eines Wiederbeschaffungsplans eingebunden sein:

- Erfassung der aktuellen Nachfrage
- Statistische Prognose
- Korrekturen der Prognose
- Kapazitätsbereinigter Absatzplan
- Zugeteilte Aufträge nach Lagerhäusern und Standorten
- Priorisierung der erforderlichen Ressourcen
- Lieferplan nach Standorten
- Wiederbeschaffungsauftrag
- Produktionsplan
- Materialbedarfsplan.

Die Liste der Eingangs- und Ausgangsgrößen muss an die spezielle Situation des Unternehmens angepasst und auf diese übertragen werden, ebenso wie die Zuordnung der jeweils eingesetzten IKT-Systeme.

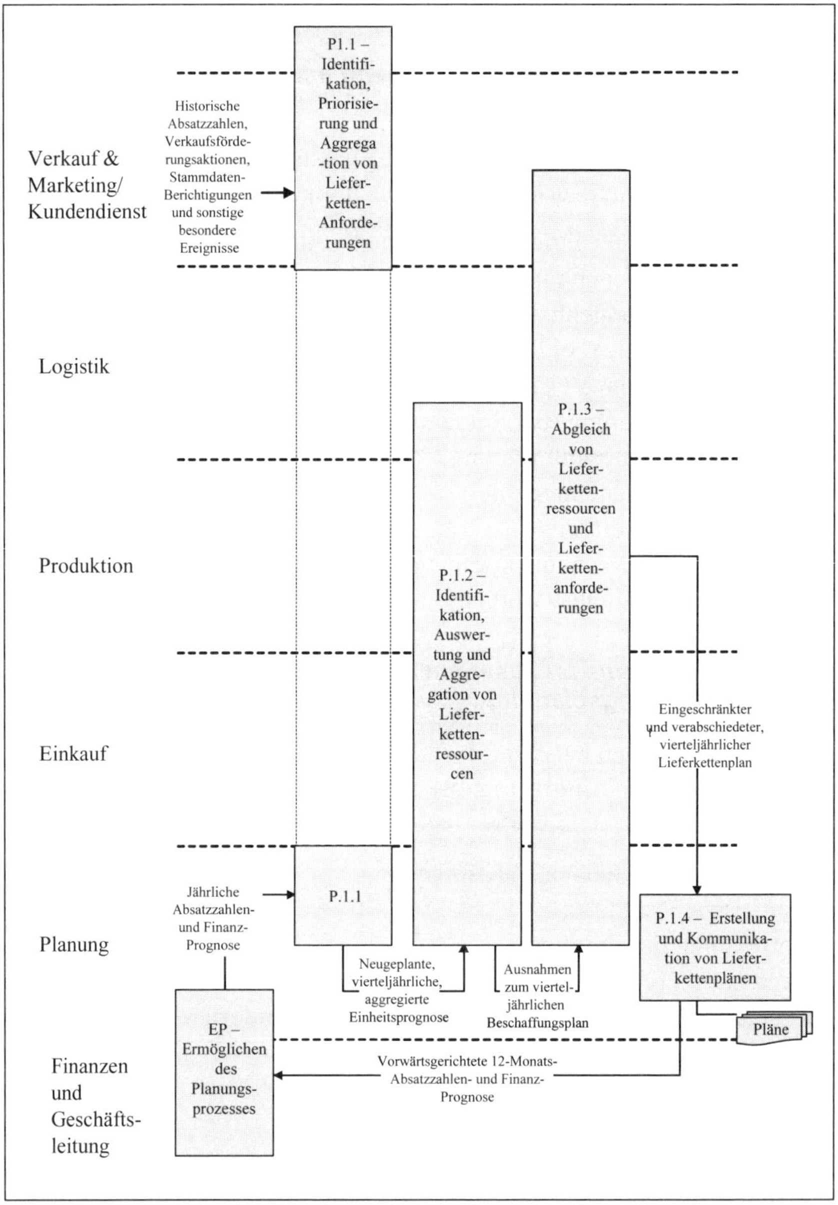

Abb. 18-1: Zukünftige Planungsprozesse der Logistik AG einschließlich Eingangs- und Ausgangsgrößen

18.2.2 Änderungen der Eingangs- und Ausgangsgrößen und eingesetzte IKT-Systeme bei der Logistik AG

Die von der Projektgruppe für den SCOR-basierten Geschäftsentwurf der Logistik AG erarbeiteten Änderungen für den Prozess *Planen* bezogen diverse Eingangs- und Ausgangsgrößen mit ein, welche zu einem neuen Absatzplan führten (Prozess-Element *P1.1 – Identifikation, Priorisierung und Aggregation von Lieferkettenanforderungen)*, wie z.B. historische Absatzzahlen, Verkaufsförderungsmaßnahmen, Überarbeitung der Artikelstammdaten, jährliche Budgetplanung, usw. (siehe obige Abbildung 18-1).

Unter den historischen Absatzzahlen wurde konkret das Resultat des am Ende jeden Monats im diesbezüglichen Anwendungssystem durchgeführten Planungslaufs auf Grundlage der aktuellen Nachfrage verstanden. Verkaufsfördernde Maßnahmen bezogen sich auf den revidierten Kalender für die Durchführung von Verkaufsförderungsaktionen für spezielle Kunden bzw. Produkte sowie von allgemeinen Marketingkampagnen.

Die Überarbeitung der Artikelstammdaten bezog sich auf etwaige Änderungen bezüglich der Artikeldaten, welche einen Einfluss auf die Absatzprognosen haben könnten, wie beispielsweise die Markteinführung neuer Produkte oder die Herausnahme von Produkten aus dem Markt als Teil der Produkt-Lebenszyklusplanung. In diesen Fällen mussten die historischen Absatzzahlen während der Durchführung von Prozess-Element P1.1 (Identifikation, Priorisierung und Aggregation von Lieferkettenanforderungen) entsprechend ausgerichtet werden. Weitere mögliche Eingangsgrößen für den Prognoseprozess waren signifikante Veränderungen des Kundenstammes, Akquisitionen von Unternehmen, Verkäufe von Produktbereichen, usw.

Die Eingangsgrößen für einen neuen Einkaufsplan zur Unterstützung des Prognoseprozesses zu Prozess-Element *P1.2 – Identifikation, Auswertung und Aggregation von Lieferkettenressourcen)* konzentrieren sich primär auf die Neuplanung des vierteljährlich erstellten, aggregierten Lieferplans. Dabei wurde angenommen, dass die für die Durchführung der Einkaufsplanung erforderlichen Informationen, wie z.B. Annahmen bezüglich der verfügbaren Kapazität und Parameter der Lagerbestandsstrategien, vorab im Zusammenhang mit der Bearbeitung des SCOR-Prozesses *EP – Unterstützung der Planung* bereitgestellt wurden (zu den einzelnen Prozess-Elementen EP1 – EP9 vgl. Supply-Chain Council (3) 2006, S. 1).

Die vierteljährliche Neuplanung des Lieferplans bezog außerdem Daten der im vorangegangenen SCOR-Prozess-Element P1.1 (Identifikation, Priorisierung und Aggregation von Lieferkettenanforderungen) erstellten Absatzprognose, konkret des nicht-kapazitätsbereinigten Absatzplans, mit ein. Der Lieferplan wurde dann mittels IKT-Systemen durchgeführt, wobei hierfür kein fortschrittliches Planungssystem, sondern das betriebliche Planungs- und Warenwirtschaftssystem zum Einsatz kam.

Die Eingangsgrößen für den Abgleich zwischen den nachfrageseitigen Anforderungen und den angebotsseitigen Ressourcen waren in erster Linie die Warnungen im Hinblick auf die vierteljährlichen Lieferpläne. In der Terminologie der Lieferkettenplanung bestanden diese Eingangsgrößen aus einer Liste von Warnungen, gruppiert nach Produkten und Standorten, bei denen das Risiko bestand, die Vorgaben hinsichtlich des Lieferbereitschaftsgrades nicht erfüllen zu können. Weitere Warnungen bezogen sich auf zu hohe oder niedrige Lagerbestände. Es existierten formale Vorgaben zur Vorgehensweise im Falle von Warnungen, um eine Übereinkunft der betreffenden Parteien zu erzielen, bevor ein neuer kapazitätsbereinigter Plan erstellt wurde, der unter anderem die Voraussetzung für den vierteljährigen Lieferplan darstellte und in den jährlichen Budgetplan einfloss.

18.3 Ausrichtung der Bahnen im Geschäftsvorgangs-Bahnen-Diagramm

Der zweite Aufgabenpunkt für die aktuelle Woche war die Ausrichtung der Bahnen im Geschäftsvorgangs-Bahnen-Diagramm, um die Arbeitsabläufe zu optimieren. Zu dem Zweck wurden gegebenenfalls auch zusätzliche Bahnen eingefügt bzw. vorhandene Bahnen entfernt. Einige dieser Änderungen waren weniger bedeutend, wie beispielsweise die Überarbeitung der Arbeitsvorgänge, anhand welcher die Vertriebsabteilung die Planungsabteilung bei der Überarbeitung der Eingangsgrößen zur Generierung des Absatzplans unterstützte.

Andere Änderungen waren hingegen von großer Bedeutung, wie z. B. die Überführung von Funktionen eines Geschäftsbereichs, welche für Engpässe innerhalb des betreffenden Geschäftsbereichs und/oder zwischen dem betreffenden Geschäftsbereich und anderen Geschäftsbereichen verantwortlich waren, in eine Matrix-Organisation (siehe hierzu auch Kapitel 4 und 6). In dieser würden dann die problematischen Funktionen zukünftig von einer zentralen Stelle im Konzern und den dort verfügbaren unterstützenden IKT-Systemen abgewickelt, während sich der Geschäftsbereich auf die Bereitstellung der erforderlichen Eingangsgrößen konzentrieren konnte (siehe nachstehende Tabelle 18-1).

Organisations-einheit	Prozessverantwortliche Prozessabwicklung, Prozessverbesserung und Ressourcenentwicklung		
Lieferketten-Projekt-organisation (zentral)	SCOR-Prozesselement *Ermöglichen*. Systemingenieure unterstützen die technischen Verbesserungen für die Geschäftsvorgangs-Produktivität	SCOR-Prozesselement *Planen*. Leiter der konzernweiten Planung hat die Verantwortung für den gesamten Absatz- und Produktionsplanungs-Prozess.	SCOR-Prozesselemente *Beschaffen/Herstellen*. Leiter der konzernweiten Materialbeschaffung hat die die Verantwortung für den Beschaffungs- und Verarbeitungs-prozess von den Rohmaterialien bis zu den Fertigprodukten
Geschäfts-bereich (dezentral)	Systemingenieure stellen unternehmensrelevante Informationen zur Verfügung	Nachfrage- und Abgebotsplaner aus den Geschäftsbereichen sind verantwortlich für effektive Absatz- und Produktionsplanungs-Prozesse	Einkaufsmitarbeiter, Materialdisponenten und Fertigungsleiter führen die Beschaffungs- und Produktionsprozesse aus

Tabelle 18-1: Rollen und Verantwortlichkeiten für Lieferketten-Prozesse bei der Logistik AG

Die letztgenannte Art von Änderungen waren auch die relevantesten zur Verbesserung der Lieferketten-Prozesse, denn sie betrafen die Verteilung von Verantwortungen für bestimmte Funktionen innerhalb der Organisation und hatten das Ziel, Überlappungen zu minimieren und die Grundlage für eine kontinuierliche Verbesserung der Lieferkette zu schaffen. Dadurch sollte der erste Schritt von einer funktionsorientierten Aufbauorganisation in eine prozessorientierte Ablauforganisation gemacht werden (siehe hierzu Kapitel 10 und 16). Auf die Art sollte dem in vielen Bereichen vorherrschenden „Silodenken" begegnet werden, welches unter anderem dazu geführt hatte, dass die individuellen Interessen einzelner Abteilungen häufig Vorrang vor der Erreichung übergreifender Ziele und sich damit kontraproduktiv auf den Unternehmenserfolg auswirkten konnten.

Nach Fertigstellung des Bahnen-Diagramms arbeitete die Projektgruppe an einem Vorschlag zur Zuteilung der Verantwortlichkeiten für die Einführung der erarbeiteten Verbesserungsmaßnahmen. Das Ziel war, die betreffenden Unternehmensbereiche aktiv in den Veränderungsprozess zur Umsetzung führender Geschäftspraktiken und Implementierung der diesbezüglichen Geschäftsprozesse einzubinden. Die Projektgruppe kombinierte –

bedingt durch die Tatsache, dass die Fertigungsstandorte der Logistik AG ihre Einkäufe von Rohmaterialien und den Bezug von Produkten von Vertragsherstellern selbst durchführten – die SCOR-Hauptprozesse *Beschaffen* und *Herstellen*. Sie kombinierte außerdem die Prozesse *Liefern* und *Rückliefern*, da beide zentral von den Konzernabteilungen Logistik- und Kundendienst abgedeckt wurden.

Die einzelnen Direktoren bzw. Gruppenleiter, wie etwa der Einkaufsleiter, Logistikleiter, usw. bekamen die Verantwortung für die Messung der jeweiligen Prozessleistung sowie die Erstellung von Aktionsplänen zur Durchführung der erforderlichen korrektiven Maßnahmen übertragen, einschließlich den unterstützenden Funktionen der SCOR-Prozessart *Ermöglichen* respektive der korrespondieren IKT-Systeme.

18.4 Identifikation von Beispielen zu den Geschäftsvorgängen

Der dritte Aufgabenpunkt für die fünfzehnte Projektwoche bestand aus der Identifikation von aktuellen Beispielen zu den betreffenden Geschäftsvorgängen und deren Verbindung zu dem erarbeiteten SCOR-basierten Geschäftsentwurf. Dadurch sollte Vertrauen in die Funktionstüchtigkeit des Geschäftsentwurfs geschaffen und eine Einschätzung der Auswirkungen und den damit verbundenen Veränderungen hinsichtlich der Produktivität ermöglicht werden. Das übergeordnete Ziel bei dieser Aufgabe war die Verdeutlichung des „Transformationsprozesses“, um den Übergang von den derzeitigen Ist-Prozessen und Geschäftspraktiken in die angestrebten zukünftigen Prozesse und Geschäftspraktiken anschaulich darzustellen und transparent zu machen.

Die erarbeiteten Beispielszenarien wurden gewissenhaft dokumentiert, so dass sie später für Funktions- und Integrationstests herangezogen werden konnten. Der SCOR-Berater versuchte zur Absicherung ein Gefühl für das Vertrauen, das die Projektgruppe in den Geschäftsentwurf und die Realitätsnähe der Beispielszenarien hatte, zu bekommen. Die nachstehende Tabelle 18-2 enthält ein Beispiel für eine Vorlage mit den relevanten Informationen zur Überprüfung der zukünftigen Prozesse.

Geschäftsprozess-Testszenario: Kundenauftrag	
Testbeschreibung	Beschreibung des Testszenarios für den Geschäftsprozess *Kundenauftrag,* einschließlich der zugehörigen Dokumente (Kundenauftrag, Lagerbestandsbericht, Entnahmeliste, Rechnung, usw.)
SCOR-Prozesselement	D 1.1 – Anfrage und Angebot für lagerhaltige Artikel
Zusammenfassung der Testergebnisse für das betreffende SCOR-Element	Beschreibung, wie die zukünftige Lösung den Geschäftsvorgang behandeln würde. Grundlage hierfür ist die entsprechende Soll-Prozessbeschreibung
Annahmen für die Änderungen	Beschreibung der Annahmen, welche für die Zusammenfassung der Testergebnisse zugrunde gelegt wurden

Tabelle 18-2: Vorlage für Testszenarien am Beispiel von Verkaufsaufträgen

18.5 Berechnung der angestrebten Produktivitätsverbesserungen

Wie im Falle der zukünftigen Materialflüsse, dient der SCOR-basierte Geschäftsentwurf in erster Linie zur Förderung von führenden Geschäftspraktiken im Hinblick auf die Lieferketten-Prozesse. Neben einer analytischen und strukturierten Herangehensweise kommt es aber auch in hohem Maße auf die Erfahrungen und das Wissen der Projektmitglieder an, um ineffektive und ineffiziente Prozesse beseitigen zu können.

Die Vorgehensweise, welche angewendet wurde, um die notwendigen Änderungen zu identifizieren, besaß Ähnlichkeit mit der Vorgehensweise, die zur Identifikation der Materialfluss-Engpässe angewendet worden war (siehe dazu Kapitel 8). Zu dem Zweck wurden für alle in den Geschäftsvorgangs-Formularen dokumentierten Engpässen und Problemen die erforderlichen Änderungen im Hinblick auf die Prozessflüsse, Bahnen im Bahnen-Diagramm, die Organisation, die Eingangs- und Ausgangsgrößen sowie die damit verbundenen IKT-Systeme dokumentiert.

Geschäftsprozess-Testszenario Nr. 1: Einkaufsauftrag	
Testbeschreibung	Das folgende Testszenario beschreibt den Prozess, welcher eingehalten wird, um einen Einkaufsauftrag mit Hilfe des betreffenden Anwendungsmoduls des betrieblichen Planungs- und Warenwirtschaftssystems zu erstellen. Es wird der gesamte Prozess von der Erstellung bis zum Abschluss des Einkaufsauftrags beschrieben
SCOR-Prozesselement	S1.1, S2.1 – Terminierung von Produktlieferungen für lagerhaltige und auftragsgefertigte Artikel. Prozess-Schritt: Erstellung eines Einkaufsauftrags
Zusammenfassung der Testergebnisse für das betreffende SCOR-Element	1. Einkaufsaufträge werden anhand von Informationen aus der Nachfrageplanung und -prognose (aus dem betrieblichen Planungs- und Warenwirtschaftssystem) erstellt. Beschaffungsaufträge werden nach Bedarf bzw. aufgrund einer designierten Wiederbeschaffung erstellt, nicht anhand des vergangenen Bestellzyklus über einen Monat bzw. eines für den jeweiligen Lieferanten spezifischen Auftragsintervalls
	2. Handelt es sich um einen neuen Lieferanten? Falls ja, mit der Einkaufsabteilung zwecks Eingabe des Lieferanten in das betriebliche Planungs- und Warenwirtschaftssystem in Verbindung setzen
	3. Falls "nein" unter 2.: Verwendung des betrieblichen Planungs- und Warenwirtschaftssystems zur Erstellung des Einkaufsauftrags. Der Lieferant wird im System lokalisiert und mit der richtigen Standortadresse ausgewählt. Sind die Artikel ordnungsgemäß und korrekt im System eingegeben? Falls ja, werden die einzelnen Positionen des Einkaufsauftrags erfasst. Für die einzelnen Artikel werden die Menge, das angeforderte Lieferdatum, der Preis und die Lieferadresse eingegeben
	4. Nachdem alle für den Einkaufsauftrag erforderlichen Daten in das betriebliche Planungs- und Warenwirtschaftssystem eingegeben worden sind, wird der Einkaufsauftrag abgespeichert und automatisch eine Auftragsnummer dafür erteilt. Der Einkaufsauftrag wird dann zur Genehmigung freigegeben. Der Genehmigungsprozess ist vom Auftragswert und den damit verbundenen Unterschriftenregelungen abhängig

Tabelle 18-3a: Exemplarisches Testszenario der Logistik AG: Einkaufsauftrag

Geschäftsprozess-Testszenario Nr. 1: Einkaufsauftrag	
Zusammenfassung der Testergebnisse für das betreffende SCOR-Element	5. Der Einkaufsauftrag wird an den gemäß Artikelgruppe, Auftragswert und Unterschriftenregelung zur Genehmigung vorgesehenen Mitarbeiter in der Organisation weitergeleitet. Der Auftrag wird dann von dieser Person entweder genehmigt, abgelehnt oder mit Rückfragen an den zuständigen Sachbearbeiter in der Einkaufsabteilung zurückgeschickt
	6. Falls der Einkaufsauftrag abgelehnt werden sollte, wird er zum Ersteller zur Prüfung zurückgeschickt. Der Ersteller gibt zusätzliche Informationen ein oder nimmt die entsprechenden Änderungen vor. Danach wird der Auftrag zur Wiedervorlage zur Genehmigung weitergeleitet. Wurde der Einkaufsauftrag abgelehnt, weil er zur falschen Person geschickt wurde, wird er vom Ersteller mittles manueller Eingabe an den korrekten Mitarbeiter zur Genehmigung geschickt. Wurde der Auftrag aus Gründen einer Falscherstellung abgelehnt, so wird er storniert
	7. Falls der Einkaufsauftrag genehmigt werden sollte, wird er automatisch je nach Vereinbarung per Post, Fax, elektronischer Datenübertragung (EDI), usw. zum Lieferanten geschickt
	8. Je nach Vereinbarung wird automatisch per Post, Fax, elektronischer Datenübertragung (EDI), usw. eine Auftragsbestätigung an den Besteller geschickt. Diese Bestätigung enthält neben der Artikelbezeichnung, der Menge und dem Preis auch den gewünschten sowie den zugesagten Liefertermin
Annahmen für die Änderungen	Keine speziellen Annahmen getroffen

Tabelle 18-3b: Exemplarisches Testszenario der Logistik AG: Einkaufsauftrag

Abschließend wurden die identifizierten Änderungen in den zukünftigen Geschäftsentwurf eingetragen. Die einzelnen Arbeitsgruppen präsentierten danach ihre Ergebnisse und diskutierten diese in der Gruppe, um sicherzustellen, dass nichts Wichtiges übersehen worden war. Die Mitglieder der erweiterten Projektgruppe, welche schon früher in die Aktivitäten zur Auftragsverfolgung eingebunden waren (siehe hierzu Kapitel 16), stellten Mitarbeiter ihrer Abteilungen für eine abschließende Durchsicht und Überprüfung der erarbeiteten Lösungen für die kommende Woche zur Verfügung. Die obenstehenden Tabellen 18-3a-b enthalten als Beispiel das ausgefüllte Testdokument für den zukünftigen Einkaufsprozess der Logistik AG.

18.6 Vorbereitung und Moderation der siebten Lenkungsausschuss-Sitzung

Die Vorbereitung und Moderation der siebten Lenkungsausschuss-Sitzung konzentrierten sich auf die folgenden Tagesordnungspunkte:

- Status des Projektverlaufs und -fortschritts (Projektfortschritts- und Rechenschafts-Bericht)
- Übersicht der Ist-Produktivitätsdaten nach Geschäftsvorgangsarten
- Darstellung der Vorgehensweise zur Erarbeitung zukünftiger Geschäftsprozesse
- Anstehende Entscheidungen
- Erwartungen für die achte Lenkungsausschuss-Sitzung.

Die Mitglieder des Lenkungsausschusses hatten besonderes Interesse an den Produktivitätsdaten gezeigt und waren offenkundlich über einige der Zahlen überrascht, was sich in Bemerkungen wie etwa „Ich dachte mir ja schon, dass die Produktivität in dem Bereich nicht optimal ist, hätte aber nicht vermutet, dass sie dermaßen schlecht ist“ zeigte. Dirk Abele war sich nicht sicher, ob dies als ein gutes Zeichen zu werten war, aber der SCOR-Berater hatte eine klare Meinung dazu: „Das ist eine deutliche Bestätigung dafür, dass wir auf dem richtigen Weg sind. Zum einen wurden keine Zweifel an der Richtigkeit der Zahlen laut, was ein Indiz dafür ist, dass der Lenkungsausschuss von der Qualität unserer Arbeit überzeugt ist. Zum anderen schafft es die Grundlage für den erforderlichen Veränderungsprozess“.

Dirk Abele war dadurch zwar etwas erleichtert, sich aber auch im Klaren darüber, welche Widerstände es zu überwinden galt, um die anstehenden Verbesserungsmaßnahmen umzusetzen.

Kapitel 19: Zusammenfassung der neuen Geschäftsprozesse

Sechzehnte SCOR-Projektwoche: Erstellung künftiger Produktivitätstabellen und Ableitung von Projektvorschlägen

Der SCOR-basierte Geschäftsentwurf stellte eine erhebliche Erleichterung bei der Definition von neuen Lieferketten-Prozessen dar. Dennoch gab es noch eine Reihe von wichtigen Aufgaben, die erledigt werden mussten, um das Projekt erfolgreich abschließen zu können. Die Arbeitsgruppen begannen mit der Validierung und dem Abschluss der Änderungen bezüglich der künftigen Arbeitsabläufe und Informationsflüsse, einschließlich der Bahnen-Diagramme, Produktivitätsberechnungen und Testfälle zur Überprüfung der Soll-Geschäftsvorgänge unter Anwendung der Beispielszenarien aus der Unternehmenspraxis.

Alle diese Aufgaben hatten die primäre Intention, zu einer Verbesserung der Produktivität der betreffenden Geschäftsvorgänge beizutragen. In Anbetracht dieser Tatsache bestanden die Ziele für die aktuelle Projektwoche vor allem aus einer eingehenden Überprüfung der Daten, der Durchsicht und Verfeinerung der zukünftigen Produktivitätstabellen und den ersten Überlegungen zu einem Projektportfolio, das die relevanten Projekte zur Umsetzung der Verbesserungsmaßnahmen einschließlich der zugehörigen erwarteten Kapitalrendite umfasste (siehe hierzu Kapitel 8).

19.1 Fertigstellung der zukünftigen Produktivitätstabellen

Die Projektgruppe besaß insgesamt fünf Produktivitätstabellen, nämlich eine Tabelle pro SCOR-Ausführungsprozess (Planen, Beschaffen, Herstellen, Liefern und Rückliefern). Die Verfeinerung und Fertigstellung dieser Produktivitätstabellen war die Hauptaufgabe auf der Tagesordnung für den ersten Tag dar. Die Tabellen 19-1a-b sollen den Aufbau und Inhalt dieser Tabellen am Beispiel des SCOR-Elements S1.1 (Terminierung von Lieferungen für Produkte, die in den Lagereinrichtungen von Lieferanten vorgehalten werden) veranschaulichen.

S1.1 – Terminierung der Produktlieferungen											
		Gewichtung	Beschreibung			Gewichtung	Beschreibung			Gewichtung	Beschreibung
Ist- Produktivität	Volumen	10		Soll- Produktivität	Volumen	5		Soll vs. Ist	Volumen	5	
	Ereignis-zeit	9			Ereignis-zeit	1			Ereignis-zeit	8	
	Benötigte Zeit	72			Benötigte Zeit	1,5			Benötigte Zeit	70,5	
	Ausbeute	61%			Ausbeute	95%			Ausbeute	34%	
Engpass 1		30%	16 bis 20 Stunden Wartezeit für eine über Nacht ablaufende Systemtransaktion und den Ausdruck des Einkaufsauftrags	Empfehlung 1		25%	Nutzung der vorhandenen Funktionalität und Prozesse für den Zugriff und die Anwendung durch den Lieferanten, einschließlich der Verfügbarkeit für Erstellung, Bearbeitung und Versand von Einkaufs-aufträgen; Unterschriften-regelung zur Freigabe von Einkaufsaufträgen (mit zentraler Verwaltung der Kostenrechnung durch die Logistik AG); automatisierte Erstellung von Aufträgen anhand von festgelegten Abrufterminen gemäß Rahmenver-einbarung bzw. anderen Auftragsauslösern (z.B. Prognosen)	Verbesserung 1		50%	Ausrichtung von Einkaufs- und Vertriebs-organisation zur Sicherstellung von effektiveren und effizienteren Planungs- und Ausführungs-prozessen in der Auftragsabwicklung

Tabelle 19-1a: Zusammenfassung der Soll-Produktivität zu SCOR-Prozess-Element S1.1 – Terminierung von Produktlieferungen

S1.1 – Terminierung der Produktlieferungen								
	Gewichtung	Beschreibung		Gewichtung	Beschreibung		Gewichtung	Beschreibung
Engpass 2	30%	Der Abschluss einer Teil-Lieferung bzw. eines Auftragsrückstands benötigt 24 bis 144 Stunden	Empfehlung 2	35%	Einführung von Wertungslisten zur Messung und Kontrolle der Lieferleistung von Lieferanten	Verbesserung 2	10%	Erzielung einer gleichrangigen Wettbewerbsposition hinsichtlich pünktlichen und vollständigen Lieferungen
Engpass 3	25%	Große Anzahl an Diskrepanzen, wie z.B. Lieferung des falschen Produkts, einer inkorrekten Menge oder mit einem falschen Preis	Empfehlung 3	30%	Artikelklassifikation und Umrechnungs-tabellen für die Maßeinheiten sollten automatisch aktualisiert werden und verfügbar sein. Minimierung der manuellen Eingabe von gängigen Artikelattributen	Verbesserung 3	20%	Alleinige Verantwortung für und Kontrolle über die Pflege der Artikelstammdaten seitens der Logistik AG
Engpass 4	15%	Die Überprüfung des Bestell-Status erfordert zusätzliche Zeit, weil die Lieferanten keine verbindlichen Lieferzeiten angeben	Empfehlung 4	10%	Möglichkeit zum Abruf und zur Aktualisierung des Auftragsstatus durch den Lieferanten	Verbesserung 4	30%	Zeitgerechte Informationen zu Status und Änderungen von Einkaufsaufträgen

Tabelle 19-1b: Zusammenfassung der Soll-Produktivität zu SCOR-Prozess-Element S1.1 – Terminierung von Produktlieferungen

Bei der Tabelle handelt es sich um die Fortsetzung des Beispiels aus Tabelle 17-2 in Kapitel 17. Der SCOR-Berater wies die Projektmitglieder darauf hin, dass es sich bei der Darstellung lediglich um eine grobe Zusammenfassung der Empfehlungen handelte, die unbedingt um die Informationen auf der vierten SCOR-Ebene sowie die damit verbundenen IKT-Systemanforderungen ergänzt werden mussten, um eine ausreichend detaillierte Dokumentation zu bekommen. Dies hing mit dem vom *Supply-Chain Council* vertretenen Grundgedanken zusammen, wonach SCOR als ein branchenübergreifendes Modell angesehen wird. Aus diesem Grund sind Ebenen unterhalb der dritten SCOR-Ebene nicht in der Modelldokumentation enthalten, da diese branchenspezifischen und teilweise sogar unternehmensspezifischen Charakter haben.

Die Erarbeitung der zugehörigen Prozesse, Geschäftspraktiken sowie IKT-Systeme muss deshalb individuell erfolgen, wobei sich die vierte Ebene auf Aufgaben *(Tasks)*, die fünfte Ebene auf Tätigkeiten *(Activities)* und die sechste Ebene auf Arbeitsanweisungen *(Instructions)* bezieht (vgl. Supply-Chain Council (1) 2006, S. 2 und Supply-Chain Council (2) 2006, S. 6 und 14). Diese zusätzlichen Informationen helfen unter anderem dem Leiter für Informationstechnologie dabei, die notwendigen Systemeinführungen zeitgerecht einzuplanen und zu budgetieren. Die genauen Systemanforderungen und -spezifikationen müssen allerdings noch in einem separaten Schritt erarbeitet werden, welcher in aller Regel außerhalb des Projektumfangs des SCOR-Projekts liegt.

Die angestrebten Produktivitätsverbesserungen wurden mittels einer relativ einfachen Kalkulation berechnet: Die Anzahl der Einkaufsaufträge (3.500), multipliziert mit den eingeschätzten Einsparungen bei den Ereigniszykluszeiten (eine Stunde mit dem neuen Verfahren gegenüber 9 Stunden mit dem bestehenden Verfahren, d.h. 8 Stunden Ersparnis) ergab eine Verkürzung der Zykluszeiten um 28.000 Stunden. Die Projektgruppe bezog dann die Ausbeute unter Anwendung des neuen Verfahrens (95 Prozent) mittels Multiplikation der Anzahl an Einkaufsaufträgen (3.500) mit dem Anteil an Aufträgen, bei welchen eine Nacharbeitung notwendig war (5 Prozent), ein. Daraus ergaben sich 175 Aufträge (3.500 x 0,05). Die Ereigniszykluszeit des neuen Prozesses lag bei einer Stunde, was für 175 Aufträge zu einer insgesamt erforderlichen Nachbearbeitungszeit von 175 Stunden führte. Im bestehenden Prozess ergaben 3.500 Aufträge bei einer Ausbeute von 61 Prozent und einer erforderlichen Nacharbeit von 39 Prozent ein Ergebnis von 1.365 nachzuarbeitenden Aufträgen (3.500 x 0,39). Bei einer Ereigniszykluszeit von neun Stunden pro Auftrag mit dem bestehenden Verfahren ergab sich daraus eine erforderliche Nachbearbeitungszeit von insgesamt 12.285 Stunden. Die resultierenden Produktivitätsverbesserungen lagen folglich bei mehr als 12.000 Stunden (12.285 ./. 175).

Die Bahnen-Diagramme für die bestehenden und die zukünftigen Geschäftsvorgänge, die als Ausgangsbasis für die Berechung der angestrebten Produktivitätsverbesserungen verwendet wurden, werden in den Abbildungen 19-1 (Ist-Zustand) und 19-2 (Soll-Zustand) am Beispiel des SCOR-Elements S1.1 (Terminierung von Lieferungen für lagerhaltige Produkte) dargestellt. Darin waren die folgenden signifikanten Änderungen des Prozesses zur Terminierung von Lieferungen enthalten:

- Im Rahmen der Materialbedarfsplanung wurden Produkte aus dem Bereich der Auftragsfertigung im Bedarfsfall bestellt, während diese heute als lagerhaltige Produkte behandelt werden. Zu dem Zweck wurde der Verbrauch aufgrund des erwarteten Bedarfs prognostiziert. Diese Tatsache wird durch den Einsatz von SCOR-Element S1.1 (Terminierung von Lieferungen für lagerhaltige Produkte) im Gegensatz zu der bisherigen Verwendung von S2.1 (Terminierung von Lieferungen für auftragsgefertigte Produkte) reflektiert.
- Die Verantwortung für die Durchführung des Prozess-Elements S.1.1 (Terminierung von Lieferungen für lagerhaltige Produkte) wurde im Bahnen-Diagramm auf den Lieferanten übertragen. Dies sollte durch die Bereitstellung geeigneter IKT-Systeme – konkret einer Internetseite, auf die alle Lieferanten zugreifen und Lieferungen terminieren konnten – ermöglicht werden.
- Die Bahnen für den Einkaufs- und Finanzbereich erhielten einen Vermerk, dass zukünftig das Konzept der strategischen Beschaffung zur Anwendung kommen sollte. Die diesbezüglichen Änderungen betrafen die dem SCOR-Prozess P2 (Planen der Beschaffung) zugehörigen Prozess-Elemente. Beispielsweise war der Lieferant durch den Einsatz entsprechender IKT-Systeme, welche ihm erlaubten, den Auftragsstatus in Echtzeit abzufragen, verantwortlich für die Berechnung der Materialbedarfe (Prozess-Element P2.1 – Identifikation, Priorisierung und Aggregation von Produktanforderungen). Dagegen wurde im Kontext der strategischen Beschaffung die Verantwortung geteilt, um gemeinsam an den Materialanforderungen zu arbeiten (P2.1 – Identifikation, Priorisierung und Aggregation von Produktanforderungen) und die Probleme beim Ausgleich von Angebot und Nachfrage zu lösen (P2.3 – Abgleich von verfügbaren Produkten und Produktanforderungen).

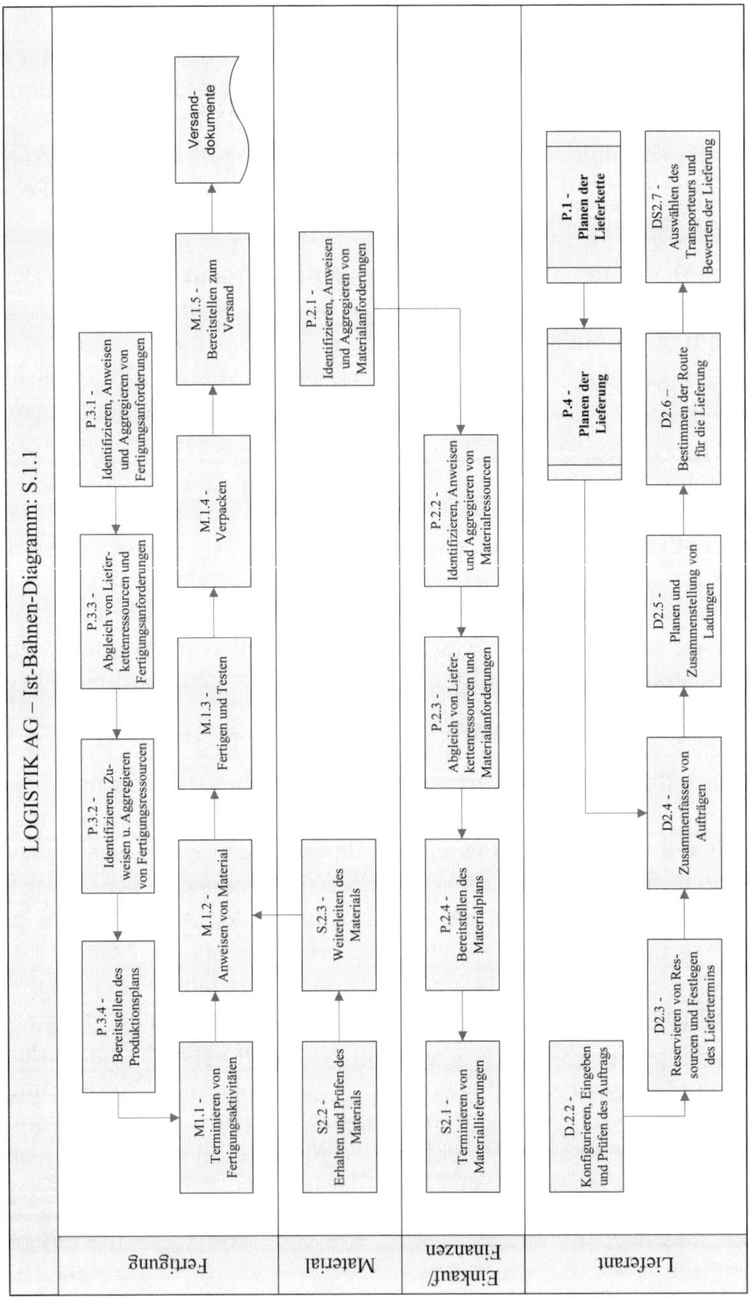

Abb. 19-1: Ist-Bahnendiagramm zu Prozess-Element S1.1 – Terminierung von Lieferungen für lagerhaltige Produkte

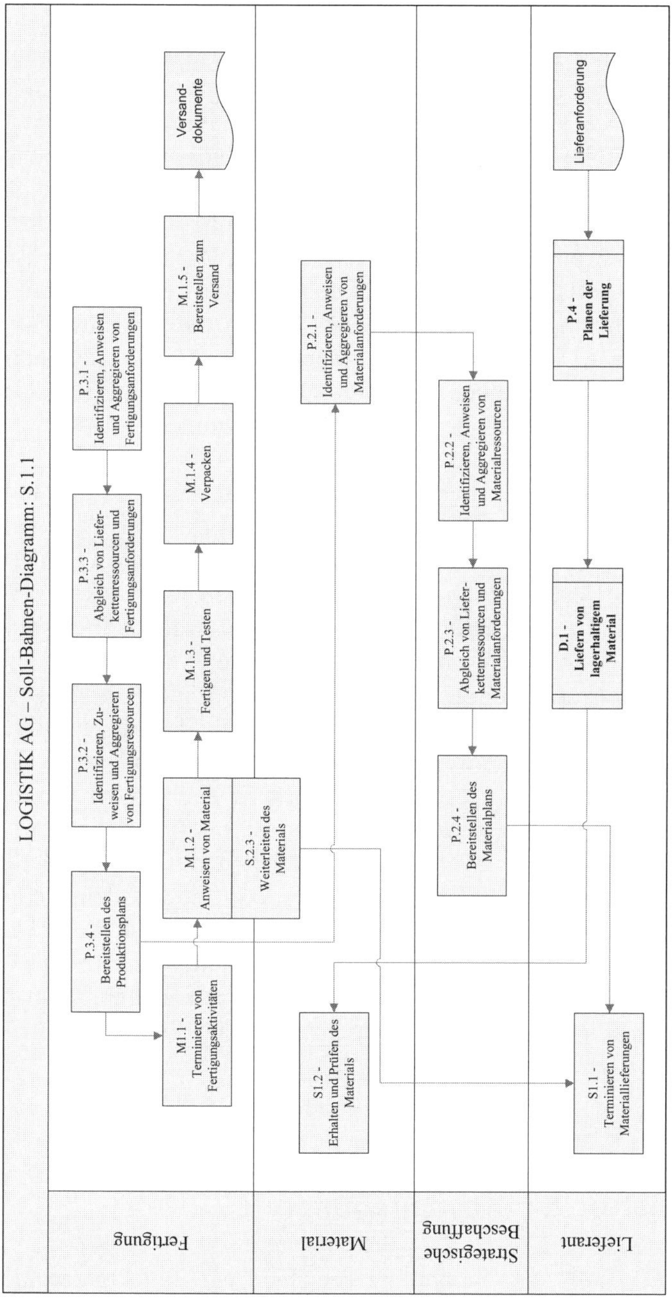

Abb. 19-2: Soll-Bahnendiagramm zu Prozess-Element S1.1 – Terminierung von Lieferungen für lagerhaltige Produkte

Die dargestellten Änderungen machten auch die Einführung neuer Konzepte als Bestandteil der Lieferketten-Strategie erforderlich. Ein Beispiel hierfür war das Konzept des vom Lieferanten verwalteten Lagerbestands *(Vendor Managed Inventory, VMI)*, welches im Kern davon ausging, dass der Lieferant für die Auffüllung der Lagerbestände verantwortlich war (vgl. etwa Wannenwetsch u.a. 2004, S. 119 ff.). Um die Lagerbestände richtig planen zu können, waren weitere moderne Planungskonzepte erforderlich, wie etwa das Konzept der gemeinschaftlichen Planung, Prognose und Wiederauffüllung, das den Käufern und Verkäufern eine unternehmensübergreifende Zusammenarbeit für Bedarfs- und Absatzprognosen sowie eine regelmäßige Aktualisierung von Plänen, die auf einem dynamischen Austausch von Informationen basierten und optimale Lagerbestände der Kunden und reduzierte Bestände beim Lieferanten zum Ziel hatten, ermöglichen sollten (siehe hierzu Kapitel 13).

Die angestrebten Änderungen machten eine geänderte Kooperation mit Partnern, im konkreten Fall mit Lieferanten, zwingend erforderlich. Weil diese neue Art der Zusammenarbeit zu einem gewissen Grad die Offenlegung von Unternehmenszielen und -daten zwischen den Lieferketten-Partnern voraussetzte, war die Ausführung nicht praktikabel, wenn kein ausreichendes Vertrauen zwischen den innerhalb der Lieferkette kooperierenden Firmen bestand. Gleichzeitig konnte jedoch die gemeinschaftliche Zusammenarbeit und das damit verbundene Teilen von Daten das gegenseitige Vertrauen und die Partnerschaft weiter stärken und kontraproduktive Effekte, die bei den bestehenden Geschäftspraktiken zu beobachten waren, eliminiert oder zumindest eingegrenzt werden. Ein Beispiel hierfür war die bereits in Kapitel 4 erwähnte Risiko-Spirale, wonach das ungenügende Vertrauen der Lieferketten-Teilnehmer in ihre Partner und die damit einhergehende inhärente Unsicherheit zum unnötigen Aufbau von Lagerbeständen führen konnte. Dadurch erhöhte sich zwangsläufig die Bestandsreichweite, was wiederum zu Intransparenz und einem weiteren Aufbau von Lagerbeständen führen und damit in einem „Spiralen-Effekt" resultieren konnte (vgl. Christopher und Lee 2001, S. 3).

19.2 Festlegung des Umfangs des Projekt-Portfolios und Beginn der Analyse der Kapitalrendite

Ein Projekt-Portfolio stellt eine Sammlung verschiedener Projekte dar, die in der Regel einen gemeinsamen Zweck verfolgen und gemeinsam koordiniert werden. Die Planung und Steuerung des Portfolios meint dann die Auswahl und Unterstützung der Projekte, die Teil des Portfolios sind.

Es empfiehlt sich, jene Projekte eines Unternehmens zu einem Projektportfolio zu bündeln, die einer Organisation oder einem abgeschlossenen Teil einer Organisation zugeordnet werden können, vergleichbar sind, Abhängigkeiten zueinander haben (inhaltlich, ressourcenseitig, auftraggebermäßig) und integriert betrachtet Synergien und Potenziale ergeben. Initiativen, welche die Lieferkette betreffen, stellen aufgrund ihrer speziellen Komplexität und des hohen Integrationsgrades typische Anwendungsfälle für Projekt-Portfolios dar.

Die Steuerung des Projekt-Portfolios stellt eine nicht notwendigerweise zeitlich befristete Führungsaufgabe dar, welche die gestaltende Planung, übergreifende Leitung sowie Kosten- und Budgetkontrolle einer definierten Menge inhaltlich zusammengehöriger Projekte umfasst. Die Investitionen in das Portfolio bzw. die dazugehörigen Projekte werden in den meisten Fällen als Teil der strategischen Unternehmensplanung aufgefasst (vgl. etwa Angermeier 2005, S. 268 ff.).

Handelt es sich, wie im vorliegenden Fall, um Lieferketten-Projekte, so werden diese als ein Bestandteil der Lieferketten-Strategie gesehen, welche ihrerseits wiederum der Unternehmensstrategie untergeordnet ist. Entgegen der traditionellen Sichtweise, in der das Supply Chain Management nur ein Teil der operativen Zieldefinition war, hat sich mehr und mehr der Standpunkt durchgesetzt, dass es vielmehr als eine strategische Funktion anzusehen ist, die unmittelbar zum Unternehmenserfolg beiträgt. Das Supply Chain Management ist dadurch zu einem immanenten Bestandteil der Unternehmensstrategie geworden, der die Geschäftsstrategie vieler Unternehmen sowohl determiniert als auch ermöglicht. Anders gesagt, Supply Chain Management ist gleichzeitig Voraussetzung für die erfolgreiche Umsetzung der Geschäftsstrategie und determinierender Faktor für die Bestimmung der Geschäftsstrategie. Es kann in dem Sinne sowohl als taktische als auch strategische Komponenten einer Unternehmensstrategie angesehen werden, die darauf abzielen, die gemeinsamen Produktionskapazitäten und -ressourcen der Lieferkette sowie der zugehörigen IKT-Systeme zu verknüpfen mit dem Ziel, Kundennutzen zu schaffen (vgl. etwa Poluha 2006, S. 23 f. und S. 30).

19.2.1 Erstellung eines Portfolios der initialen Projekte

Die erste Aufgabe des zweiten Tages dieser Projektwoche bestand darin, mit der Erstellung eines Projekt-Portfolios zu beginnen. Um die Planung eines Projekt-Portfolios zu unterstützen, gab der SCOR-Berater eine Reihe von anerkannten Grundregeln vor, die eingehalten werden sollten.

Die vorrangige Intention dieser Grundregeln bestand darin, zu vermeiden, dass dieselben Probleme unkoordiniert in verschiedenen Unternehmensinitiativen angegangen wurden. Dies erwies sich erfahrungsgemäß zum Ende hin als zunehmend schwierig, da die Zahl an bestehenden Abhängigkeiten, die berücksichtigt werden mussten, kontinuierlich zunahm. Nachfolgend sind einige exemplarische Grundregeln erläutert.

- Den Mitarbeitern aus dem Finanzbereich sollte dazu verholfen werden, ein möglichst genaues Verständnis für die angestrebten Produktivitätssteigerungen zu bekommen. Aufgrund der vorherrschenden Aufbauorganisation orientierte sich ihr Denken und Handeln weit mehr an Kostenstellen, als an Prozessen entlang der Lieferkette. Um dies zu ändern und zu einer stärkeren prozessorientierten Sichtweise zu gelangen, sollte überprüft und sichergestellt werden, dass die Gesamtkosten für die einzelnen Kostenstellen mit der Summe der Lieferketten- Garantie- und Rücklieferungskosten gemäß der SCOR-Wertungslisten (siehe hierzu Kapitel 6) übereinstimmten.
- Zur Berechnung der Lieferketten-, Garantie- und Rücklieferungskosten sollten die Leistungsmessgrößen der dritten SCOR-Ebene herangezogen werden (siehe hierzu Tabellen 5-5a-b in Kapitel 5 und Tabelle 7-1 in Kapitel 7), um eine Differenzierung zwischen dem Materialflüssen auf der einen Seite und den Informationsflüssen und Arbeitsabläufen auf der anderen Seite zu ermöglichen.
- Die Kosten für den Kundendienst und die Abwicklung von Rücklieferungsgenehmigungen, die Beschaffungskosten, die Personalkosten für die Einlagerung der Fertigprodukte und Rohmaterialien, die Personalkosten für die Planung von Wartungs- und Reparaturaufträgen und die Kosten für die Angebotsplanung sollten alle als Bestandteil der Informationsflüsse und Arbeitsabläufe angesehen werden, da sie sich direkt oder indirekt auf die Geschäftsvorgänge bezogen.
- Lagerverwaltungskosten, Kosten für ausgehende und eingehende Transporte, Kosten für Rücklieferungstransporte, Kosten der Einlagerung von Rohmaterialien, Fertigprodukten und Rücklieferungen in Form von gebundenen Kapitalanlagen (fremdfinanziert oder im Eigenbesitz) sollten als Bestandteil der Materialflüsse angesehen werden, da sie im Allgemeinen materialbezogen sind.
- Die Kosten der Informations- und Kommunikationstechnologie sollten als Prozentanteil des Umsatzes kalkuliert werden, um die Personalkosten, welche zum Betreiben der IKT-Systeme erforderlich waren, mit den Kapitalkosten (falls im Eigenbesitz) und den Zinsaufwendungen (falls fremdfinanziert) für die Rechner, Netzwerke, Anwendungsprogramme, usw. zu kombinieren.

- Integration bestehender Initiativen in die Anforderung und Genehmigung von Kapitalinvestitionen. Die Gestaltung des Portfolios der Lieferketten-Projekte sollte deshalb Initiativen, welche bereits genehmigt und eventuell schon begonnen hatten, berücksichtigen und deren Zielsetzungen in die Portfolio-Planung aufnehmen. Dadurch sollten einerseits redundante Aktivitäten und Ausgaben vermieden, andererseits aber auch existierende Tätigkeiten genutzt werden. Dies hatte den positiven Zusatznutzen, Widerstände in der Organisation gegen die bevorstehenden Änderungen zu verringern und die Gruppe, die sich mit den Umsetzungen von Änderungen befasste, zu vergrößern. Die Voraussetzung dafür war eine ausführliche Dokumentation der Initiative, Ziele, Situationsanalyse, finanzielle Berechnungen (Kosten und angestrebter finanzieller Nutzen), Annahmen und Voraussetzungen, Zeitrahmen und eingesetzte interne und externe Ressourcen.

19.2.2 Kosten-/Nutzenbetrachtung der Projekte

Die oben genannten Grundregeln waren weder verbindlich noch stellten sie eine umfassende Auflistung dar. Vielmehr sollten sie Anhaltspunkte und Orientierungshilfen sein, deren Anwendung im vorliegenden Fall zu folgenden Anpassungen in der Engpass-Potenzial-Matrix aus Abbildung 12-2 in Kapitel 12 führte (siehe nachstehende Abbildung 19-3):

- Etwa 1,5 Millionen Euro bezogen sich auf die ineffiziente Einkaufsauftragsverwaltung (2) und basierten auf Verbesserungen hinsichtlich der Einkaufsauftrags-Produktivität;
- Knapp 2,4 Millionen Euro wurden mangelnden Disziplin in der Auftragsverwaltung (7) zugeschrieben und basierten auf Verbesserungen im Hinblick auf die Kundenauftrags-Produktivität;
- Rund 2,1 Millionen betrafen die schlechte Datenintegrität (5) und basierten auf Verbesserungen der Produktivität bezüglich der Datenpflege für die Kunden-, Artikel- und Lieferantenstammdaten;
- Mehr als 1,2 Millionen Euro entfielen auf die unvereinbaren Systeme (4) und basierten auf Produktivitätssteigerungen durch die Eliminierung von Kosten für IKT-Systeme zur Unterstützung unzureichend integrierter Systeme.

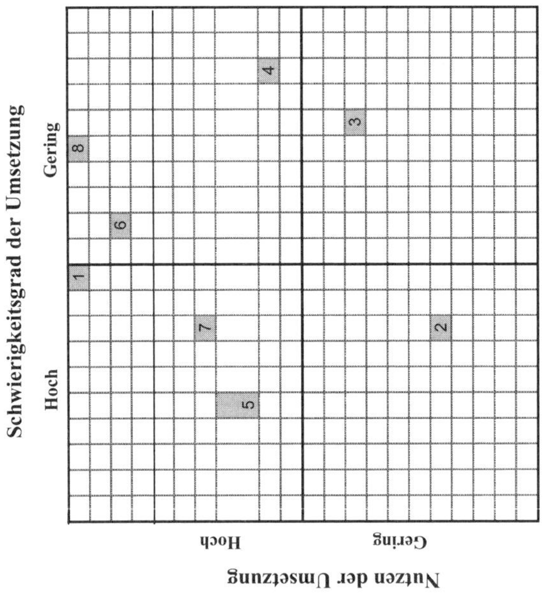

Engpass	Verbesserungspotenzial
1. Unzureichende Planung	15.825.210€
2. Ineffiziente Einkaufsauftragsverwaltung	2.757.888€
3. Reaktive Logistikplanung und -ausführung	2.390.833€
4. Unvereinbare IKT-Systeme	1.246.238€
5. Schlechte Datenintegrität	2.134.530€
6. Ineffektive Produkt-Lebenszyklusplanung	4.440.985€
7. Mangelnde Disziplin in der Auftragsverwaltung	2.349.080€
8. Ineffektive Verwaltung der Rücklieferungen	38.000.000€
Gesamt (monetär):	**69.144.764€**

Anpassungen:

- 1.500.000€ zu *Engpass 2. Ineffiziente Einkaufsauftragsverwaltung* hinzugefügt
- 2.349.080€ zu *Engpass 7. Mangelnde Disziplin der Auftragsverwaltung* hinzugefügt
- Konsolidierung der Verbesserungen bezüglich Artikel-, Kunden- und Lieferanten-Stammdaten; 2.134.530€ zu *Engpass 5. Schlechte Datenintegrität* hinzugefügt
- Einsparungen durch Vermeidung der Kosten zur Wartung und Instandhaltung von teilintegrierten Systemen in Höhe von 1.246.238€ zu *Engpass 4. Unvereinbare IKT-Systeme* hinzugefügt

Abb. 19-3: Aktualisierte Engpass-Potenzial-Matrix

Die Projektgruppe begann auf Grundlage der oben genannten Zahlen an der Berechnung der Kapitalrenditen zu arbeiten. Außerdem wurden Informationen zu bereits genehmigten und eventuell schon begonnenen Initiativen, die bislang unabhängig vom SCOR-Projekt waren, aber (direkt oder indirekt) auf eine Verbesserung der Lieferkette ausgerichtet waren, gesammelt. Diese Initiativen sollten bei der Planung und Gestaltung des Projekt-Portfolios berücksichtigt werden. Das Ziel war, einerseits redundante Aktivitäten und Ausgaben zu vermeiden, andererseits aber auch existierende Tätigkeiten zu nutzen. Dies hatte den positiven Nebeneffekt, dass Widerstände in der Organisation gegen die bevorstehenden Änderungen verringert und die Gruppe, welche sich mit den Umsetzungen von Änderungen befasste, vergrößert werden konnte.
Die Voraussetzung für eine Einbeziehung der Initiativen war eine ausführliche Dokumentation der Ziele, eine detaillierte Situationsanalyse, finanzielle Berechnungen (Kosten und angestrebter finanzieller Nutzen), Annahmen und Voraussetzungen, Zeitrahmen und eingesetzte interne und externe Ressourcen. Die untenstehende Tabelle 19-2 enthält eine Vorlage für die vorgeschlagenen Projekte des Portfolios. Die darin enthaltenen acht Projekte waren unmittelbar auf die identifizierten Engpasse aus der Engpass-Potenzial-Matrix bezogen (siehe Abbildung 19-3 in Kapitel 19) und hatten daraus resultierend die folgenden Ausrichtungen:

- Fortschrittliche Planungsprozesse
- Effiziente Einkaufsauftragsverwaltung
- Proaktive Logistikplanung und -ausführung
- Integrierte IKT-Systeme
- Integrität der Daten
- Effektive Produkt-Lebenszyklusplanung
- Disziplin in der Auftragsverwaltung
- Effektive Verwaltung der Rücklieferungen.

Wie der Tabelle entnommen werden kann, umfasste die Vorlage die erwarteten Kosten (Investitionen) für jedes einzelne Projekt und den berechneten finanziellen Nutzen (Produktivitätssteigerungen, Kosteneinsparungen, usw.) für die nächsten drei Jahre. Dies folgte dem bereits angesprochenen Gedanken, dass beispielsweise für Investitionen in IKT-Systeme berücksichtigt werden musste, dass die diesbezügliche Nutzungsdauer vergleichsweise niedrig, in der Regel für drei Jahre, angesetzt wurde. Aus dem Grund wurde die Annahme getroffen, dass nur Investitionen mit einer Amortisation von unter drei Jahren vorteilhaft waren.

Kosten-Nutzen (in Mill. €)	**Investition (erstes Jahr)**	**Nutzenbetrachtung (kumulativ über 3 Jahre)**		
		Finanzjahr 1	**Finanzjahr 2**	**Finanzjahr 3**
Prozentuale Verteilung von Kosten/Nutzen				
Projekt 1: Unzureichende Planung				
Projekt 2: Ineffiziente Einkaufsauftrags-verwaltung				
Projekt 3: Reaktive Logistikplanung und -ausführung				
Projekt 4: Unvereinbare IKT-Systeme				
Projekt 5: Schlechte Datenintegrität				
Projekt 6: Ineffektive Produkt-Lebenszyklusplanung				
Projekt 7: Mangelnde Disziplin in der Auftragsverwaltung				
Projekt 8: Ineffektive Verwaltung der Rücklieferungen				
Gesamt				

Tabelle 19-2: Vorlage des Portfolios der vorgeschlagenen Projekte

Für diejenigen Projekte, bei denen die Gewinnschwelle innerhalb von zwölf Monaten erreicht werden konnte (Amortisation), waren die entsprechenden Investitionen budgetneutral (siehe hierzu Kapitel 8). Sie waren deshalb am einfachsten zu vertreten und durchzusetzen und konnten einen Nutzen schaffen, der dabei half, die Kosten zur Durchführung der weiteren Projekte des Portfolios zu rechtfertigen.

Die Kosten-/Nutzen-Kalkulationen basierten infolgedessen auf den kurzfristig erzielbaren Resultaten sowie einer Abschätzung des Prozentanteils dieser Resultate für die ersten zwölf Monate bis zum Abschluss aller Projekte, welche das initiale Portfolio umfasste. Die Kostenaufstellung sollte eine Abschätzung der gesamten Kosten beinhalteten, welche anfallen würden, um alle empfohlenen Verbesserungen umzusetzen, einschließlich der durchzuführenden Änderungen im Hinblick auf die Material- und Informationsflüsse und die Arbeitsabläufe. Die Nutzenbetrachtung bezog unter anderem sämtliche Produktivitätssteigerungen und Kosteneinsparungen ein, die durch die Umsetzung der Verbesserungsmaßnahmen erzielt werden sollten, um „Mehrfachberechnungen" zu vermeiden.

Zum Schluss wurden Mitarbeiter aus der Konzern-Betriebsbuchhaltung und den Betriebsbuchhaltungsabteilungen der verschiedenen Geschäftsbereiche zu einer Arbeitssitzung eingeladen, um ihnen die Vorschläge und Kalkulationen vorzustellen, diese zu besprechen und gegebenenfalls zu überarbeiten. Das Endresultat war eine umfassende und geprüfte Kosten-Nutzen-Aufstellung, die letztlich den monetären Wert der angestrebten Verbesserungsmaßnahmen und des damit verbundenen Veränderungsprozesses auswies. Dies stellte einen wichtigen Teil der Vorbereitungen für die abschließende Sitzung des Lenkungsausschusses in der letzten Projektwoche dar.

Neben der rein monetären Betrachtung müssen bei der Beurteilung von Verbesserungsmaßnahmen und der Entscheidung über ein Projekt-Portfolio weitere Entscheidungskriterien einbezogen werden, die von der Unternehmensstrategie und der damit zusammenhängenden Lieferketten-Strategie beeinflusst werden. Dabei kann beispielsweise in Anlehnung an die bereits erwähnte *Balanced Scorecard* (siehe hierzu Kapitel 5) eine Betrachtung aus vier Perspektiven heraus erfolgen (vgl. etwa Kaplan und Norton 1997, S. 20 ff.):

- Die *Finanz-Perspektive*, welche den Mittelrückfluss und die Wertschöpfung umfasst;
- Die *Kunden-Perspektive*, welche durch Kundenzufriedenheit, Kundenerhaltung, Marktanteil, usw. gekennzeichnet ist;
- Die *Geschäftsprozess-Perspektive*, welche Qualität, Reaktionszeit, Kosten und Neuprodukteinführungen enthält;
- Die *Lern- und Entwicklungs-Perspektive*, welche unter anderem die Mitarbeiterzufriedenheit und Verfügbarkeit von Informationssystemen einbezieht.

Für die abschließende Projektwoche standen neben der Vorbereitung auf die nächste Lenkungsausschuss-Sitzung die Überarbeitung der Matrix mit den Engpässen und dazugehörigen Verbesserungen, die Diskussion und Einbeziehung der Ratschläge der Mitarbeiter aus der Betriebsbuchhaltung, die Fertigstellung des initialen Projekt-Portfolios einschließlich der zugehörigen Informationen zu den Kapitalrenditen und eine Kosten-/Nutzen-Aufstellung aller Projekte auf der Tagesordnung.

Kapitel 20: Projekt-Portfolio zur Umsetzung der Verbesserungsmaßnahmen

Siebzehnte SCOR-Projektwoche: Planung der initialen Projekte auf Grundlage des SCOR-basierten Geschäftsentwurfs unter Einbeziehung der Kapitalrendite und achte Lenkungsausschuss-Sitzung

Die Projektgruppe konnte die Anstrengungen der zurückliegenden sechzehn Wochen des SCOR-Projekts fühlen, war jedoch auch erleichtert und stolz auf die erzielten Resultate. Die Projektmitglieder waren gespannt auf die Ergebnisse der Berechnung der erwarteten finanziellen Vorteile.

Die letzte Projektwoche und der Übergang in die Umsetzungsphase bedurften vor allem der Konzentration auf Details bei Aufgaben wie etwa der abschließenden Überarbeitung und Verfeinerung des Projekt-Portfolios oder der Fertigstellung der Tabelle mit den prognostizierten Kapitalrenditen. Außerdem musste genauer über die Umsetzung der Verbesserungsmaßnahmen, d.h. die detaillierte Planung und Durchführung der vorgeschlagenen Projekte, die Teil des Projekt-Portfolios waren, nachgedacht werden.

20.1 Die lernende Organisation

Eine Frage, die sich nahezu alle Projektmitglieder in dieser oder einer ähnlichen Form stellten, lautete: „Haben wir tatsächlich alles erreicht, was wir sollten?" Der SCOR-Berater meinte dazu, dass diese Frage in den meisten Projekten, die er begleitet hatte, am Ende aufkam. Seiner Meinung nach hing das damit zusammen, dass es sich um einen ersten Schritt in einem fortgesetzten Lernprozess handelte.

Da sich dieser Prozess des Lernens sowohl auf die einzelnen Projektmitglieder als auch auf die Organisation als Ganzes bezieht, findet sich dafür auch der Begriff des *organisationalen Lernens* oder *Organisationslernens*. Organisationales Lernen bezieht sich einerseits auf den sozialwissenschaftlichen Themenkomplex im Hinblick auf die so genannte *lernende Organi-*

sation, der Handlungsmuster, Bedingungen und Untersuchungen sowohl auf theoretischer als auch auf praktischer Ebene behandelt und die Fragen zu klären versucht, wie eine Organisation beschaffen sein muss, um lernen zu können und wie letztlich dieses Lernen von statten geht und zu bewerten ist. Andererseits kann organisationales Lernen auch den reinen Lernprozess auf organisationaler Ebene bezeichnen, bei dem davon ausgegangen wird, dass nicht nur die einzelnen Mitglieder zum Zweck der Effektivitäts- und Effizienzsteigerung lernen, sondern dass die gesamte Organisation kollektiv durch einen kontinuierlichen Lernprozess geht.

Der Begriff wird im Kontext der Organisationsentwicklung verwendet, die den Sozialwissenschaften zuzurechnen ist und innerhalb der Betriebswirtschaftslehre häufig als eine Methode zur Neu- oder Umgestaltung von Aufbauorganisation und Ablauforganisation angewendet wird. Die Organisationsentwicklung wird als eigenständiger Prozess innerhalb der Unternehmensführung verstanden und umfasst neben dem organisationalen Lernen auch die Planung und Steuerung des Veränderungsprozesses in Organisationen. Sie ist eng mit der Personalentwicklung und dem Qualitätsmanagement verbunden (vgl. beispielsweise Gairing 2002, S. 34 ff.).

In dem Zusammenhang spielt auch das in Kapitel 4 angesprochene *Wissensmanagement* eine zentrale Rolle, welches zur Entwicklung und dem Einsatz von Wissen in einer Organisation dient und auf die Wissensbasis eines Unternehmens Einfluss nehmen soll. Unter der *Wissensbasis* werden in dem Zusammenhang alle Daten und Informationen, alles Wissen sowie alle Fähigkeiten verstanden, die eine Organisation zur Lösung ihrer vielfältigen Aufgaben benötigt. Dabei werden individuelles Wissen und Fähigkeiten systematisch in der Organisation verankert. Das organisationale Lernen ist eine integrale Voraussetzung zum Aufbau und Erhalt dieser Wissensbasis. Ein maßgeblicher Teil des organisationalen Lernens ist deshalb die Manipulation der Wissensbasis und die Aneignung verschiedener Kompetenzen durch einzelne Mitglieder der Organisation.

Eine *lernende Organisation* kann in dem Sinne als eine anpassungsfähige, auf äußere und innere Reize reagierende Organisation definiert werden. Allgemein wird zwischen lernfähigen und lernenden Organisationen unterschieden. Diese Unterscheidung resultiert aus dem Umstand, dass Lernfähigkeit nicht zwangsläufig Innovationen als Resultat hat, sondern auch zu kontraproduktiven Verhaltensweise, wie beispielsweise Resignation oder Widerstand, führen kann. Der Grad der Lernfähigkeit einer Organisation wird manchmal auch als *Organisationsintelligenz* bezeichnet (vgl. z.B. Wildemann 1999, S. 17 ff.).

Der Begriff der lernenden Organisation wurde ursprünglich von Peter Senge eingeführt, der das Konzept um 1990 herum bekannt machte und die Bezeichnung prägte. Er unterscheidet fünf Vorgehensweisen bzw. Disziplinen, die zur Entwicklung und Erhaltung von lernenden Organisationen notwendig sind, wobei es aller fünf Disziplinen bedarf. Die Disziplinen unterstützen sich wechselseitig und tragen dazu bei, dass die Fähigkeiten der Organisation in einem Entwicklungsprozess schrittweise angehoben werden (vgl. Senge 2006, S. 20 ff.):

- Individuelle Reife *(Personal Mastery)*: Anhebung der Fähigkeiten der Mitglieder einer Organisation durch Persönlichkeitsentwicklung.
- Mentale Modelle *(Mental Models)*: Explizite und implizite Grundannahmen, um die umgebende (Organisations-) Welt zu erklären und zu beschreiben sowie die Annahmen sichtbar, besprechbar und damit zum Gegenstand der Entwicklung zu machen.
- Gemeinsame Zielsetzungen *(Shared Visioning)*: Gemeinsame Visionen entstehen, wenn möglichst viele Mitglieder einer Organisation die gemeinsamen Ziele verstehen und verinnerlichen und den Zweck sowie die Aufgaben zum Erreichen des gemeinsamen Ziels begreifen.
- Lernen in der Gruppe *(Team Learning)*: Lernen in der Gruppe findet statt, wenn die Gruppenmitglieder Sachverhalte gemeinschaftlich verstehen.
- Ganzheitliche Betrachtungsweise *(Systems Thinking)*: Durch eine ganzheitliche Betrachtung des Systems werden die Wirkmechanismen und die zu erwartenden Verhaltensweisen in einer symbolischen, formalen Sprache beschrieben. Dadurch können typische Verhaltensmuster *(System-Archetypes)* erkannt, besprechbar gemacht und bearbeitet werden. Mit geeigneten Methoden können die Systeme dann simuliert und mögliches Verhalten vorhergesagt werden.

Eine lernende Organisation ist idealerweise ein System, das sich ständig in Bewegung befindet. Ereignisse werden als Anregung aufgefasst und für Entwicklungsprozesse genutzt, um die Wissensbasis und Handlungsspielräume an die neuen Erfordernisse anzupassen. Die Grundlage dafür ist eine offene und von Individualität geprägte Organisation, die ein innovatives Lösen von Problemen erlaubt und unterstützt.

Folgende Gegebenheiten können zur Unterstützung der Lernprozesse beitragen (vgl. z.B. Schüerhoff 2006, S. 63 ff.):

- Klare Zielvorgaben, gemeinsame Zielsetzungsprozesse, Orientierung am Nutzen der Kunden;
- Kooperations- und Konfliktlösungsfähigkeit, wechselseitiges Vertrauen und Teamgeist;
- Prozessorientierung und Selbstregulation in Gruppen;

- Demokratischer und partizipativer Führungsstil, Unterstützung neuer, innovativer Ideen (v.a. durch die Unternehmensführung), Integration von Personal- und Organisationsentwicklung;
- Belohnung von Engagement und Fehlertoleranz bei Vorhaben und Aktivitäten mit höheren Risiken;
- Fähigkeit zur (Selbst-) Beobachtung und -Beurteilung, wobei gut funktionierende und integrierte Informations- und Kommunikationstechnologie (IKT)-Systeme eine schnellere und genauere Einschätzung ermöglichen können.

Aufgrund der Bedeutung des organisationalen Lernens und dem engen Zusammenhang mit dem Veränderungsprozess, welcher eine unbedingte Voraussetzung für die Umsetzung der Verbesserungsmaßnahmen darstellt und auf den noch näher eingegangen wird, bieten einige der großen globalen Serviceunternehmen, wie etwa *IBM Global Services* (www.ibm.com/services/de) und *Hewlett-Packard Education Services* (h40047.www4.hp.com/hpeducation), spezielle Beratungsleistungen auf dem Gebiet an. Diese umfassen unter anderem die Erstellung einer Lernstrategie, die Erarbeitung der Lerninhalte und die technische Unterstützung von Lernprozessen. Außerdem haben sich eine Reihe von kleineren und eher lokalen Firmen auf diesbezügliche Beratungsleistungen spezialisiert, wie beispielsweise *ibo Beratung und Training* (www.ibo.de), *WissensWert* (www.wissenswert.ch) oder *Lernende Organisation* (www.lernende-organisation.de).

Zusätzlich gibt es akademische Einrichtungen, die an Hochschulen angeschlossen sind und Forschungs- und Beratungsleistungen in der Richtung anbieten. Ein Beispiel hierfür ist die *Forschungsgruppe Informationssysteme und Lernprozesse (ISLP)* an der Universität zu Köln von Prof. Dr. Dietrich Seibt (www.islp.uni-koeln.de), die sich auf die Probleme der organisatorischen und personellen Implementierung von Informations- und Kommunikationstechnologie (IKT)-Systemen für betriebliche Lernprozesse in Aus- und Weiterbildungsprozessen spezialisiert hat. Dabei steht zum einen die Unterstützung von Lernprozessen mit Hilfe von *Electronic Learning*, abgekürzt *E-Learning* (Lernen, bei dem digitale Medien für die Präsentation und Distribution von Lernmaterialien und/oder zur Unterstützung zwischenmenschlicher Kommunikation zum Einsatz kommen) im Mittelpunkt. Zum anderen geht es um alle Arten von Veränderungen *(Change Management)* einschließlich der Aspekte der Evaluation des Benutzerverhaltens *(Akzeptanz-Forschung)*, die bei der Implementierung und Anwendung von IKT-Systemen in Organisationen auftreten. Dies deutet auf den engen Zusammenhang zwischen dem organisationalen Lernen und dem Veränderungsprozess hin.

Kosten/Nutzen (in Mill. €)	**Investition (erstes Jahr)**	**Nutzenbetrachtung (kumulativ über 3 Jahre)**		
		Finanzjahr 1	**Finanzjahr 2**	**Finanzjahr 3**
Prozentuale Verteilung von Kosten/Nutzen	100%	25%	40%	100%
Projekt 1: Unzureichende Planung	-2,2	3,956	6,33	15,825
Projekt 2: Ineffiziente Einkaufsauftrags-verwaltung	-0,15	0,69	1,102	2,757
Projekt 3: Reaktive Logistikplanung und -ausführung	-0,25	0,598	0,956	2,393
Projekt 4: Unvereinbare IKT-Systeme	-6,5	0,311	0,498	1,246
Projekt 5: Schlechte Datenintegrität	0	0,533	0,853	2,134
Projekt 6: Ineffektive Produkt-Lebenszyklusplanung	-0,5	1,11	1,776	4,440
Projekt 7: Mangelnde Disziplin in der Auftragsverwaltung	-0,25	0,587	0,939	2,349
Projekt 8: Ineffektive Verwaltung der Rücklieferungen	-1,2	9,5	15,2	38
Gesamt	**-11,05**	**17,285**	**27,654**	**69,144**

Tabelle 20-1: Projekt-Portfolio mit Kosten-/Nutzenbetrachtung

20.2 Fertigstellung des Projekt-Portfolios der Logistik AG und prognostizierte Kapitalrenditen

Am ersten Tag der letzten Projektwoche begannen die Projektmitglieder damit, das Projekt-Portfolio und die Berechnungen der Kapitalrendite, mit denen in der Vorwoche begonnen worden war, einer eingehenden Überprüfung zu unterziehen (siehe obenstehende Tabelle 20-1).

20.2.1 Vergleich der berechneten Kapitalrenditen zu den vorgeschlagenen Projekten

Die Ergebnisse zu den ermittelten Kapitalrenditen waren in einigen Fällen unerwartet und teilweise sogar überraschend. Die erste Überraschung bezog sich auf das vierte Projekt, das integrierte IKT-Systeme zum Ziel hatte. Zu Beginn des SCOR-Projekts gab es zwei vorherrschende Meinungen unter den Projektmitgliedern: Eine Gruppe vertrat die Meinung, dass die Einführung der ersten Stufe des neuen betrieblichen Planungs- und Warenwirtschaftssystems erfolgreich gewesen war und das System einen hohen Beitrag zum Unternehmenserfolg lieferte.

Die andere vertretene, diametral entgegengesetzte Meinung ging davon aus, dass die Einführung des Systems schlecht geplant und durchgeführt worden war und der unzureichende Zustand und die daraus resultierende unzureichende Nutzung des Systems einer der Hauptgründe für die nicht zufrieden stellenden Geschäftsergebnisse der letzten Jahre waren. In Anbetracht des Projekt-Portfolios waren sich aber beide Gruppen darüber einig, dass weitere Investitionen notwendig sein würden, um die Nutzungsmöglichkeiten und die Kapazität des Systems zu verbessern. Die ermittelte Kapitalrendite für dieses Projekt war überraschenderweise relativ geringfügig, besonders in Anbetracht der erheblichen Investitionen, die bereits für die Einführung des betrieblichen Planungs- und Warenwirtschaftssystems gemacht worden waren. Die Projektgruppe beschloss deshalb, dem Projekt eine niedrigere Priorität zu geben, auch wenn klar war, dass die Änderungen nicht zu lange aufgeschoben werden konnten, um möglichst schnell von den bisherigen Investitionen in das System profitieren zu können.

Es war zwar von Anfang an bekannt, dass die unzureichenden Planungsprozesse zu Schwierigkeiten in der Abwicklung des täglichen Geschäfts führten. Dies war auch im Projektverlauf offensichtlich geworden und mit Details untermauert worden. Das tatsächliche Ausmaß der damit verbundenen Kosten war jedoch für die Mehrzahl der Projektmitglieder dennoch überraschend gewesen. Diese Kosten stellten die zweitgrößte finanzielle Verbesserungsmöglichkeit dar. In der Vergangenheit hatten verschiedene

Bereiche innerhalb des Unternehmens auf individueller Basis und häufig unkoordiniert Praktiken zur Beseitigung der Probleme eingesetzt. Das Projekt Nummer 1 hatte zum Ziel, diese Situation für die Zukunft zu ändern, wobei statt der Auswirkungen vielmehr die Ursachen der Probleme angegangen werden sollten.

Es existierten zwar bereits Überlegungen, wie die Planungsprozesse verbessert werden könnten. Da es sich hierbei jedoch mehrheitlich um informelle Anregungen und nicht um verbindliche Richtlinien handelte, war es im Einzelfall von den Personen im Unternehmen abhängig, die für die jeweiligen Planungsaktivitäten verantwortlich waren, inwieweit den Verbesserungsvorschlägen gefolgt wurde. In den meisten Fallen war dies nicht ausreichend, wie die Ergebnisse der untersuchten Geschäftsvorgänge und die damit verbundenen Probleme gezeigt hatten. Es war deshalb notwendig, eine Änderung des Verhaltens zu erzielen, angefangen von der Geschäftsführungsebene bis hin zu den Fertigungsplanern. Lediglich ein Drittel der Kosten dieses Projekts waren tatsächlich für die Verbesserung der Funktionalität zur Prognoseerstellung bzw. die Einführung neuer IKT-Systeme vorgesehen. Der Rest war für den damit verbundenen Veränderungsprozess vorgesehen, auf den im folgenden Kapitel noch näher eingegangen wird.

Eine weitere unerwartete Entdeckung bezog sich auf das Projekt Nummer 8 zur effektiven Verwaltung der Rücklieferungen. Zu der vorteilhaften Kapitalrendite – die Höchste unter allen Projekten – trugen Faktoren wie die Veralterung von Produkten, Rücklieferungsrichtlinien, Logistik für die Rücksendungen, Kundendienst, technische Unterstützung, Disposition von Lagerbeständen, Rückrufaktionen und überflüssige Lagerbestände bei. Die Vielzahl an Faktoren und deren finanzieller Tragweite war eine Erklärung dafür, warum die Umgestaltung des SCOR-Elements *Rückliefern* und der dazugehörigen Geschäftsprozesse und -vorgänge eine signifikante positive Auswirkung auf die Gewinn- und Verlustberichte und die Bilanzen haben konnte. Einer Implementierung funktionierender Prozesse zur effizienten Verwaltung von Rücklieferungen wurde deshalb die die höchste Priorität gegeben.

Die Projektmitglieder hatten auch auf keinen Fall erwartet, dass die Daten eine so hohe Relevanz haben könnten, denn vielfach wurden Daten als eine Art notwendiges Übel angesehen, die zwar für die eigentliche Arbeit erforderlich waren, jedoch keinen zusätzlichen Aufwand erfordern durften. Das Projekt Nummer 5, bei der die Datenintegrität im Mittelpunkt stand, wies die vorteilhafteste Kapitalrendite auf und erforderte außerdem noch die geringsten Änderungen im Vergleich zu den weiteren Projekten im Projekt-Portfolio. Es war somit offensichtlich, dass die Maßnahmen zur Verbesserung der Datenintegrität und -qualität auf jeden Fall lohnend waren. Und einige der Projektmitglieder hatten selbst erlebt, dass eine falsch eingegebene Dezimalstelle im zugehörigen IKT-System dazu führen konnte, die Lagerbestände und damit die Lagerkosten oder Lieferbereitschaft außer Kontrolle geraten zu lassen.

Das Projekt sollte sich zunächst auf die Stammdaten (auch Grunddaten oder Referenzdaten genannt) und die Bewegungsdaten (auch Transaktionsdaten genannt) konzentrieren. Im Zusammenhang mit betrieblichen Mengen- und Wertebetrachtungen gab es zwar darüber hinaus noch die Bestandsdaten bezüglich den verschiedenen Lagerbestandsarten (Rohmaterialien, Fertigprodukte, usw.); diese sollten jedoch in einem Folgeprojekt angegangen werden. Das Problem bestand primär darin, dass die Stamm- und Bewegungsdaten häufig mehrfach in unterschiedlichen Systemen und Speicherstellen abgelegt waren. Daraus resultierten redundante und inkonsistente Datensätze, was die Geschäftsabläufe beeinträchtigte, sich nachteilig auf die Qualität des Kundenservice auswirkte und zusätzliche Kosten verursachte. Das Ziel war deshalb, sicherzustellen, dass alle Prozessbeteiligten jederzeit Zugriff auf die gleichen Informationen hatten. Die hierzu erforderliche Datenintegrität und -qualität erforderte, dass die Daten zunächst konsolidiert und harmonisiert und diese konsistenten Daten dann systemübergreifend verfügbar gemacht wurden.

20.2.2 Risikoabschätzung der Projekte des Portfolios

Schließlich wurden noch die Risiken jedes einzelnen Projekts im Portfolio analysiert und bewertet und darauf basierende Risiko-Strategien abgeleitet, um die jeweiligen Risiken zu vermeiden oder, falls nicht möglich, weitestgehend kontrollieren zu können. Die Bewertung der Risiken bezog sowohl die finanziellen Auswirkungen als auch die Wahrscheinlichkeit ihres Eintretens mit ein.

Je höher die finanziellen Auswirkungen, desto höher das damit verbundene Risiko. Eine Eintrittswahrscheinlichkeit von 100 Prozent bedeutete, dass ein Risiko bereits zu einem tatsächlichen Problem geworden war. Über die Projektlaufzeit hinweg mussten die Risiken fortlaufend verfolgt werden, um die Risiko-Strategie gegebenenfalls anzupassen oder im Falle des Eintritts möglichst rasch mit geeigneten Problemlösungsmaßnahmen reagieren zu können.

20.3 Die abschließende Lenkungsausschuss-Sitzung

Der zweite Tag diente der Vorbereitung und Moderation der achten und vorläufig letzten Lenkungsausschuss-Sitzung, welche die folgenden Tagesordnungspunkte beinhaltete:

- Status des Projektverlaufs und -fortschritts (abschließender Projektfortschritts- und Rechenschafts-Bericht)
- Präsentation und Besprechung des Projekt-Portfolios einschließlich Kosten-/Nutzen-Berechnungen
- Diskussion der Risiken und Prioritäten der einzelnen Projekte
- Anstehende Entscheidungen
- Erwartungen für den Übergang zur Umsetzung der Verbesserungen und den Veränderungsprozess.

Die Sitzung war die bisher längste und diejenige mit den intensivsten Diskussionen. Dies lag vor allem daran, dass es jetzt darum ging, konkrete Entscheidungen zur Umsetzung der ausgearbeiteten Vorschläge zu machen, was auch mit Investitionen verbunden war. Die Lenkungsausschuss-Mitglieder waren sich jedoch darüber einig, dass dringender Handlungsbedarf bestand und die rasche Umsetzung der vorgeschlagenen Verbesserungsprojekte kritisch für den Unternehmenserfolg war. Es wurde deshalb vereinbart, sich Anfang der nächsten Woche zu einem Arbeitsessen zu treffen und die weiteren Schritte zu besprechen. Daran sollten möglichst alle Projektmitglieder und Mitglieder des Lenkungsausschusses teilnehmen. Dirk Abele schickte noch am gleichen Abend allen geplanten Teilnehmern eine Einladung per elektronischer Nachricht zu.

Dies war allerdings noch nicht die letzte offizielle Amtshandlung in seiner Eigenschaft als Projektleiter des ursprünglichen SCOR-Projekts. Für einen erfolgreichen Projektabschluss waren noch die folgenden Aufgaben auszuführen (vgl. Baguley 1999, S. 193 ff.):

- Beschreibung der Änderungen gegenüber dem originalen Projektauftrag (falls erforderlich)
- Aktualisierung des Projektplans mit den letzten Fertigstellungsterminen
- Erstellung einer abschließenden Projektabrechnung zur Budgetkontrolle
- Aktualisierung der Personalakten der Projektmitglieder und gegebenenfalls Einplanung für zukünftige Projekte zur Umsetzung der Verbesserungsmaßnahmen
- Erstellung und Besprechung des Projektabschluss-Berichts und Übergabe an den Lenkungsausschuss.

Ein gut durchgeführter Projektabschluss kann einen entscheidenden Beitrag zur Reputation und zum Erfolg des Projekts leisten. Er stellt den abschließenden Schritt innerhalb des eigentlichen Projekts und den Übergang in den Veränderungsprozess und die damit verbundenen Folgeprojekte dar, auf die in den folgenden Kapiteln eingegangen wird.

Kapitel 21: Einbeziehung des „Faktor Mensch" und Aspekte des Veränderungsprozesses

Organisationen stehen unter der permanenten Herausforderung, den „Faktor Mensch" in ausreichendem Maße in die Betrachtung einzubeziehen. Eine ganze Reihe von Initiativen zur Verbesserung der Supply Chain-Prozesse waren ein Misserfolg, weil die Erwartungen unzureichend kommuniziert wurden und die daraus resultierenden Verhaltensweisen das Projekt zum Scheitern brachten. Es besteht kein Zweifel daran, dass die Berücksichtigung der in den Veränderungsprozess eingebundenen Mitarbeiter innerhalb der Organisation in den meisten Fällen den schwierigsten Teil des ganzen Projekts darstellt.

(ins Deutsche übertragen aus Handfield und Nichols 1998, S. 67)

21.1 Der „Faktor Mensch"

Beim abschließenden Arbeitsessen war die überwiegende Zahl der Projektmitglieder anwesend, einschließlich Dirk Abele als dem Leiter des initialen SCOR-Projekts sowie dem SCOR-Berater. Von den Lenkungsausschuss-Mitgliedern waren neben Bernd Dachner als dem Projektmentor ebenfalls Elisabeth Becker (Leiterin der Finanzabteilung), Margot Reich (Geschäftsführerin des Bereichs Technologie), Gerhard Fälchle (Geschäftsführer des Geschäftsbereichs Gebrauchsgüter) sowie Dr. Karl-Friedrich Ackermann (Personalleiter) gekommen. Doris Egerle (Geschäftsführerin des Bereichs Lebensmittel) und Daniel Fischer (Leiter der Abteilung für Informationstechnologie) hatten sich aufgrund von Terminen außer Haus entschuldigen lassen. Überraschend hatte sich noch Günter Dietz, der Vorsitzende des Vorstands, angekündigt, mit dem sich Bernd Dachner kürzlich am Rande einer Aufsichtsratssitzung über die laufenden Aktivitäten und die weiterführenden Pläne unterhalten hatte.

Das Treffen begann mit einer Reflektion des Projektverlaufs: Angefangen mit der Planung und Organisation des Projekts, über Datensammlung und Erstellung SCOR-Wertungslisten zur Leistungsbewertung und zum Leistungsvergleich, Aufnahme und Analyse der bestehenden Ist-Materialflüsse, Materialfluss-Engpass-Analyse, Identifikation von Verbesserungspotenzialen zur Beseitigung von Materialfluss-Engpässen, Erarbeitung der Soll-Materialflüsse und Zusammenfassung der Verbesserungspotenziale, Darstellung der bestehenden Arbeitsabläufe und Informationsflüsse, Zusammenfassung der Ist-Produktivität, Gestaltung der neuen Arbeitsabläufe und Informationsflüsse, Geschäftsvorgangs-Analyse und Identifikation von Möglichkeiten zur Beseitigung von Schwachstellen, Entwicklung eines SCOR-basierten Geschäftsentwurfs, Zusammenfassung der zukünftigen Prozesse und Projektvorhaben und schließlich Planung der Folgeprojekte zur Umsetzung der neuen Prozesse einschließlich Kosten/-Nutzenberechnungen.

Es war den meisten der Anwesenden bewusst, dass das Projekt einen initialen Schritt dargestellt hatte, dem nun eine Reihe weiterer Schritte folgen mussten. Andernfalls hätten die ganzen Anstrengungen zwar zur Erzeugung interessanter Informationen beigetragen, wären aber nur von sehr beschränktem Nutzen. Der Lenkungsausschuss hatte in der letzten Sitzung bereits angedeutet, dass es außer Frage stand, dass die vorgeschlagenen Projekte zur Umsetzung der Verbesserungsmaßnahmen durchgeführt werden mussten. Die eigentliche Frage war vielmehr, wie und wann dies geschehen sollte.

Da erfahrungsgemäß mit Widerständen innerhalb der Organisation zu rechnen war, musste außerdem geklärt werden, welche Unterstützung notwendig war, damit die Maßnahmen erfolgreich umgesetzt werden konnten. Dies führte zu einer ausführlichen Diskussion des Veränderungsprozesses bzw. dessen Planung, Steuerung und Kontrolle *(Change Management)* im Zusammenhang mit einer Umwandlung der Geschäftsprozesse und des Übergangs in einen Prozess der kontinuierlichen Verbesserung, in dem sich unter anderem die Lieferkette praktisch „selbstständig" weiterentwickelte (siehe dazu Kapitel 22).

Die SCOR-Modellbeschreibung setzt einige betriebliche Funktionsbereiche als gegeben voraus: Mitarbeiter- bzw. Personalbereich, Qualitätssicherung und Training. Der Aspekt der Qualitätssicherung wird zumindest noch implizit mittels Leistungsmessgrößen, wie beispielsweise Lieferschäden und Kundenstreitigkeiten, abgefragt. Auf den Mitarbeiter- und Personalbereich wird hingegen gar nicht eingegangen. Gleiches gilt für das Training, wobei dieses der Personalentwicklung zugeordnet und damit als ein Bestandteil des Personalbereichs aufgefasst werden kann (vgl. Supply-Chain Council 2006, S. 3).

Eine Möglichkeit, eine Organisation zu beschreiben, besteht darin, sie in *Systemvariablen* bzw. *Dimensionen der Informationssystem-Gestaltung* zu gruppieren (vgl. Leavitt 1965, S. 1144 ff. und Seibt 1991, S. 251 ff.):

- Strategie bzw. Aufgabe *(Task)*: Damit ist die Bereitstellung von Gütern und Dienstleitungen gemeint, einschließlich aller zugeordneten operativen Unteraufgaben;
- Menschen *(People/Actors)*: Hierunter fällt vorrangig die Betrachtung der involvierten Personen bzw. Akteure;
- Organisationsstruktur *(Structure)*: Kommunikationssysteme, Rollenmodelle und Arbeitsabläufe;
- Technologie *(Technology)*: Damit sind die Informations- und Kommunikationstechnologien gemeint, welche die bereits mehrfach angesprochenen IKT-Systeme und -Anwendungen umfassen. Darin sind auch unmittelbar problemlösende Erfindungen, wie z.B. Technologien zur Messung der Arbeitsleistung oder Computer, enthalten.

Diese Variablen werden dazu eingesetzt, verschiedene Ansätze zur organisatorischen Veränderung zu kategorisieren. Während die informationstechnologie- und organisationsstrukturzentrierten Ansätze vorrangig auf Mechanismen zur Problemlösung fokussieren, geht es bei den personenzentrierten Ansätzen in erster Linie um den Veränderungsprozess. Alle genannten Ansätze haben letztlich zum Ziel, die Leistungsfähigkeit des zu verändernden Teilbereichs zu verbessern. Die personenzentrierten Ansätze gehen jedoch davon aus, dass eine Veränderung der Organisation zunächst eine Veränderung des Verhaltens der Organisationsmitglieder, d.h. der involvierten Akteure bzw. Mitarbeiter, voraussetzt; sie messen deshalb der Variable „Mensch“ eine ganz besondere Bedeutung bei.

In dem Zusammenhang lassen sich zwei hauptsächliche Denkrichtungen unterscheiden (vgl. etwa Galbraith 1977, S. 26):

- Beeinflussung und Änderung des Verhaltens der Akteure selbst:
  Hierbei wird entweder der Führungsstil ins Zentrum der Betrachtung gestellt oder die Interaktion zwischen den Akteuren (Mitarbeitern), der Organisation und der Unternehmensumwelt thematisiert.
- Ausstattung der „passenden“ Mitarbeiter mit Weisungsbefugnissen zur Umsetzung von Änderungen *(Power-Equalization Theory)*:
  Hierunter fallen Konzepte die entweder das Gruppenverhalten thematisieren *(Changing groups)* oder solche, welche die Änderung der Organisation an sich durch die mit Weisungsbefugnissen ausgestatteten Mitarbeiter betrachten *(Changing organizations)*.

Die damit verbundenen Konzepte sind eng mit dem in Kapitel 20 dargestellten organisationalen Lernen als Teil der Organisationsentwicklung verknüpft. Festzuhalten bleibt, dass die Systemvariable „Mensch“ allgemein einen wesentlichen Faktor bei der Umsetzung von organisatorischen Veränderungen repräsentiert. In ganz besonderem Maße trifft dies auf den Veränderungsprozess im Kontext des Supply Chain Management zu (vgl. dazu Cohen und Russel 2006, S. 115 ff.).

Die hervorragende Bedeutung des „Faktor Mensch“ im Zusammenhang mit dem Konzept des Electronic Business, das auch den Bezugsrahmen für das Supply Chain Management und damit für die Anwendung von SCOR darstellt (siehe Kapitel 18), konnte auch im Rahmen empirischen Untersuchungen nachgewiesen werden. Beispielsweise stimmten in einer Studie mehr als drei Viertel der befragten Unternehmen damit überein, dass der „Faktor Mensch“ die größte Herausforderung für ein erfolgreiches Electronic Business – und folglich auch für die Anwendung von Informations- und Kommunikationstechnologie (IKT)-Systemen – darstellt. Darüber hinaus zeigte sich, dass die Nutzenpotenziale ohne einen gezielten, systematischen Wissensaufbau im Rahmen von Qualifizierungsmaßnahmen nicht ausgeschöpft werden können (vgl. Schäfer 2002, S. 358 u. 370).

Wie bereits erläutert, stellt das moderne Supply Chain einen immanenten Teilbereich der Unternehmensführung dar und muss folglich auf die übergeordneten Unternehmensziele ausgerichtet sein. Überträgt man daher die oben genannten Systemvariablen auf den Bereich des Supply Chain Management, so konstituiert sich dieses aus den folgenden fünf Dimensionen organisatorischer Gestaltung (vgl. Becker und Geimer 1999, S. 25 ff.):

- Strategieentwicklung: Hierdurch soll die Konzeption einer Lieferkette, basierend auf den Unternehmenszielen und den Markterfordernissen, ermöglicht werden.
- Prozessgestaltung: Hier werden die Tätigkeiten beschrieben, die für die Abläufe und das Management der Lieferkette erforderlich sind. Darin eingeschlossen sind die Beziehungen zwischen den Prozessen und die entsprechenden führenden Geschäftspraktiken.
- Leistungsmessung: Um die Leistungsfähigkeit und Effizienz der Lieferkette messen, bewerten und steuern zu können, ist eine ausgewogene Auswahl prozessbezogener Leistungsindikatoren erforderlich.
- Organisationsmodell: Umfasst die Beschreibung des Aufbaus der Organisation, der Verantwortlichkeiten der Abteilungen sowie der Aufgaben und Zuständigkeiten der einzelnen Mitarbeiter. Darunter fällt auch der Personalbereich *(Human Resource Management)*.
- Technologiegestaltung: Integrierte IKT-Systeme stellen erforderliche Hilfsmittel zur Planung und Ausführung der Lieferketten-Prozesse dar.

Daraus resultieren zwangsläufig Grenzen hinsichtlich der Anwendung von SCOR, da eine der Dimensionen, nämlich der „Faktor Mensch“, nicht in der SCOR-Modellstruktur abgebildet ist. Folglich können nur begrenzt Verbesserungspotenziale in der Richtung ermittelt werden. Außerdem sind in der Modellbeschreibung als Konsequenz diesbezüglich auch keine führenden Geschäftspraktiken enthalten.

21.2 Der Veränderungsprozess

Typische Zeitpunkte, zu denen Änderungen stattfinden, sind:

- Überforderung der Organisation mit den Konkurrenzanforderungen
- Probleme mit der Erstellung einer realistischen Vorhersage zur Unternehmensentwicklung
- Einsicht, dass vergangene Erwartungen keine Relevanz mehr besitzen

Ein häufig zu beobachtendes Problem in dem Zusammenhang ist das Verhalten der in den Veränderungsprozess involvierten Mitarbeiter. Solange sie aufgrund ihres Wissens und ihrer Erfahrungen und im Rahmen ihrer Möglichkeiten in der Lage sind, die Änderungen zu unterstützen und quasi auf diese reagieren zu können, leisten sie einen positiven Beitrag. Wenn die Erwartungen jedoch nicht mehr erfüllt werden können, kann dies zu einem ablehnenden und dadurch kontraproduktiven Verhalten führen. Dies resultiert daraus, dass nicht alle Personen über die gleiche Kapazität verfügen, mit Veränderungen umzugehen und sie zu akzeptieren.

21.2.1 Der Veränderungsprozess im Kontext des Supply Chain Managements

Im Hinblick auf den Veränderungsprozess im Zusammenhang mit der Durchführung eines Supply Chain Management-Projekts sind unter anderem die folgende Änderungen zu bewältigen (vgl. Poluha 2001, S. 311 ff.):

- Änderung der Organisation
- Änderung der relevanten Planungs- und Steuerungsprozesse
- Änderung der Geschäftsregeln
- Änderung der Materialflüsse
- Änderung der Arbeitsabläufe und Informationsflüsse
- Änderung der Verantwortlichkeiten
- Änderung der Planungszyklen
- Änderung der Kommunikation.

Der Veränderungsprozess betrifft zu einem großen Teil die Mitarbeiter der Organisation, also den „Faktor Mensch", welcher einen unmittelbaren Einfluss auf die durchzuführenden Änderungsmaßnahmen im Bereich der Organisation, der Aufgabenbereiche, Arbeitsabläufe, usw. – mit anderen Worten, auf die mit dem Supply Chain Management-Projekt verbundenen Verbesserungsmaßnahmen – hat. Die erfolgreiche Planung und Umsetzung des Veränderungsprozesses erfordern aufgrund ihrer erfolgskritischen Bedeutung in der Regel speziell für diese Aufgabe abgestellte Mitarbeiter.

Unter Veränderungsmanagement *(Change Management)* lassen sich alle Aufgaben, Maßnahmen und Tätigkeiten subsumieren, die eine umfassende, bereichsübergreifende und inhaltlich weitreichende Veränderung – zur Umsetzung von neuen Strategien, Strukturen, Systemen, Prozessen und/ oder Verhaltensweisen – in einer Organisation bewirken sollen. Das Veränderungsmanagement lässt sich der Organisationsentwicklung zuordnen und ist eng mit dem organisationalen Lernen verknüpft, auf das im vorhergehenden Kapitel näher eingegangen wurde.

Dabei lassen sich typische Phasen des Veränderungsprozesses feststellen (vgl. z.B. Doppler und Lauterburg 2005, S. 97 ff. und 137 ff.):

- Auflösungsphase *(Unfreezing)*: Ausgangspunkt der ersten Phase ist die Einsicht, dass die Erwartungen nicht mehr der Realität entsprechen. Die Notwendigkeit einer Veränderung tritt langsam als Möglichkeit ins Bewusstsein, und bestehende Verhaltens- und Arbeitsweise werden in Frage gestellt. Das generelle Ziel dieser Phase besteht darin, die nach Veränderung strebenden Kräfte zu stärken und zu unterstützen und so eine Art „Veränderungsbewusstsein" zu schaffen.
- Übergangsphase *(Moving)*: In dieser Phase werden Lösungen erarbeitet, neue Prozesse und Arbeitsvorgänge entwickelt und die identifizierten Probleme in Form von Verbesserungsmaßnahmen angegangen. Der vorherrschende Zustand wird demnach verlassen und es wird eine Veränderung hin zu einem neuen Gleichgewicht vollzogen.
- Stabilisierungsphase *(Freezing)*: Ziel der dritten Phase ist die Implementierung der gefundenen Problemlösungen und damit der zumindest vorläufige Abschluss des Veränderungsprozesses. Durchgeführte Veränderungen werden dabei in das Gesamtsystem der Organisation integriert.

Unterstützt wird der oben genannte Veränderungsprozess durch Umsetzungsverantwortliche *(Change Agents)*, idealerweise aus höheren Hierarchie-Ebenen. Diese Mitarbeiter werden in für das Veränderungsmanagement relevanten Bereichen, wie z.B. Konfliktmanagement und Kommunikationstechniken, geschult und sollten ausschließlich für Veränderungsvorhaben zuständig sein. In der Weiterentwicklung werden Veränderungen dann durch Veränderungsgruppen *(Change Teams)* unterstützt.

Im Laufe der Zeit sollten alle Führungskräfte eines Unternehmens über die Kompetenz verfügen, als Umsetzungsverantwortliche zu agieren, so dass keine speziellen Mitarbeiter mehr dafür nötig sind, sondern das diesbezügliche Wissen zu einem Teil des Organisationswissens geworden ist. Zudem ist es im Rahmen eines kontinuierlichen Verbesserungsprozesses, auf den im folgenden Kapitel noch näher eingegangen wird, ohnehin eine Grundvoraussetzung, dass dieser zu einem selbstverständlichen Teil des täglichen Aufgabenbereichs und Denkens von Führungskräften und Mitarbeitern im Geschäftsalltag wird.

Aufgrund der Komplexität und Schwierigkeit der Aufgabe nehmen die meisten Organisationen die Hilfe von Beratungsfirmen zur Bewältigung des Veränderungsprozesses in Anspruch. Zum einen bieten die deutschsprachigen Niederlassungen der großen internationalen Beratungsfirmen, wie etwa *Cap Gemini Ernst & Young* (www.de.capgemini.com), *Deloitte Consulting* (www.deloitte.com), *BearingPoint* (www.bearingpoint.de) und *Accenture* (www.accenture.com), um nur einige Beispiele zu nennen, diesbezügliche Unterstützung als Teil ihres Beratungsleistungsangebots an. Darüber hinaus gibt es aber auch eine Reihe von kleineren, regional ausgerichteten Firmen, die sich auf Leistungen dieser Art spezialisiert haben. Zu nennen sind hier beispielsweise *nextpractice* (www.nextpractice.de), *Die Umsetzungsberatung* (www.umsetzungsberatung.de) und *Veränderungs-Consulting* (www.veraenderungs-consulting.de).

21.2.2 Die Rollen im Veränderungsprozess

Im Hinblick auf den Veränderungsprozess können vier typische Rollen unterschieden werden (vgl. etwa Stolzenberg und Heberle 2006, S. 133 ff.):

- Der Projektmentor verfügt über die Autorität, Änderungen zu genehmigen. Diese Rolle erzeugt das Umfeld, welches notwendig ist, um Änderungen zu ermöglichen.
- Der Veränderungsverantwortliche trägt die ultimative Verantwortung für die Durchführung dieser Änderungen, d.h. für deren Planung und Umsetzung.
- Die Zielgruppe stellt Individuen bzw. Gruppen dar, welche von der Änderung betroffen sind. Die aktive Einbindung und Teilnahme dieser Zielgruppe ist für den Erfolg des Veränderungsprozesses unerlässlich.
- Der Projektleiter ist bei der Planung und Durchführung der Änderungen behilflich, besitzt jedoch nicht die Vollmachten, diese zu genehmigen und durchzusetzen.

Der Verlauf des SCOR-Projekts bietet bereits eine geeignete Struktur, welche diese vier Rollen enthält und kann deshalb als Ausgangspunkt dienen. Das Projekt kann auch als Beispiel herangezogen werden, um die Rollen praktisch zu veranschaulichen:

- Die Projektgruppe führte die Rolle der Veränderungsverantwortlichen aus. Diese Gruppe veranstaltete zweiunddreißig formelle und informelle Sitzungen, welche über siebzehn Wochen verteilt waren und zur Erfüllung der definierten Projektziele beitrugen (siehe hierzu auch den Projektablauf in Anhang B).
- Die erweiterte Projektgruppe führte die Rolle der Zielgruppe aus und war ebenfalls in eine Vielzahl von formellen und informellen Sitzungen eingebunden. Die jeweiligen Sitzungen stellten eine Möglichkeit zur Validierung und Verfeinerung der für das SCOR-Projekt durchzuführenden Aufgaben zur Verfügung und vermittelten den Mitgliedern der Zielgruppe einen Eindruck von der Relevanz ihres jeweiligen Beitrags zum Projekt- und Unternehmenserfolg.
- Die Rolle des Projektleiters wurde von Dirk Abele, dem Produktionsleiter, ausgeführt. Er war aktiv in alle Aktivitäten der Projektgruppe eingebunden und neben der Planung, Steuerung und Kontrolle des Projekts für die Kommunikation mit den relevanten Bereichen innerhalb der Organisation verantwortlich.
- Die Rolle des Projektmentors war von Bernd Dachner, dem leitenden Geschäftsführer, übernommen worden. Sie stellte besondere Anforderungen und war mit einem höheren Komplexitätsgrad verbunden, da sie zum einen das Projekt auf Geschäftsführungsebene vertreten und gleichzeitig das für die anstehenden Änderungen erforderliche Umfeld schaffen musste.

Die Durchführung von Änderungen wird erst dann möglich, wenn die gegenwärtigen Probleme einen Grad erreicht haben, welcher die Kosten des Übergangs zu einem neuen Zustand übersteigt. Ein SCOR-Projekt hilft dabei mittels der Analyse der aktuellen Wettbewerbsposition, der Anwendung von gängigen Kennzahlen, der Identifikation von Engpässen und der Einigung über die Gestaltung des zukünftigen Zustands. Das tatsächliche Ausmaß an Problemen war im Falle der Logistik AG nicht allen Beteiligten bekannt, was für Mitarbeiter aus den Fachabteilungen, die Abteilungsleiter bis hin zu den Direktoren und die Geschäftsführungsebene galt.

Das Unternehmen verfügte über ein relativ profitables Wachstum und war sogar der Marktführer in einer Produktgruppe. Der Schlüssel zum Erfolg wurde in dem strategischen Übergang von einer hervorragenden operativen Leistungsfähigkeit hinsichtlich den SCOR-Prozessen Beschaffen und Herstellen hin zu einer strategischen Kundenorientierung bezüglich den SCOR-Prozessen Planen und Liefern gesehen. Die Betrachtung der SCOR-Wertungsliste aus Sicht des Kunden führte jedoch zu einigen überraschenden Ergebnissen und Lernpunkten. Die Projektgruppe stellte daraufhin eingehendere Untersuchungen zu den Problemen hinsichtlich Lieferleistung, Auftragsdurchlaufzeiten, Lagerbeständen, Rücklieferungskosten, usw. an und war dadurch in der Lage, zu verdeutlichen, dass ein Übergang zu einem neuen Zustand nötig, wenn nicht sogar kritisch für den langfristigen Unternehmenserfolg war.

Die SCOR-Engpass-Analyse, d.h. der Prozess der Identifikation, Eingruppierung, Quantifizierung und Priorisierung von Problemen bzw. Leistungseinschränkungen, stellte einen Entdeckungsprozess dar, welcher der Projektgruppe und den erweiterten Gruppenmitgliedern durch die Stufe des Widerstandes half. Die Entscheidung und Überzeugung seitens den in das Projekt involvierten Mitarbeitern, Engpässe zu beseitigen, welche jahrelang existiert hatte, bildeten den Ausgangspunkt dafür, diesen Widerstand mit einer klaren Motivation zu ersetzen, weitere Änderungen zu akzeptieren.. Während die Mitglieder der Projektgruppe eine Diskussion zu den erforderlichen Änderungen führen konnten, wurde für die anderen Organisationsmitglieder eine gemeinsame Zielvorstellung definiert, die einer möglichen initialen Ablehnung begegnen und dadurch Widerstände verringern sollte.

Das Ziel war letztlich, jeden Mitarbeiter aktiv in den Veränderungsprozess einzubeziehen und zum Teil der Unternehmenskultur werden zu lassen. Dadurch wiederum sollten die Verbesserungsmaßnahmen in einen fortlaufenden Prozess übergehen, in dem die Veränderungen kontinuierlich zu langfristigen Verbesserungen beitragen konnten. Auf diese Weise sollte durch das SCOR-Projekt ein organisationaler Lernprozess in Gang gesetzt werden, mittels dem die Logistik AG in der Lage war, ein bislang nicht gekanntes Veränderungsvermögen zu erwerben, welches als der wichtigste Faktor für den langfristigen Unternehmenserfolg angesehen wurde.

Wie bereits angesprochen wurde, existieren große Unterschiede bezüglich der individuellen Änderungskapazität von Mitarbeitern. Durch die Identifikation einer überschaubaren Zahl an relevanten Folgeprojekten, die auf größtmögliche Resultate innerhalb eines kurz- bis mittelfristigen Zeitrahmens (idealerweise kürzer als zwölf Monate) ausgerichtet sind, kann das SCOR-Projekt einen wichtigen Beitrag zur Integration von lieferkettenbezogenen Änderungen in eine ausführbare Lieferketten-Strategie mit den damit zusammenhängenden Geschäftsprozessen, Material- und Informationsflüssen und Arbeitsabläufen, leisten. Die abschließende Lenkungsausschuss-Sitzung, in der die Projektgruppe den zukünftigen Geschäftsentwurf, das Portfolio mit den Folgeprojekten und die damit assoziierten Annahmen präsentiert, stellt deshalb häufig buchstäblich einen Höhepunkt und krönenden Abschluss eines SCOR-Projekts dar. Analoges gilt auch für den Lenkungsausschuss: Die Beobachtung der vortragenden Mitglieder der Projektgruppe und die sich in deren Ausführungen widerspiegelnden neu gewonnenen Kenntnisse sind eine klare Bestätigung dafür, dass sich der Aufwand gelohnt hat und man auf dem richtigen Weg ist.

21.3 Abschluss des SCOR-Projekts

Dirk Abele beschloss das letzte Treffen des ursprünglichen SCOR-Projekts mit der Bemerkung: „Ich muss jetzt leider zurück und mich wieder an die Arbeit machen. Es gibt ein paar Projekte, die so schnell wie möglich in Angriff genommen werden müssen." Er hatte einige wichtige Lehren aus den vergangenen Wochen gezogen und war dazu entschlossen, die erarbeiteten Vorschläge in die Praxis umzusetzen.

Bernd Dachner fügte hinzu: „Ich war doch überrascht, dass wir heutzutage so viele Probleme bei der Abwicklung unserer Lieferketten-Prozesse haben. Wenn man bedenkt, wie erfolgreich wir trotz dieser hausgemachten Probleme sind, besteht allerdings durchaus Anlass zur Zuversicht, denn es ist ein Beleg für die Qualität unserer Mitarbeiter, dass wir trotz allem mit diesen Schwierigkeiten umgehen können. Wenn diese individuelle Leistung anderweitig genutzt werden könnte, hätten wir zweifellos alle Vorteile auf unserer Seite, um unsere Wettbewerbsposition weiter auszubauen."

Der abschließende Kommentar kam von Günter Dietz, dem Vorstandsvorsitzenden, der erst kürzlich einen Beitrag in der betriebswirtschaftlichen Fachzeitschrift *Harvard Business Review* zur Bedeutung von SCOR im Zusammenhang mit dem Veränderungsprozess gelesen hatte (siehe Davenport 2005, S. 100 ff.) und daraus die folgenden Schlüsse zog: „Das SCOR-Modell ist sicherlich ein hervorragender Ansatz, um die Lieferkette zu untersuchen und daraus Verbesserungen abzuleiten. Es kann dadurch als ein Katalysator für die Umsetzung von Verbesserungsmaßnahmen dienen. Mir ist aber auch bewusst, dass diese Maßnahmen nur dann einen Zweck haben, wenn wir dazu bereit sind, die damit verbundenen organisatorischen Änderungen durchzuführen, um die Art und Weise, wie wir unsere tägliche Arbeit erledigen, neu zu definieren. Dazu braucht es die volle Unterstützung durch die Unternehmensleitung, und ich werde alles in meiner Kraft stehende tun, um diese Unterstützung zu garantieren."

Er hatte offensichtlich verstanden, welche erfolgskritische Bedeutung einer leistungsfähigen Lieferkette im heutigen Wettbewerb zukam.

Kapitel 22: Geschäftsprozess-Optimierung und moderne Konzepte im Supply Chain Management

Wenn eine bessere Lösung mit mehr Flexibilität und Reaktionsfähigkeit oder einer höheren Wertschöpfung gefunden wird, zögert man nicht, die bestehende Lösung abzulösen und die neue dafür einzusetzen. Die gesamte Lieferkette ist flexibel und reaktionsfreudig und entwickelt sich ständig weiter. Was sich jedoch nicht ändert, ist die Bedeutung der Supply Chain als Schlüsselfunktion für eine starke Wettbewerbsposition, und deshalb wird auch in Zukunft in sie investiert.

(in Anlehnung an Cohen und Roussel 2006, S. 280)

22.1 Die Geschäftsprozess-Optimierung

Es wurde bereits darauf eingegangen, warum das SCOR-Modell ein Beschreibungsmodell für die Lieferkette, nicht jedoch ein Gestaltungsmodell repräsentiert (siehe hierzu die Ausführungen in Kapitel 2): Zwar zeigt das Modell Schwachstellen und damit Optimierungspotenziale der Lieferkette auf; diese müssen dann jedoch mittels anderer Maßnahmen beseitigt bzw. realisiert werden.

22.1.1 Umwandlung von Geschäftsprozessen (Business Process Reengineering)

Ein mögliches Konzept zur Umsetzung derartiger Maßnahmen zur (initialen) Verbesserung der Lieferkette stellt etwa die Umwandlung von Geschäftsprozessen *(Business Process Reengineering)* dar. Bei diesem Konzept werden die bisherigen Geschäftsprozesse grundlegend verändert und teilweise sogar völlig neue Geschäftsvorgänge eingeführt. Dies wird bereits in dem programmatischen Untertitel eines Standardwerks zu dem Thema von Michael Hammer und James Champy deutlich zum Ausdruck gebracht: *Die Radikalkur für das Unternehmen*, ebenso wie im Arbeitstitel auf dem Buchumschlag: *So erneuern sie Ihre Firma*((vgl. Hammer und Champy 1996).

Grundsätzlich geht es um die Beseitigung von „Prozessbrüchen" und die Harmonisierung und Standardisierung von Prozessen, weil davon ausgegangen wird, dass je einfacher und standardisierter Prozesse sind, desto weniger Ausnahmen und Kosten anfallen und desto besser die Eingriffs- oder Steuerungsmöglichkeiten sind. Dazu werden beispielsweise die Nutzung von Zeitpotentialen, um Durchlaufzeiten zu reduzieren, die Beseitigen von Puffern (z.B. Wartezeiten) zwischen den einzelnen Prozess-Schritten und die Beseitigung von Schnittstellen, die den Prozessablauf behindern, angestrebt (organisatorische Schnittstellen entstehen, wenn Aufgaben eine funktionsübergreifende Kooperation erfordern und sich Tätigkeiten mit denen anderer Unternehmensbereiche überschneiden). Die Umstrukturierung stellt somit eine prozessorientierte Neuausrichtung des Unternehmens dar, wobei bekannte Vorgehensweisen hinsichtlich ihrer Effektivität und Effizienz überprüft werden. Es handelt sich aufgrund der Tragweite um strategische Projekte, in denen eine unternehmensinterne und -übergreifende Zusammenarbeit einer verantwortlichen Projektgruppe mit Kunden und Lieferanten stattfindet. Die Umsetzungsmaßnahmen führen in der Regel zu einer Veränderung der Aufbau- und Ablauforganisation (vgl. Hammer und Champy 1996, S. 47 ff.).

Die organisatorischen Änderungen zielen dabei auf den Beginn der Umwandlung von einer funktionalen Denkweise mit dem damit oftmals verbundenen „Silodenken" hin zu einer prozessorientierten Denkweise (siehe hierzu Abbildung 3-1 in Kapitel 3). Zur Umwandlung kommen beim Business Prozess Reengineering die folgenden vier grundlegenden Komponenten zum Einsatz (vgl. z.B. Werner 2002, S. 46 f.):

- Erneuerung *(Renewing)* bedeutet die verbesserte Schulung und organisatorische Einbindung von Mitarbeitern. Diese Komponente bezieht sich auf den Aspekt des organisationalen Lernens (siehe Kapitel 20).
- Neubelebung *(Revitalizing)* bezeichnet die Neugestaltung der Prozesse.
- Einstellungsänderung *(Reframing)* soll dazu führen, dass herkömmliche Denkmuster abgelegt und neue Wege eingeschlagen werden. Diese Komponente hat einen direkten Bezug zum Veränderungsprozess.
- Umstrukturierung *(Restructuring)* erfordert eine prinzipielle Überarbeitung von Geschäftsprozessen und Arbeitsabläufen.

Es hat sich allerdings in der Praxis gezeigt, dass das Konzept auf massive Widerstände innerhalb der Belegschaft stößt, was der Steuerung des Veränderungsprozesses eine ganz besondere Bedeutung zukommen lässt (vgl. etwa Rohe und Spalink 1999, S. 33). Dies resultiert beispielsweise daraus, dass Mitarbeiter, die funktionsorientiert denken, dazu neigen, ein gewisses Aufgabengebiet als ihr eigenes anzusehen und es entsprechend gegen Änderungen verteidigen.

Die Widerstände können erfahrungsgemäß durch geeignete Maßnahmen für die Zeit der Durchführung der initialen Verbesserungsprojekte in den Griff bekommen werden. Sie können jedoch in den meisten Fällen nicht auf Dauer ohne erhebliche Anstrengungen überwunden werden, abgesehen davon, dass nach dem Abschluss der initialen Projekte oftmals kein unbedingtes Erfordernis mehr nach „radikalen" Änderungen besteht. Häufig werden deshalb die initialen Projekte, die sich aus einem SCOR-Projekt wie dem geschilderten ergeben (siehe Kapitel 19), als eine Initiative zur Umwandlung von Geschäftsprozessen durchgeführt und danach auf eine alternative Vorgehensweise gewechselt.

22.1.2 Der kontinuierliche Verbesserungsprozess (Continuous Improvement)

Es wurde bereits darauf hingewiesen, dass es sich bei dem Projekt-Portfolio am Ende des SCOR-Projekts lediglich um einen ersten Schritt handelt, dem weitere Schritte folgen müssen. Ein alternatives Konzept, das sich zur Fortführung der notwendigen Verbesserungsmaßnahmen anbietet und in der Vergangenheit unter anderem erfolgreich im Zusammenhang mit strategischen Lieferketten-Verbesserungsinitiativen eingesetzt wurde, ist der kontinuierliche Verbesserungsprozess *(Continuous Improvement)*. Beim kontinuierlichen Verbesserungsprozess wird anstelle von drastischen, einschneidenden Veränderungen eine stetige Verbesserung der Produkt-, Prozess- und Kundendienstqualität in inkrementellen Schritten angestrebt. Die beiden Konzepte – der kontinuierliche Verbesserungsprozess und die Umwandlung von Geschäftsprozessen – werden häufig unter dem Begriff der *Geschäftsprozess-Optimierung* zusammengefasst (siehe Kapitel 11).

Der kontinuierliche Verbesserungsprozess wurde in den 1980er-Jahren als wesentlicher Teil des japanischen Kaizen-Konzepts entwickelt. Die Begriffe werden manchmal auch synonym verwendet, was streng genommen nicht zutreffend ist. *Kaizen* stammt aus dem Japanischen und bedeutet zwar übersetzt „ständige Verbesserung". Es wird jedoch als ein Konzept innerhalb der Unternehmensführung verstanden, das in umfassender Weise alle Bestrebungen zur Verbesserung betrieblicher Leistungsstandards zusammenfasst und verschiedene Verfahren und Methoden aus dem Qualitätsmanagement vereint. Kaizen umfasst z.B. Gruppenarbeit, Kanban (eine Methode der Produktionsablaufsteuerung nach dem Hol- bzw. Zurufprinzip, das sich ausschließlich am Bedarf einer verbrauchenden Stelle im Fertigungsablauf orientiert) und die fertigungssynchrone Anlieferung *(Just-in-Time)*, um nur einige zu nennen.

Der kontinuierliche Verbesserungsprozess kann im weitesten Sinne dem Qualitätsmanagement zugeordnet werden, welches selbst wiederum ein Teilbereich der Unternehmensführung ist. Er ist jedoch nicht gleichbedeutend zu diesem oder zu verwandten Begriffen, wie etwa dem *Total Quality Management*. Das primäre Ziel beim kontinuierlichen Verbesserungsprozess ist die Optimierung von Arbeitsabläufen oder von Geschäftsprozessen unter der Berücksichtigung von materiellen und zeitlichen Beschränkungen sowie der Sicherstellung bestimmter Qualitätsanforderungen für Produkte bzw. Dienstleistungen und deren Weiterentwicklung. In dem Zusammenhang sind etwa die Optimierung von Kommunikationsstrukturen, professionelle Lösungsstrategien, die Erhaltung oder Steigerung der Kundenzufriedenheit, die Motivation der Belegschaft, die Standardisierung bestimmter Geschäftsprozesse und Arbeitsabläufe, Normen für Produkte und Dienstleistungen, Dokumentationen, Fort- und Weiterbildungsmaßnahmen sowie die Ausstattung und Gestaltung von Arbeitsräumen von Bedeutung. Dabei werden alle relevanten Unternehmensbereiche einbezogen (Vertrieb, Auftragsabwicklung, Einkauf, Entwicklung, usw.) (vgl. hierzu etwa Witt und Witt 2006, S. 11 ff.).

Organisationen haben ebenso wie die in ihnen beschäftigten Menschen eine Tendenz, den bestehenden Zustand zu erhalten, d.h. sie verfügen über eine Art „Beharrungsvermögen". Die Forderung nach ständigen Verbesserungen steht dazu im Widerspruch. Deshalb sind kontinuierliche Aktivitäten erforderlich, um Probleme zu analysieren und Verbesserungsmaßnahmen umzusetzen. Andernfalls verliert der Veränderungsprozess leicht an Dynamik und damit an Effektivität. Der kontinuierliche Verbesserungsprozess trägt dazu mit folgenden Aktivitäten bei (vgl. etwa Kostka und Kostka 2006, S. 9 ff.):

- Analyse und Optimierung von Arbeitsabläufen und Prozessen
- Steigerung der Produktivität
- Verbesserung von Produktqualität und Kundenzufriedenheit
- Hinweis auf verfügbare Ressourcen und Synergien
- Senkung von Kosten und Reduzierung von Verschwendung
- Steigerung von Fähigkeiten, Kreativität und Engagement der Mitarbeiter
- Verbesserung von Gruppenarbeit, Unternehmenskultur und Mitarbeiterzufriedenheit.

Im Rahmen des kontinuierlichen Verbesserungsprozesses analysieren die Mitarbeiter ihren Arbeitsbereich in speziellen Arbeitsgruppen und erarbeiten konkrete Verbesserungsvorschläge. Zu dem Zweck werden sie für die Arbeit in Gruppen und die Gruppenmoderation geschult. Außerdem wird ihnen ein Teil ihrer Arbeitszeit für diese Aufgaben zur Verfügung gestellt. Eine unbedingte Voraussetzung ist der Wille der Geschäftsführung, Ergebnisse aus dem Verbesserungsprozess umzusetzen bzw. die speziellen Arbeitsgruppen zur Umsetzung ihrer Ideen zu ermächtigen und ggf. die notwendigen Ressourcen zur Verfügung zu stellen (siehe hierzu die verschiedenen Denkrichtungen zur Umsetzung organisatorischer Veränderungen im vorherigen Kapitel).

Falls es nicht möglich ist, bestimmte Veränderungen umzusetzen – beispielsweise aufgrund von gesetzlichen Bestimmungen, Absprachen mit dem Betriebsrat, usw. – sollte dies den Gruppenmitgliedern nachvollziehbar begründet werden. Hierfür ist eine Unternehmenskultur notwendig, in welcher die Ideen der Mitarbeiter und die Gruppenarbeit ausdrücklich erwünscht sind und die Mitarbeiter dafür wirksame Unterstützung und öffentlich Anerkennung erhalten.

22.2 Moderne Konzepte zur Unterstützung des Supply Chain Managements

Der kontinuierliche Verbesserungsprozess schlägt sich im Hinblick auf die Lieferkette in Anbetracht von sich permanent verändernden Anforderungen an das Supply Chain Management konkret in dem Erfordernis einer kontinuierlichen (Um-) Gestaltung der Lieferkette nieder. Dabei steht das Bestreben im Vordergrund, ein gegenüber den Wettbewerbern führendes Leistungsniveau der relevanten Lieferketten-Prozesse zu erreichen (zur Gestaltung von Lieferketten vgl. etwa Stewens 2005).

In den vergangenen Jahren hat sich für viele Unternehmen, v.a. aus den Bereichen des produzierenden Gewerbes und des Groß- und Einzelhandels, gezeigt, dass im heutigen Wettbewerbsumfeld die Leistungsfähigkeit und Effizienz der Lieferkette notwendige Bedingungen für den Unternehmenserfolg darstellen.

22.2.1 Adaptive Lieferketten

Zur Sicherstellung dieser Bedingungen werden aktuell so genannte anpassungsfähige bzw. adaptive Lieferketten diskutiert. Diese *adaptiven Lieferketten* weisen bewusste Redundanzen auf, um mit unvorhersagbaren Ereignissen *(Events)* umgehen zu können (zum damit zusammenhängenden Begriff des *Supply Chain Event Management* vgl. etwa Ijioui u.a. 2006). Sie sind im Begriff, die traditionellen Lieferketten-Strategien, einschließlich der fortgeschritteneren virtuellen Lieferketten-Netzwerke, zu ersetzen.

Adaptive Lieferketten besitzen die Flexibilität, sich kontinuierlich an wechselnde Markterfordernisse anzupassen und damit in optimaler Weise, d.h. mit maximaler Effizienz und in Echtzeit, auf die jeweils vorherrschenden Umgebungsvariablen zu reagieren. Um diese Anforderungen erfüllen zu können, verbinden sie Angebots-, Planungs-, Beschaffungs-, Fertigungs- und Distributionsabläufe zu integrierten Unternehmensprozessen und versorgen das Lieferketten-Netzwerk mit Echtzeit-Informationen. Dadurch ermöglichen sie schnelle Entscheidungen sowie deren effiziente und effektive Ausführung bzw. Umsetzung (vgl. etwa SAP 2004, S. 5).

Die Umwandlung einer traditionellen Lieferkette in eine adaptive Lieferkette macht es erforderlich, die der Lieferkette zugrunde liegenden Geschäftsprozesse zu überprüfen und ggf. zu verändern, um konkurrenzfähig zu bleiben. Die Lieferkette stellt dann kein statisches System mehr dar, sondern vielmehr ein dynamisches, sich permanent veränderndes und anpassendes, hoch leistungsfähiges Netzwerk. Dabei spielen die durch das Electronic Business und die damit verbundenen Informations- und Kommunikationstechnologie (IKT)-Systeme eine maßgebliche Rolle. Die Definition der daraus resultierenden adaptiven Lieferkette muss im Zusammenhang mit den heute verfügbaren IKT-Systemen gesehen werden, weshalb hierzu auf die Definition der Lieferkette im Sinne einer Informationsmanagement-Sichtweise und dem geschäftsprozessorientierten Electronic Business-Konzept (siehe Kapitel 18) zurückgegriffen wird (in Anlehnung an Stephens u.a. 2002, S. 361 f. und Seibt 2001, S. 11):

- Eine *adaptive Lieferkette* basiert auf einer mittels Informations- und Kommunikationstechnologie integrierten Lieferkette, in welcher der Fluss von Informationen zwischen den diversen Parteien den Integrationsfaktor darstellt.
- Sie verfügt in diesem Sinne über eine gemeinsame Informationsbasis sowie die Mechanismen, diese Informationen unter den Teilnehmern auszutauschen.

- Zu dem Zweck werden mehrere bis alle die Lieferkette betreffenden Geschäftsprozesse innerhalb des Unternehmens, zwischen ihm und seinen Geschäftspartnern oder zwischen ihm und Dritten (z.B. Behörden) ganz oder teilweise über elektronische Kommunikationsnetze realisiert und durch den Einsatz von IKT-Systemen unterstützt.

22.2.2 Supply Chain Design Management

In ähnlicher Weise, wie für die IKT-Systeme, welche die Planung und Steuerung der Lieferkette unterstützen, stellenweise auch der Begriff des *Electronic Supply Chain Management* verwendet wird (siehe Kapitel 18), kann für diejenigen IKT-Systeme, welche die Planung und Steuerung von adaptiven Lieferketten unterstützen, auch ein eigenständiger Begriff gewählt werden. Hierfür bietet sich *Supply Chain Design Management* an, welches auf einem gegebenen Lieferketten-Modell basiert und auf Möglichkeiten zur Simulation und kontinuierlichen Optimierung von adaptiven Lieferketten abzielt. Es stellt eine neue Art von Werkzeug dar, das Firmen helfen soll, Lieferketten-Prozesse, Leistungsindikatoren und Informationsflüsse innerhalb eines Unternehmens und mit anderen Lieferketten-Partnern zu identifizieren und zu verbessern.

Das Supply Chain Design Management hat primär die folgenden Ziele (vgl. etwa Holcomb u.a. 2003, S. 2 ff.):

- Validierung des aktuellen Lieferketten-Modells anhand von bestehenden bzw. Ist-Geschäftsprozessen;
- Simulation und Vorhersage des Einflusses auf die Lieferketten-Leistung im Falle der Anpassung der Lieferketten-Struktur an die angestrebten bzw. Soll-Geschäftsprozesse;
- Anwendung von Leistungsindikatoren gemäß Industriestandards zur Durchführung der Analyse von alternativen Lieferketten-Szenarios;
- Messung, Vorhersage und Kontrolle von Lieferketten-Einflussfaktoren zur Identifikation von Verbesserungspotenzialen;
- Verknüpfung von Geschäfts- und Lieferketten-Prozessen auf tieferen Ebenen, die für die Steuerung von Betriebsabläufen und Anwendungssystemen relevant sind.

Ein durch Supply Chain Design Management unterstütztes Lieferketten-Modell ist vor allem dann von hoher Effektivität, wenn es sowohl bei den entscheidungsverantwortlichen Führungskräften (unternehmensintern) als auch bei externen Lieferketten-Partnern anerkannt ist. Damit können beispielsweise Nachfrageveränderungen und daraus resultierende alternative

Szenarios schnell analysiert werden, um festzustellen, welchen Einfluss diese auf unternehmenspolitische, finanzielle und lieferkettenspezifische Leistungsindikatoren haben.

Das Resultat ist ein klares Verständnis der Optionen, Risiken und Auswirkungen auf die Lieferkette. Dadurch kann das Supply Chain Design Management den Unternehmen größere Flexibilität und Anpassungsfähigkeit verschaffen. Auf strategischer Ebene kann es sowohl für den initialen Entwurf als auch zur kontinuierlichen Verbesserung der kompletten Lieferkette und damit zur Ermöglichung und Unterstützung einer adaptiven Lieferkette dienen.

Das Supply Chain Design Management stellt als Mindestanforderung eine allgemeingültige Sprachkonvention für die Lieferketten-Geschäftsprozesse zur Verfügung (bevorzugt auf Grundlage des SCOR-Modells), bildet die erweiterte (d.h. unternehmensinterne und unternehmensübergreifende) Lieferkette ab, ermöglicht eine Analyse möglicher Auswirkungen bei Veränderungen von Angebots- und Nachfragefaktoren sowie die Simulation von Änderungen der Lieferketten-Struktur und -Prozesse. Es dient mithin der Realisierung und Unterstützung von adaptiven Lieferketten, zu deren Entwurf und kontinuierlichen Verbesserung. Als ein Bestandteil des Electronic Business-Konzepts muss es im gesamten Systemlebenszyklus kontinuierlich an Marktentwicklungen und geänderte Anforderungen angepasst werden (vgl. Poluha 2006, S. 347 f.).

Die IKT-Systeme und -Anwendungen zur Unterstützung des Supply Chain Design Managements sind nicht zu verwechseln mit Anwendungen zur Planung der Betriebsabläufe, unter die unter anderem die bereits mehrfach erwähnten betrieblichen Planungs- und Warenwirtschaftssysteme von Anbietern wie *SAP* (www.sap.de) und *Oracle* (www.oracle.com) fallen. Einige Hersteller solcher spezieller lieferkettenorientierten Anwendungen, wie z.B. *International Business Systems*, *IBS* (www.ibsde.de) oder *Business Objects* (www.businessobjects.com), geben an, dass sich ihre Lösungen am SCOR-Modell orientieren bzw. auf dem SCOR-Modell basieren. Sie sind außerdem nicht zu verwechseln mit solchen Anwendungen, die zur initialen Gestaltung und möglicherweise sporadischen Umgestaltung der Lieferkette eingesetzt werden. Hierunter fallen etwa die bereits angesprochenen fortschrittlichen Planungssysteme von Anbietern wie *i2 Technologies* (www.i2.com) oder *Manugistics* (www.manugistics.com).

Die elektronischen Werkzeuge für die kontinuierliche Gestaltung respektive Umgestaltung der Supply Chain sind erst in jüngerer Vergangenheit entwickelt worden und aufgrund dessen noch nicht allzu weit verbreitet. Das Ziel dieser Anwendungen im Kontext des Supply Chain Design Managements ist es, komplexe Lieferketten für strategische, taktische und operative Voraussagen zu entwerfen und gestalten. Einige davon basieren ausdrücklich auf dem SCOR-Modell, wie z.B. *ARIS EasySCOR* von *IDS Scheer* (www.ids-scheer.de), *e-SCOR* von *Gensym* (www.gensym.com), und *ADOLog* von *BOC* (www.boc-eu.com).

Diese Lösungen ersetzen keinesfalls die bereits vorhandenen IKT-Systeme zur Unterstützung der Lieferketten-Prozesse, wie beispielsweise die betrieblichen Planungs- und Warenwirtschaftssysteme oder fortschrittlichen Planungssysteme. Vielmehr ergänzen sie diese und stellen einen komplementären Bestandteil innerhalb des übergreifenden Electronic Business-Konzepts des Unternehmens dar. Sie sind außerdem im Zusammenhang mit den im vorangegangenen Kapitel vorgestellten Dimensionen organisatorischer Gestaltung der Lieferkette zu sehen.

22.3 Dimensionen der Lieferketten-Gestaltung im Supply Chain Management

Um die neu hinzugekommenen Aspekte, wie die adaptive Lieferketten und das Supply Chain Design Management, in einen Bezugsrahmen mit dem SCOR-Modell zu setzen, bietet es sich an, auf die folgenden Dimensionen der Lieferketten-Gestaltung zu fokussieren (vgl. Poluha 2006, S. 366 ff.):

- Strategie/Aufgabe: Ausprägung der Lieferkette;
- Prozesse und Organisationsstruktur: Lieferketten-Referenzmodell;
- Technologie: Unterstützende Informations- und Kommunikationstechnologie-Systeme und –Anwendungen;
- Personal: Die Mitarbeiter *(Human Resources)* zur Abwicklung aller die Lieferkette betreffenden Aktivitäten sowie deren Einfluss im Rahmen des Veränderungsprozesses.

Im untenstehenden Schaubild wird der Versuch unternommen die diskutierten Begriffe in einen Bezugsrahmen zu setzen. Dabei wird keinesfalls ein Anspruch auf Vollständigkeit erhoben, sondern es soll vielmehr ein exemplarischer Überblick vermittelt werden. Der Zeitstrahl dient lediglich einer groben Orientierung, de facto liegen oftmals fließende Übergänge vor. Der Pfeil zwischen den Systemvariablen *Personal (Mitarbeiter)* und *Prozesse und Organisation* ist bewusst in gestrichelter Form wiedergegeben, um die beschriebene Problematik hinsichtlich des „Faktor Mensch" im Zusammenhang mit SCOR grafisch darzustellen.

Die auf der linken Seite des Schaubilds wiedergegebenen Gestaltungsdimensionen repräsentieren im übertragenen Sinne den organisatorischen Wandel, während die rechte Seite die konkrete Ausgestaltung der damit verbundenen Veränderungen bezeichnet, d.h. die Art und Weise, wie sich der Veränderungsprozess manifestiert. Daraus wird auch ersichtlich, weshalb der Zeitstrahl maßgeblich auf die rechte Seite zutrifft: Der Änderungsprozess bedingt einen kontinuierlichen Verbesserungsprozess.

Die unterstützenden IKT-Systeme sind, wie bereits erläutert, komplementärer Natur und ergänzen sich gegenseitig innerhalb eines übergreifenden Electronic Business-Konzepts. Dies ist ähnlich zu sehen wie die Lieferketten-Strategie, in welcher der Inhalt der jeweils vorangegangenen Entwicklungsstufe durch weitere Aspekte ergänzt wird, und die verschiedenen Versionen des SCOR-Modells, bei denen die Folgemodelle auf den vorangegangenen Modellen aufbauen. In allen diesen Bereichen spiegelt sich auch hier ein kontinuierlicher Verbesserungsprozess wider.

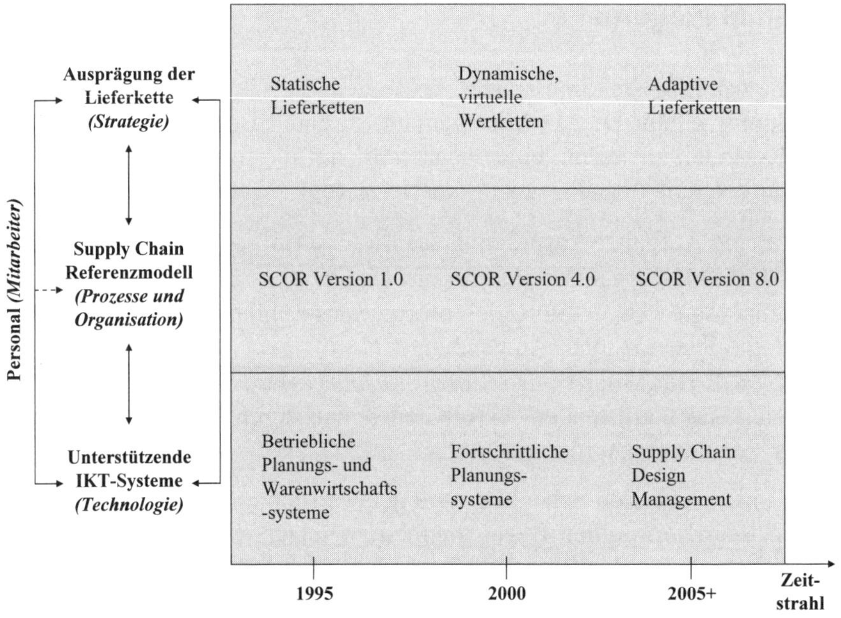

Abb. 22-1: Dimensionen der Lieferketten-Gestaltung im Supply Chain Management (in Anlehnung an Poluha 2006, S. 367)

22.4 Schlußbetrachtung

SCOR bietet sich als ein erprobter Ansatz zur Analyse und Verbesserung der Lieferkette an, der mittlerweile von vielen Unternehmen im Rahmen der betrieblichen Planung und Praxis eingesetzt wird. Die Anwendung des SCOR-Modells zur Standardisierung von Lieferketten-Prozessen und Geschäftsvorgängen, Material- und Informationsflüssen sowie Arbeitsabläufen hat oftmals auch einen ambivalenten Charakter. Zum einen sehen eine Reihe von Unternehmen ein großes Optimierungspotenzial in der Harmonisierung, Verbesserung und Standardisierung von Prozessen. Zum anderen kann aber die Standardisierung von Strukturen und Abläufen dazu führen, dass Stärken, die gerade aus der Unterschiedlichkeit resultieren, verloren gehen.

In letzter Konsequenz würde eine derartige Standardisierung zu Stagnation führen, da am Ende alle Wettbewerber das gleiche Leistungsniveau erreicht hätten und keine Differenzierung mehr stattfinden würde. Dann könnte die Anwendung des Modells weniger zur Erzielung von Wettbewerbsvorteilen beitragen oder im Extremfall sogar im Gegenteil zu Wettbewerbsnachteilen führen. Deshalb muss ein Unternehmen die passende Balance zwischen Standardisierung und Individualisierung finden, um seine Wettbewerbsposition nachhaltig verbessern und ausbauen zu können.

Die breite Akzeptanz des SCOR-Modells in den USA, seine wachsende Verbreitung in Asien und Europa sowie die rasch steigende Zahl von Mitgliedern im *Supply-Chain Council* sind ein deutliches Anzeichen dafür, dass sich hier ein De facto-Standard zur Beschreibung und Analyse von Lieferketten entwickelt. Konkret kann der Einsatz von SCOR den Unternehmen im Hinblick auf den Bedarf an detaillierten Informationen und Hilfestellungen sowie Standards und Schnittstellen, die bei der Einführung unternehmensübergreifender Konzepte unterstützen sollen, helfen. Dies betrifft in erster Linie die Unterstützung bei adäquaten Verbesserungsmaßnahmen auf funktionaler, organisatorischer und informationstechnischer Ebene zur Ermöglichung einer flexiblen Gestaltung und Integration unternehmensinterner und -übergreifender Lieferketten-Prozesse.

Das SCOR-Modell kann einen wertvollen Beitrag zur fortlaufenden Analyse und ggf. darauf aufbauenden Optimierung der Lieferkette leisten, was u.a. durch eine stetig zunehmende Nutzung reflektiert wird. Es stößt jedoch in der aktuellen Ausgestaltung auf klare Grenzen im Hinblick auf die Einsatzmöglichkeiten zur Gestaltung und kontinuierlichen Umgestaltung der Lieferkette. SCOR ist in erster Linie aus der Notwendigkeit heraus entstanden, eine normierte Sprache zur Beschreibung der Lieferkette zu schaffen. Insofern stellt es ein Beschreibungsmodell dar, welches in der ursprünglichen Ausprägung keinen unmittelbaren Anspruch darauf erhebt, Gestaltungscharakter aufzuweisen. Dies schließt selbstverständlich nicht aus, dass daraus Anregungen und Verbesserungshinweise hervorgehen können und sollen. SCOR kann hierbei eine wichtige Rolle als „Katalysator" spielen; die Umsetzung der Verbesserungsmaßnahmen ist dann jedoch außerhalb der Anwendung des SCOR-Modells zu sehen.

Moderne Ansätze zur Realisierung und Unterstützung adaptiver Lieferketten, wie das vorgestellte Supply Chain Design Management und die dafür verfügbaren IKT-Systeme und -Anwendungen, weisen mögliche Wege in die Zukunft von sich kontinuierlich an geänderte Markterfordernisse anpassenden Lieferketten. Sie haben die primäre Intention, das Modell zu einem kombinierten Beschreibungs- und Gestaltungsmodell weiterzuentwickeln. Aufgrund der Neuartigkeit der Thematik fehlt es jedoch derzeit noch an ausreichenden Praxiserfahrungen und an wissenschaftlich fundierten Untersuchungen zu deren (qualitativem und messbarem) Beitrag zum Unternehmenserfolg.

Ungeachtet aller Herausforderungen, die eine komplexe Initiative zur Verbesserung des Supply Chain Management in sich birgt, ist das Erfordernis zur Durchführung von Projekten dieser Art für viele Unternehmen eine überlebensnotwendige Voraussetzung, um wettbewerbsfähig zu bleiben. Es geht nicht mehr nur darum, Mehrwert zu schaffen, sondern diesen Mehrwert über die gesamte Lieferkette hinweg kontinuierlich neu zu definieren. Das Ziel ist letztendlich, einen dynamischen bzw. evolutionären Prozess zu steuern, der einen Abgleich zwischen den Kundenbedürfnissen einerseits und den Lieferketten-Kompetenzen andererseits ermöglicht. Die Hauptaufgabe des Supply Chain Management ist die kontinuierliche Synchronisierung von Wertschöpfung im Unternehmen und die permanente Abstimmung mit der Verbrauchernachfrage.

Die Wertschöpfung, d.h. der Ertrag wirtschaftlicher Tätigkeit als Differenz zwischen der Leistung einer Wirtschaftseinheit und den zur Leistungserstellung verbrauchten Vorleistungen, ist das originäre Ziel produktiver Tätigkeiten in Unternehmen. Es besteht in der Regel die Erwartung, dass der geschaffene Mehrwert zu höheren Einnahmen des Unternehmens führt (ausgenommen sind hier nicht-gewinnorientierte Organisationen). Die Wertschöpfung umfasst dabei nicht nur monetäre Wertsteigerungen, sondern auch die Steigerung nicht-monetärer Werte, welche die Unternehmensleitung, die Mitarbeiter und die Anteilseigner für erstrebenswert halten. Insofern resultiert Wertschöpfung nicht nur aus einer verbesserten bzw. erhöhten Wirtschaftlichkeit, d.h. der Erträge im Verhältnis zum Aufwand bzw. der Leistung im Verhältnis zu den Kosten, sondern auch aus einer erhöhten bzw. verbesserten Effektivität und Effizienz der betrieblichen Prozesse (vgl. Seibt 2006, S. 659 f.). Dies gilt in ganz besonderem Maße für die Lieferketten-Prozesse, sowohl unternehmensintern als auch unternehmensübergreifend.

Ein großer Nutzen des SCOR-Modells liegt zweifellos in der Definition einer gemeinsamen Sprache zur Kommunikation zwischen den verschiedenen innerbetrieblichen Funktionsbereichen und den Partnern des Lieferketten-Netzwerks. Nur bei einem gemeinsamen Verständnis aller involvierten Parteien ist eine optimierte Gestaltung der Kunden-Lieferanten-Beziehungen über die gesamte Lieferkette hinweg möglich. Doch dürfen die Erwartungen an SCOR nicht zu hoch gesteckt werden, denn es ist keinesfalls als ein alleinstehender Ansatz zur Realisierung einer effektiven und effizienten Lieferkette geeignet, sondern muss vielmehr im Zusammenspiel mit weiteren Führungskonzepten, wie dem Veränderungsmanagement und der Geschäftsprozess-Optimierung, gesehen werden. Im Verbund mit diesen Konzepten kann SCOR einen wertvollen Beitrag zur Erhöhung der Wertschöpfung und Schaffung von Mehrwert und damit zum langfristigen Unternehmenserfolg leisten.

Anhang

Anhang A: Hintergrundinformationen und Geschäftsentwicklung der Logistik AG

Unternehmensdarstellung

- Die Logistik AG stellt einen Zusammenschluss verschiedener produzierender Unternehmen mit einem Gesamtumsatz von rund 750 Millionen Euro (Geschäftsjahr: 2005) dar.
- Das Unternehmen verfügt derzeit über drei Geschäftsbereiche bzw. Produktgruppen:
  - Lebensmittel
  - Technologie
  - Gebrauchsgüter.
- Die Grundlage für den Geschäftserfolg liegt in dem Ziel, die Erwartungen der Kunden kontinuierlich zu übertreffen.
- Das Unternehmen und seine Mitarbeiter sind fest davon überzeugt, dass diese Anstrengungen zu einer dauerhaften Kundenbindung führen.

Geschäftsbereich Lebensmittel

- Die Produktgruppe Lebensmittel ist ein führender Anbieter erstklassiger frischer und eingefrorener Fleischprodukte, einschließlich Dienstleistungen für Gastronomie, Großhändler und den öffentlichen Sektor (Behörden, usw.).
- Der Kundenstamm beinhaltet unter anderem die Metro-Gruppe, Karstadt, Eurest GmbH und Douwe Egberts sowie Hunderte unabhängiger Lebensmittelhändler und Restaurants.

Geschäftsbereich Technologie

- Die Produktgruppe Technologie ist einer der europaweit größten unabhängigen Lieferanten von optischen Speichermedien und Dienstleistungen, wie beispielsweise die Vervielfältigung von Bildplatten und die Installation und Wartung optischer Laufwerke.
- Der Kundenkreis schließt führende Unternehmen wie die *Metro-Gruppe* und *Kaufland*, *Real*, *Mediamarkt*, *Schönherr* und *Mercateo* ein. Die Logistik AG ist in dem Geschäftsbereich ebenfalls ein Hauptlieferant für den Heimcomputer-Markt, in dem Unternehmen wie *Fujitsu-Siemens*, *Schneider Computer* und *Philips* zum Kundenkreis zählen.

Geschäftsbereich Gebrauchsgüter

- Die Produktgruppe Gebrauchsgüter ist durch die Akquisition einer der schnellstwachsenden Lieferanten von Unternehmensdienstleistungen in Deutschland entstanden und bietet Kleidung, Bürobedarfsartikel und Werbeartikel für nahezu eintausend überwiegend mittelständige Unternehmen und schätzungsweise eine Viertel Million Einzelkunden an.
- Durch die Möglichkeit, eine Händlerkonzession in Anspruch nehmen zu können, die ebenfalls mit erworben wurde, besitzt die Logistik AG auf diesem Geschäftsgebiet einen deutlichen Wettbewerbsvorteil gegenüber der Konkurrenz.

Ergebnisse der Analyse von Stärken, Schwächen, Möglichkeiten und Risiken

Stärken:

- Überlegene Produktqualität innerhalb der Produktgruppen Lebensmittel und Technologie.
- Niedrige Herstellungskosten bereits vor der Verlagerung einiger der bedeutendsten Fertigungsstandorte nach Tschechien und Polen.
- Die Gruppe der Gebrauchsgüter wird als eines der erfolgreichsten Unternehmen innerhalb der Branche und der abgedeckten geografischen Märkte angesehen, das sich besonders durch eine kurze Reaktionsfähigkeit auszeichnet. Produkte und Dienstleistungen können häufig bereits am Tage der Auftragserteilung ausgeliefert bzw. durchgeführt werden.
- Die Produktgruppe Lebensmittel verfügt über den Ruf, eine weit überlegene Lieferfähigkeit zu besitzen. Dadurch können verhältnismäßig hohe Preise für gängige Produkte durchgesetzt werden. Das Umsatzwachstum dieses Geschäftsbereichs hat alle Erwartungen übertroffen.

Schwächen:

- Mangel an Durchgängigkeit und Konsistenz innerhalb des betrieblichen Planungs- und Warenwirtschaftssystems bedingt durch das Prinzip des Wachsens durch Übernahmen und die damit zusammenhängende, diversifizierte Organisationsstruktur.
- Lieferleistung des Unternehmens ist auf unterschiedlichen Stufen und besonders nachteilig innerhalb der Produktgruppe Technologie (erhöhte Zahl an Kundenstreitigkeiten).

- Das Unternehmen war in einigen Bereichen der Technologie-Gruppe im Begriff, sich bedingt durch die Transparenz des Marktes einen Ruf als schwieriger Handelspartner zu erwerben (z.B. schlechte Auftragsbearbeitung, unvollständige und inkorrekte Lieferungen, ungenaue oder falsche Produktbepreisung, schlechte Reaktionsfähigkeit). Dies hat auch einen negativer Einfluss auf die sonst positive und zufrieden stellende Einstufung des Unternehmens.
- Sowohl Umsätze als auch Gewinne innerhalb der Geschäftsbereiche Lebensmittel und Technologie sind durch den starken Preisdruck und die nur schleppend vorankommende Umsetzung der Kostensenkungsmaßnahmen im Rückgang begriffen.
- Trotz vergleichsweise verhältnismäßig niedrigen Verkaufskosten existieren bedenklich hohe indirekte Einkaufskosten.
- Zunahme der Kosten für die Kundenbetreuung signifikant höher als die Wachstumsrate der Verkaufszahlen.
- Sinkende Aktienkurse in den letzten fünf Quartalen trotz Umsatzsteigerungen aufgrund enttäuschender Gewinne und unverhältnismäßig langer Zahlungszykluszeiten.
- Kritik der Börsenanalysten wegen mangelnder Fähigkeit, die Kapitalrentabilität effektiv zu verwalten und das Umsatzpotential des zugekauften Produkt- und Dienstleistungsangebots ausreichend zu nutzen.

Möglichkeiten:

- Umstellung auf den Bezug von kostengünstigen Handelswaren für alle Produktgruppen falls möglich, um dadurch den Nettogewinn zu steigern.
- Verbesserung der Effektivität und Effizienz der Auftragserfüllung und damit verbundene Steigerung der Auftragserfüllungsrate, um dadurch die Kundenzufriedenheit zu erhöhen sowie die Ausgaben für indirekte Leistungen, welche nicht zur Erhöhung des Werts des Produkts bzw. der Dienstleistungen beitragen, zu verringern.
- Erreichung einer Führungsrolle im betreffenden Marktsegment innerhalb der Produktgruppe Technologie durch die Nutzung der Vorteile im Bereich der Herstellungskosten und der damit einhergehenden Handelsspannenvorteile.
- Entwicklung eines modernen Wissensmanagement-Systems, um den Kunden über gängigen Preissenkungen hinausgehende Nutzenvorteile bieten zu können. Voraussetzung ist der Aufbau einer zentralen Wissensdatenbank, die einen wesentlichen Bestandteil des Wissensmanagement-Systems darstellt.

- Aufbau einer Wissensdatenbank, da diese noch nicht vorhanden ist. Der Teil der Wissensdatenbank, der für das SCOR-Projekt genutzt werden sollte, könnte darüber hinaus später einmal auch für übergreifende Projekte verwendet werden (beispielsweise eine Initiative zur Geschäftsprozess-Modellierung im Rahmen der Einführung eines neuen fortschrittlichen Planungssystems).
- Erhöhung des Marktanteils für Gebrauchsgüter mittels der Einführung eines Internet-Kataloges für Endkunden.

Risiken:

- Die Hauptkonkurrenten in der Lebensmittel-Produktgruppe hatten ihre Positionen auf dem Markt durch eine Niedrigpreisstrategie zunehmend ausgebaut.
- Während sich der Markt der Technologie-Produktgruppe insgesamt in einer rückläufigen Phase befand, sank der eigene Marktanteil der Technologie-Gruppe überproportional stark. Im Hinblick auf die Kundenzufriedenheit ließen sich für den Geschäftsbereich die deutlich schlechtesten Werte verzeichnen. Der extreme Preiskampf war eine der Ursachen dafür, weshalb die Umsatzziele, besonders in Anbetracht der gegenwärtigen Kostenstruktur, nicht erreicht werden konnten.
- Die Produktgruppe Gebrauchsgüter sah sich auf dem Gebiet des Vertriebs über das Internet, welcher in zweiten Halbjahr 2006 eingeführt werden sollte, mit bereits gut etablierten Katalog-Bekleidungsunternehmen konfrontiert. Es konnte deshalb nur mit einer geringen Wahrscheinlichkeit von einem erfolgreichen Start ausgegangen werden und es war abzusehen, dass die ersten Monate schwierig sein und eine Herausforderung darstellen würden.

Betrachtung der Wettbewerbssituation

Wettbewerbsstrategie

- Profitables Wachstum durch die Positionierung als bevorzugter Lieferant in gezielten Marktsegmenten als Voraussetzung dafür, Kundenanforderungen kontinuierlich zu übertreffen.

Kritische Erfolgsfaktoren

- Sicherstellung eines profitablen Unternehmenswachstums durch Erhöhung der Marktanteile der Lebensmittelgruppe in existierenden Märkten.

- Erhöhung der Umsätze durch Sicherung der angestrebten Marktanteile mittels der Markteinführung neuer Gebrauchsgüter, welche direkt an die Kunden geliefert werden.
- Erreichung des geplanten zehnprozentigen Umsatzwachstums im laufenden Geschäftsjahr (2006) und des nach Abzug von Steuern anvisierten Gewinnzuwachses von sieben Prozent.
- Verteidigung der technologischen Vormachtsstellung auf den Geschäftsfeldern des Geschäftsbereichs Technologie bei gleichzeitiger Verbesserung der Kapitalrentabilität und deutlicher Senkung der Betriebskosten.
- Verbesserung der Zahlungszykluszeit, d.h. der benötigten Zeit, bis ein bestimmter Betrag in das Unternehmen zurückgeflossen ist, nachdem er für die Materialbeschaffung ausgegeben wurde.
- Optimierung des neu eingeführten betrieblichen Planungs- und Warenwirtschaftssystems.
- Bessere Einbindung und Nutzung des Geschäftsbereichs Gebrauchsgüter.

Kritische Unternehmensereignisse

- Die rückläufige Kundenzufriedenheit für nahezu alle Absatzkanäle der Technologie-Produktgruppe hat zu einem Umsatzeinbruch in dem Geschäftsbereich geführt.
- Höhere indirekte und direkte Kosten führten zu einem unerwarteten Gewinnrückgang bei den Produktgruppen Technologie und Lebensmittel.
- Der anvisierte Umsatz für das laufende Geschäftsjahr 2006 betrug 820 Millionen Euro. Aufgrund der aktuellen Zahlen nach dem ersten Quartal lag die projizierte Umsatzhöhe für das Jahr bei 800 Millionen Euro und damit unter den Erwartungen.
- Es wurde davon ausgegangen, dass der geplante Internetauftritt der Produktgruppe Gebrauchsgüter aufgrund technischer Schwierigkeiten nicht termingerecht durchgeführt werden konnte.
- Lagerbestände und Einkaufsvolumen hatten in den vorangegangenen zwei Quartalen in hohem Maße zugenommen, ohne dies auf einen Zuwachs an neu eingegangenen Kundenaufträgen zurückführen zu können.
- Die Lebensmittel-Produktgruppe hatte einen signifikanten Rückgang des Kundenstamms zu verzeichnen, der zum größten Teil auf den dort stattfindenden Preiskampf und Verdrängungswettbewerb zurückgeführt wurde.

Finanzdaten der Logistik AG

Konsolidierte Gewinn- und Verlustrechnungen und Bilanzen der Logistik AG für 2004 und 2005 (in Millionen Euro)

Geschäftsjahr / **Geschäftszahlen**	2005 (in Mill. €)	2004 (in Mill. €)	Differenz (in Prozent)
Umsatz	750	693	+8
Kosten	645	562	+15
Brutto-Gewinn	105	131	-20
Brutto-Umsatzrentabilität (Prozent)	14	19	-5
Vertriebs- und Verwaltungskosten	52,5	48,8	-8
Forschungs- und Entwicklungskosten	0	0	0
Gesamte Betriebskosten	697,5	611,3	+14
Betriebsgewinn	52,5	82,5	-36
Anteil (in Prozent)	7	12	-5
Zinskosten	-7,5	-8,3	-9
Gewinne vor Steuern	45	74,3	-39
Anteil (in Prozent)	6	11	-5
Einkommenssteuer	17,3	28,5	-39
Gewinne nach Steuern	27,8	45,8	-39
Anteil (in Prozent)	4	7	-3
Sonstige Ausgaben	-2	-3	-33
Netto-Gewinn	26,3	43,5	-40
Netto-Umsatzrentabilität (Prozent)	4	6	-2

Konsolidierte Gewinn- und Verlustrechnung der Logistik AG für 2004 und 2005

Geschäftsjahr **Geschäftszahlen**	2005 (in Mill. €)	2004 (in Mill. €)	Differenz (in Prozent)
Geldvermögen und kfr. Investitionen	15	11,3	+26
Gesamte ausstehende Forderungen	278	277	0
Gesamtinventar	161	131	+19
Anderweitiges flüssiges Anlagevermögen	37,5	43,5	-17
Gesamtes flüssiges Anlagevermögen	492	463	+6
Liegenschaften und Betriebsmittel (brutto)	202	186	+8
Akkumulierte Abschreibungen	-105	-92	+12
Spenden	91,5	87	+5
Langfristige Investitionen	12	10,5	+15
Anderweitiges lfr. Anlagevermögen	18	18,7	-4
Gesamtes Netto-Anlagevermögen	218,3	209,3	+4
Ausstehende Verbindlichkeiten	54	46,5	+14
Kostenrückstellungen	23,2	24	-3
Kurzfristige Verbindlichkeiten	15,7	19,5	-24
Leasingkosten	1,5	1,5	+20
Anderweitige kfr. Verbindlichkeiten	46,5	45	+4
Gesamte kfr. Verbindlichkeiten	141	135,8	+4
Langfristige Verbindlichkeiten	57	53,3	+6
Minderheitsbeteiligungen	8,3	9,8	-14
Anderweitige lfr. Verbindlichkeiten	30	32,2	-6
Gesamte Verbindlichkeiten	95,3	95,3	0

Konsolidierte Bilanz der Logistik AG für 2004 und 2005

Daten zur finanziellen Leistung

- Basierend auf den aktuellen Kosten und Umsätzen gemäß den Jahresberichten für die Jahre 2004 und 2005
- Umsätze im Verhältnis zu den direkten und indirekten Ausgaben:
  - Produktgruppe Lebensmittel: 80 Prozent zu 20 Prozent
  - Produktgruppe Technologie: 65 Prozent zu 35 Prozent
  - Produktgruppe Gebrauchsgüter: 35 Prozent zu 65 Prozent
- Kapitalkosten: 10 Prozent.

Unternehmensprofil der Logistik AG

Firmensitz

- Der Geschäftssitz der Konzernzentrale ist Frankfurt am Main
- Der Geschäftssitz der drei Geschäftsbereiche (Gebrauchsgüter, Lebensmittel und Technologie) ist Frankfurt am Main.

Fertigungsstandorte

Fertigungsstandorte des Geschäftsbereichs Lebensmittel

- Magdeburg
- Stuttgart
- Regensburg.

Fertigungsstandorte des Geschäftsbereichs Technologie

- Düsseldorf
- Kiel
- München
- Potsdam.

Fertigungsstandorte des Geschäftsbereichs Gebrauchsgüter

- Darmstadt
- Hannover
- Mannheim
- Paderborn.

Regionale Verteilzentren (geschäftsbereichsübergreifend)

- Augsburg
- Bremen
- Dresden
- Pforzheim.

Zusätzliche Verteilzentren des Geschäftsbereichs Gebrauchsgüter

- Konstanz.

Zusätzliche Verkaufsniederlassungen des Geschäftsbereichs Gebrauchsgüter

- Zwölf regionale Verkaufsniederlassungen für Kundendienstleistungen vor Ort.

Einfuhrstandorte für optische Medien und optische Laufwerke

- Leipzig
- Saarbrücken.

Schlüssel-Leistungskennzahlen

- Als positiv wurde die Einhaltung bzw. das Übertreffen der erwarteten Anforderungen angesehen, während ein Ergebnis, das unter den definierten Erwartungen lag, als negativ eingestuft wurde.
- Einstufungen gemäß den gewählten Schlüssel-Leistungskennzahlen:
  - Stückkosten: negativ
  - Auftragserfüllungsrate: negativ
  - Betriebsgewinn: negativ
  - Umsatz: positiv
  - Auftragsrückstände: negativ.

Marktkanäle und Kunden

- Vertrieb über Handelsketten
- Vertrieb über Groß- und Zwischenhändler
- Direktvertrieb
- Zusammenarbeit mit Erstausrüstern
- Großkundengeschäft
- Öffentliche Verwaltung (Behörden)
- Heimlieferungen
- Internationale Kunden (Europa)

Lieferanten

- Die wichtigsten Großlieferanten beliefern die Logistik AG mit Frischwaren, Verpackungen, Bekleidung, Lösungsmitteln, optischen Medien und Computerzubehör.

- In der Lebensmittel-Produktgruppe wird mit einigen Vertragsherstellern für vorgefertigte Speisen zusammengearbeitet.
- In der Technologie-Produktgruppe wird mit mehreren Vertragsherstellern für die Lieferung von optischen Medien und Computerzubehör zusammengearbeitet.

Anhang B: Projektsatzung des SCOR-Projekts zur Verbesserung der Lieferketten-Prozesse der Logistik AG

Zusammenfassung

- Projektmentor: Bernd Dachner, leitender Geschäftsführer
- Projektleiter: Dirk Abele, Leiter Produktion
- Datum des Projektvorschlags: 10. März 2006
- Datum der Genehmigung: 31. März 2006
- Projektbeginn: 1. Mai 2006
- Projektende: 27. August 2006
- Projektdauer: 17 Wochen
- Datum der Projektrevision: 13. September 2006.

Projektsatzung

Zweck der Projektsatzung

- Die Projektsatzung wird in der Planungs- und Organisationsphase des Projekts erstellt, um ein möglichst umfassendes Verständnis über den Projektumfang und die Projektziele zu vermitteln.
- Das Dokument erleichtert den Abgleich zwischen den Annahmen der Projektverantwortlichen und den Erwartungen des Projektmentors, der Lenkungsausschuss-Mitglieder, der Aktionäre und sonstigen Interessengruppen, welche die Auftraggeber des Projekts repräsentieren.
- Im Verlauf des Projekts sind Änderungen der ursprünglichen Projektsatzung möglich, welche sich auf den Umfang, die Zeitplanung und die Kosten des Projekts beziehen. Voraussetzung hierfür ist, dass diese vom Lenkungsausschuss bzw. dem Projektmentor genehmigt werden.
- Nach erfolgter Genehmigung müssen die Änderungen dokumentiert und in Form einer revidierten Fassung veröffentlicht werden.

Bestandteile der Projektsatzung

- Hintergrund, Annahmen und Erwartungen hinsichtlich des Projekts
- Projektumfang, die Ziele und erwarteten Kosten (Projektbudget) und die geplante Vorgehensweise

- Vorgehensweise, welche unter anderem die Projektmeilensteine, die zu erledigenden Aufgaben und gegebenenfalls eine Beschreibung der angewendeten Methoden, Verfahren, usw. umfasst
- Kalkulation des Projektbudgets
- Projekt-Organisationsstruktur
- Voraussetzungen und Restriktionen
- Kennzahlen, anhand derer der Erfolg des Projekts gemessen werden soll
- Kommunikationsplan für das Projekt.

Überprüfung und Aktualisierung der Projektsatzung

- Die ursprüngliche Projektsatzung wird durch den Projektmentor überprüft, gegebenenfalls überarbeitet und erneut überprüft und danach genehmigt
- Etwaige Änderungen müssen durch den Projektmentor genehmigt werden. Danach werden diese in die Projektsatzung mit Angabe des Änderungsdatums übernommen.

Projektübersicht

Zugrunde liegende Geschäftsziele

Die Geschäftsziele, welche auf die kritischen Erfolgsfaktoren und die Verbesserungen der Schlüssel-Leistungskennzahlen der Logistik AG für das Jahr 2006 ausgerichtet sind, beinhalten:

- Verbesserung der Zahlungszykluszeit
- Verbesserung der Lieferleistung
- Steigerung des Betriebsgewinns
- Aufbau von Kenntnissen und Kompetenzen generell im Supply Chain Management und speziell zum SCOR-Modell
- Verbesserung der Anwendung des betrieblichen Planungs- und Warenwirtschaftssystems.

Abgeleitete Projektziele

- Festlegung der Konkurrenzanforderungen, gruppiert nach Lieferketten
- Erstellung einer SCOR-Wertungliste für jede einzelne Lieferkette und einer konsolidierten SCOR-Wertungsliste auf Konzernebene für das gesamte Unternehmen

- Identifikation der Lücken zwischen der aktuellen und der angestrebten Leistung
- Definition der aktuellen Material- und Informationsflüsse und Arbeitsabläufe für die einzelnen Lieferketten
- Identifikation von Engpässen und Ineffizienzen zu den individuellen Material- und Informationsflüssen und Arbeitsabläufen
- Quantifizierung der internen und externen Auswirkungen der festgestellten Engpässe und Ineffizienzen
- Erarbeitung von zukünftigen Material- und Informationsflüssen und Arbeitsabläufen für die einzelnen Lieferketten unter Einbeziehung der Lieferketten-Strategie und der entsprechenden führenden Geschäftspraktiken
- Überarbeitung der identifizierten Engpässe und Erarbeitung von Lösungsvorschlägen unter Einbeziehung der SCOR-Wertungslisten
- Erstellung und Priorisierung von Empfehlungen zur Lieferkettenverbesserung einschließlich eines Projekt-Portfolios für die nächsten drei Jahre
- Aufbau der Kompetenz und Wissensbasis, um die eigenständige Durchführung künftiger SCOR-Projekte zu ermöglichen.

Vorgehensweise

Das SCOR-Modell in der Version 8.0 soll als Grundlage zur Projektdurchführung für die folgenden Aufgaben verwendet werden (vgl. auch Supply-Chain Council (1) 2006):

- Analyse der Wettbewerbssituation
- Analyse der Material- und Informationsflüsse und Arbeitsvorgänge
- Identifikation von Engpässen
- Ausrichtung von Prozessen und Systemen
- Definition eines Verfahrens zur Einhaltung der internen und externen Leistungsstandards
- Nutzung der Vorlagen zur Analyse der Leistungsfähigkeit in den Prozessbereichen Planen, Beschaffen, Herstellen, Liefern und Rückliefern.

Übersicht zum Projektumfang

Geschäftsbereich / **Kunden- bzw. Marktkanal**	Lebensmittel	Technologie	Gebrauchsgüter
Handelsketten	X	X	
Großhandel	X		
Direktkunden	X		
Erstausrüster/ Großkunden		X	
Behörden	X		
Heimlieferung			
International			

Im Projektumfang enthalten

Zusätzlich zu den Produktfamilien und Marktkanälen, welche in der Lieferketten-Definitionsmatrix enthalten sind, werden die folgenden organisations-, prozess-, personen-, und technologiebezogenen Leistungsmerkmale in den Projektumfang eingeschlossen:

- Relevante Lieferkettenfunktionen, sowohl auf Unternehmens- als auch auf der Geschäftsbereichsebene
- Kennzahlen der ersten SCOR-Ebene sowie spezielle Kennzahlen für die Anteilseigner zur Messung von Umsatz, Kapitalrentabilität und Aktienentwicklung
- Prozesstypen auf der ersten, zweiten und dritten SCOR-Ebene mit den zugehörigen Prozess-Elementen für die SCOR-Hauptprozesse:
  - Planen
  - Beschaffen
  - Herstellen
  - Liefern
  - Rückliefern

- Architektur der vorhandenen Technologie, übertragen auf die betreffenden Prozesstypen und -elemente auf der dritten SCOR-Ebene
- Physische Standorte innerhalb der Lieferketten der Lebensmittel- und Technologie-Produktgruppen (siehe unter Anhang A):
  - Vier regionale Verteilzentren
  - Vier Fertigungsstandorte der Technologie-Produktgruppe
  - Drei Fertigungsstandorte der Lebensmittel-Produktgruppe
  - Standorte der Lieferanten von Harz, Verpackungen und lebenden Produkten
  - Standorte der Vertragshersteller von vorgefertigte Speisen, optischen Medien und Computerzubehör
- Produktfamilien, die für die Lieferkette der Technologie-Produktgruppe im Projektumfang enthalten sind:
  - Vervielfältigung von Bildplatten
  - Installation und Wartung optischer Laufwerke
- Produktfamilien, welche für die Lieferkette der Lebensmittel-Produktgruppe im Projektumfang enthalten sind:
  - Frische Speisen
  - Gefrorene Speisen
  - Vorgefertigte Speisen
- Markt- und Kundenkanäle, welche für die Lieferkette der Technologie-Produktgruppe im Projektumfang enthalten sind:
  - Handelsketten
  - Großkunden
  - Erstausrüster
- Markt- und Kundenkanäle, welche für die Lieferkette der Lebensmittel-Produktgruppe im Projektumfang enthalten sind:
  - Großhandelsketten und Behörden
  - Einzelhandel
  - Direktkunden und Handel über das Internet.

Außerhalb des Projektumfangs

Die folgenden organisations-, prozess-, personen- und technologiebezogenen Leistungsmerkmale sind nicht im Projektumfang eingeschlossen:

- Produktgruppe Gebrauchsgüter (komplett)
- Markt- und Kundenkanäle sowie die zugehörigen Produktfamilien von im laufenden Geschäftsjahr durchgeführten und geplanten Unternehmensübernahmen und -zusammenschlüssen.

Projektverlauf

- Die Aktivitäten und Sitzungen der Projektgruppe sind für zwei Tage jeder Woche geplant
- Ein weiterer halber Tag dient der Nachbereitung sowie der Vorbereitung auf die geplanten Projektaktivitäten der folgenden Woche.
- Nachstehend ein Auszug der wichtigsten Aktivitäten und Aufgaben, gegliedert nach SCOR-Projektwochen:
  - Woche 1 (1. – 7. Mai.2006):
    Festlegung des initialen Aufgabengebiets und der Arbeitseinteilung.
  - Woche 2 (8. – 14. Mai 2006):
    Offizieller Start der Projektaktivitäten und Auswahl der Leistungskennzahlen.
  - Woche 3 (15. – 21. Mai 2006):
    Datensammlung und erste Lenkungsausschuss-Sitzung.
  - Woche 4 (22. – 28. Mai 2006):
    Analyse der Diskrepanzen zwischen Wettbewerbsanforderungen und tatsächlicher Leistung.
  - Woche 5 (29. Mai – 4. Juni 2006):
    Lückenanalyse zu den SCOR-Wertungslisten, Aufnahme der bestehenden Ist-Materialflüsse, zweite Lenkungsausschuss-Sitzung.
  - Woche 6 (5. – 11. Juni 2006):
    Untersuchung der Ist-Materialflüsse.
  - Woche 7 (12 . – 18. Juni 2006):
    Zwischenbewertung der Ergebnisse unter Einbeziehung des gesamten Unternehmens, dritte Lenkungsausschuss-Sitzung.
  - Woche 8 (19. – 25. Juni 2006):
    Identifikation und Lösung der identifizierten Materialfluss-Probleme.
  - Woche 9 (26. Juni – 2. Juli 2006):
    Quantifizierung der Verbesserungsmöglichkeiten, vierte Lenkungsausschuss-Sitzung.
  - Woche 10 (3. – 9. Juli 2006):
    Ausarbeitung und Dokumentation von Soll-Materialflüssen.
  - Woche 11 (10. – 16. Juli 2006):
    Untersuchung von bestehenden Informationsflüssen und Arbeitsabläufen, fünfte Lenkungsausschuss-Sitzung.
  - Woche 12 (17. – 23. Juli 2006):
    Analyse der Geschäftsvorgänge mittels Auftragsverfolgung.
  - Woche 13 (24. – 30. Juli 2006):
    Erarbeitung von Lösungsvorschlägen, sechste Lenkungsausschuss-Sitzung.

- Woche 14 (31. Juli – 6. August 2006):
  Quantifizierung der Verbesserungsmöglichkeiten der Informationsflüsse und Arbeitsabläufe.
- Woche 15 (7. – 13. August 2006):
  Gestaltung optimierter Geschäftsvorgänge unter Einbeziehung von unterstützenden Informations- und Kommunikationstechnologie-Systemen, siebte Lenkungsausschuss-Sitzung.
- Woche 16 (14. – 20. August 2006):
  Erstellung künftiger Produktivitätstabelle, Ableitung von Projektvorschlägen.
- Woche 17 (21. – 27. August 2006):
  Planung der initialen Projekte auf Grundlage des SCOR-basierten Geschäftsentwurfs (unter Einbeziehung der Kapitalrenditen), achte Lenkungsausschuss-Sitzung.

Lenkungsausschuss-Sitzungen

- Erste Sitzung: 19. Mai 2006 (dritte Projektwoche):
  - Analyse der Konkurrenzanforderungen
  - Konsolidierte SCOR-Wertungsliste
  - Gegenüberstellung der internen Daten der Logistik AG mit der Industrie-Vergleichstabelle
- Zweite Sitzung: 2. Juni 2006 (fünfte Projektwoche):
  - Konkurrenzanforderungen für die konsolidierte Lieferkette sowie jede einzelne Teil-Lieferkette
  - Konsolidierte und geschäftsbereichsbezogene SCOR-Wertungslisten
  - Ergebnisse der Lückenanalyse
- Dritte Sitzung: 16. Juni 2006 (siebte Projektwoche):
  - Ist-Materialflüsse und Analyse der Material-Engpässe
  - Ergebnisse der Engpass-Analyse
  - Erarbeitete Problemaussagen
- Vierte Sitzung: 30. Juni 2006 (neunte Projektwoche):
  - Geografische Karten
  - Engpass-Potenzial-Matrix
  - Verbesserungsmöglichkeiten für die Materialflüsse
- Fünfte Sitzung: 14. Juli 2006 (elfte Projektwoche):
  - Informationsflüsse und Arbeitsabläufe
  - Geschäftsvorgangs-Analyse
  - Kurzfristige Verbesserungsprojekte

- Sechste Sitzung: 28. Juli 2006 (dreizehnte Projektwoche):
  - Befragungen im Rahmen der Auftragsverfolgung (einschließlich Beispielen zu den Befragungsorten und den gemachten Beobachtungen)
  - Daten zur Produktivität der Geschäftsvorgänge
  - Bahnen-Diagramme
- Siebte Sitzung: 11. August 2006 (fünfzehnte Projektwoche):
  - Ist-Produktivitätsdaten nach Geschäftsvorgangsarten
  - Vorgehensweise zur Erarbeitung zukünftiger Geschäftsprozesse
  - SCOR-basierter Geschäftsentwurf
- Achte Sitzung: 25. August 2006 (siebzehnte Projektwoche):
  - Projekt-Portfolio einschließlich Kosten-/Nutzen-Berechnungen
  - Risiken und Prioritäten der vorgeschlagenen Projekte
  - Planung des Veränderungsprozesses.

Angestrebte Projektergebnisse

- Beschreibung sowie ausführliche Dokumentation der Geschäftsentwicklung
- Projektsatzung
- Angepasstes SCOR-Informationsmaterial
- Matrix zur Lieferketten-Definition
- Dokumentation der Industrievergleiche
- SCOR-Wertungslisten
- Dokumentation der Konkurrenzanforderungen
- Dokumentation der Lückenanalyse
- Darstellung der Materialflussleistung
- Materialfluss-Konfiguration auf der zweiten SCOR-Ebene
- Zusammenfassung der führenden Geschäftspraktiken
- Befragungsliste für die Auftragsverfolgung, sortiert nach Geschäftsvorgangsarten
- Referenzen und Modellbeschreibungen auf der ersten, zweiten und dritten SCOR-Ebene
- Geschäftsvorgangs-Analyse für die betreffenden Elemente der dritten SCOR-Ebene
- Ist-Bahnendiagramme
- Zusammenfassungen der Geschäftsvorgangs-Produktivität für Einkaufsaufträge, Produktionsaufträge, Verkaufsaufträge, Rücklieferungsgenehmigungen, Prognosen und Wiederbeschaffungsaufträge
- Entwürfe für die zukünftigen Materialflüsse auf der dritten SCOR-Ebene

- Entwürfe für die zukünftigen Informationsflüsse und Arbeitsvorgänge auf der dritten SCOR-Ebene
- Entwurf eines SCOR-basierten Geschäftsentwurfs
- Zusammenfassung der Verbesserungsmöglichkeiten mit Priorisierung
- Projekt-Portfolio der vorgeschlagenen Verbesserungsprojekte mit Berechnung der Kapitalrenditen.

Risiken und Abhängigkeiten

- Unterstützung auf Geschäftsführungsebene
- Verfügbarkeit von internen Finanzanalysten für die Berechnung der Leistungsanforderungen, Durchführung der Konkurrenzvergleiche und Kalkulation der Kapitalrendite der vorgeschlagenen Folgeprojekte
- Verfügbarkeit der historischen Daten der Logistik AG, sowohl auf Geschäftsbereichs- als auch Konzernebene, zur Ermittlung der aktuellen Leistung und Durchführung eines Vergleichs mit der Konkurrenz auf Grundlage der SCOR-Leistungskennzahlen
- Kontinuierliche Verfügbarkeit der Projektmitglieder und der Lenkungsausschuss-Mitglieder gemäß Projektsatzung.

Projektbudget

• Interne Kosten: (zur Berechnungsgrundlage siehe unten, *)	
- Lenkungsausschuss:	
Leitungsebene: 68 Tage, 640€ pro Tag:	43.520€
- Projektgruppe:	
Leitungsebene: 238 Tage, 640€ pro Tag:	152.320€
Direktorenebene: 255 Tage, 560€ pro Tag:	142.800€
Auslagen (Reisekosten, Tagungsräume, usw.):	38.250€
Interne Kosten gesamt:	376.890€
• Externe Kosten: (zur Berechnungsgrundlage siehe unten, **)	
- Beratungsleistungen: 54 Tage, 1.440€ pro Tag:	86.400€
- Auslagen: 15 Prozent (pauschal):	12.000€
Externe Kosten gesamt:	77.760€
• Sonstige Ausgaben:	
- Mitgliedschaft im Supply-Chain Council (2006):	3.000€
- Konkurrenzinformationen und Vergleichsdaten:	4.500€
Sonstige Ausgaben gesamt:	7.500€
Gesamtsumme (Projektbudget):	462.150€

Berechnungsgrundlage:

*) Interne Kosten:

- Projektmentor:
  - Durchschnittlich 1 Tag pro Woche, 17 Wochen, 1 Mitarbeiter
- Lenkungsausschuss-Mitglieder:
  - Durchschnittlich 0,5 Tage pro Woche, 17 Wochen, 6 Mitarbeiter
- Projektleiter:
  - Durchschnittlich 4 Tage pro Woche, 17 Wochen, 1 Mitarbeiter
- Projektmitglieder:
  - Durchschnittlich 2,5 Tage pro Woche, 17 Wochen, 10 Mitarbeiter
  - Interne Verrechnungssätze (außertarifliche Mitarbeiter):
    Leitungsebene (4 Mitarbeiter): 80€ pro Stunde
    Direktorenebene (6 Mitarbeiter): 70€ pro Stunde

**) Externe Kosten:

- SCOR-Berater:
  - 3 Tage pro Woche, 17 Wochen, plus 3 Tage zur Nachbereitung
  - Stundensatz für externe Beratungsleistungen: 180€ pro Stunde.

Übersicht der Projektorganisation

- Lenkungsausschuss:
  - Dr. Karl-Friedrich Ackermann, Personalleiter
  - Elisabeth Becker, Leiterin der Finanzabteilung
  - Bernd Dachner, leitender Geschäftsführer und Projektmentor
  - Doris Egerle, Geschäftsführerin des Bereichs Lebensmittel
  - Daniel Fischer, Leiter der Abteilung für Informationstechnologie
  - Gerhard Fälchle, Geschäftsführer des Bereichs Gebrauchsgüter
  - Margot Reich, Geschäftsführerin des Bereichs Technologie.
- Projektgruppe:
  - Dirk Abele, Leiter Produktion und Projektleiter
  - Jana Černa, Geschäftsführerin der internationalen Gruppe
  - Thomas Grasser, Verkaufsleiter
  - Jürgen Gruber, Direktor der Betriebsbuchhaltung
  - Kai Heidemann, Direktor der Kundendienstabteilung
  - Agnes Johansson, Direktorin Marketing
  - Geert van der Lengen, Direktor Logistik
  - Sabine Mahler-Steinbrück, Direktorin für Aus- und Weiterbildung
  - Erwin Rieger, Direktor für Anwendungssysteme
  - Cecilia Vieri, Einkaufsleiterin
  - Erich Zahn, Leiter der Planungsabteilung
  - Externer SCOR-Berater.

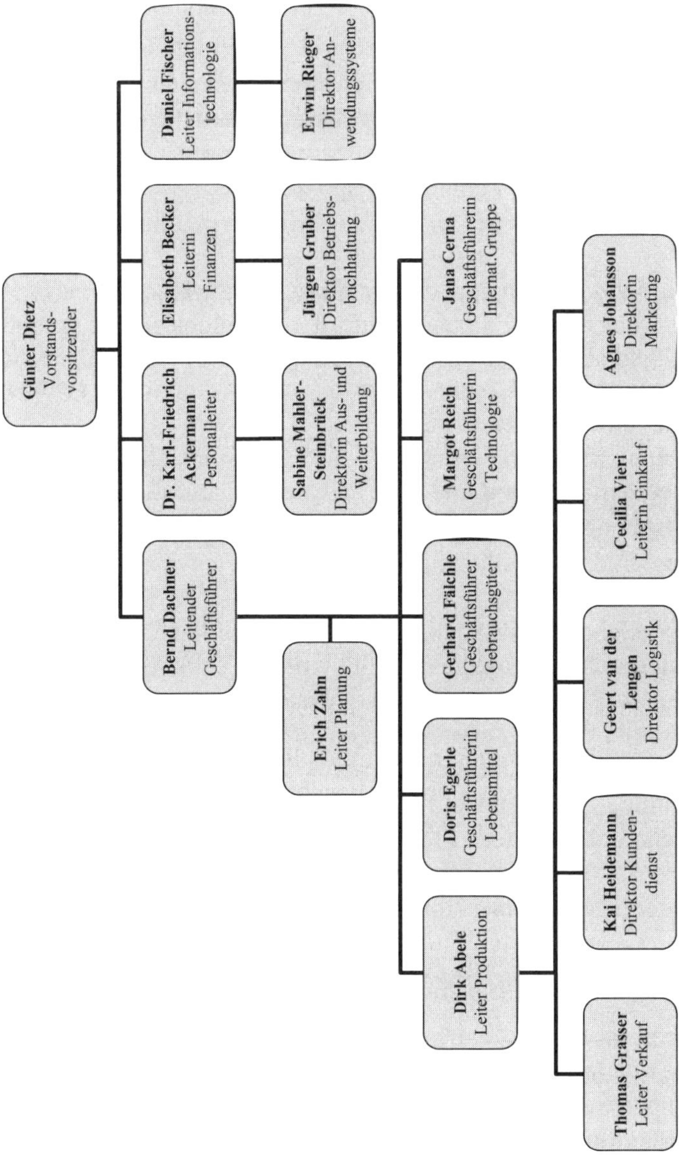

Organigramm der Logistik AG (Auszug mit Namen und Position aller Mitarbeiter der Kern-Projektgruppe der Logistik AG)

Rollen und Verantwortlichkeiten des Lenkungsausschusses

- Sicherung der Unterstützung seitens der Unternehmensleitung
- Unterstützung bei funktionsbereichsübergreifenden Problemen
- Sicherstellung der Verfügbarkeit der erforderlichen Ressourcen (Personal, usw.) zur erfolgreichen Projektdurchführung
- Unterstützung beim Veränderungsprozess
- Priorisierung und Genehmigung der Projekte innerhalb des Portfolios.

Rolle und Verantwortlichkeiten des Projektmentors

- Prüfung und Genehmigung der initialen Projektsatzung
- Genehmigung und Kommunikation von Änderungen gegenüber der ursprünglichen Projektsatzung
- Kommunikation und Vertretung von Vision und Zielen des Projekts gegenüber dem Vorstand und innerhalb der Organisation
- Überwachung des Projektfortschritts
- Prüfung und Unterstützung der identifizierten Verbesserungsmaßnahmen
- Sicherstellung der Verfügbarkeit von erforderlichen Ressourcen für das Projekt durch Zusammenarbeit mit dem Lenkungsausschuss und den Führungskräften innerhalb der Organisation
- Überwachung der zu erledigenden Aufgaben und Abgabetermine in Zusammenarbeit mit dem Projektleiter
- Schlichtung etwaiger Konflikte innerhalb der Projektgruppe durch Zusammenarbeit mit dem Projektleiter sowie innerhalb der Organisation durch Zusammenarbeit mit den entsprechenden Führungskräften
- Genehmigung des Projektbudgets.

Rollen und Verantwortlichkeiten der Projektgruppen-Mitglieder

- Mitarbeit an den Aufgaben und Aktivitäten des Projekts an im Durchschnitt zwanzig Stunden (2,5 Tagen) pro Woche
- Pünktliche Erfüllung der zugeteilten Aufgaben
- Identifikation der Konkurrenzanforderungen
- Zusammenstellung der SCOR-Wertungslisten
- Analyse der aktuellen Material- und Informationsflüsse und Arbeitsvorgänge (Ist-Analyse)
- Identifikation der Materialfluss-Engpässe
- Definition und Dokumentation der zukünftigen Material- und Informationsflüsse und Arbeitsvorgänge (Soll-Spezifikation)

- Erarbeitung und Priorisierung von Maßnahmen zur Verbesserung der Lieferketten-Prozesse
- Erstellung eines Plans zur Durchführung der vorgeschlagenen Verbesserungsprojekte
- Unterstützung bei der Berechnung der Kapitalrenditen für die Projekte des Portfolios.

Rolle und Verantwortlichkeiten des Projektleiters

- Identifikation und Bereitstellung von benötigten Ressourcen zur Projektdurchführung in Zusammenarbeit mit dem Projektmentor
- Förderung der Zusammenarbeit zwischen der Projektgruppe und der Organisation
- Schnittstelle zwischen der Projektgruppe und den Führungskräften, vor allem im Hinblick auf den Lenkungsausschuss
- Definition, Kommunikation und Förderung der notwendigen Änderungen von bestehenden Richtlinien und Standards
- Überwachung und Kontrolle des Projektfortschritts
- Aufrechterhaltung der Moral innerhalb der Projektgruppe und Schlichtung etwaiger Konflikte
- Sicherstellung der Kommunikation unter den Projektmitgliedern zur Fokussierung auf die definierten Projektziele
- Verwaltung aller internen und externen Ressourcen, welche dem Projekt zugeteilt sind
- Überblick über alle das Projekt betreffenden Aspekte zur Sicherstellung des Abgleichs mit der Unternehmensstrategie, den Unternehmenszielen und einzuhaltenden Richtlinien
- Planung, Steuerung und Kontrolle des Projekts
- Verantwortung für die Einhaltung von Qualitätsstandards und Genehmigungsprozeduren
- Verwaltung und Kontrolle des Projektbudgets
- Überwachung und Kontrolle der Projektzeitplanung und -meilensteine
- Sicherstellung der Kommunikation und Lösung kritischer Probleme in Zusammenarbeit mit dem Projektmentor und Lenkungsausschuss
- Identifikation, Verwaltung und Kommunikation von Einschränkungen, welche das Projekt betreffen
- Verantwortung für die rechtzeitige Erledigung der geplanten Aktivitäten und Aufgaben seitens der Projektgruppe gemäß gültiger Projektsatzung und genehmigtem Projektplan
- Verantwortung für den Genehmigungsprozess, dem für die Durchführung der zu erledigenden Aufgaben gefolgt werden muss

- Steuerung und Kontrolle des Personaleinsatzes
- Erstellung und Empfehlung von notwendigen Änderungsanträgen
- Erstellung und Empfehlung von Verbesserungsmaßnahmen und Folgeprojekten
- Dokumentation und Aktualisierung des Projektfortschritts- und Rechenschafts-Berichts
- Projektabschluss einschließlich genauer Beschreibung der Änderungen gegenüber dem originalen Projektauftrag (falls erforderlich), Aktualisierung des Projektplans mit den letzten Fertigstellungsterminen, Anfertigung einer abschließenden Projektabrechnung zur Budgetkontrolle, Vervollständigung der Personalakten der Projektmitglieder und gegebenenfalls Einplanung für zukünftige Projekte zur Umsetzung der Verbesserungsmaßnahmen, Erstellung und Besprechung des Projektabschluss-Berichts und Übergabe an den Lenkungsausschuss.

Rolle und Verantwortlichkeiten des SCOR-Beraters

- Anleitung der Projektgruppe zum Verständnis und zur Anwendung des SCOR-Modells
- Vorbereitung, Moderation und Nachbereitung der Arbeitssitzungen, wie z.B. Material-Engpass-Analyse, Durchsicht der führenden Geschäftspraktiken gemäß SCOR, Analyse der bestehenden Material- und Informationsflüsse und Arbeitsvorgänge, Erarbeitung zukünftiger Material- und Informationsflüsse und Arbeitsvorgänge, Erarbeitung eines SCOR-basierten Geschäftsentwurfs, Spezifikation von Verbesserungsmaßnahmen, Erstellung eines Portfolios der vorgeschlagenen Projekte zur Umsetzung der Verbesserungen, Kommunikationsplan zur Unterstützung des Veränderungsprozesses
- Unterstützung mittels den notwendigen Fachkenntnissen bezüglich dem Supply Chain Management, den Komponenten von Lieferketten und den Grundlagen und der Anwendung des SCOR-Modells.

Rolle und Verantwortlichkeiten der erweiterten Projektgruppe

- Einhaltung der vereinbarten Verfügbarkeit zur Unterstützung der Kern-Projektgruppe
- Teilnahme an den vereinbarten Arbeitssitzungen
- Beitrag zu den durchzuführenden Aufgaben gemäß Absprache.

Erwartungen der Anteilseigner an das Projekt

Basierend auf Befragungen stellen die folgenden Schlüsselpunkte eine Zusammenfassung der Erwartungen seitens der Anteilseigner dar:

- Erhöhung der Gewinne um jeweils drei Prozent innerhalb der anvisierten Geschäftsbereiche in den folgenden Geschäftsjahren
- Verbesserung der Lagerumschlagshäufigkeit auf Geschäftsbereichs- und Konzernebene
- Erreichung einer überlegenen Lieferleistung
- Erhöhung der Umschlagshäufigkeit für bezogene Endprodukte von fünf auf zehn Lagerzyklen
- Optimierung funkionsübergreifender Prozesse und Zuständigkeiten (Beseitigung von „Silodenken“)
- Vollständige Kennzahlen für die einzelnen Bereiche der Lieferkette
- Identifikation der Lücken hinsichtlich der Lieferketten-Leistung
- Verbesserung der Geschäftsabwicklung mit Lieferanten
- Erweiterung des Verständnisses der unternehmensinternen und -übergreifenden Lieferkette seitens der Projektgruppe als „Katalysator“ für ein besseres Verständnis innerhalb der gesamten Organisation
- Entwicklung eines reproduzierbaren Verfahrens für zukünftige SCOR-Initiativen.

Vergleichsdaten

- Existierende interne Vergleichsdaten auf Geschäftsbereichs- und Konzernebene sowie Bezug von Informationen und Vergleichsdaten:
  - Kooperationsvertrag mit dem *Supply-Chain Council (SCC)* für den freien Zugriff auf die Informationen im Mitgliederbereich der Internetseite (www.supply-chain.org)
  - Betriebswirtschaftliche Fachzeitschriften: *Wirtschaftswoche* (www.wiwo.de), *Handelsblatt* (www.handelsblatt.com)
  - Kooperation mit spezialisierten Beratungsfirmen: *Performance Measurement Group, PMG* (www.pmgbenchmarking.com), Ableger von *Pittiglio, Rabin, Todd & McGrath, PRTM* (www.prtm.com)
  - Kooperation mit Auskunfteien: *Hoppenstedt* (www.hoppenstedt.de), *Lünendonk* (www.luenendonk.de).

- Projektnutzen-Analyse:
  - Das Projekt-Portfolio für die Lieferkettenverbesserungen und die darin enthaltenen vorgeschlagenen Projekte stellen die Grundlage zur Berechnung der prognostizierte Kapitalrendite dar
  - Aufgrund vergangener Erfahrungen werden die angestrebten finanziellen Verbesserungen auf einen Gewinnzuwachs von jährlich drei Prozent beziffert
  - Die Umsetzung der Projekte im Portfolio wird zeitlich gestaffelt, um eine kostenneutrale Kapitalrendite (Amortisation) innerhalb der ersten sechs Monate und eine zweifache Kapitalrendite innerhalb eines Jahres nach Projektbeginn erzielen zu können.

Projektkommunikation

- Der Kommunikationsplan wird vom Projektleiter vorgeschlagen und gegebenenfalls vom Projektmentor genehmigt
- Der Kommunikationsplan gilt für alle Projektmitglieder (einschließlich der Mitglieder der erweiterten Projektgruppe) unter Einbeziehung des Lenkungsausschusses
- Die ultimative Verantwortung für die Kommunikation mit dem Lenkungsausschuss und der Organisation liegt beim Projektleiter in Abstimmung mit dem Projektmentor.

Anhang C: Exemplarischer Auszug der Liste der führenden Geschäftspraktiken des SCOR-Modells (gruppiert nach betrieblichen Funktionsbereichen)

Unternehmensplanung

- Prozesskostenrechnung
- Optimierung der Prognoseplanung
- Optimierung des Kapitaleinsatzes
- Attributsbezogene Prozessplanung
- Gemeinschaftliche Planung, Prognose und Wiederauffüllung *(Collaborative Planning, Forecast and Replenishment)*
- Kapazitätsbeschränkte Planung
- Nachfragebezogene Produktion
- Entscheidungsprozess für Herstellung oder Bezug von Produkten
- Synchronisierung von Lieferungen an mehrere Fertigungs- und Lagerstandorte
- Analyse des Liefernetzwerks
- Verkaufs- und Produktionsplanung
- Bedarfsgerechte Planung von Material für den Kundendienst
- Strategische Beschaffungsplanung.

Kundendienst

- Automatisierte Auftragsbestätigung
- Automatisierte Erstellung der Auftragsdokumente
- Automatisierte Verfügbarkeitsprüfung
- Analyse der Dienstleistungskostenstruktur
- Validierung der Kundendaten
- Prüfung der Kundenumsätze und Kundenrentabilitätszahlen
- Pflege der Kundenbeziehungen
- Bewertung der Leistung des Kundendienstes
- Übertragung von Verantwortung auf den Kunden (wo sinnvoll)
- Bereinigung von Zahlungsrückständen
- Dynamische Terminierung und Zuteilung von Aufträgen
- Effiziente Reaktion auf Kundenanfragen
- Kreditwürdigkeitsprüfung
- Integrierte Auftragsbearbeitung

- Auftragssegmentierung
- Angebotserstellung
- Auftragserfassung.

Lieferungen

- Nachweis der Prüfrichtlinien
- Exakte Terminierung der Lieferungen
- Direktlieferungen an die Fertigungsstandorte
- Direktlieferungen an Kunden
- Integrierte Zollabfertigung
- Ladungsverwaltung
- Ladungsoptimierung
- Zahlung bei Anlieferung.

Nachfrageverwaltung

- Nachfrageplanung
- Steuerung der Nachfrageabwicklung
- Dynamische Priorisierung der Wiederbeschaffung
- Zeitnahe Synchronisierung von Lieferungen
- Verkaufsförderungsaktionen
- Nachfrageplanung basierend auf Artikelmenge
- Integration von Bedarfs- und Vertriebsstandorten
- Systeme zur Unterstützung der Lagerfertigung
- Zeitnahe Verbrauchsdaten.

Elektronische Geschäftsabwicklung

- Planung und Steuerung der Kundenbeziehungen *(Customer Relationship Management)*
- Produktionsplanung *(Production Scheduling)*
- Materialbedarfsplanung *(Material Requirements Planning* bzw. *Enterprise Resource Planning)*
- Planung und Steuerung der Lieferantenbeziehungen *(Supplier Relationship Management)*

- Planung und Steuerung der Informationen für die Unternehmensführung *(Business Information Management)*
- Planung und Steuerung des Personalbereichs *(Human Resource Management)*
- Planung und Steuerung der Lieferkette *(Supply Chain Management)*
- Elektronische Dokumentation der Einhaltung von Richtlinien
- Elektronischer Datenaustausch *(Electronic Data Interchange)*
- Elektronische Rechnungsstellung
- Elektronische Erstellung von Frachtbriefen und Ladescheinen
- Elektronische Auftragsverwaltung
- Elektronische Produkttransfers
- Elektronische Beschaffung
- Richtlinien der elektronischen Beschaffung
- Intranetseiten für Unternehmensrichtlinien
- Intra-/Internetseiten für Kataloge
- Intra-/Internetseiten für Dokumentationen
- Intra-/Internetseiten für den Verkauf von Produkten
- Intra-/Internetseiten für die Auftragsverfolgung
- Intra-/Internetseiten für die Auftragserteilung
- Intra-/Internetseiten für den Produktionsstatus
- Intra-/Internetseiten für die Angebotsanforderung
- Intra-/Internetseiten für die Ressourcenverwaltung
- Intra-/Internetseiten für die Richtlinienverwaltung
- Intra-/Internetseiten für die Terminierung von Lieferungen
- Intra-/Internetseiten für die Lokalisierung von Lieferungen
- Intra-/Internetseiten für Beschaffungsdaten
- Intra-/Internetseiten für Tagesordnungen von Veranstaltungen
- Intranetseiten für die Lieferantenbewertung.

Informationsverwaltung

- Avisierung von Lieferungen
- Betriebliches Planungs- und Warenwirtschaftssystem
- Fortschrittliches Planungssystem
- Automatisierte Dateneingabe
- Automatisierte Artikelidentifikation
- Informationen für die Unternehmensführung
- Speicherung und Pflege der Unternehmensrichtlinien

- Bereichsübergreifende Datenverfügbarkeit
- Integration von Produktions- und Distributionsplanung
- Produktkonfigurationen
- Integrierte Logistikabwicklung
- Retrograde Materialentnahme
- Integration von Stammdaten und Bewegungsdaten
- Zeitnahe Produktionsdaten.

Lagerbestandskontrolle

- Bestandsinformationen für vom Lieferanten verwalteten Lagerbeständen
- Klassifizierung der bezogenen Artikel (ABC-Klassifikation)
- Lagerbestand, der sich im Produktionsprozess befindet
- Teileverwaltung
- Dynamische Zuteilung der Lager- und Produktionsstandorte
- Simulation nachfragebasierter zeitnaher Lagerentnahmen
- Lagerentnahmeprinzipien (First in – First out, FIFO, usw.)
- Lokalisierung der Produktherkunft
- Inventur der Lagerbestände
- Zykluszählung der Lagerbestände
- Richtlinien der Lagerbestandsdisposition
- Lagerbestandsbericht
- Richtlinien der Eigentums- bzw. Besitzverhältnisse der Lagerbestände (Konsignationslagerbestand, usw.)
- Analyse des Artikelprofils
- Artikelsegmentation
- Lokalisierung von Artikeln
- Wiederbeschaffungsprinzipien (Kanban, usw.)
- Integrierte und zeitnahe Übersicht der vorhandenen Lagerbestände
- Lieferung an den Verbraucherstandort
- Ersatz am Verbraucherstandort
- Zeitnahe Lagerbestandskontrolle
- Reduzierung überflüssiger und überalteter Lagerbestände
- Zwischenlagerbestände
- Sicherheitslagerbestände
- Behandlung und Optimierung der Lagerbestände für Halbfabrikate.

Rücklieferungsverwaltung

- Vorausplanung für Rücklieferungen
- Automatisierte Verwaltung von Rücklieferungen
- Dynamische Wiederbeschaffung von rückgelieferten Produkten
- Analyse der Rücklieferungshistorie
- Umplanung von Rücklieferungskapazitäten
- Zeitnahe Rücklieferungsankündigung
- Übersicht zu den rückgelieferten Produkten
- Prognose für Rücklieferungsprodukte.

Lieferantenverwaltung

- Messung und Erfassung der Lieferantenleistung
- Beurteilung der Lieferantenleistung
- Pauschale Einkaufsaufträge
- Analyse der Lieferantenzuverlässigkeit
- Analyse der Einkaufsausgaben (auf Geschäftsbereichsebene und konsolidiert auf Konzernebene)
- Konsolidierung der Einkaufsausgaben
- Fertigungsbezogene Lagerbestandsprinzipien (Kanban, usw.)
- Lieferantenorientierte Lagerbestandsprinzipien (Konsignationslager, lieferantenverwalteter Lagerbestand, usw.)
- Langfristige Rahmenabkommen mit Lieferanten
- Abrufe auf Basis von Rahmenverträgen
- Strategische Beschaffung
- Strategische Gruppierung der Beschaffungsausgaben
- Programme zur strategischen Kooperation mit Lieferanten
- Programme für die Lieferantenentwicklung
- Qualifikation von Lieferanten.

Transportverwaltung

- Messung und Erfassung der Transportleistung
- Beurteilung der Transportleistung
- Verrechnung von Rücktransporten und Neuanlieferungen
- Konsolidierung von Transporten und Frachten

- Ladungsterminierung
- Routenterminierung
- Ladungsoptimierung
- Routenoptimierung
- Analyse der Transportkosten.

Anhang D: SCOR-Modellüberblick Version 8.0

Anmerkung:

Die folgenden Schaubilder sind unverändert dem offiziellen SCOR-Modellüberblick in der Anfang 2007 gültigen Version 8.0 entnommen (siehe Supply Chain Council (2) 2006). Qualitätseinbußen in der Wiedergabe resultieren aus der Übernahme aus dem Originaldokument, auf welches ggf. zur besseren Lesbarkeit zurückgegriffen werden kann.

Supply-Chain Operations Reference-model

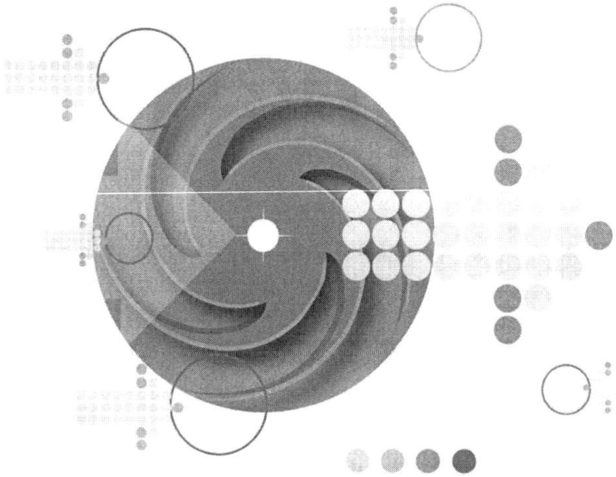

PLAN SOURCE MAKE DELIVER RETURN

SCOR Overview

Version 8.0

SCOR® Supply-Chain Council

Supply-Chain Operations Reference-model

Table of Contents

TABLE OF CONTENTS

The Supply Chain Operations Reference-model (SCOR®) has been developed and endorsed by the Supply-Chain Council (SCC), an independent not-for-profit corporation, as the cross-industry standard for supply-chain management. The SCC was organized in 1996 by Pittiglio Rabin Todd & McGrath (PRTM) and AMR Research, and initially included 69 voluntary member companies. Council membership is now open to all companies and organizations interested in applying and advancing state-of-the-art supply-chain management systems and practices.

Member companies pay a modest annual fee to support Council activities. All who use the SCOR-model are asked to acknowledge the SCC in all documents describing or depicting the SCOR-model and its use. The complete SCOR-model and other rleated models of the SCC are only accessable through the members' section of the www.supply-chain.org website. SCC members further model development by participating in project development teams- SCOR and other related SCC Models are collaborative ongoing projects that seek to represent current supply chain and related practice.

Further information regarding membership, the Council and SCOR can be found at the Council's web site: www.supply-chain.org.

Supply-Chain Council

What Is a Process Reference Model?

Section ONE

Process reference models integrate the well-known concepts of business process reengineering, benchmarking, and process measurement into a cross-functional framework.

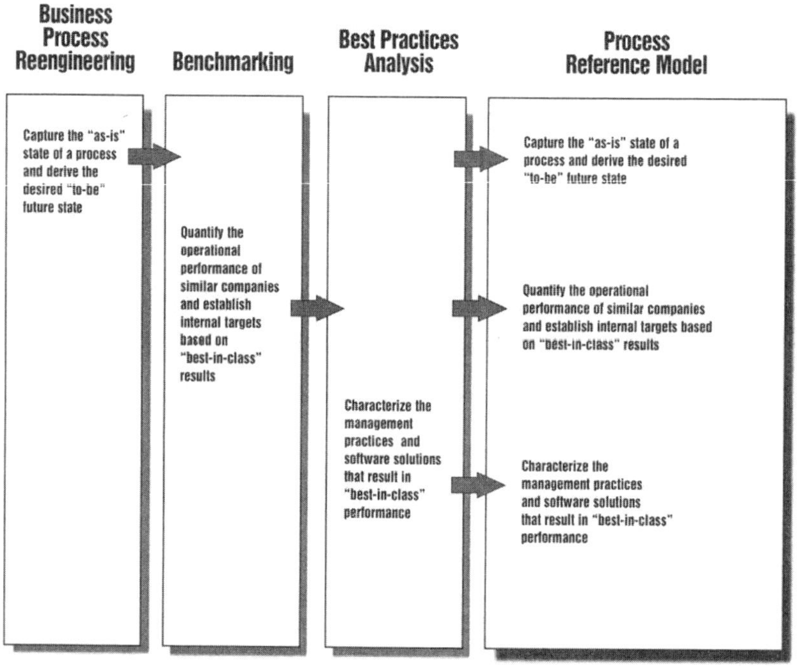

A Process Reference Model Contains:

- Standard descriptions of management processes
- A framework of relationships among the standard processes
- Standard metrics to measure process performance
- Management practices that produce best-in-class performance
- Standard alignment to features and functionality

Once a Complex Management Process is Captured in Standard Process Reference Model Form, It can Be:

- Implemented purposefully to achieve competitive advantage
- Described unambiguously and communicated
- Measured, managed, and controlled
- Tuned and re-tuned to a specific purpose

► A Process Reference Model Becomes a Powerful Tool in the Hands of Management

Model Scope and Structure

The Boundaries of Any Model Must Be Carefully Defined

Section Two

"From your supplier's supplier to your customer's customer"

SCOR spans:

- All customer interactions, from order entry through paid invoice
- All product (physical material and service) transactions, from your supplier's supplier to your customer's customer, including equipment, supplies, spare parts, bulk product, software, etc.
- All market interactions, from the understanding of aggregate demand to the fulfillment of each order

SCOR does not attempt to describe every business process or activity, including:

- Sales and marketing (demand generation)
- Research and technology development
- Product development
- Some elements of post-delivery customer support

Links can be made to processes not included within the model's scope, such as product development, and some are noted in SCOR.

SCOR assumes but does not explicitly address:

- Training
- Quality
- Information Technology (IT)
- Administration (non SCM)

SCOR is Based on Five Distinct Management Processes

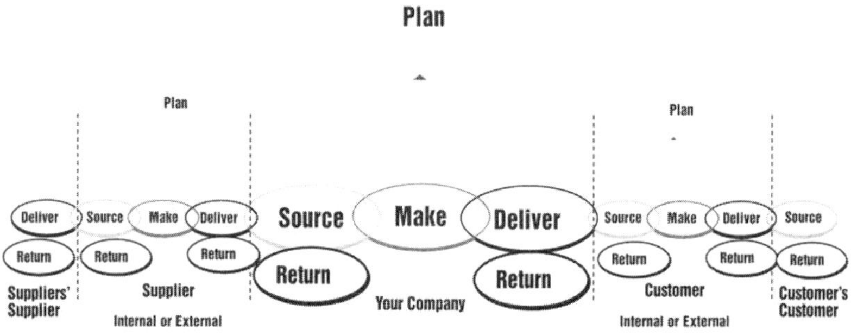

Scope of SCOR Processes

Plan

Demand/Supply Planning and Management

- Balance resources with requirements and establish/communicate plans for the whole supply chain, including Return, and the execution processes of Source, Make, and Deliver.
- Management of business rules, supply chain performance, data collection, inventory, capital assets, transportation, planning configuration, and regulatory requirements and compliance.
- Align the supply chain unit plan with the financial plan.

Source

Sourcing Stocked, Make-to-Order, and Engineer-to-Order Product

- Schedule deliveries; receive, verify, and transfer product; and authorize supplier payments.
- Identify and select supply sources when not predetermined, as for engineer-to-order product
- Manage business rules, assess supplier performance, and maintain data.
- Manage inventory, capital assets, incoming product, supplier network, import/export requirements, and supplier agreements.

Make

Make-to-Stock, Make-to-Order, and Engineer-to-Order Production Execution

- Schedule production activities, issue product, produce and test, package, stage product, and release product to deliver.
- Finalize engineering for engineer-to-order product.
- Manage rules, performance, data, in-process products (WIP), equipment and facilities, transportation, production network, and regulatory compliance for production.

Deliver

Order, Warehouse, Transportation, and Installation Management for Stocked, Make-to-Order, and Engineer-to-Order Product

- All order management steps from processing customer inquiries and quotes to routing shipments and selecting carriers.
- Warehouse management from receiving and picking product to load and ship product.
- Receive and verify product at customer site and install, if necessary.
- Invoicing customer.
- Manage Deliver business rules, performance, information, finished product inventories, capital assets, transportation, product life cycle, and import/export requirements.

Return

Return of Raw Materials and Receipt of Returns of Finished Goods

- All Return Defective Product steps from source – identify product condition, disposition product, request product return authorization, schedule product shipment, and return defective product – and deliver – authorized product return, schedule return receipt, receive product, and transfer defective product.
- All Return Maintenance, Repair, and Overhaul product steps from source – identify product condition, disposition product, request product return authorization, schedule product shipment, and return MRO product – and deliver – authorize product return, schedule return receipt, receive product, and transfer MRO product.
- All Return Excess Product steps from source – identify product condition, disposition product, request product return authorization, schedule product shipment, and return excess product – and deliver – authorize product return, schedule return receipt, receive product, and transfer excess product.
- Manage Return business rules, performance, data collection, return inventory, capital assets, transportation, network configuration, and regulatory requirements and compliance.

A Process Reference Model Differs from Classic Process Decomposition Models

SCOR is a process reference model that provides a language for communicating among supply-chain partners

Process decomposition models are developed to address one specific configuration of process elements

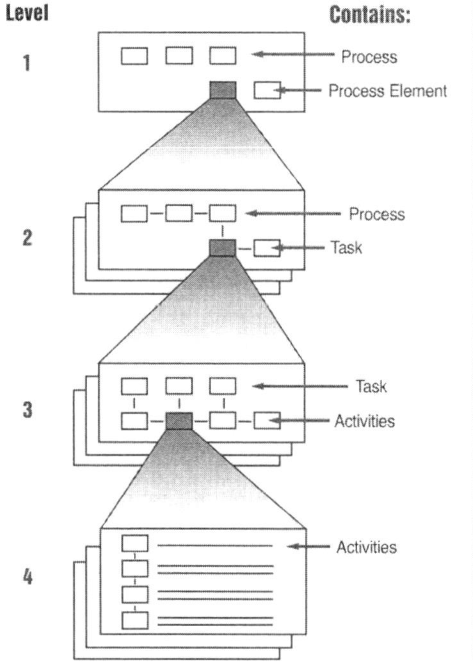

- **Provide a balanced horizontal (cross-process) and vertical (hierarchical) view**
- **Designed to be (re)configurable**
- **Used to represent many different configurations of a similar process**
- **Aggregate a series of hierarchical process models**

SCOR Contains Three Levels of Process Detail

	Level #	Level Description	Schematic	Comments
Supply-Chain Operations Reference-model	1	Top Level (Process Types)	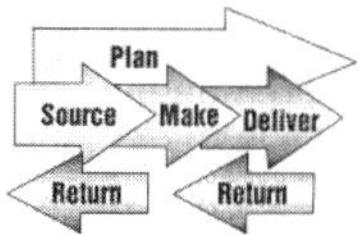	Level 1 defines the scope and content for the Supply Chain Operations Reference-model. Here basis of competition performance targets are set.
	2	Configuration Level (Process Categories)	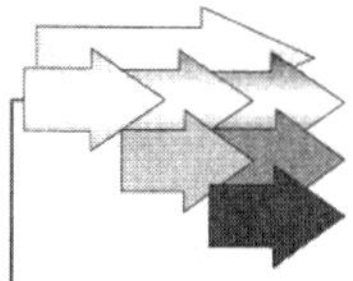	A company's supply chain can be "configured-to-order" at Level 2 from core "process categories." Companies implement their operations strategy through the configuration they choose for their supply chain.
	3	Process Element Level (Decompose Processes)	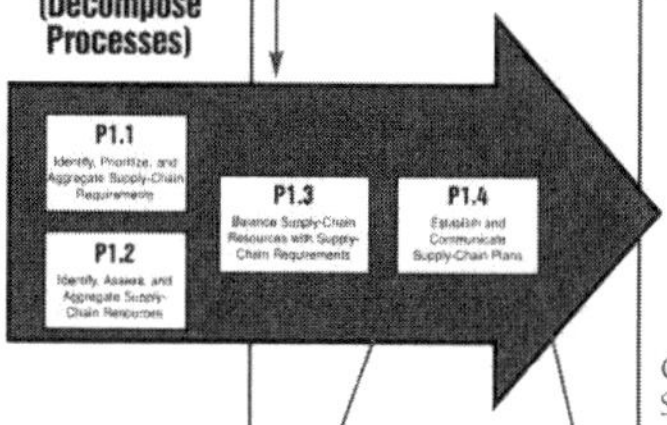	Level 3 defines a company's ability to compete successfully in its chosen markets, and consists of: • Process element definitions • Process element information inputs, and outputs • Process performance metrics • Best practices, where applicable • System capabilities required to support best practices • Systems/tools Companies "fine tune" their Operations Strategy at Level 3.
Not in Scope	4	Implementation Level (Decompose Process Elements)	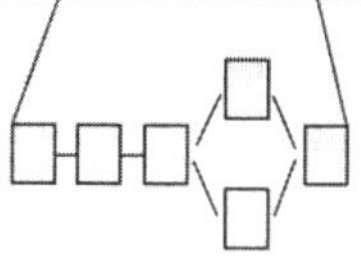	Companies implement specific supply-chain management practices at this level. Level 4 defines practices to achieve competitive advantage and to adapt to changing business conditions.

Process Categories

Defined by the Relationship Between a SCOR Process and a Process Type

"SCOR Configuration Toolkit"

		SCOR Process					
		Plan	Source	Make	Deliver	Return	
Process Type	Planning	P1	P2	P3	P4	P5	Process Category
	Execution		S1 - S3	M1 - M3	D1 - D4	SR1 - SR3	
	Enable	EP	ES	EM	ED	DR1 - DR3	

Practitioners select appropriate process categories from the SCOR configuration toolkit to represent their supply-chain configuration(s).

Level 1 Process Definitions

SCOR Is Based on Five Core Management Processes

SCOR Process	Definitions
Plan	Processes that balance aggregate demand and supply to develop a course of action which best meets sourcing, production and delivery requirements
Source	Processes that procure goods and services to meet planned or actual demand
Make	Processes that transform product to a finished state to meet planned or actual demand
Deliver	Processes that provide finished goods and services to meet planned or actual demand, typically including order management, transportation management, and distribution management
Return	Processes associated with returning or receiving returned products for any reason. These processes extend into post-delivery customer support

Performance Attributes and Level 1 Metrics

Level 1 Metrics are primary, high level measures that may cross multiple SCOR processes. Level 1 Metrics do not necessarily relate to a SCOR Level 1 process (PLAN, SOURCE, MAKE, DELIVER, RETURN).

Level 1 Metrics	Performance Attributes				
	Customer-Facing			Internal-Facing	
	Reliabilty	Responsiveness	Flexibility	Cost	Assets
Perfect Order Fulfillment	✔				
Order Fulfillment Cycle Time		✔			
Upside Supply Chain Flexibility			✔		
Upside Supply Chain Adaptability			✔		
Downside Supply Chain Adaptability			✔		
Supply Chain Management Cost				✔	
Cost of Goods Sold				✔	
Cash-to-Cash Cycle Time					✔
Return on Supply Chain Fixed Assets					✔
Return on Working Capital					✔

The Level 1 Metrics are the calculations by which an implementing organization can measure how successful they are in achieving their desired positioning within the competitive market space. Most metrics in the Model are hierarchical – just as the process elements are hierarchical. Level 1 Metrics are created from lower level calculations and are primary, high level measures that may cross multiple SCOR processes. Lower level calculations (Level 2 and 3 metrics) are generally associated with a narrower subset of processes. Level 2 and 3 metrics associated with Level 1 metrics are included in the SCOR 8.0 Appendix A. Additional metrics that do not "roll up" to Level 1 are needed as diagnostics (used to diagnose variations in performance against plan) and are included in the SCOR Process Tables and Glossary.

At Level 2, Each Process Can Be Further Described by Type

SCOR Process Type	Characteristics
Planning	A process that aligns expected resources to meet expected demand requirements. Planning processes: • Balance aggregated demand and supply • (Generally) occur at regular, periodic intervals • Consider consistent planning horizon • Can contribute to supply-chain response time
Execution	A process triggered by planned or actual demand that changes the state of material goods. Execution processes: • Generally involve - 1. Scheduling/sequencing 2. Transforming product, and/or 3. Moving product to the next process • Can contribute to the order fulfillment cycle time
Enable	A process that prepares, maintains, or manages information orrelationships on which planning and execution processes rely

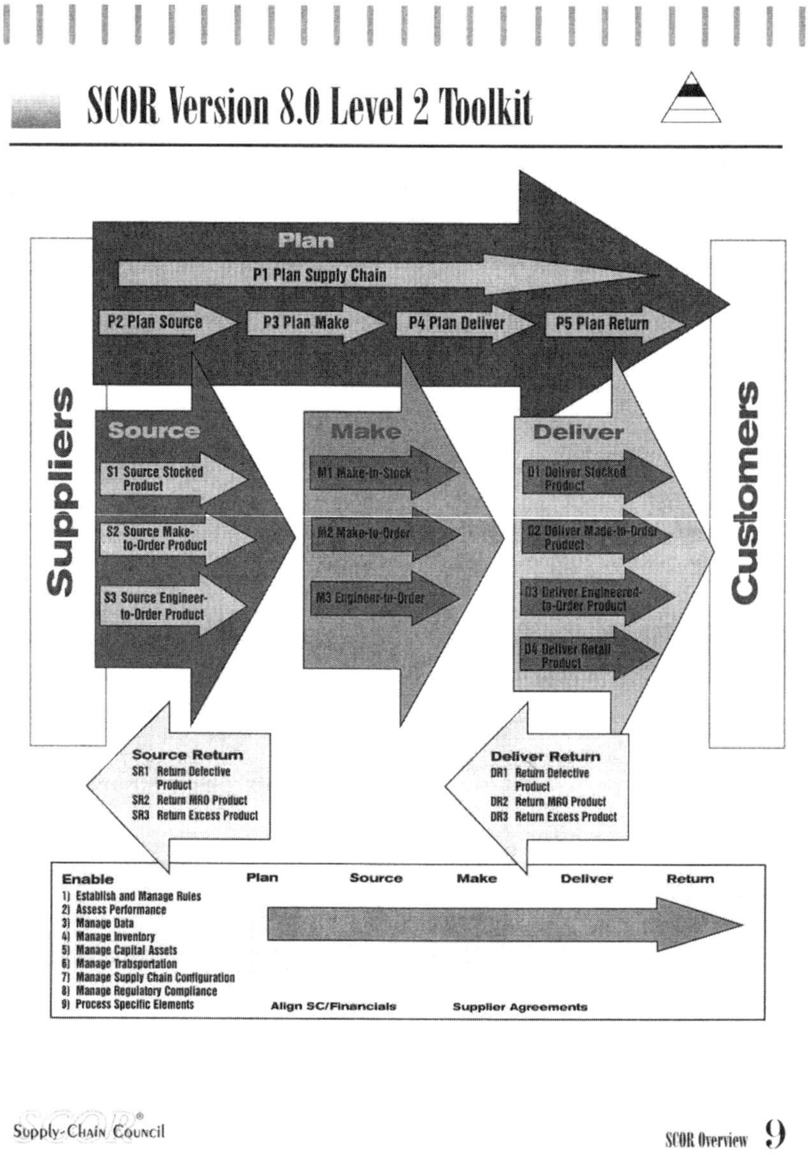
SCOR Version 8.0 Level 2 Toolkit
Plan
P1 Plan Supply Chain
P2 Plan Source
P3 Plan Make
P4 Plan Deliver
P5 Plan Return
Suppliers
Customers
Source
S1 Source Stocked Product
S2 Source Make-to-Order Product
S3 Source Engineer-to-Order Product
Make
M1 Make-to-Stock
M2 Make-to-Order
M3 Engineer-to-Order
Deliver
D1 Deliver Stocked Product
D2 Deliver Made-to-Order Product
D3 Deliver Engineered-to-Order Product
D4 Deliver Retail Product
Source Return
SR1 Return Defective Product
SR2 Return MRO Product
SR3 Return Excess Product
Deliver Return
DR1 Return Defective Product
DR2 Return MRO Product
DR3 Return Excess Product
Enable
1) Establish and Manage Rules
2) Assess Performance
3) Manage Data
4) Manage Inventory
5) Manage Capital Assets
6) Manage Trabsportation
7) Manage Supply Chain Configuration
8) Manage Regulatory Compliance
9) Process Specific Elements
Plan
Source
Make
Deliver
Return
Align SC/Financials
Supplier Agreements
Supply-Chain Council
SCOR®
SCOR Overview
9

SCOR Level 3

Presents Detailed Process Element Information for Each Level 2 Process Category

- Process flow
- Inputs and outputs
- Source of inputs
- Output destination

S1 Source Stocked Product

S1.2 Detail

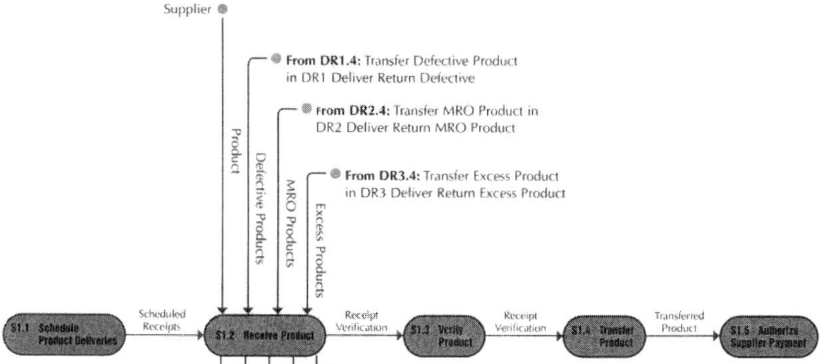

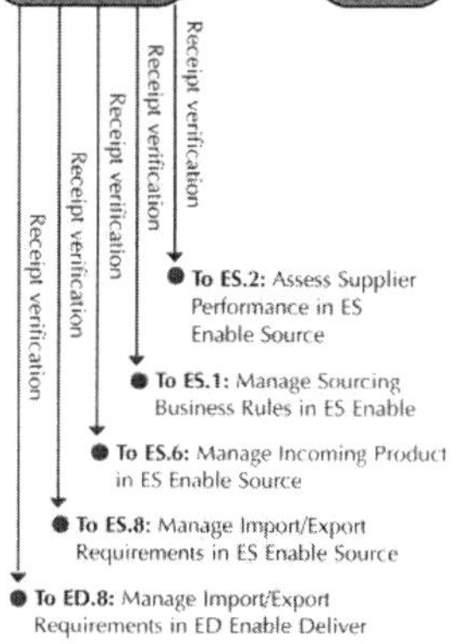

SCOR Model Structure

A set of standard notation is used throughout the Model. P depicts Plan elements, S depicts Source elements, M depicts Make elements, D depicts Deliver elements, and R depicts Return elements. SR = Source Return and DR = Deliver Return. An E preceding any of the others (e.g., EP) indicates that the process element is an Enable element associated with the Planning or Execution element (in this case, EP would be an Enable Plan element). Every Level 1 Process has Enable Processes associated with it.

As indicated in the chart showing the Three Levels of Process Detail, the Model is hierarchical with three levels. Here is a sample of the detailed workflow for S1.2. S1.2 is a notation that indicates a third level process element. In this case, it is a Source (S = Level 1 Source) element that is concerned with sourcing stocked product (S1 = Level 2 Source Stocked Product) and is specific to receiving product (S1.2 = Level 3 Source Stocked Product Receive Product). Though the other S1 processes are shown here to Level 2, the Level 3 detail is only included for S1.2.

10 SCOR Overview

Supply-Chain Council

Examples

SCOR Level 3 Standard Process Element Definition, Performance

Process Element S1.1: Schedule Product Deliveries

Process Element Definition

Scheduling and managing the execution of the individual deliveries of product against an existing contract or purchase order. The requirements for product releases are determined based on the detailed sourcing plan or other types of product pull signals.

Metric	Definition
% Schedules Changed within Supplier's Lead Time	The number of schedules that are changed within the suppliers lead-time divided by the total number of schedules generated within the measurement period
Average Days per Engineering Change	# of days each engineering change impacts the delivery date divided by the total # of changes.
Average Days per Schedule Change	# of days each schedule change impacts the delivery date divided by the total # of changes.
Average Release Cycle of Changes	Cycle time for implementing change notices divided by total # of changes.
Cost to Schedule Product Deliveries	The sum of the costs associated with scheduling product deliveries.
Schedule Product Deliveries Cycle Time	The average time associated with scheduling the shipment of the return of MRO product

Best Practices	Definition
Advanced Ship Notices Allow for Tight Synchronization between Source and MakeProcesses	Blanket order support with scheduling interfaces to external supplier systems
Consignment Agreements Are Used to Reduce Assets and Cycle Time While Increasing the Availability of Critical Items	Consignment inventory management
Mechanical (Kanban) Pull Signals Are Used to Notify Suppliers of the Need to Deliver Product	Electronic Kanban support
Utilize EDI Transactions to Reduce Cycle Time and Costs	EDI interface for 830, 850, 856 & 862 transactions

Process Element S1.1: Schedule Product Deliveries

Inputs	Definition
Logistics Selection from ES.6 Manage Incoming Product	Carrier selection and management for inbound or outbound shipments (linked to terms of delivery)
Production Schedule from M2.1 Schedule Production Activities **Production Schedule from M3.2 Schedule Production Activities** **Production Schedule from M1.1 Schedule Production Activities**	A plan that authorizes the factory to manufacture or repair a certain quantity of a specific item.
Replenishment Signal from M3.3 Issue Sourced/In-Process Product **Replenishment Signal from D1.3 Reserve Inventory & Determine Delivery Date** **Replenishment Signal from M2.2 Issue Sourced/In-Process Product** **Replenishment Signal from M1.2 Issue Material**	Any signal that indicates when to produce or transport Items in a pull replenishment system.
Return Inventory Transfer Data from DR3.4 Transfer Excess Product **Return Inventory Transfer Data from DR2.4 Transfer MRO Product** **Return Inventory Transfer Data from DR1.4 Transfer Defective Product**	The process of receipt and verification of the returned item against the return authorization and other documentation and prepares the item for transfer.
Sourcing Plans from P2.4 Establish Sourcing Plans	An aggregate material requirements plan used to schedule material deliveries to meet production plan.
Supplier Performance from ES.2 Assess Supplier Performance	The results of measuring the actual supplier performance on cost, quality, engineering, purchasing, and so on, based on an agreed set of measurements.

Process Element S1.1: Schedule Product Deliveries

Outputs	Definition
Procurement Signal (Supplier) to Supplier	Any signal that indicates when to produce or transport Items in a pull replenishment system, or the signal that sends the estimated need of parts or services to the supplier.
Product On Order to P2.2 Identify, Assess, And Aggregate Product Resources	Product on order with a selected source.
Product On Order to ES.9 Manage Supplier Agreements	
Scheduled Receipts to D1.8 Receive Product from Source or Make	Product due to arrive.
Scheduled Receipts to M1.1 Schedule Production Activities	
Scheduled Receipts to S1.2 Receive Product	
Scheduled Receipts to D4.2 Receive Product at Store	
Scheduled Receipts to M2.1 Schedule Production Activities	
Scheduled Receipts to M3.2 Schedule Production Activities	

Implementation of Supply-Chain Management Practices within the Company Occurs at Level 4 *(and below)*

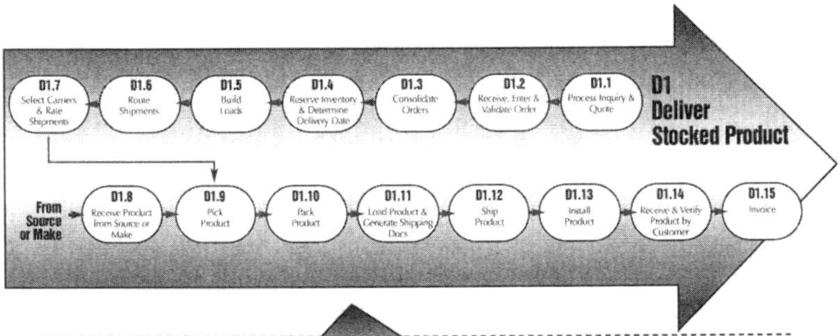

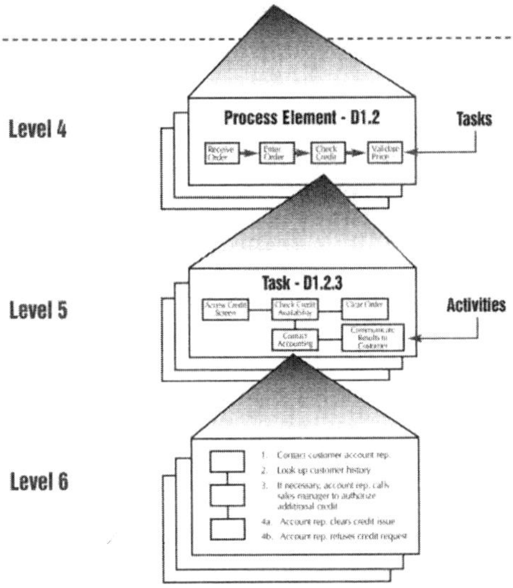

► **Below Level 3, each process element is described by classic hierarchical process decomposition**

Supply-Chain Council

Section Three

Applying the SCOR Model

The Concept of "Configurability"

A supply-chain configuration is driven by:

- **Plan** levels of aggregation and information sources
- **Source** locations and products
- **Make** production sites and methods
- **Deliver** channels, inventory deployment and products
- **Return** locations and methods

SCOR must accurately reflect how a supply-chain's configuration impacts management processes and practices.

Each Basic Supply-Chain is a "Chain" of Source, Make, and Deliver Execution Processes

Configurability

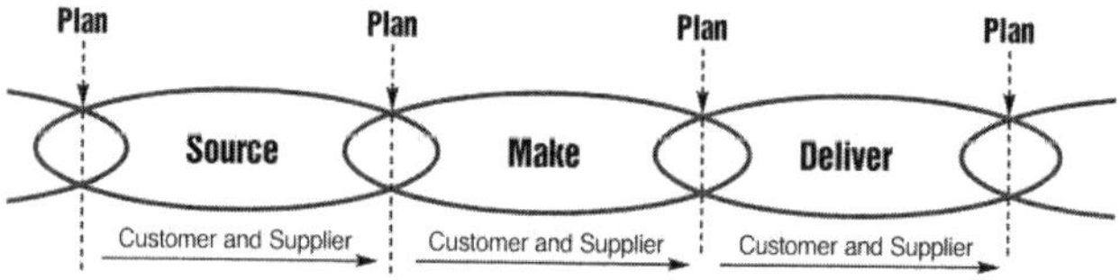

Each intersection of two execution processes (Source-Make-Deliver) is a "link" in the supply chain

- Execution processes transform or transport materials and/or products
- Each process is a customer of the previous process and a supplier to the next

Planning processes manage these customer-supplier links

- Planning processes thus "balance" the supply chain
- Every link *requires* an occurrence of a plan process category

How SCOR Logic Supports Horizontal Process Integration

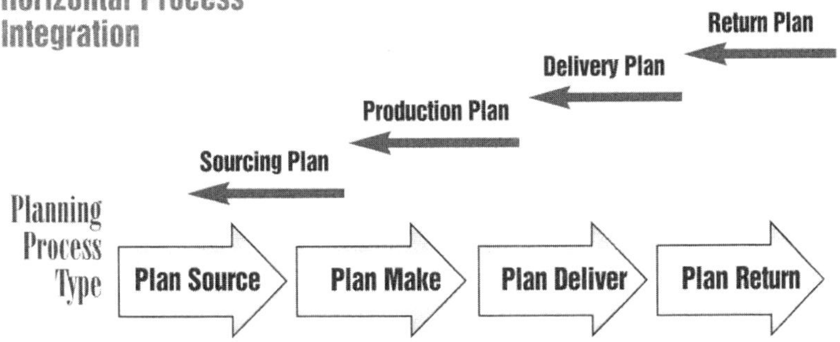

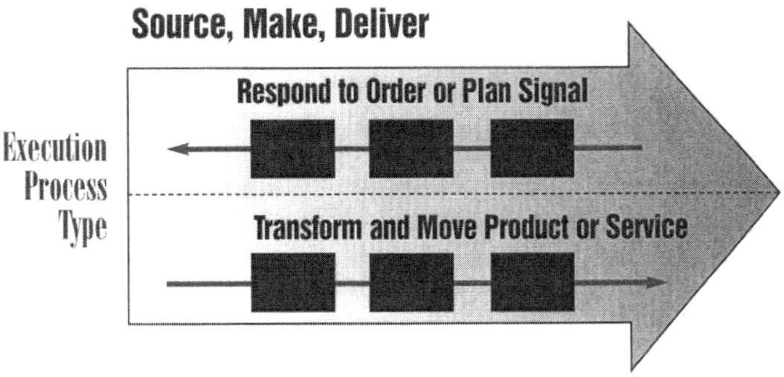

 Supply-Chain Council

How SCOR Describes One SCM Trade-off

Make-to-Stock Configuration

Common SCM objective — achieve "market-winning" fulfillment time with the least inventory risk. *Example:* "pure" make-to-stock configuration. Plan Deliver and Deliver activities are taken upon receipt of Customer Order.

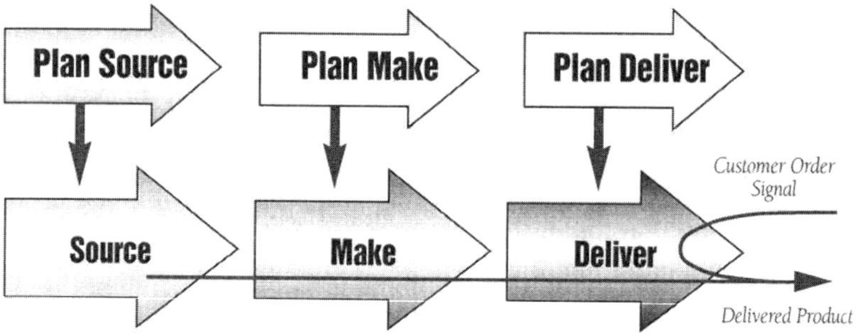

Common SCM objective — achieve "market-winning" fulfillment time with the least inventory risk. *Example:* replenish-to-order Deliver network. Plan Deliver activities are already in place and ready to be executed when Customer Order Signal is received.

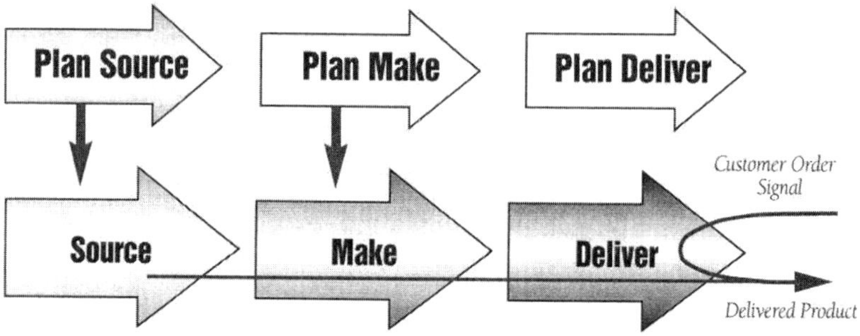

How SCOR Describes One SCM Trade-off

Make-to-Order Configuration

Common SCM objective — achieve "market-winning" fulfillment time with the least inventory risk. *Example:* make-to-order configuration. Plan Make and Plan Deliver activities are already in place and ready to be executed when Customer Order Signal is received.

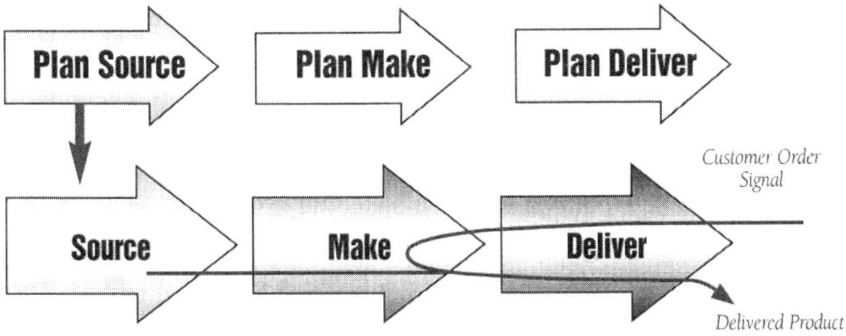

Common SCM objective — achieve "market-winning" fulfillment time with the least inventory risk. *Example:* make-to-order configuration that extends through the Source process. All inter-enterprise planning functions are already in place and ready to be executed when Customer Order Signal is received. This scheme requires some degree of intra-enterprise P1 Planning.

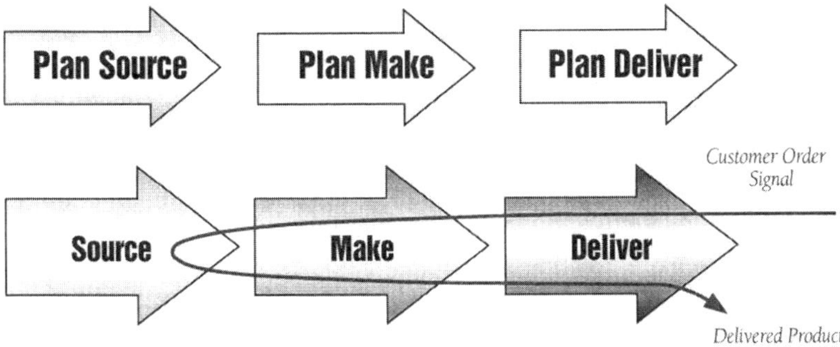

Configuring Supply-Chain Threads

Configuring a supply-chain "thread" illustrates how SCOR configurations are done. Each thread can be used to describe, measure, and evaluate supply-chain configurations.

1. Select the business entity to be modeled (geography, product set, organization)
2. Illustrate the physical locations of:
   - Production facilities (Make)
   - Distribution activities (Deliver)
   - Sourcing activities (Source)
3. Illustrate primary point-to-point material flows using "solid line" arrows
4. Place the most appropriate Level 2 execution process categories to describe activities at each location

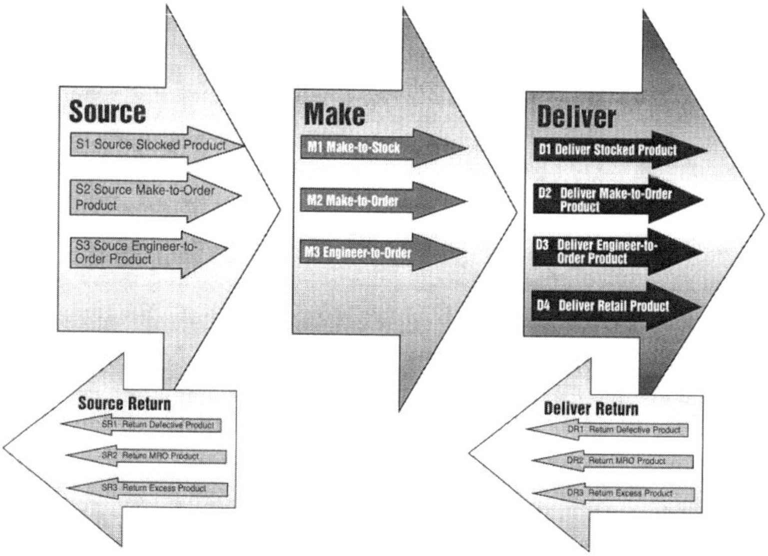

Supply Chain Threads are Developed from the Geographic Product Flow

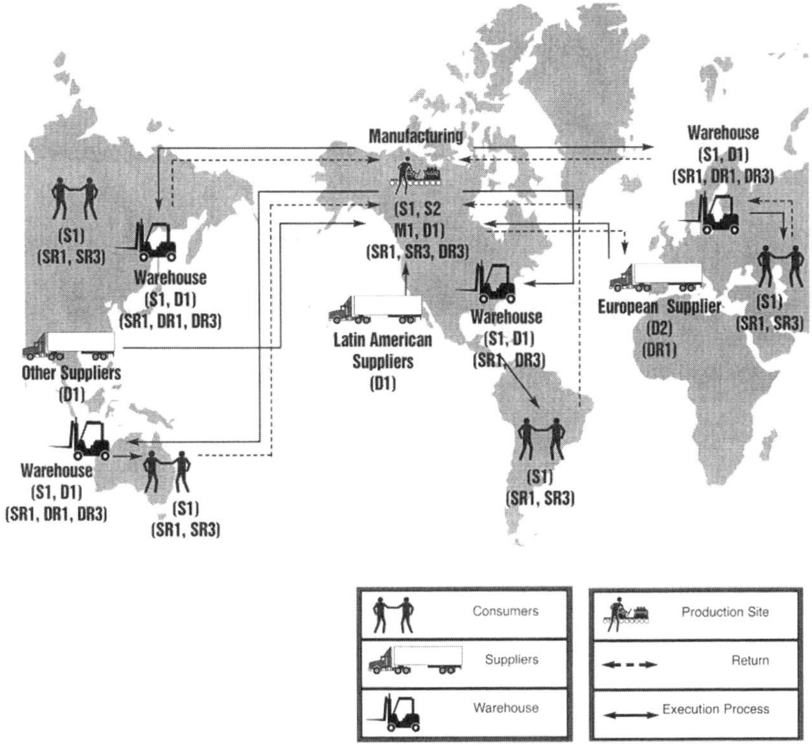

SCOR Process Maps are Used as a Basis for Evaluating/Understanding the Supply Chain

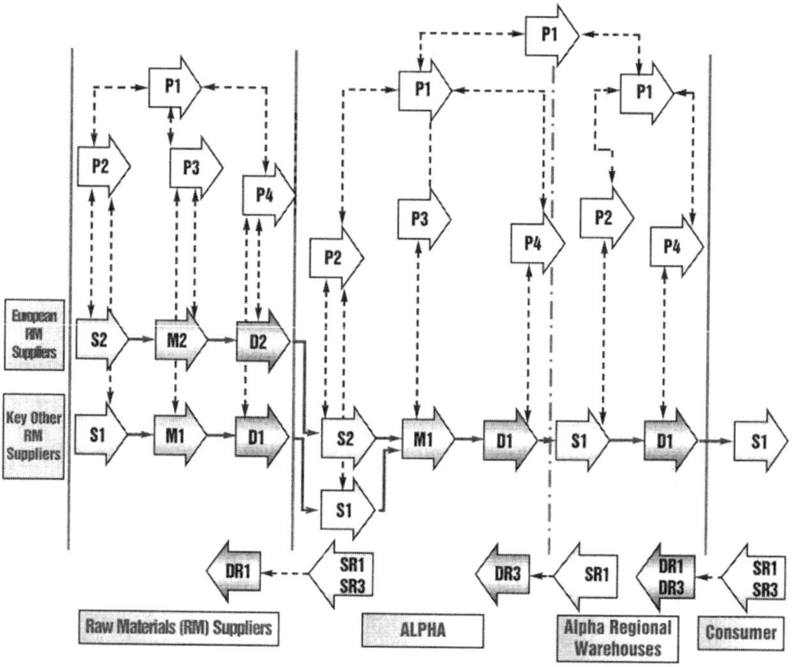

5. Describe each distinct supply-chain "thread"
   - A supply-chain thread ties together the set of Source-Make-Deliver supply-chain processes that a given product family flows through
   - Develop each thread separately to understand common, and distinct, execution and return process categories
   - Consider end-to-end threads in the inter-company case
6. Place planning process categories, using dashed lines to show links with execution processes
7. Place P1, if appropriate
   - P1 - Plan Supply Chain aggregates outputs from P2, P3, and P4

Supply-Chain Council

SCOR Overview 21

In a Classic Logistics World

A change in a supply chain often "ripples" through each linkage, affecting other areas.

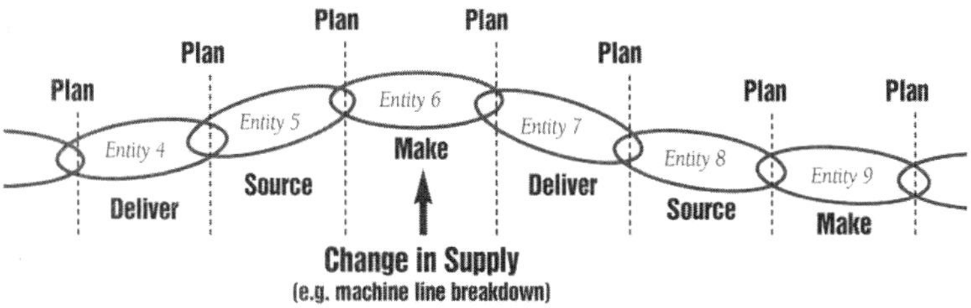

The impact of a change can be felt both up and down the supply chain

- A change in supply caused by a "production planner" may impact a "materials planner" and an "inventory planner"
- Further, such a change may impact both your customer's and supplier's supply-chain planning

Effective Supply-Chain Management Requires Balancing Multiple Links Concurrently

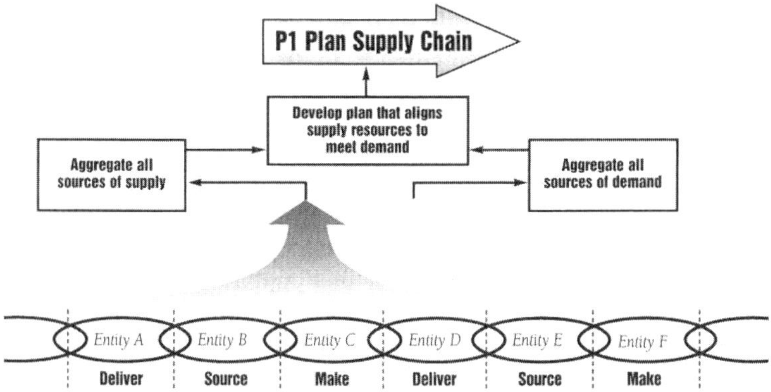

Section Four

SCOR Overview Summary

SCOR is a process reference model designed for effective communication among supply-chain partners.

- A standard *language* helps management to focus on management issues
- As an industry *standard*, SCOR helps management focus across inter-company supply chains

SCOR is used to describe, measure and evaluate Supply-Chain configurations

- **Describe:** Standard SCOR process definitions allow virtually any supply-chain to be configured.
- **Measure:** Standard SCOR metrics enable measurement and benchmarking of supply-chain performance.
- **Evaluate:** Supply-chain configurations may be evaluated to support continuous improvement and strategic planning.

Supply-Chain Council

For more information:

In USA:
Supply Chain Council
1400 Eye Street, Suite 1050
Washington DC, 20005
Tel: +1 202-822-4660
Fax: +1 202-822-5286
Email: info@supply-chain.org

In Europe:
Supply Chain Council
287 Avenue Louise
2nd Floor
BE - 1050 Brussels
Tel: +32 2 627 0160
Fax: +32 2 645 2671
Email: Europe@supply-chain.org

www.supply-chain.org

Anhang E: SCOR-Kurzreferenz Version 8.0

Anmerkung:

Die folgenden Schaubilder sind unverändert der offiziellen SCOR-Kurzreferenz in der Anfang 2007 gültigen Version 8.0 entnommen (siehe Supply Chain Council (3) 2006). Qualitätseinbußen in der Wiedergabe resultieren aus der Übernahme aus dem Originaldokument, auf welches ggf. zur besseren Lesbarkeit zurückgegriffen werden kann.

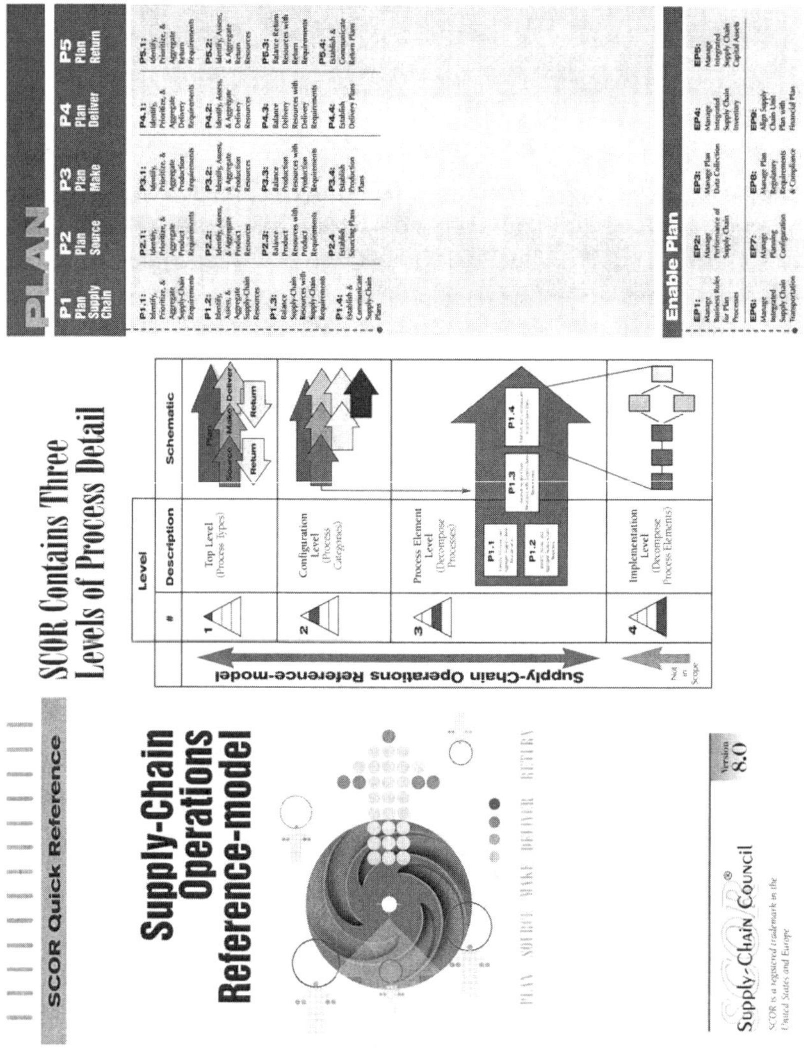
SCOR Quick Reference
Supply-Chain Operations Reference-model
SCOR Contains Three Levels of Process Detail
Supply-Chain Operations Reference-model
Level
#
Description
Schematic
Top Level (Process Types)
Configuration Level (Process Categories)
Process Element Level (Decompose Processes)
Implementation Level (Decompose Process Elements)
Not in Scope
PLAN
P1 Plan Supply Chain
P2 Plan Source
P3 Plan Make
P4 Plan Deliver
P5 Plan Return
Enable Plan
Version 8.0
Supply-Chain Council
SCOR is a registered trademark in the United States and Europe

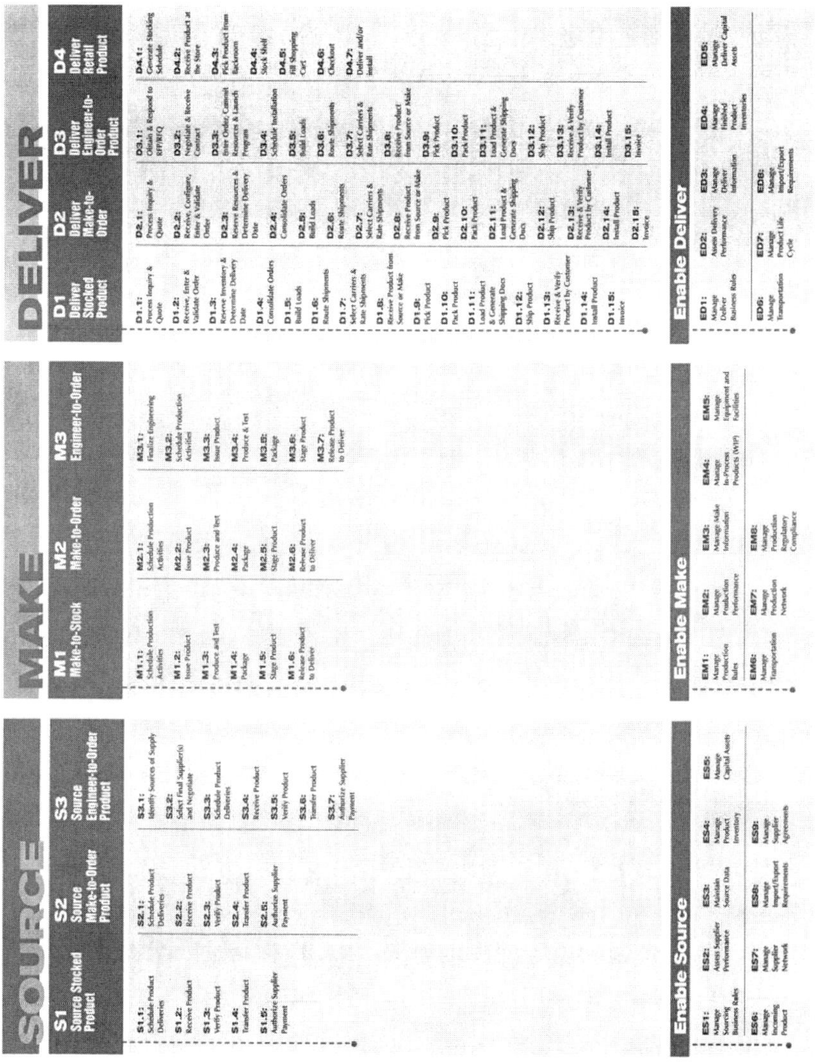
SOURCE
S1 Source Stocked Product
S2 Source Make-to-Order Product
S3 Source Engineer-to-Order Product
S1.1: Schedule Product Deliveries
S1.2: Receive Product
S1.3: Verify Product
S1.4: Transfer Product
S1.5: Authorize Supplier Payment
S2.1: Schedule Product Deliveries
S2.2: Receive Product
S2.3: Verify Product
S2.4: Transfer Product
S2.5: Authorize Supplier Payment
S3.1: Identify Sources of Supply
S3.2: Select Final Supplier(s) and Negotiate
S3.3: Schedule Product Deliveries
S3.4: Receive Product
S3.5: Verify Product
S3.6: Transfer Product
S3.7: Authorize Supplier Payment
MAKE
M1 Make-to-Stock
M2 Make-to-Order
M3 Engineer-to-Order
M1.1: Schedule Production Activities
M1.2: Issue Product
M1.3: Produce and Test
M1.4: Package
M1.5: Stage Product
M1.6: Release Product to Deliver
M2.1: Schedule Production Activities
M2.2: Issue Product
M2.3: Produce and Test
M2.4: Package
M2.5: Stage Product
M2.6: Release Product to Deliver
M3.1: Finalize Engineering
M3.2: Schedule Production Activities
M3.3: Issue Product
M3.4: Produce & Test
M3.5: Package
M3.6: Stage Product
M3.7: Release Product to Deliver
DELIVER
D1 Deliver Stocked Product
D2 Deliver Make-to-Order
D3 Deliver Engineer-to-Order Product
D4 Deliver Retail Product
D1.1: Process Inquiry & Quote
D1.2: Receive, Enter & Validate Order
D1.3: Reserve Inventory & Determine Delivery Date
D1.4: Consolidate Orders
D1.5: Build Loads
D1.6: Route Shipments
D1.7: Select Carriers & Rate Shipments
D1.8: Receive Product from Source or Make
D1.9: Pick Product
D1.10: Pack Product
D1.11: Load Product & Generate Shipping Docs
D1.12: Ship Product
D1.13: Receive & Verify Product by Customer
D1.14: Install Product
D1.15: Invoice
D2.1: Process Inquiry & Quote
D2.2: Receive, Configure, Enter & Validate Order
D2.3: Reserve Resources & Determine Delivery Date
D2.4: Consolidate Orders
D2.5: Build Loads
D2.6: Route Shipments
D2.7: Select Carriers & Rate Shipments
D2.8: Receive Product from Source or Make
D2.9: Pick Product
D2.10: Pack Product
D2.11: Load Product & Generate Shipping Docs
D2.12: Ship Product
D2.13: Receive & Verify Product by Customer
D2.14: Install Product
D2.15: Invoice
D3.1: Obtain & Respond to RFP/RFQ
D3.2: Negotiate & Receive Contract
D3.3: Enter Order, Commit Resources & Launch Program
D3.4: Schedule Installation
D3.5: Build Loads
D3.6: Route Shipments
D3.7: Select Carriers & Rate Shipments
D3.8: Receive Product from Source or Make
D3.9: Pick Product
D3.10: Pack Product
D3.11: Load Product & Generate Shipping Docs
D3.12: Ship Product
D3.13: Receive & Verify Product by Customer
D3.14: Install Product
D3.15: Invoice
D4.1: Generate Stocking Schedule
D4.2: Receive Product at the Store
D4.3: Pick Product from Backroom
D4.4: Stock Shelf
D4.5: Fill Shopping Cart
D4.6: Checkout
D4.7: Deliver and/or install
Enable Source
ES1: Manage Sourcing Business Rules
ES2: Assess Supplier Performance
ES3: Maintain Source Data
ES4: Manage Product Inventory
ES5: Manage Capital Assets
ES6: Manage Incoming Product
ES7: Manage Supplier Network
ES8: Manage Import/Export Requirements
ES9: Manage Supplier Agreements
Enable Make
EM1: Manage Production Rules
EM2: Manage Production Performance
EM3: Manage Make Information
EM4: Manage In-Process Products (WIP)
EM5: Manage Equipment and Facilities
EM6: Manage Transportation
EM7: Manage Production Network
EM8: Manage Production Regulatory Compliance
Enable Deliver
ED1: Manage Deliver Business Rules
ED2: Assess Delivery Performance
ED3: Manage Deliver Information
ED4: Manage Finished Product Inventories
ED5: Manage Deliver Capital Assets
ED6: Manage Transportation
ED7: Manage Product Life Cycle
ED8: Manage Import/Export Requirements

RETURN

SR1 Source Return Defective Product	DR1 Deliver Return Defective Product	SR2 Source Return MRO Product	DR2 Deliver Return MRO Product	SR3 Source Return Excess Product	DR3 Deliver Return Excess Product
SR1.1: Identify Defective Product Condition	**DR1.1:** Authorize Defective Product Return	**SR2.1:** Identify MRO Product Condition	**DR2.1:** Authorize MRO Product Return	**SR3.1:** Identify Excess Product Condition	**DR3.1:** Authorize Excess Product Return
SR1.2: Disposition Defective Product	**DR1.2:** Schedule Defective Return Receipt	**SR2.2:** Disposition MRO Product	**DR2.2:** Schedule MRO Return Receipt	**SR3.2:** Disposition Excess Product	**DR3.2:** Schedule Excess Return Receipt
SR1.3: Request Defective Product Return Authorization	**DR1.3:** Receive Defective Product (includes verify)	**SR2.3:** Request MRO Return Authorization	**DR2.3:** Receive MRO Product (includes verify)	**SR3.3:** Request Excess Product Return Authorization	**DR3.3:** Receive Excess Product (includes verify)
SR1.4: Schedule Defective Product Shipment	**DR1.4:** Transfer Defective Product	**SR2.4:** Schedule MRO Shipment	**DR2.4:** Transfer MRO Product	**SR3.4:** Schedule Excess Product Shipment	**DR3.4:** Transfer Excess Product
SR1.5: Return Defective Product		**SR2.5:** Return MRO Product		**SR3.5:** Return Excess Product	

Enable Return

ER1: Manage Business Rules for Return Processes	**ER2:** Manage Performance of Return Processes	**ER3:** Manage Return Data Collection	**ER4:** Manage Return Inventory	**ER5:** Manage Return Capital Assets
ER6: Manage Return Transportation	**ER7:** Manage Return Network Configuration	**ER8:** Manage Return Regulatory Requirements & Compliance		

SCOR® Supply-Chain Council

For more information:

In USA:
Supply Chain Council
1400 Eye Street, Suite 1050
Washington DC, 20005
Tel: +1 202-822-4660
Fax: +1 202-822-5286
Email: info@supply-chain.org

In Europe:
Supply Chain Council
2E7 Avenue Louise
2nd Floor
BE - 1050 Brussels
Tel: +32 2 627 0160
Fax: +32 2 645 2671
Email: Europe@supply-chain.org

www.supply-chain.org

The SCOR-model:

The Supply-Chain Operations Reference-model (SCOR) is the product of the Supply-Chain Council (SCC), an independent, not-for-profit, global corporation with membership open to all companies and organizations interested in applying and advancing the state-of-the-art in supply-chain management systems and practices.

The SCOR-model captures the Council's consensus view of supply chain management. While much of the underlying content of the Model has been used by practitioners for many years, the SCOR-model provides a unique framework that links business process, metrics, best practices and technology features into a unified structure to support communication among supply chain partners and to improve the effectiveness of supply chain management and related supply chain improvement activities.

S1 Source Stocked Product

S1.2 Detail

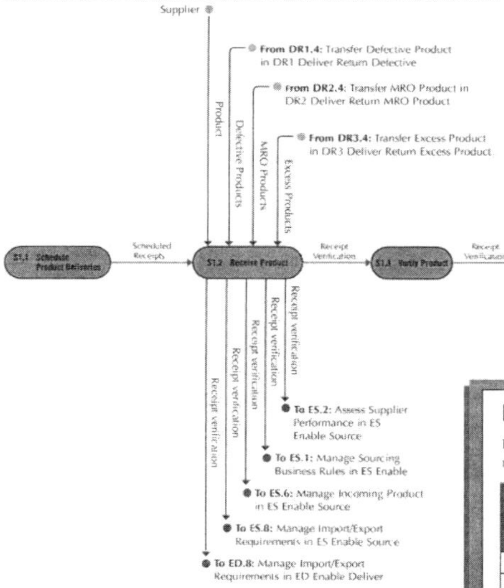

SCOR Model Structure

A set of standard notation is used throughout the Model. P depicts Plan elements, S depicts Source elements, M depicts Make elements, D depicts Deliver elements, and R depicts Return elements. SR = Source Return and DR = Deliver Return. An E preceding any of the others (e.g., EP) indicates that the process element is an Enable element associated with the Planning or Execution element (in this case, EP would be an Enable Plan element). Every Level 1 Process has Enable Processes associated with it.

As indicated in the chart showing the Three Levels of Process Detail, the Model is hierarchical with three levels. Here is a sample of the detailed workflow for S1.2. S1.2 is a notation that indicates a third level process element. In this case, it is a Source (S = Level 1 Source) element that is concerned with sourcing stocked product (S1 = Level 2 Source Stocked Product) and is specific to receiving product (S1.2 = Level 3 Source Stocked Product Receive Product). Though the other S1 processes are shown here to Level 2, the Level 3 detail is only included for S1.2.

Level 1 Metrics

The Level 1 Metrics are the calculations by which an implementing organization can measure how successful they are in achieving their desired positioning within the competitive market space. Most metrics in the Model are hierarchical – just as the process elements are hierarchical. Level 1 Metrics are created from lower level calculations and are primary, high level measures that may cross multiple SCOR processes. Lower level calculations (Level 2 and 3 metrics) are generally associated with a narrower subset of processes. Level 2 and 3 metrics associated with Level 1 metrics are included in the SCOR 8.0 Appendix A. Additional metrics that do not "roll up" to Level 1 are needed as diagnostics (used to diagnose variations in performance against plan) and are included in the SCOR Process Tables and Glossary.

Performance Attributes and Level 1 Metrics

Level 1 Metrics are primary, high level measures that may cross multiple SCOR processes. Level 1 Metrics do not necessarily relate to a SCOR Level 1 process (PLAN, SOURCE, MAKE, DELIVER, RETURN).

Level 1 Metrics	Performance Attributes				
	Customer-Facing			Internal-Facing	
	Reliability	Responsiveness	Flexibility	Cost	Assets
Perfect Order Fulfillment	✓				
Order Fulfillment Cycle Time		✓			
Upside Supply Chain Flexibility			✓		
Upside Supply Chain Adaptability			✓		
Downside Supply Chain Adaptability			✓		
Supply Chain Management Cost				✓	
Cost of Goods Sold				✓	
Cash-to-Cash Cycle Time					✓
Return on Supply Chain Fixed Assets					✓
Return on Working Capital					✓

Literatur

A

Albach, Horst: Allgemeine Betriebswirtschaftslehre – Einführung, Reihe: Die Wirtschaftswissenschaften, 3. Auflage, Wiesbaden 2001

Alicke, Knut: Planung und Betrieb von Logistiknetzwerken – Unternehmensübergreifendes Supply Chain Management, Reihe: VDI-Buch, 2., neu bearbeitete und erweiterte Auflage, Berlin und Heidelberg 2005

Angermeier, Georg: Projektmanagement-Lexikon, München 2005

Arndt, Holger: Supply Chain Management: Optimierung logistischer Prozesse, 2. Auflage, Wiesbaden 2005

B

Baguley, Philip: Optimales Projektmanagement – Strategische Planung, Erfolgreiche Durchführung, Effiziente Kontrolle, Niedernhausen 1999

Becker, Torsten und Geimer, Harald: Prozessgestaltung und Leistungsmessung – wesentliche Bausteine für eine Weltklasse Supply Chain. In: HMD – Praxis der Wirtschaftsinformatik, Heft 207/1999, Heidelberg 1999, S. 25 – 34

Beckmann, Holger (Hrsg.): Supply Chain Management – Strategien und Entwicklungstendenzen in Spitzenunternehmen, Berlin und Heidelberg 2004

Birker, Klaus (Hrsg.): Das neue Lexikon der BWL – Betriebswirtschaft, Wirtschaftsinformatik, Wirtschaftsrecht. 2., überarbeitete und erweiterte Auflage, Berlin 2005

Bolstorff, Peter: How does SCOR measure up? A user's perspective on SCOR metrics, SCE Limited (Hrsg.), White Paper, Stillwater, Minnesota März 2002

Busch, Axel und Dangelmaier, Wilhelm: Integriertes Supply Chain Management – Theorie und Praxis effektiver unternehmensübergreifender Geschäftsprozesse, 2. Auflage, Wiesbaden 2004

C

Cohen, Shoshanah und Roussel, Joseph: Strategisches Supply Chain Management, Berlin und Heidelberg 2006

Cremer, Florian: Prozessordnung – Geschäftsprozess-Modellierung mit ARIS. In: Der Entwickler, Ausgabe 04/2004, Frankfurt am Main 2004

Christopher, Martin: Logistics and Supply Chain Management – Strategies for Reducing Cost and Improving Service, 3. Auflage, London 2004

Christopher, Martin und Lee , Hau L.: Supply Chain Confidence – The Key to Effective Supply Chains Through Improved Visibility and Reliability, Vastera, Inc. (Hrsg.), White Paper, Dulles, Virginia November 2001

D

Davenport, Thomas H.: Process Innovation: Reengineering Work through Information Technology, Boston, Massachusetts 1993

Davenport, Thomas H.: The Coming Commoditization of Processes. In: Harvard Business Review (HBR), Issue June 2005, Boston, Massachusetts 2005, S. 100 – 108

Doppler, Klaus und Lauterburg, Christoph: Change Management – Den Unternehmenswandel gestalten, 11., erweiterte und aktualisierte Auflage, Frankfurt am Main 2005

E

Erdmann, Mark-Ken: Supply Chain Performance Measurement – Operative und strategische Management- und Controllingansätze. In: Schlüchtermann, Jörg (Hrsg.): Reihe: Produktionswirtschaft und Industriebetriebslehre, Band 11, Lohmar und Köln 2003

Evans, Robert und Danks, Elister: Strategic supply chain management: Creating shareholder value by aligning supply chain strategies with business strategies. In: Gottorna, John L. (Hrsg.): Strategic Supply Chain Alignment – Best practices in Supply Chain Management, Brookfield, Vermont und Aldershot, Hampshire 1999, S. 18 – 38

F

Fettke, Peter und Loos, Peter: Classification of reference models: a methodology and its application. In: Information Systems and e-Business Management, Vol. 1, No. 1/2003, Berlin und Heidelberg 2003, S. 35 – 53

Friedrichs, Jürgen: Methoden empirischer Sozialforschung, 14. Auflage, Opladen 1990

G

Gairing, Fritz: Organisationsentwicklung als Lernprozess von Menschen und Systemen, 3. Auflage, Weinheim 2002

Galbraith, Jay R.: Organization Design, Reading, Massachusetts u.a. 1977

Goldbach, Maria: Organizational Settings in Supply Chain Costing. In: Seuring, Stefan, und Goldbach, Maria (Hrsg.): Cost Management in Supply Chains, Heidelberg und New York, New York 2002, S. 89 – 110

Goldratt, Eliyahu M. und Cox, Jeff: Das Ziel – Ein Roman über Prozessoptimierung, 3. Auflage, Frankfurt am Main 2002

Grochla, Erwin: Grundlagen der organisatorischen Gestaltung, Stuttgart 1982 (Nachdruck 1995)

Gutenberg, Erich: Grundlagen der Betriebswirtschaftslehre. Erster Band: Die Produktion, 23. Auflage, Heidelberg 1979

H

Hammann, Peter und Erichson, Bernd: Marktforschung, 5. Auflage, Stuttgart und New York, New York 2006

Hammer, Michael und Champy, James: Business Reengineering – Die Radikalkur für das Unternehmen, 7. Auflage, Frankfurt am Main 1996

Handfield, Robert B. und Nichols Jr., Ernest L.: Introduction to Supply Chain Management, Upper Saddle River, New Jersey 1998

Hillek, Thomas: Erschließung neuer Wertschöpfungspotenziale durch eSCM. In: Lawrenz, Oliver; Hildebrand, Knut; Nenninger, Michael; Hillek, Thomas (Hrsg.): Supply Chain Management. Konzepte, Erfahrungsberichte und Strategien auf dem Weg zu digitalen Wertschöpfungsnetzen, Braunschweig und Wiesbaden 2001, 2. Auflage, S. 1 – 18

Holcomb, Mary C; Manrodt, Carl B; Ross, Tony: Operation Excellence – The Transition from Tactical to Adaptive Supply Chains, Cap-Gemini Service SAS (Hrsg.): Year 2003 Report on Trends and Issues in Logistics and Transportation, Paris 2003

Horváth, Peter und Mayer, Reinhold: Prozesskostenrechnung – Der Weg zu mehr Kostentransparenz und wirkungsvolleren Unternehmensstrategien. In: Controlling, Heft 7-8/1989, München 1989, S. 214 – 219

I

Ijioui, Raschid; Emmerich, Heike; Ceyp, Michael (Hrsg.): Supply Chain Event Management: Konzepte, Prozesse, Erfolgsfaktoren und Praxisbeispiele, Berlin und Heidelberg 2006

K

Kaplan, Robert S. und Norton, David P.: Balanced Scorecard: Strategien erfolgreich umsetzen, Stuttgart 1997

Klaus, Oliver: Geschäftsregeln zur Unterstützung des Supply Chain Managements. In: Seibt, Dietrich; Kemper, Hans-Georg; Herzwurm, Georg; Stelzer, Dirk; Schoder, Detlef (Hrsg.): Reihe: Wirtschaftsinformatik, Band 49, Lohmar und Köln 2005

Kostka, Claudia und Kostka, Sebastian: Der Kontinuierliche Verbesserungsprozess – Methoden des KVP, 3., vollständig neu bearbeitete Auflage, München und Wien 2006

Kotler, Philip und Bliemel, Friedhelm: Marketing-Management: Analyse, Planung und Verwirklichung, München 2005

Kromrey, Helmut: Empirische Sozialforschung, 10., überarbeitete Auflage, Opladen 2002

Kuhn, Axel und Hellingrath, Bernd: Supply Chain Management – Optimierte Zusammenarbeit in der Wertschöpfungskette, Berlin und Heidelberg 2002

L

Latham, Di: SCOR: How B-I did it: How Boehringer-Ingelheim used the SCOR-Model to benchmark and re-engineer its supply chain. In: Pharmaceutical Visions, Summer 1999, London 1999, S. 85 – 91

Leavitt, Harold J.: Applied Organizational Change in Industry: Structural, Technology and Humanistic Approaches. In: March, James G. (Hrsg.): Handbook of Organizations, Chicago, Illinois 1965, S. 1144 – 1170

Lee, Hau L.: Supply Chain: Das perfekte Logistiksystem. In: Harvard Business Manager, Heft 1/2005, Hamburg Januar 2005, S. 68 – 83

M

Meyers Großes Taschenlexikon, 10., neu bearbeitete und erweiterte Auflage, Band 1, Mannheim 2006

N

Nöllke, Matthias: Kreativitätstechniken, 4., durchgesehene Auflage, Planegg bei München 2004

P

Poluha, Rolf G.: Anwendung des SCOR-Modells zur Analyse der Supply Chain: Explorative empirische Untersuchung von Unternehmen aus Europa, Nordamerika und Asien. Reihe Wirtschaftsinformatik, Band 50. In: Seibt, Dietrich; Kemper, Hans-Georg; Herzwurm, Georg; Stelzer, Dirk; Schoder, Detlef, 2., überarbeitete Auflage, Lohmar und Köln 2006

Poluha, Rolf G.: SCM in der Praxis – Projektmanagement komplexer SCM Projekte. In: Lawrenz, Oliver; Hildebrand, Knut; Nenninger, Michael; Hillek, Thomas (Hrsg.): Supply Chain Management. Konzepte, Erfahrungsberichte und Strategien auf dem Weg zu digitalen Wertschöpfungsnetzen, 2. Auflage, Braunschweig und Wiesbaden 2001, S. 311 – 327

Popper, Karl R.: Objektive Erkenntnis – ein revolutionärer Entwurf, Hamburg 1998

Preißner, Andreas: Praxiswissen Controlling – Grundlagen, Werkzeuge, Anwendungen, 3. Auflage, München und Wien 2003

R

Richmond, Bruce; Burns, Ann; Mabe, Jay; Nuthall, Linda; Toole, Rick: Supply chain management tools – Minimizing the risks, maximizing the benefits. In: Gottorna, John L. (Hrsg.): Strategic Supply Chain Alignment. Best practices in Supply Chain Management, Brookfield, Vermont und Aldershot, Hampshire 1999, S. 509 – 520

Rohe, Christoph und Spalink, Heiner: Fortwährende Verbesserung der Effizienz ist das sinnvollste Reengineering-Konzept. In: Frankfurter Allgemeine Zeitung (FAZ) vom 28. Juni 1999, Frankfurt am Main 1999, S. 33

Sch

Schäfer, Stefan: Einführung von E-Business Systemen in deutschen Unternehmen: Fallstudien, Expertenbefragung und DAX100-Umfrage. In: Seibt, Dietrich; Derigs, Ulrich; Mellis, Werner; Kemper, Hans-Georg (Hrsg.): Reihe: Wirtschaftsinformatik, Band 38, Lohmar und Köln 2002

Schäfer, Stefan und Seibt, Dietrich: Benchmarking – eine Methode zur Verbesserung von Unternehmensprozessen. In: Betriebswirtschaftliche Forschung und Praxis (BFuP), 50. Jahrgang, Heft 4/1998, Herne und Berlin 1998

Scherrer, Gerhard: Kostenrechnung. In: Bea, Franz X.; Dichtl, Erwin; Schweitzer, Marcell (Hrsg.): Allgemeine Betriebswirtschaftslehre, Band. 2: Führung, 8. Auflage, Stuttgart 2001, S. 625 – 715

Schierenbeck, Henner: Grundzüge der Betriebswirtschaftslehre, 16., überarbeitete und erweiterte Auflage, München 2003

Schmelzer, Hermann J. und Sesselmann, Wolfgang: Geschäftsprozessmanagement in der Praxis, 4. Auflage, München 2004

Schneider, Ralph und Grünewald, Claus: Supply Chain Management-Lösungen mit my-SAP.com. In: Lawrenz, Oliver; Hildebrand, Knut; Nenninger, Michael; Hillek, Thomas (Hrsg.): Supply Chain Management. Konzepte, Erfahrungsberichte und Strategien auf dem Weg zu digitalen Wertschöpfungsnetzen, 2. Auflage, Braunschweig und Wiesbaden 2001, S. 169 – 201

Schüerhoff, Vera: Vom individuellen zum organisationalen Lernen, Wiesbaden 2006

S

SAP AG (Hrsg.): Adaptive Supply Chain Networks, White Paper, Walldorf 2002

Seibt, Dietrich: Wertschöpfung mit Hilfe IKT-gestützter Lernprozesse in Unternehmen. In: Oppelland, Hans J. (Hrsg.): Deutschland und seine Zukunft – Innovation und Veränderung in Bildung, Forschung und Wirtschaft, Lohmar und Köln 2006, S. 653 – 689

Seibt, Dietrich: Entwicklung, Pflege, Wartung, Weiterentwicklung von betrieblichen Informationssystemen (Teil 2), Phasen/Blöcke und Aktivitäten sowie Methoden, Verfahren und Werkzeuge zur Unterstützung des Software-Entwicklungsprozesses, Vorlesung Betriebliche Informationssysteme II – Verwaltungs- und Wirtschafts-Akademie (VWA) Köln, Köln 2004

Seibt, Dietrich: Electronic Business – das Business der Zukunft. Dimensionen und Probleme, BASF AG (Hrsg.), E-Communications Meeting Europe, Ludwigshafen 2001

Seibt, Dietrich (Hrsg.): CEBUSNET Consolidation Framework, von: Seibt, Dietrich; Bielli, Paola; Bjørn-Andersen, Niels; Bolz, André; Borring-Olsen, Ricco; Christensen, Gunnar; van Dissel, Han; Gerrits, Han; van der Heijden, Hans; Konrad, Peter; Mårtensson, Anders; Meregalli, Severino; Møller, Eva; Neergard, Peter; Schäfer, Stefan; Steneskog, Gösta; Wareham, Jonathan. Working Paper Series, Lehrstuhl für Wirtschaftsinformatik, insbes. Informationsmanagement, Universität zu Köln, Working Paper 97/1, Köln 1997

Seibt, Dietrich: Informationssystem-Architekturen – Überlegung zur Gestaltung von Technik-gestützten Informationssystemen für Unternehmungen. In: Müller-Boling, Detlef; Seibt, Dietrich; Winand, Udo (Hrsg.): Innovations- und Technologiemanagement, Stuttgart 1991, S. 251 – 284

Senge, Peter M.: Die fünfte Disziplin: Kunst und Praxis der lernenden Organisation, 10. Auflage, Stuttgart 2006

Sharp, Alec und McDermott, Patrick: Workflow Modeling: Tools for Process Improvement and Application Development, Norwood, Massachusetts 2001

Stephens, Scott; Gustin, Craig; Ayers, James B.: Reengineering the Supply Chain. In: Ayers, James B. (Hrsg.): Making Supply Chain Management Work. Design, Implementation, Partnership, Technology, and Profits, Boca Raton, Florida u.a. 2002, S. 359 – 366

Stewens, Michael: Gestaltung und Steuerung von Supply Chains. In: Schlüchtermann, Jörg (Hrsg.): Reihe: Produktionswirtschaft und Industriebetriebslehre, Band 14, Lohmar und Köln 2005

Stolzenberg, Kerstin und Heberle, Krischan: Change Management: Veränderungsprozesse erfolgreich gestalten – Mitarbeiter mobilisieren, Berlin und Heidelberg 2006

Supply-Chain Council (1): Supply-Chain Operations Reference-Model Version 8.0, Pittsburgh, Pennsylvania 2006

Supply Chain Council (2): Supply-Chain Operations Reference-Model – Overview of SCOR Version 8.0, Pittsburgh, Pennsylvania 2006

Supply-Chain Council (3): SCOR Quick Reference Guide Version 8.0, Pittsburgh, Pennsylvania 2006

T

Thaler, Klaus: Supply Chain Management – Prozessoptimierung in der logistischen Kette. In: Albrecht, Achim; Pulte, Peter; Mensler, Stefan (Hrsg.): Reihe Wirtschaft und Recht, 4., aktualisierte und erweiterte Auflage, Troisdorf u.a. 2003

Thonemann, Ulrich: Operations Management – Konzepte, Methoden und Anwendungen, München 2005

Treacy, Michael und Wiersema, Fred: Marktführerschaft: Wege zur Spitze, Frankfurt am Main 1995

Trebesch, Karsten: Organisationsentwicklung, Stuttgart 2000

Tuckman, Bruce: Developmental sequence in small groups. In: Psychological Bulletin, Vol. 63, Number 6/1965, Washington, DC 1965, S. 384 – 399 (Neuauflage in: Group Facilitation: A Research and Applications Journal, Number 3/2001, Spring 2001, St. Paul, Minnesota 2001)

V

Voluntary Interindustry Commerce Standards Organization (VICS): Collaborative Planning, Forecasting and Replenishment Voluntary Guidelines, Lawrenceville, New Jersey 1998

Voluntary Interindustry Commerce Standards Organization (VICS): Roadmap to Collaborative Planning, Forecasting and Replenishment, Lawrenceville, New Jersey 1999

W

Wannenwetsch, Helmut: Vernetztes Supply Chain Management: SCM-Integration über die gesamte Wertschöpfungskette, Berlin und Heidelberg 2005

Wannenwetsch, Helmut; Comperl, Peter; Illgner, Elke: Integrierte Materialwirtschaft und Logistik – Beschaffung, Logistik, Materialwirtschaft und Produktion, 2. Auflage, Berlin u.a. 2004

Werner, Hartmut: Supply Chain Management. Grundlagen, Strategien, Instrumente und Controlling, Wiesbaden 2002

Werner, Hartmut: Die Balanced Scorecard im Supply Chain Management, Teil 1 und 2. In: Distribution, Heft 4/2000, Mainz 2000, S. 8 – 11 und 14 – 15

Welke, Richard J.: End-to-End Business Processes: The new design paradigm of the Digital Enterprise?, University of Auckland (Hrsg.), CODE Seminar, October 29, 2003, Präsentation, Auckland, Neuseeland 2003

Wildemann, Horst (Hrsg.): Wettbewerbsvorteile durch schnell lernende Unternehmen. In: Wildemann, Horst (Hrsg.): Schnell lernende Unternehmen – Quantensprünge im Wettbewerb, Frankfurt am Main 1996, S. 17 – 30

Witt, Jürgen und Witt, Thomas: Der kontinuierliche Verbesserungsprozess (KVP), 2., durchgesehene Auflage, Frankfurt am Main 2006

Wöhe, Günter und Döring, Ulrich: Einführung in die Allgemeine Betriebswirtschaftslehre, 22., neu bearbeitete Auflage, München 2005

Abbildungen

Kapitel 9

Kapitel 10

Kapitel 11

Kapitel 12

Kapitel 13

Kapitel 14

Kapitel 15

Kapitel 16

Kapitel 17

Kapitel 18

Kapitel 19

Kapitel 22

Tabellen

Kapitel 4

Kapitel 5

Kapitel 6

Kapitel 7

Kapitel 9

Kapitel 10

Kapitel 11

Kapitel 12

Kapitel 13

Kapitel 17

Kapitel 18

Kapitel 19

Kapitel 20

Autoren

Peter A. Bolstorff

Peter A. Bolstorff hat einen Bachelor-Abschluss in Mathematik, Erziehung und Psychologie und einen Master-Abschluss in Personalentwicklung von der Universität von Minnesota in Minneapolis. Zunächst leitete er den Bereich Supply Chain Management bei *Pragmatec Consulting*. Heute ist er Inhaber und Geschäftsführer des von ihm gegründeten Beratungsunternehmens *SCE Limited*, das durch Schulungsmaßnahmen, Beratungsleistungen und Prozessexpertise die Anwendung von Methoden zur Steigerung der Leistungsfähigkeit von Supply Chains, primär des SCOR-Modells, unterstützt.

Seine praktischen Erfahrungen umfassen Projekte bei führenden amerikanischen Unternehmen in den Funktionsbereichen Einkauf, Neuproduktentwicklung, Produktion, Kundenservice und Auftragsabwicklung. Als ein früheres Vorstandsmitglied des *Supply-Chain Council* war er intensiv in die Entwicklung des SCOR-Modells von den ersten Anfängen an eingebunden. Seine Beiträge sind in Fachzeitschriften wie unter anderem *Supply Chain Technology News* erschienen.

Robert G. Rosenbaum

Robert G. Rosenbaum studierte Journalismus an der Northwestern Universität in Evanston im Bundesstaat Illinois. Er war zunächst Verleger, Redaktionsleiter und Herausgeber von *Supply Chain Technology News*, einer führende Fachzeitschrift in den USA für Führungskräfte aus dem Bereich Supply Chain Management, schwerpunktmäßig in der Fertigungsindustrie. Danach wurde er Redaktionsleiter beim *American Machinist-Verlag*, der zur *Penton Media-Verlagsgruppe* gehört.

Er hat zahlreiche Auszeichnungen für seine Beiträge erhalten und sich während seiner gesamten Laufbahn auf Themen der Unternehmensführung und der Logistik konzentriert. Er war ebenfalls im Marketing von Unternehmen tätig und hat große amerikanische Firmen in Fragen der internen und externen Kommunikation beraten.

Dr. Rolf G. Poluha

Dr. Rolf G. Poluha absolvierte zunächst eine Ausbildung zum Industriekaufmann und studierte danach Wirtschaftsingenieurwesen und Betriebswirtschaftslehre. Nach Abschluss seines Studiums als Diplom-Wirtschaftsingenieur (FH) und Diplom-Kaufmann war er als Unternehmensberater und Projektmanager für *BearingPoint* (vormals *KPMG Consulting*) sowie die *SAP AG* in internationalen Projekten in Europa und den USA tätig. Derzeit ist er als Direktor bei *SAP America* für die Leitung von globalen Projekten bei multinationalen Konzernen verantwortlich.

Zusätzlich zu seinen praktischen Erfahrungen im Einsatz des SCOR-Modells hat er sich im Rahmen eines berufsbegleitenden Promotionsprojekts an der Universität zu Köln eingehend mit dieser Thematik befasst. Die Dissertation ist unter dem Titel *Anwendung des SCOR-Modells zur Analyse der Supply Chain. Explorative empirische Untersuchung von Unternehmen aus Europa, Nordamerika und Asien* veröffentlicht worden. Er hat außerdem als ein Mitglied der *SCOR Best-Practices Group* des *Supply-Chain Council* aktiv zur Weiterentwicklung des SCOR-Modells beigetragen. Anregungen und Hinweise bitte per Email an die folgende Adresse: rpoluha@yahoo.com.

Druck: Krips bv, Meppel
Verarbeitung: Stürtz, Würzburg